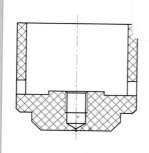

溢流阀阀盖

溢流阀阀门

端盖主视图

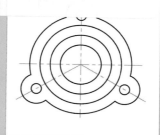

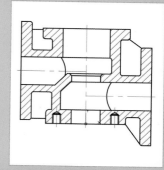

溢流阀阀体

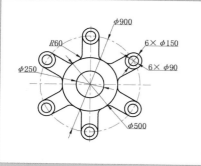

星形齿轮架

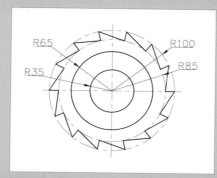

棘轮

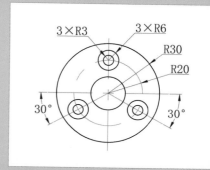

连接盘

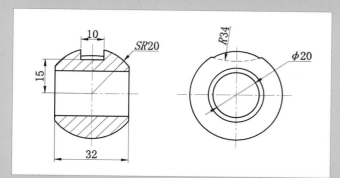

阀芯

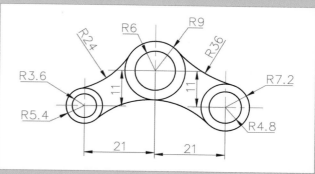

连杆

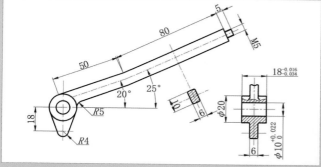

标注手把尺寸

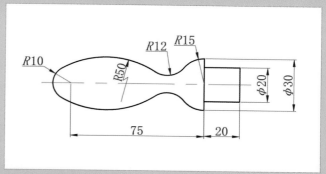

标注手柄尺寸

扳手

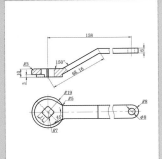
扳手二维图

密封圈

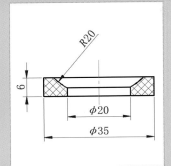
密封圈二维图

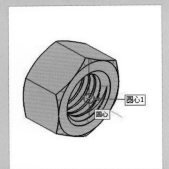
螺母

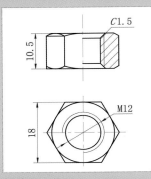
螺母二维图

双头螺柱

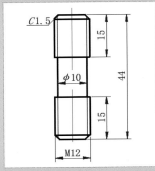
双头螺柱二维图

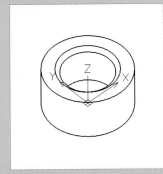
轴套

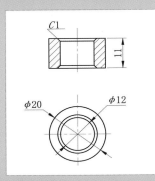
轴套二维图

压紧套

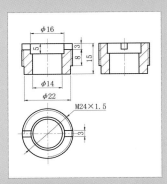
压紧套二维图

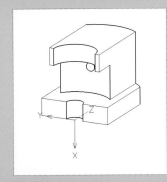
镶块

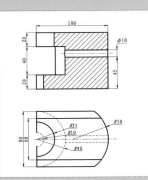
镶块二维图

插架

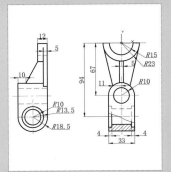
插架二维图

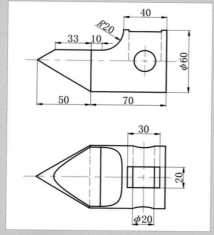

顶针二维图

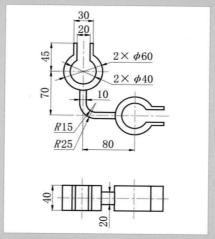

U形叉二维图

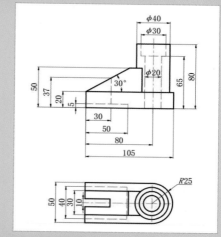

机座二维图

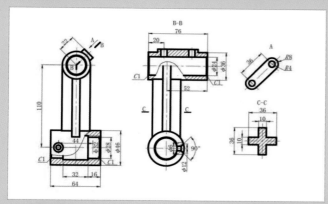

支架二维图

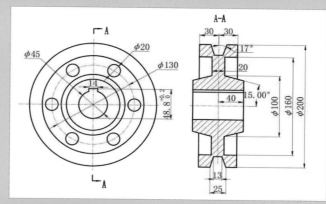

带轮二维图

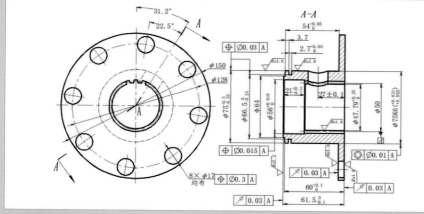

花键套立体图

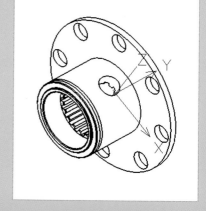

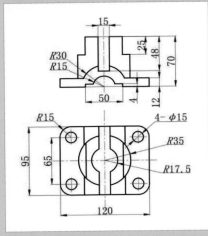

轴座

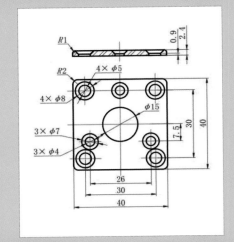

挂轮架

电磁管压盖

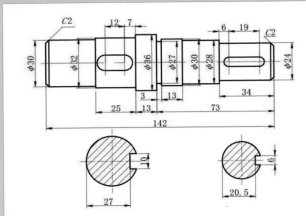
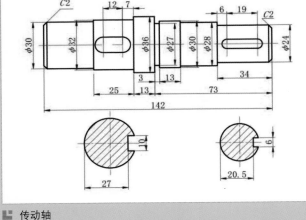

传动轴

出油阀座

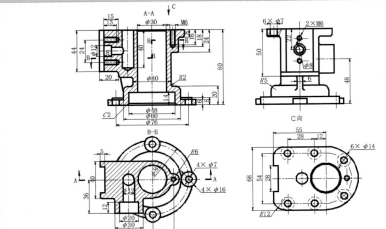

壳体立体图

CAD/CAM/CAE/EDA 微视频讲解大系

中望 CAD 2024 从入门到精通

（实战案例版）

141 集同步微视频讲解　　105 个实例案例分析

☑绘图设置　☑二维绘图　☑尺寸标注　☑表格和图块　☑零件图　☑装配图　☑三维造型　☑综合实例

天工在线　编著

中国水利水电出版社
www.waterpub.com.cn

·北京·

内 容 提 要

　　《中望 CAD 2024 从入门到精通（实战案例版）》是一本中望 CAD 视频教程和基础教程，融合了中望 CAD 平面设计、三维造型设计、机械设计等必备的基础知识，以实用为出发点，系统全面地介绍了中望 CAD 2024 软件在二维绘图和三维设计等方面的基础知识与应用技巧。全书共 13 章，包括中望 CAD 基础入门、基本绘图设置、二维绘图命令、二维图形编辑、尺寸标注、表格和图块、零件图、装配图、三维造型基础知识、简单三维造型、复杂三维造型、三维造型编辑和球阀三维设计等。本书在讲解过程中，每个重要知识点均配有实例讲解，既能提高读者的动手能力，又能加深读者对知识点的理解。

　　本书配有极为丰富的学习资源，其中配套资源包括：① 141 集同步微视频讲解，扫描二维码，可以随时随地看视频，超方便；② 全书实例的源文件和初始文件可以直接调用、查看和对比学习，效率更高。

　　本书适合中望 CAD 从入门到精通各层次的读者使用，也适合作为应用型高校或相关培训机构的 CAD 教材。此外，本书还可供中望 CAD 2022、中望 CAD 2021、中望 CAD 2020 等低版本的读者参考学习。

图书在版编目（CIP）数据

中望CAD2024从入门到精通 ： 实战案例版 / 天工在
线编著. —北京 ： 中国水利水电出版社，2024. 10.
（CAD/CAM/CAE/EDA微视频讲解大系）. — ISBN 978-7
-5226-2686-4

Ⅰ. TH126

中国国家版本馆 CIP 数据核字第 2024EZ9225 号

丛 书 名	CAD/CAM/CAE/EDA 微视频讲解大系
书　　名	中望 CAD 2024 从入门到精通（实战案例版） ZHONGWANG CAD 2024 CONG RUMEN DAO JINGTONG
作　　者	天工在线　编著
出版发行	中国水利水电出版社 （北京市海淀区玉渊潭南路 1 号 D 座　100038） 网址：www.waterpub.com.cn E-mail: zhiboshangshu@163.com 电话：（010）62572966-2205/2266/2201（营销中心）
经　　售	北京科水图书销售有限公司 电话：（010）68545874、63202643 全国各地新华书店和相关出版物销售网点
排　　版	北京智博尚书文化传媒有限公司
印　　刷	三河市龙大印刷有限公司
规　　格	203mm×260mm　16 开本　28 印张　728 千字　2 插页
版　　次	2024 年 10 月第 1 版　2024 年 10 月第 1 次印刷
印　　数	0001—3000 册
定　　价	99.80 元

前　言

Preface

　　广州中望龙腾软件股份有限公司是领先的 All-in-One CAx（CAD/CAM/CAE/EDA）解决方案提供商，专注于工业设计软件超过 20 年，建立了以"自主二维 CAD、三维 CAD/CAM/CAE/EDA、流体/结构/电磁等多学科仿真"为主的核心技术与产品矩阵。

　　中望软件自 2004 年开创中国工业软件海外出口先河，迄今为止，其系列软件产品已经畅销全球 90 多个国家和地区，正版用户突破 140 万，广泛应用于机械、电子、汽车、建筑、交通、能源等制造业和工程建设领域，其中不乏中船集团、中交集团、中国移动、中车株洲所、京东方、格力、海尔、国家电网等中国乃至世界知名企业。

　　随着版本的不断升级，中望 CAD 的功能也在不断地扩展和增强，其操作和应用将进一步向智能化和多元化方向发展。中望 CAD 2024 是目前最新版本，也是功能最强大的版本，故本书将以此版本为基础进行讲解。

本书内容设计

➥　结构合理，适合自学

　　本书在编写时充分考虑初学者的特点，内容讲解由浅入深，循序渐进，能引导初学者快速入门。在知识点的安排上没有追求面面俱到，而是够用即可。学好本书，读者能掌握实际设计工作中需要的各项技术。

➥　视频讲解，通俗易懂

　　为了提高学习效率，本书为大部分实例配备了相应的教学视频，在各知识点的关键处给出解释、提醒和注意事项，这些内容都是专业知识和经验的提炼，可帮助读者高效学习，让读者能更多地体会绘图的乐趣。

➥　知识详解，实例丰富

　　本书详细介绍了中望 CAD 2024 的使用方法和编辑技巧，内容涵盖二维绘图和编辑、文本和表格、尺寸标注、图块、辅助绘图工具、三维造型基础、三维实体操作等知识。本书在介绍知识点时辅以大量的实例，并提供具体的设计过程和大量的图示，以帮助读者快速理解并掌握所学知识点。

➥　栏目设置，关键实用

　　本书根据需要并结合实际工作经验，穿插了大量的"注意""技巧"等小栏目，给读者以关键提示。为了让读者有更多的机会动手操作，本书还设置了"动手学"栏目，读者在快速理解相关知识点后动手练习，可以达到举一反三的高效学习效果。

本书显著特点

➥　体验好，随时随地学习

　　二维码扫一扫，随时随地看视频。本书为大部分实例提供了二维码，读者可以通过手机微信

"扫一扫"功能，随时随地观看相关的教学视频（若个别手机不能播放，请参考下面的"本书学习资源列表及获取方式"，在计算机上下载后观看）。

> **资源多，全方位辅助学习**

配套资源库一应俱全。本书提供了绝大多数实例的配套视频和源文件。

> **实例多，用实例学习更高效**

实例丰富详尽，边做边学更快捷。跟着大量实例学习，能边学边做，并从做中学，可以使学习更深入、更高效。

> **入门易，全力为初学者着想**

遵循学习规律，入门实战相结合。本书采用"基础知识+实例"的编写形式，内容由浅入深，循序渐进；同时，入门知识与实战经验相结合，可使学习更有效率。

> **服务快，学习无后顾之忧**

提供在线服务，可随时随地交流。本书提供了公众号、QQ 群等多种服务渠道，为方便读者学习提供最大限度的帮助。

本书学习资源列表及获取方式

为了让读者在最短的时间内学会并精通中望 CAD 辅助绘图技术，本书提供了极为丰富的学习配套资源，具体如下。

> **配套资源**

（1）为方便读者学习，本书所有实例均录制了视频讲解文件，共 141 集（可扫描二维码直接观看或通过以下介绍的方法下载后观看）。

（2）本书包含 105 个中小实例（素材和源文件可通过以下介绍的方法下载后使用）。

> **以上资源的获取及联系方式（注意：本书不配光盘，以上提到的所有资源均需通过以下方法下载后使用）**

（1）扫描并关注下面的微信公众号，然后发送 CAD2686 到公众号后台，获取本书资源下载链接，将该链接复制到计算机浏览器的地址栏中，根据提示进行下载。

（2）读者可加入 QQ 群 773017048（若群满，则会创建新群，请根据加群时的提示加入对应的群），作者不定时在线答疑，读者间也可互相交流学习。

特别说明（新手必读）

读者在学习本书或按照本书上的实例进行操作时，请先在中望 CAD 官网下载并安装中望 CAD 2024 SP 软件。用户可以根据需要下载简体中文 32 位或 64 位版本的软件，单击更多版本按钮，以查看安装要求。

关于作者

本书由天工在线组织编写。天工在线是一个 CAD/CAM/CAE/EDA 技术研讨、工程开发、培训咨询和图书创作的工程技术人员协作联盟，包含 40 多位专职和众多兼职 CAD/CAM/CAE/EDA 工程技术专家。

天工在线负责人由 Autodesk 中国认证考试中心专家担任（全面负责 Autodesk 中国官方认证考试大纲制定、题库建设、技术咨询和师资力量培训工作），成员精通各种 CAD 软件。其创作的很多教材成为国内具有引导性的旗帜作品，在国内相关专业方向图书创作领域具有举足轻重的地位。

致谢

本书能够顺利出版，是作者、编辑和所有审校人员共同努力的结果，在此表示深深的感谢。同时，祝福所有读者在通往优秀工程师的道路上一帆风顺。

编　者

目 录
Contents

第1章　中望 CAD 基础入门…………… 1
　　　视频讲解：6 分钟
1.1　中望 CAD 操作界面 …………… 1
　　1.1.1　标题栏 …………………… 2
　　1.1.2　菜单栏 …………………… 2
　　1.1.3　工具栏 …………………… 2
　　动手学——设置工具栏 ………… 3
　　1.1.4　绘图区 …………………… 4
　　动手学——绘图区基本设置 …… 6
　　1.1.5　命令行窗口 ……………… 7
　　1.1.6　滚动条 …………………… 7
　　1.1.7　模型空间和布局空间 …… 7
　　动手学——切换模型空间
　　　　　　　与布局空间 ………… 8
　　1.1.8　状态栏 …………………… 8
　　1.1.9　功能区 …………………… 10
　　1.1.10　文档选项卡 …………… 10
1.2　文件管理 …………………… 10
　　1.2.1　新建、打开和保存文件… 10
　　1.2.2　输入、输出文件 ……… 12
　　动手学——将文件输出为
　　　　　　　其他格式 ………… 12
1.3　基本输入操作 ……………… 14
　　1.3.1　命令输入方式 ………… 14
　　1.3.2　命令的重复、撤销
　　　　　　与重做 ……………… 14

第2章　基本绘图设置……………… 16
　　　视频讲解：15 分钟
2.1　绘图环境设置……………… 16
　　2.1.1　设置绘图单位………… 16

2.1.2　设置绘图边界………… 17
动手学——设置绘图环境……… 17
2.2　图层设置 …………………… 18
　　2.2.1　建立新图层 …………… 19
　　2.2.2　设置图层 ……………… 21
　　2.2.3　控制图层 ……………… 23
　　动手学——设置样板图 ……… 24
2.3　辅助绘图工具 ……………… 26
　　2.3.1　精确定位工具 ………… 26
　　2.3.2　图形显示工具 ………… 30
　　动手学——绘制垫圈 ………… 33
　　2.3.3　数据的输入方法 ……… 36
　　动手学——绘制五角星 ……… 37

第3章　二维绘图命令……………… 39
　　　视频讲解：61 分钟
3.1　简单二维绘图 ……………… 39
　　3.1.1　直线 …………………… 39
　　动手学——绘制阶梯轴 ……… 40
　　3.1.2　构造线 ………………… 41
　　动手学——绘制楔块的投影
　　　　　　　三视图 …………… 42
　　3.1.3　圆 ……………………… 44
　　动手学——绘制压盖 ………… 44
　　3.1.4　圆弧 …………………… 46
　　动手学——绘制圆形插板……… 46
　　3.1.5　圆环 …………………… 47
　　动手学——绘制钢筋布置图 … 48
　　3.1.6　椭圆与椭圆弧 ………… 49
　　动手学——绘制洗手盆 ……… 50
　　3.1.7　矩形 …………………… 51
　　动手学——绘制底座 ………… 52

3.1.8 正多边形 ······ 54
动手学——绘制螺栓头 ······ 55
3.1.9 点 ······ 55
动手学——绘制棘轮 ······ 57
3.2 高级二维绘图 ······ 59
3.2.1 绘制多段线 ······ 59
动手学——绘制指北针 ······ 60
3.2.2 绘制样条曲线 ······ 60
动手学——绘制螺丝刀 ······ 61
3.2.3 图案填充 ······ 63
动手学——绘制滚花轮 ······ 66
3.2.4 面域 ······ 67
3.2.5 布尔运算 ······ 68
动手学——绘制垫片 ······ 69
3.3 综合实例——绘制联轴器 ······ 71

第4章 二维图形编辑 ······ 74
视频讲解：112 分钟
4.1 对象特性编辑 ······ 74
4.1.1 构造选择集 ······ 74
4.1.2 夹点功能 ······ 76
动手学——绘制连接盘 ······ 77
4.1.3 特性匹配 ······ 78
动手学——修改图形特性 ······ 79
4.1.4 修改对象属性 ······ 79
动手学——修改对象特性 ······ 80
4.2 对象编辑 ······ 81
4.2.1 删除 ······ 81
4.2.2 删除重复对象 ······ 81
4.2.3 修剪 ······ 82
动手学——绘制胶木球 ······ 84
4.2.4 复制 ······ 86
动手学——绘制端盖主视图 ······ 87
4.2.5 镜像 ······ 88
动手学——绘制阀杆 ······ 89
4.2.6 移动 ······ 90
动手学——绘制齿轮轴套
左视图 ······ 91
4.2.7 旋转 ······ 92

动手学——绘制曲柄 ······ 93
4.2.8 偏移 ······ 94
动手学——绘制端盖左视图 ······ 95
4.2.9 拉伸 ······ 97
动手学——修改螺栓长度 ······ 98
4.2.10 缩放 ······ 98
动手学——绘制连杆 ······ 99
4.2.11 拉长 ······ 101
动手学——绘制链环 ······ 102
4.2.12 阵列 ······ 104
动手学——绘制密封垫 ······ 108
动手学——绘制轴座 ······ 109
4.2.13 圆角 ······ 112
动手学——绘制挂轮架 ······ 112
4.2.14 倒角 ······ 115
动手学——绘制销轴 ······ 116
4.2.15 延伸 ······ 117
动手学——绘制传动轴 ······ 118
4.2.16 打断 ······ 121
动手学——打断中心线 ······ 121
4.2.17 打断于点 ······ 122
4.2.18 合并 ······ 122
动手学——绘制星形齿轮架 ······ 123
4.2.19 分解 ······ 125
动手学——绘制燕尾槽 ······ 126
4.3 综合实例——绘制凸轮卡爪 ······ 127

第5章 尺寸标注 ······ 131
视频讲解：94 分钟
5.1 尺寸标注概述 ······ 131
5.1.1 设置尺寸样式 ······ 132
5.1.2 线性标注 ······ 134
动手学——标注螺栓线性
尺寸 ······ 135
5.1.3 直径标注 ······ 137
动手学——标注胶木球尺寸 ······ 137
5.1.4 半径标注 ······ 138
动手学——标注密封垫尺寸 ······ 138
5.1.5 基线标注 ······ 139

5.1.6 连续标注 ……………… 139
动手学——标注传动轴尺寸 … 140
5.1.7 对齐标注 ……………… 142
5.1.8 角度标注 ……………… 143
动手学——标注手把尺寸 …… 144
5.1.9 坐标标注 ……………… 146
动手学——标注阶梯坐标
尺寸 ……………… 147
5.1.10 快速标注 …………… 147
动手学——标注电磁管压盖
尺寸 ……………… 148
5.1.11 折弯标注 …………… 150
动手学——标注手柄尺寸 …… 151
5.1.12 折弯线性 …………… 152
动手学——标注泵轴尺寸 …… 153
5.1.13 面积标注 …………… 153
动手学——标注阶梯面积 …… 156
5.2 引线标注 ………………… 156
5.2.1 利用 LEADER 命令
进行引线标注 ……… 156
5.2.2 利用 QLEADER 命令
进行引线标注 ……… 157
动手学——标注螺栓倒角
尺寸 ……………… 159
5.2.3 多重引线 ……………… 160
动手学——标注齿轮泵装配图
零件序号 ………… 163
5.3 几何公差标注 …………… 165
动手学——标注传动轴的几何
公差 ……………… 167
5.4 文本标注 ………………… 168
5.4.1 设置文字样式 ………… 168
5.4.2 单行文本标注 ………… 169
动手学——绘制电阻符号 …… 171
5.4.3 多行文本标注 ………… 172
动手学——标注技术要求 …… 173
5.5 综合实例——绘制出油阀座 … 174

第6章 表格和图块 …………………… 181
　　 视频讲解：84 分钟
6.1 表格 ……………………… 181
6.1.1 设置表格样式 ………… 182
6.1.2 创建表格 ……………… 184
动手学——绘制齿轮参数表 … 185
6.2 图块及其属性 …………… 186
6.2.1 定义图块 ……………… 186
动手学——创建滑动变阻器
图块 ……………… 188
6.2.2 保存图块 ……………… 189
动手学——保存滑动变阻器
图块 ……………… 190
6.2.3 插入图块 ……………… 190
动手学——绘制电路图 ……… 191
6.2.4 动态块 ………………… 192
动手学——创建并标注动态
粗糙度 …………… 195
6.2.5 定义属性 ……………… 197
动手学——绘制明细表 ……… 198
6.2.6 修改属性定义 ………… 201
动手学——修改明细表内容 … 201
6.2.7 图块属性单个编辑 …… 202
6.2.8 图块属性多重编辑 …… 202
动手学——标注泵轴的表面
粗糙度 …………… 203
6.2.9 提取属性数据 ………… 206
6.3 设计中心与工具选项板 … 206
6.3.1 设计中心 ……………… 206
6.3.2 工具选项板 …………… 207
6.4 综合实例——绘制圆柱齿轮 … 208

第7章 零件图 …………………… 217
　　 视频讲解：137 分钟
7.1 完整零件图绘制方法 …… 217
7.1.1 零件图内容 …………… 218
7.1.2 零件图绘制过程 ……… 218
7.2 阀盖设计 ………………… 218
7.2.1 配置绘图环境 ………… 219

7.2.2　绘制左视图···············220
7.2.3　绘制主视图···············221
7.2.4　设置尺寸标注样式·····223
7.2.5　标注尺寸···············224
7.2.6　标注几何公差·········226
7.2.7　标注表面粗糙度·····227
7.2.8　标注技术要求·········228
动手练——绘制溢流阀上盖···228
7.3　阀体设计···············229
7.3.1　配置绘图环境·········230
7.3.2　绘制主视图···········231
7.3.3　绘制俯视图···········233
7.3.4　绘制左视图···········234
7.3.5　补绘三视图···········236
7.3.6　设置尺寸标注样式···237
7.3.7　标注尺寸和尺寸公差···237
7.3.8　标注几何公差·········240
7.3.9　标注表面粗糙度·····241
7.3.10　填写标题栏和技术
　　　　要求···············242
动手练——绘制阶梯轴
　　　　零件图···············243

第8章　装配图···············244
　　　　视频讲解：67分钟
8.1　完整装配图绘制方法···244
8.1.1　装配图的内容·········245
8.1.2　装配图的特殊表达
　　　　方法···············245
8.1.3　装配图中零部件序号
　　　　的编写···············246
8.1.4　装配图的绘制过程···247
8.1.5　装配图的绘制方法···247
8.2　绘制球阀装配图·········248
8.2.1　配置绘图环境·········248
8.2.2　组装装配图···········249
8.2.3　设置尺寸标注样式···252
8.2.4　标注球阀装配平面图···252
8.2.5　填写标题栏···········254

动手练——绘制溢流阀
　　　　装配图···············254

第9章　三维造型基础知识···········255
　　　　视频讲解：11分钟
9.1　三维坐标系···············255
9.1.1　右手法则与坐标系···256
9.1.2　建立坐标系···········257
9.1.3　设置坐标系···········258
9.1.4　动态 UCS···········259
动手学——绘制法兰盘·····260
9.2　动态观察···············262
9.2.1　受约束的动态观察···262
9.2.2　自由动态观察·········263
9.2.3　连续动态观察·········263
动手学——动态观察齿轮泵···264
9.3　显示形式···············265
9.3.1　视觉样式···········265
动手学——更改涡轮的显示
　　　　形式···············266
9.3.2　曲线的显示分辨率···267
动手学——绘制垫圈·········267
9.4　渲染实体···············268
9.4.1　光源···············268
9.4.2　材质···············268
9.4.3　渲染···············270
动手学——渲染吊耳·········270

第10章　简单三维造型···········273
　　　　视频讲解：74分钟
10.1　创建基本三维实体·······273
10.1.1　创建长方体·········273
动手学——绘制导轨·········275
10.1.2　创建圆柱体·········276
动手学——绘制汽车变速
　　　　拨叉···············277
10.1.3　创建球体·········279
动手学——绘制球瓦·········280
10.1.4　创建圆锥体·········281

动手学——绘制锥心轴 ········ 281
　10.1.5　创建圆环体 ············ 282
动手学——绘制深沟球
　　　　　轴承 ·········· 283
　10.1.6　创建楔体 ·············· 285
动手学——绘制底座 ·········· 285
10.2　由二维图形生成三维实体 ···· 287
　10.2.1　拉伸 ················ 287
动手学——绘制轴承座 ········ 288
　10.2.2　旋转 ················ 292
动手学——绘制活塞 ·········· 293
　10.2.3　扫掠 ················ 298
动手学——绘制弹簧 ·········· 299
　10.2.4　放样 ················ 300
动手学——绘制雨伞 ·········· 301
10.3　综合实例——绘制手压阀
　　　阀体 ················ 304

第 11 章　复杂三维造型 ············ 313
　　　📹 **视频讲解：67 分钟**
11.1　三维操作功能 ············ 313
　11.1.1　三维旋转 ············ 313
动手学——绘制吊耳 ·········· 314
　11.1.2　三维阵列 ············ 317
动手学——绘制花键套
　　　　　立体图 ·········· 318
　11.1.3　三维镜像 ············ 323
动手学——绘制脚踏座 ········ 324
11.2　剖切功能 ·············· 330
　11.2.1　剖切 ················ 330
动手学——绘制顶针 ·········· 331
　11.2.2　剖切截面 ············ 333
动手学——绘制阀芯 ·········· 333
11.3　综合实例——绘制减速器
　　　箱体 ················ 336

第 12 章　三维造型编辑 ············ 342
　　　📹 **视频讲解：104 分钟**
12.1　实体边编辑 ············· 342

　12.1.1　着色边 ·············· 342
动手学——绘制端盖 ·········· 343
　12.1.2　复制边 ·············· 345
动手学——绘制插架 ·········· 346
12.2　实体面编辑 ············· 352
　12.2.1　拉伸面 ·············· 352
动手学——绘制 U 形叉 ······· 353
　12.2.2　移动面 ·············· 355
动手学——绘制支架 ·········· 356
　12.2.3　偏移面 ·············· 361
动手学——绘制六角扳手 ······ 361
　12.2.4　删除面 ·············· 364
动手学——绘制镶块 ·········· 364
　12.2.5　旋转面 ·············· 367
动手学——绘制机座 ·········· 368
　12.2.6　倾斜面 ·············· 371
动手学——绘制带轮 ·········· 372
　12.2.7　复制面 ·············· 376
动手学——绘制轴套 ·········· 376
　12.2.8　着色面 ·············· 377
动手学——轴套着色 ·········· 378
12.3　实体编辑 ·············· 379
　12.3.1　压印 ················ 379
　12.3.2　抽壳 ················ 380
动手学——绘制扭结盘 ········ 381
　12.3.3　清除 ················ 385
　12.3.4　分割 ················ 385
动手学——绘制充电器 ········ 386
12.4　夹点编辑 ·············· 388
12.5　干涉检查 ·············· 388
动手学——大齿轮装配图
　　　　　干涉检查 ·········· 389
12.6　综合实例——绘制壳体
　　　立体图 ················ 390

第 13 章　球阀三维设计 ············ 401
　　　📹 **视频讲解：88 分钟**
13.1　零件设计 ·············· 401
　13.1.1　绘制双头螺柱 ······· 401

13.1.2　绘制螺母……………404
13.1.3　绘制密封圈…………406
13.1.4　绘制扳手……………407
13.1.5　绘制阀杆……………412
13.1.6　绘制压紧套…………414
13.1.7　绘制阀体……………416
13.1.8　绘制阀盖……………423
13.2　球阀装配体设计……………427
13.2.1　配置绘图环境………427
13.2.2　装配阀体……………427
13.2.3　装配阀盖……………428
13.2.4　装配密封圈…………428

13.2.5　装配阀芯……………429
13.2.6　装配压紧套…………430
13.2.7　装配阀杆……………431
13.2.8　装配扳手……………431
13.2.9　装配双头螺柱………432
13.2.10　装配螺母…………433
13.2.11　阵列双头螺柱和
　　　　螺母……………434
13.3　球阀装配立体图的剖切………435
13.3.1　绘制 1/2 剖切视图…435
13.3.2　绘制 1/4 剖切视图…435

第 1 章　中望 CAD 基础入门

内容简介

本章介绍中望 CAD 2024 绘图的有关基础知识。通过学习本章，读者可了解中望 CAD 2024 的操作界面，熟悉图形文件的管理方法，掌握基本输入操作方法等，为后面进入系统学习打好基础。

内容要点

➢ 中望 CAD 操作界面
➢ 文件管理
➢ 基本输入操作

案例效果

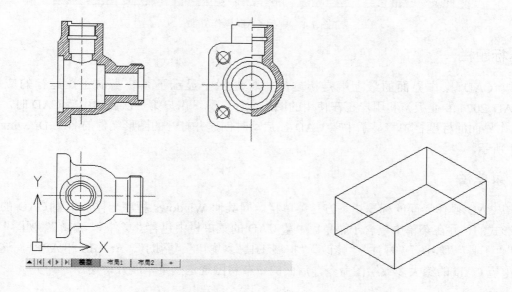

1.1　中望 CAD 操作界面

中望 CAD 2024 的操作界面是中望 CAD 显示、编辑图形的区域，一个完整的中望 CAD 操作界面如图 1.1 所示，包括标题栏、菜单栏、工具栏、绘图区、命令行窗口、模型标签、布局标签、状态栏、功能区和文档选项卡等。

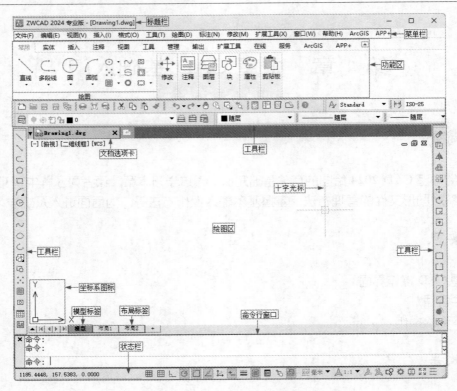

图 1.1　中望 CAD 操作界面

1.1.1　标题栏

中望 CAD 操作界面的最上端是标题栏，标题栏中显示了系统当前正在运行的应用程序（ZWCAD 2024 专业版）和用户正在使用的图形文件名称。用户第一次启动中望 CAD 时，在中望 CAD 操作界面的标题栏中将显示中望 CAD 在启动时创建并打开的图形文件的名字 Drawing1.dwg，如图 1.1 所示。

1.1.2　菜单栏

中望 CAD 操作界面的标题栏下方是菜单栏。同其他 Windows 程序一样，中望 CAD 的菜单也是下拉形式的，并在菜单中包含子菜单。中望 CAD 的菜单栏中包含"文件""编辑""视图""插入""格式""工具""绘图""标注""修改""扩展工具""窗口""帮助"、ArcGIS 和 APP+，这些菜单包含了中望 CAD 的绝大多数绘图命令，后面的章节将围绕这些菜单展开讲述。

1.1.3　工具栏

在工具栏空白处任意位置右击，在弹出的快捷菜单中选择 ZWCAD 命令，系统会自动打开工具栏标签列表，如图 1.2 所示。单击选中某一个工具栏标签名称，会在其名称前面显示✓，系统自动在工作界面打开该工具栏；再次单击该工具栏，则关闭该工具栏。

工具栏可以在绘图区浮动，如图 1.3 所示，此时显示该工具栏标题，并可关闭该工具栏。用鼠标拖动浮动工具栏到绘图区边界，使其变为固定工具栏，此时该工具栏标题隐藏；也可以把固定工具栏拖出，使其成为浮动工具栏。

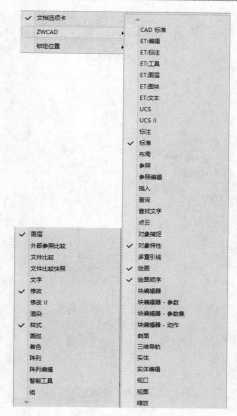

图 1.2　工具栏标签列表

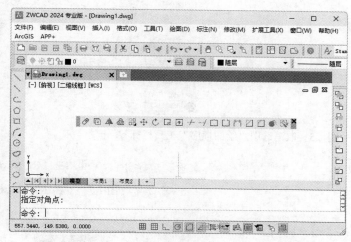

图 1.3　浮动工具栏

在有些按钮的右下角带有一个小三角，单击该工具栏按钮会打开相应的工具栏，如图 1.4 所示。按住鼠标左键，将光标移动到某一按钮上后松开鼠标，该按钮就成为当前按钮。单击当前按钮，就会执行相应的命令。

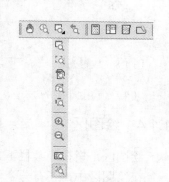

动手学——设置工具栏

本例介绍工具栏的设置，具体内容为关闭"绘图顺序"工具栏；打开"标注"工具栏，并将其拖放到绘图区的右边界。

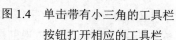

扫一扫，看视频

【操作步骤】

图 1.4　单击带有小三角的工具栏按钮打开相应的工具栏

（1）❶ 在工具栏空白处任意位置右击，❷ 在弹出的快捷菜单中选择 ZWCAD 命令，系统会自动打开工具栏标签列表。❸ 单击"绘图顺序"工具栏标签，取消选中该标签，如图 1.5 所示，则在绘图区关闭该工具栏。

（2）❹ 在工具栏空白处任意位置右击，在弹出的快捷菜单中❺ 选择 ZWCAD 命令，系统会自动打开工具栏标签列表。❻ 单击"标注"工具栏标签，选中该标签，如图 1.6 所示，则在绘图区显示该工具栏，如图 1.7 所示，此时的工具栏为浮动工具栏。

（3）❼ 将光标放在"标注"工具栏左端，如图 1.8 所示。❽ 按住鼠标左键，拖动"标注"工具栏至绘图区右边界，如图 1.9 所示。❾ 松开鼠标，则将"标注"工具栏固定在右边界，如图 1.10 所示。

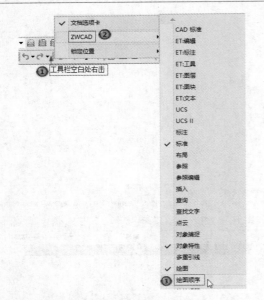

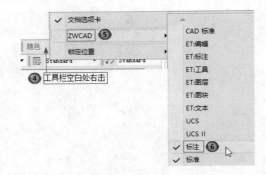

图 1.5　取消选中"绘图顺序"工具栏标签　　　　　　　图 1.6　选中"标注"工具栏标签

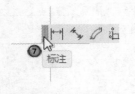 　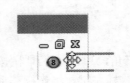 　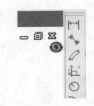

图 1.7　"标注"工具栏

图 1.8　放置光标　　　　　图 1.9　选择放置位置　　　　图 1.10　固定"标注"工具栏

（4）使用同样的方法，可以打开和关闭其他工具栏。

1.1.4　绘图区

绘图区是指在工具栏下方的大片空白区域，是用户使用中望 CAD 绘制图形的区域。

在绘图区中，还有一个作用类似光标的十字线，其交点反映了光标在当前坐标系中的位置。在中望 CAD 中，将该十字线称为十字光标，如图 1.1 所示，中望 CAD 通过十字光标显示当前点的位置。十字光标的方向与当前用户坐标系的 X 轴、Y 轴方向平行。

1. 修改图形窗口中十字光标的大小

十字光标的长度系统预设为屏幕大小的 5%，用户可以根据绘图的实际需要更改其大小。改变十字光标大小的方法如下：选择菜单栏中的"工具"→"选项"命令，弹出"选项"对话框。选择"显示"选项卡，在"十字光标大小"选项组中的文本框中直接输入数值，或者拖动文本框后的滑块，即可对十字光标的大小进行调整，如图 1.11 所示。

此外，还可以通过设置系统变量 CURSORSIZE 的值，实现对十字光标大小的更改。其方法是在命令行窗口中输入 CURSORSIZE 命令并按 Enter 键，然后输入数值，如图 1.12 所示。

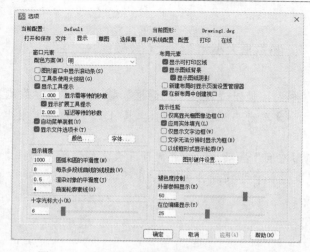

图 1.11 "选项"对话框中的"显示"选项卡

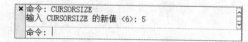

图 1.12 通过设置系统变量 CURSORSIZE
的值修改十字光标大小

2. 修改绘图区的颜色

默认情况下，中望 CAD 的绘图区是黑色背景、白色线条，这不符合绝大多数用户的使用习惯，因此修改绘图区颜色是大多数用户需要进行的操作。选择菜单栏中的"工具"→"选项"命令，弹出"选项"对话框，选择图 1.11 所示的"显示"选项卡，单击"窗口元素"选项组中的"颜色"按钮，将弹出图 1.13 所示的"图形窗口颜色"对话框。

单击"图形窗口颜色"对话框中的"颜色"下拉按钮，在打开的下拉列表中选择需要的窗口颜色，单击"应用并关闭"按钮，此时中望 CAD 的绘图区颜色变成了窗口背景色，通常按视觉习惯选择白色为窗口颜色。

3. 坐标系图标

在绘图区的左下角有一个箭头指向按钮，称为坐标系按钮，表示用户绘图时正使用的坐标系形式（图 1.1）。坐标系图标的作用是为点的坐标确定一个参照系。根据工作需要，用户可以选择将其关闭，其方法是选择菜单栏中的"视图"→"显示"→"UCS 图标"命令，如图 1.14 所示，取消选中"开"选项，即可关闭坐标系图标。

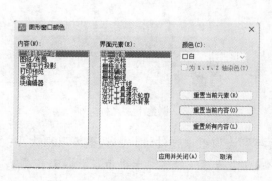

图 1.13 "图形窗口颜色"对话框

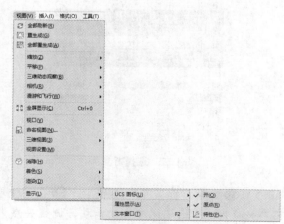

图 1.14 "视图"菜单

扫一扫，看视频

动手学——绘图区基本设置

本例将设置绘图区背景颜色、十字光标大小、拾取框大小和夹点大小及颜色。

【操作步骤】

（1）选择菜单栏中的"工具"→"选项"命令，弹出"选项"对话框。① 选择"显示"选项卡，② 在"配色方案"下拉列表中选择"明"，③ 单击"颜色"按钮，如图 1.15 所示，弹出"图形窗口颜色"对话框。

（2）④ 在"内容"列表框中选择"二维模型空间"选项，⑤ 在"界面元素"列表框中选择"统一背景"选项，⑥ 在"颜色"列表框中选择"其他颜色"按钮，如图 1.16 所示。

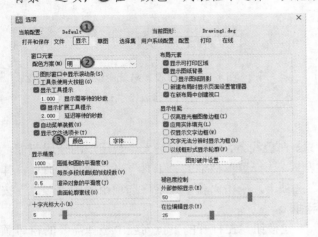

图 1.15 "选项"对话框

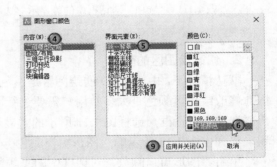

图 1.16 "图形窗口颜色"对话框

（3）弹出"选择颜色"对话框，⑦ 选择色号为 9 的灰色，⑧ 单击"确定"按钮，如图 1.17 所示。返回"图形窗口颜色"对话框，⑨ 单击"应用并关闭"按钮，返回"选项"对话框。

（4）在"十字光标大小"选项组中 ⑩ 拖动滑块或在文本框中输入数值 6，调整十字光标大小，如图 1.18 所示。

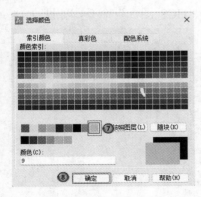

图 1.17 选择背景颜色

图 1.18 调整十字光标大小

（5）⑪ 选择"选择集"选项卡，⑫ 在"拾取框大小"选项组中拖动滑块，调整拾取框大小；⑬ 在"夹点大小"选项组中拖动滑块，调整夹点大小；⑭ 在"夹点"选项组中单击"未选中夹点颜色"后面的"颜色"按钮，如图 1.19 所示。

（6）弹出"选择颜色"对话框，⑮选择颜色为黄色，如图 1.20 所示。⑯单击"确定"按钮，返回"选项"对话框。设置完成，⑰单击"确定"按钮，关闭"选项"对话框。

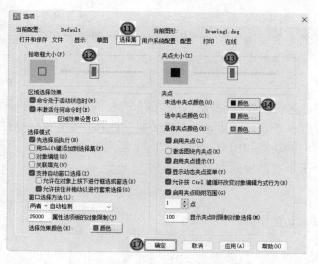

图 1.19　调整拾取框大小和夹点大小

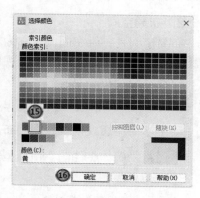

图 1.20　选择夹点颜色

1.1.5　命令行窗口

命令行窗口是输入命令名和显示命令提示的区域，默认的命令行窗口布置在操作界面下方，由若干文本行组成，如图 1.1 所示。对命令行窗口，有以下几点需要说明。

（1）移动拆分条，可以扩大与缩小命令行窗口。

（2）可以拖动命令行窗口，布置在操作界面的其他位置。默认情况下，命令行窗口布置在操作界面的下方。

（3）对当前命令行中输入的内容，可以按 F2键用文本窗口编辑的方法进行编辑，如图 1.21 所示。中望 CAD 文本窗口和命令行窗口相似，其可以显示当前中望 CAD 进程中命令的输入和执行过程。在执行中望 CAD 的某些命令时，命令行窗口会自动切换到文本窗口，列出有关信息。

（4）中望 CAD 通过命令行窗口反馈各种信息，包括出错信息。因此，用户要时刻关注在命令行窗口中出现的信息。

图 1.21　文本窗口

1.1.6　滚动条

在中望 CAD 的绘图区下方和右侧还提供了用于浏览图形的水平与竖直方向的滚动条。在滚动条中单击或拖动滚动条中的滚动块，可以在绘图区中按水平或竖直两个方向浏览图形。

1.1.7　模型空间和布局空间

中望 CAD 系统默认设定一个"模型"空间布局标签和"布局 1""布局 2"两个图样空间布局

标签。单击绘图区下方的"模型"按钮、"布局1"按钮和"布局2"按钮，可在模型空间与布局空间之间切换。

1．模型空间

模型空间是三维空间。计算机辅助模型空间主要用于设计工作，可以绘制和修改几何图形，以及进行各种几何运算和建模操作。

2．布局空间

布局空间是二维空间，也称为图纸空间，主要用于布局和打印。在布局空间中，可以将模型空间中的设计模型以特定的比例和视图方向放置在一张图纸上，并添加必要的注释、标注和标题栏等。

模型空间和布局空间的主要区别在于它们的功能和用途。模型空间主要用于设计工作，而布局空间主要用于将设计结果可视化呈现，以便于审查、校对和打印。

扫一扫，看视频

动手学——切换模型空间与布局空间

本例将"阀体零件图"由模型空间切换到布局空间。

【操作步骤】

（1）选择菜单栏中的"文件"→"打开"命令，或单击"标准"工具栏中的"打开"按钮，弹出"选择文件"对话框，选择"阀体零件图"源文件，单击"打开"按钮，在模型空间打开"阀体零件图"源文件，如图1.22所示。

（2）单击"布局1"按钮，切换到布局空间，如图1.23所示。

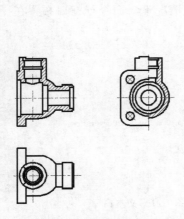

图1.22　阀体零件图

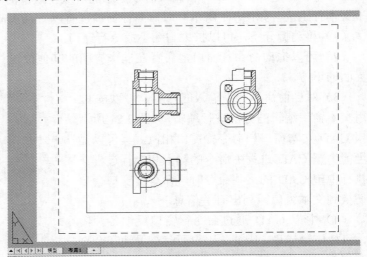

图1.23　切换到布局空间

1.1.8　状态栏

状态栏在屏幕的底部，依次有"坐标""捕捉模式""栅格显示""正交模式""极轴追踪""对象捕捉""对象捕捉追踪""动态UCS""动态输入""显示/隐藏线宽""显示/隐藏透明度""快捷特性""选择循环""模型或图纸空间""图形单位""注释比例""注释可见性""自动缩放""隔离对象""设置工作空间""硬件加速""全屏显示""自定义"23个功能按钮，如图1.24所示。单击部分开关按钮，可以实现这些功能的开关。

图 1.24 状态栏

下面对状态栏中部分按钮做简单介绍，通过这些按钮可以控制图形或绘图区的状态。

（1）捕捉模式：对象捕捉对于在对象上指定精确位置非常重要。不论何时提示输入点，都可以指定对象捕捉。默认情况下，当光标移动到对象的对象捕捉位置时，将显示标记和工具提示。

（2）栅格显示：栅格是由覆盖整个用户坐标系（User Coordinate System，UCS）XY 平面的直线或点组成的矩形图案。使用栅格类似于在图形下放置一张坐标纸，可以对齐对象并直观地显示对象之间的距离。

（3）正交模式：将光标限制在水平或垂直方向上移动，以便于精确地创建和修改对象。当创建或修改对象时，可以使用正交模式将光标限制在相对于 UCS 的水平或垂直方向上。

（4）极轴追踪：使用极轴追踪，光标将按指定角度进行移动。创建或修改对象时，可以使用极轴追踪显示由指定的极轴角度定义的临时对齐路径。

（5）对象捕捉：使用对象捕捉，可以在对象上的精确位置指定捕捉点。选择多个选项后，将应用选定的捕捉模式，以返回距离靶框中心最近的点。按 Tab 键可以在这些选项之间循环。

（6）对象捕捉追踪：使用对象捕捉追踪，可以沿着基于对象捕捉点的对齐路径进行追踪。已获取的点将显示一个小加号（+），一次最多可以获取 7 个追踪点。获取点之后，在绘图路径上移动光标，将显示相对于获取点的水平、垂直或极轴对齐路径。例如，可以基于对象的端点、中点或交点，沿着某条路径选择一点。

（7）模型或图纸空间：在模型空间与布局空间之间进行切换。

（8）注释比例：单击"注释比例"右下角的三角按钮，打开注释比例列表，如图 1.25 所示，可以根据需要选择适当的注释比例注释当前视图。

（9）注释可见性：当按钮亮显时表示显示所有比例的注释性对象，当按钮变暗时表示仅显示当前比例的注释性对象。

（10）自动缩放：注释比例更改时，自动将比例添加到注释对象。

（11）隔离对象：当选择隔离对象时，在当前视图中显示选定对象，所有其他对象都暂时隐藏。当选择隐藏对象时，在当前视图中暂时隐藏选定对象，所有其他对象都可见。

（12）设置工作空间：进行工作空间转换。单击该按钮，打开图 1.26 所示的下拉列表，用户可根据自己的习惯设置绘图界面。

（13）硬件加速：设定图形卡的驱动程序以及设置硬件加速的选项。

（14）全屏显示：该选项可以清除操作界面中的标题栏、功能区和工具栏等界面元素，使中望 CAD 的绘图区全屏显示，如图 1.27 所示。

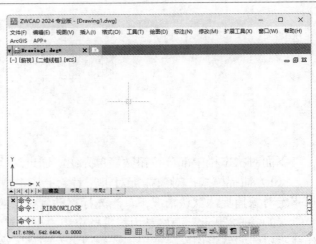

图 1.25　注释比例列表　　图 1.26　设置工作空间　　　图 1.27　绘图区全屏显示

下拉列表

1.1.9　功能区

当在图 1.26 所示的下拉列表中选中"功能区"时，操作界面中会增加功能区部分。在默认情况下，功能区包括"常用""实体""插入""注释"　"视图""工具""管理""输出""扩展工具""在线""服务"、ArcGIS 以及 APP+选项卡，每个选项卡集成了相关的操作工具，用户可以单击功能区选项后面的▲/▼按钮控制功能的展开与收缩。

1.1.10　文档选项卡

在工具栏/功能区任意空白位置右击，在弹出的快捷菜单中取消选中/选中"文档选项卡"命令，则绘图区中会关闭/显示该文档标签。

1.2　文 件 管 理

本节将介绍有关文件管理的一些基本操作方法，包括新建文件、打开已有文件、保存文件等，这些都是进行中望 CAD 操作最基础的知识。另外，本节也将介绍不同格式类型文件的输入和输出。

1.2.1　新建、打开和保存文件

1. 新建文件

【执行方式】

➢ 命令行：NEW。

➢ 菜单栏："文件"→"新建"。

➢ 工具栏："标准"→"新建"🗋。

执行该命令后，系统弹出图 1.28 所示的"选择样板文件"对话框。

在执行快速创建图形功能之前必须进行以下设置。

（1）将 FILEDIA 系统变量设置为 1，将 STARTUP 系统变量设置为 0。

（2）通过"工具"→"选项"命令选择默认图形样板文件。其具体方法如下：选择菜单栏中的"工具"→"选项"命令，弹出"选项"对话框，选择"文件"选项卡，单击"快速新建的默认模板文件名"节点，如图 1.29 所示。单击"添加"按钮，再单击"浏览"按钮，打开图 1.30 所示的"选择样板文件"对话框，选择需要的样板文件。

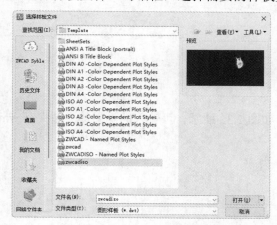

图 1.28　"选择样板文件"对话框 1

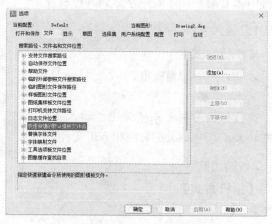

图 1.29　"文件"选项卡

2. 打开文件

【执行方式】

- ➢ 命令行：OPEN。
- ➢ 菜单栏："文件"→"打开"。
- ➢ 工具栏："标准"→"打开" 📁。

执行该命令后，系统弹出"选择样板文件"对话框（图 1.30），在"文件类型"下拉列表中可选.dwg 文件、.dwt 文件、.dxf 文件、.dwf 文件、.dwfx 文件和.dws 文件。其中，.dxf 文件是用文本形式存储的图形文件，能够被其他程序读取，许多第三方应用软件都支持该格式。

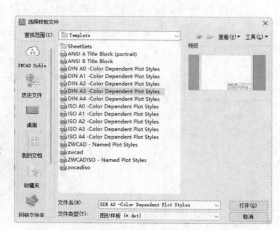

图 1.30　"选择样板文件"对话框 2

3. 保存文件

【执行方式】

- ➢ 命令行：QSAVE/SAVEAS/SAVEALL。
- ➢ 菜单栏："文件"→"保存" / "另存为" / "全部保存"。
- ➢ 工具栏："标准"→"保存" 💾 / "另存为" 💾 / "全部保存" 🗂。

执行该命令后，若用户对图形所做的修改尚未保存，则会弹出"图形另存为"对话框，如图 1.31 所示。输入文件名称，选择文件类型，然后单击"保存"按钮即可。

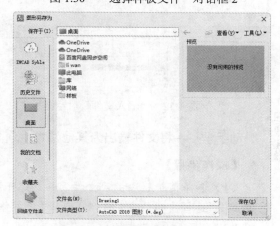

图 1.31　"图形另存为"对话框

1.2.2　输入、输出文件

中望 CAD 提供了图形输入与输出接口，不仅可以将其他程序中的文件导入中望 CAD 中，也可以将中望 CAD 中的文件导出到其他程序。

1. 输入文件

【执行方式】

- ➤ 命令行：IMPORT。
- ➤ 菜单栏："文件"→"输入"。

执行该命令后，系统弹出"输入文件"对话框，如图 1.32 所示，可输入的"文件类型"有.wmf 文件、.sat 文件、.dgn 文件和.pdf 文件。

2. 输出文件

【执行方式】

- ➤ 命令行：EXPORT。
- ➤ 菜单栏："文件"→"输出"。

执行该命令后，系统弹出"输出数据"对话框，如图 1.33 所示，可输入的"文件类型"有.wmf 文件、.sat 文件、.dwg 文件、.bmp 文件、.jpg 文件、.png 文件、.tif 文件、.dwf 文件、.dwfx 文件、.dgn 文件和.stl 文件。

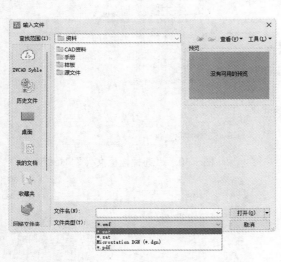

图 1.32　"输入文件"对话框

图 1.33　"输出数据"对话框

扫一扫，看视频

动手学——将文件输出为其他格式

【操作步骤】

（1）选择菜单栏中的"文件"→"打开"命令，或单击"标准"工具栏中的"打开"按钮 🗁，系统弹出"选择文件"对话框，❶选择"长方体"源文件，在"文件类型"下拉列表中显示类型为.dwg，如图 1.34 所示。❷单击"打开"按钮，"长方体"源文件如图 1.35 所示。

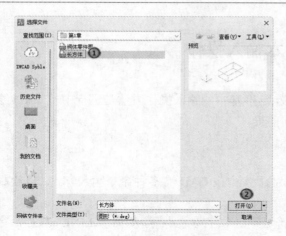

图 1.34　"选择文件"对话框

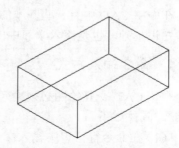

图 1.35　"长方体"源文件

（2）选择菜单栏中的"文件"→"输出"命令，系统弹出"输出数据"对话框，❸设置保存路径，❹选择文件类型为.stl，❺单击"保存"按钮，如图 1.36 所示。

（3）命令行窗口中提示"选择实体或无间隙网格"，在绘图区选择长方体，如图 1.37 所示。

（4）打开保存的文件夹，查看文件，如图 1.38 所示。

图 1.36　"输出数据"对话框

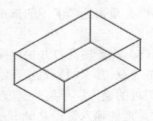

图 1.37　选择长方体

图 1.38　查看文件

1.3　基本输入操作

在中望 CAD 中有一些基本的输入操作方法，这些基本的输入操作方法是进行中望 CAD 绘图的必备知识基础，也是深入学习中望 CAD 功能的前提。

1.3.1　命令输入方式

中望 CAD 交互绘图必须输入必要的指令和参数。中望 CAD 有多种命令输入方式（以绘制直线为例），具体如下。

（1）在命令行窗口中输入命令名：命令字符可不区分字母大小写，如命令 LINE。执行命令时，在命令行提示中经常会出现命令选项。例如，输入绘制直线命令 LINE 后，命令行提示如下：

```
命令：LINE✓
指定第一个点：（在屏幕上指定一点或输入一个点的坐标）
指定下一点或 [放弃(U)]：
```

选项中不带括号的提示为默认选项，因此可以直接输入直线段的起点坐标或在屏幕上指定一点；如果要选择其他选项，则应该首先输入该选项的标识字符，如"放弃"选项的标识字符 U，然后按系统提示输入数据即可。在命令选项的后面有时还带有尖括号，尖括号内的数值为默认数值。

（2）在命令行窗口中输入命令缩写字：如 L（LINE）、C（CIRCLE）、A（ARC）、Z（ZOOM）、R（REDRAW）、M（MORE）、CO（COPY）、PL（PLINE）、E（ERASE）等。

（3）在菜单栏中选择：在"绘图"菜单栏中选择"直线"命令。

（4）单击工具栏中的按钮：单击工具栏中的"直线"按钮 。

（5）单击选项卡中的按钮：单击选项卡中的"直线"按钮 。

（6）在绘图区打开快捷菜单：如果在前面刚使用过要输入的命令，那么可以直接在绘图区中右击，打开快捷菜单，在"最近的输入"子菜单中选择需要的命令，如图 1.39 所示。"最近的输入"子菜单中存储了最近使用的命令，如果经常重复使用某个命令，这种方法就比较快捷。

（7）在命令行窗口中直接按 Enter 键：如果用户要重复使用上次使用的命令，可以在命令行窗口中直接按 Enter 键，系统会立即重复执行上次使用的命令。这种方法适用于重复执行某个命令。

图 1.39　绘图区右键快捷菜单

1.3.2　命令的重复、撤销与重做

1. 重复命令

按 Enter 键可重复调用上一个命令，无论上一个命令是完成了还是被取消了。

2. 撤销和终止命令

在命令执行的任何时刻都可以撤销和终止。

【执行方式】

➢ 命令行：UNDO。
➢ 菜单栏："编辑"→"放弃"。
➢ 工具栏："标准"→"放弃"。
➢ 快捷键：Esc。

3. 重做命令

已被撤销的命令还可以恢复重做。恢复执行了"撤销"命令的最后一个命令。

【执行方式】

➢ 命令行：REDO。
➢ 菜单栏："编辑"→"重做"。
➢ 工具栏："标准"→"重做"。

该命令可以一次执行多重放弃和重做操作。单击 UNDO 或 REDO 列表箭头，可以选择要放弃或重做的操作，如图 1.40 所示。

图 1.40 "放弃"或"重做"按钮

第 2 章　基本绘图设置

内容简介

本章介绍二维绘图的参数设置知识。通过学习本章，读者可了解并熟练掌握图层、基本绘图参数的设置，进而应用到图形绘制过程中。

内容要点

➤ 绘图环境设置
➤ 图层设置
➤ 辅助绘图工具

案例效果

 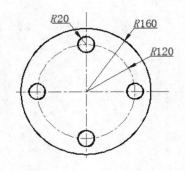 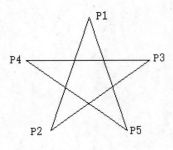

2.1　绘图环境设置

绘图环境设置包括绘图单位和绘图边界的设置。

2.1.1　设置绘图单位

【执行方式】

➤ 命令行：DDUNITS（或 UNITS）。
➤ 菜单栏："格式" → "单位"。

执行命令后，系统弹出"图形单位"对话框，如图 2.1 所示。

【选项说明】

（1）"长度"与"角度"选项组：指定测量的长度与角度的类型及当前单位的精度。

（2）"用于缩放插入内容的单位"下拉列表：控制使用工具选项板（如设计中心或 i-drop）拖入当前块或图形的测量单位。如果创建块或图形时使用的单位与该选项指定的单位不同，则在插入这些块或图形时，将对其按比例缩放。插入比例是源块或图形使用的单位与目标块或图形使用的单位之比。如果插入块或图形时不按指定单位缩放，则选择"无单位"。

（3）"输出样例"选项组：显示使用当前单位和角度设置的例子。

（4）"方向"按钮：单击该按钮，弹出"方向控制"对话框，可进行方向控制，如图 2.2 所示。

图 2.1　"图形单位"对话框 1

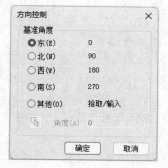

图 2.2　"方向控制"对话框

2.1.2　设置绘图边界

【执行方式】

➢ 命令行：LIMITS。

➢ 菜单栏："格式"→"图形界限"。

执行该命令后，命令行提示如下：

```
命令: '_limits
指定左下点或限界 [开(ON)/关(OFF)] <0,0>：（输入图形边界左下角的坐标后按 Enter 键）
指定右上点 <420,297>：（输入图形边界右上角的坐标后按 Enter 键）
```

【选项说明】

（1）开(ON)：使绘图边界有效，此时系统将在绘图边界以外拾取的点视为无效。

（2）关(OFF)：使绘图边界无效，此时用户可以在绘图边界以外拾取点或实体。

（3）动态输入角点坐标：可以直接在屏幕上输入角点坐标。在输入横坐标值后，按","键，接着输入纵坐标值，如图 2.3 所示。另外，也可以按十字光标位置直接单击确定角点位置。

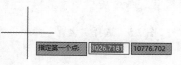

图 2.3　动态输入角点坐标

动手学——设置绘图环境

本例将对绘图的单位和边界进行设置。

【操作步骤】

1. 设置绘图单位

（1）选择菜单栏中的"格式"→"单位"命令，弹出"图形单位"对话框。

扫一扫，看视频

（2）① "长度" 类型选择 "小数"，② "精度" 设置为 0.0，③ "角度" 类型选择 "十进制度数"，④ "精度" 设置为 0.0，⑤ 勾选 "顺时针" 复选框。

（3）⑥ "用于缩放插入内容的单位" 选择 "毫米"，⑦ 单击 "确定" 按钮，如图 2.4 所示。

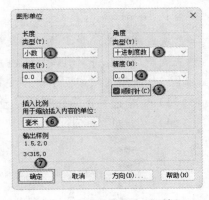

图 2.4　"图形单位" 对话框 2

2．设置绘图边界

（1）选择菜单栏中的 "格式" → "图形界限" 命令，在命令行中① 输入左下点坐标（0,0）并按 Enter 键，② 输入右上点坐标（420,297）并按 Enter 键。

命令行提示如下：

```
命令：'_limits
指定左下点或限界 [开(ON)/关(OFF)] <0,0>：0,0✓①
指定右上点 <420,297>：420,297✓②
```

（2）在状态栏中③ 右击 "栅格显示" 按钮田，在弹出的快捷菜单中④ 选择 "设置" 命令，如图 2.5 所示。

（3）弹出 "草图设置" 对话框，⑤ 选择 "捕捉和栅格" 选项卡，⑥ 勾选 "启用栅格" 复选框，⑦ 取消勾选 "显示超出界限的栅格" 复选框，如图 2.6 所示。⑧ 单击 "确定" 按钮，关闭 "草图设置" 对话框。

（4）此时，在绘图区中显示的栅格范围即为设置的绘图边界，如图 2.7 所示。

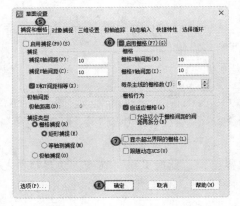

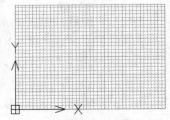

图 2.5　选择 "设置" 命令　　图 2.6　"草图设置" 对话框　　图 2.7　设置的绘图边界

2.2　图 层 设 置

中望 CAD 中的图层就如同在手动绘图中使用的重叠透明图纸，如图 2.8 所示，可以使用图层组织不同类型的信息。在中望 CAD 中，图形的每个对象都位于一个图层上，所有图形对象都具有图层、颜色、线型和线宽这 4 个基本属性。在绘制时，图形对象将创建在当前的图层上。每个中望 CAD 文档中图层的数量是不受限制的，每个图层都有自己的名称。

图 2.8　图层

2.2.1　建立新图层

新建的中望 CAD 文档中只能自动创建一个名为 0 的特殊图层。默认情况下，图层 0 将被指定使用 7 号颜色、CONTINUOUS 线型、"默认"线宽以及 NORMAL 打印样式，不能删除或重命名图层 0。通过创建新图层，可以将类型相似的对象指定给同一个图层使其相关联。例如，可以将构造线、文字、标注和标题栏置于不同的图层上，并为这些图层指定通用特性。通过将对象分类放到各自的图层中，可以快速有效地控制对象的显示以及对其进行更改。

【执行方式】

➢ 命令行：LAYER。
➢ 菜单栏："格式"→"图层"。
➢ 工具栏："图层"→"图层特性管理器"。
➢ 功能区："常用"→"图层"→"图层特性"／"工具"→"选项板"→"图层特性"。

【操作步骤】

执行该命令后，系统弹出"图层特性管理器"选项板，如图 2.9 所示。

图 2.9　"图层特性管理器"选项板

单击"图层特性管理器"选项板中的"新建"按钮，建立新图层，默认的图层名为"图层 1"。可以根据绘图需要更改图层名，如改为实体层、中心线层或标准层等。

在一个图形中可以创建的图层数以及在每个图层中可以创建的对象数实际上是无限的。图层最长可使用 255 个字符的字母数字命名。图层特性管理器按名称的字母顺序排列图层。

在每个图层属性设置中都包括图层名称、关闭/打开图层、冻结/解冻图层、锁定/解锁图层、图层线条颜色、图层线条线型、图层线条宽度、图层打印样式以及图层是否打印等 13 个参数。下面将详细讲述如何设置图层参数。

1．设置图层颜色

在工程制图中，整个图形包含多种不同功能的图形对象，如实体、剖面线与尺寸标注等。为了便于直观地区分它们，就有必要针对不同的图形对象使用不同的颜色，如实体层使用白色，剖面线层使用青色等。

要改变图层颜色，需在"图层特性管理器"选项板中单击图层对应的颜色按钮，弹出"选择颜色"对话框，如图 2.10 所示。它是一个标准的颜色设置对话框，可以通过"索引颜色""真彩色""配色系统"三个选项卡选择颜色。系统显示的 RGB 配比，即 Red（红）、Green（绿）和 Blue（蓝）三种颜色。

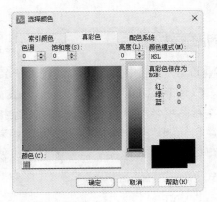

图 2.10　"选择颜色"对话框

2. 设置图层线型

线型是指作为图形基本元素的线条的组成和显示方式，如实线、点画线等。在许多绘图工作中，常常以线型划分图层。为某一个图层设置适合的线型后，在绘图时，只需将该图层设为当前工作层，即可绘制出符合线型要求的图形对象，极大地提高了绘图效率。

单击图层对应的线型按钮，弹出"线型管理器"对话框，如图 2.11 所示。默认情况下，在"已加载的线型"列表框中只添加了 Continuous 线型。单击"加载"按钮，弹出"添加线型"对话框，如图 2.12 所示，可以看到中望 CAD 还提供了许多其他线型。选择所需线型，单击"确定"按钮，即可将该线型加载到"已加载的线型"列表框中；也可以按住 Ctrl 键，选择几种线型同时加载。

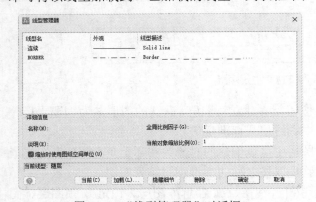
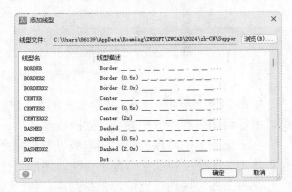

图 2.11　"线型管理器"对话框 1　　　　　图 2.12　"添加线型"对话框

3. 设置图层线宽

用不同宽度的线条表现图形对象的类型，可以提高图形的表达能力和可读性，如绘制外螺纹时大径使用粗实线，小径使用细实线。

单击图层对应的线宽按钮，弹出"线宽"对话框，如图 2.13 所示。选择一个线宽，单击"确定"按钮，完成对图层线宽的设置。

图层线宽的默认值为 0.01in，即 0.22mm。在状态栏为"模型"状态时，显示的线宽同计算机的像素有关。当线宽为 0 时，显示为一个像素的线宽。单击状态栏中的"线宽"按钮，屏幕上显示图形线宽下拉列表，显示的线宽与实际线宽成比例，如图 2.14 所示，但线宽不随着图形的放大和缩小而变化。"线宽"功能关闭时，不显示图形的线宽，图形的线宽均为默认宽度值显示。

图 2.13　"线宽"对话框

图 2.14　线宽显示效果

2.2.2　设置图层

除了上面讲述的通过图层特性管理器设置图层的方法外，还有几种其他的简便方法可以设置图层的颜色、线型、线宽等参数。

1．直接设置图层

可以直接通过菜单栏、命令行或功能区设置图层的颜色、线型和线宽。

（1）设置图层颜色。

【执行方式】

➢ 命令行：COLOR。

➢ 菜单栏："格式"→"颜色"。

➢ 功能区："常用"→"属性"→"颜色"→"选择颜色"。

【操作步骤】

执行该命令后，系统弹出"选择颜色"对话框，如图 2.15 所示。

（2）设置图层线型。

【执行方式】

➢ 命令行：LINETYPE。

➢ 菜单栏："格式"→"线型"。

➢ 功能区："常用"→"属性"→"线型"→"其他"。

【操作步骤】

执行该命令后，系统弹出"线型管理器"对话框，如图 2.16 所示。该对话框的使用方法与图 2.11 所示的"线型管理器"对话框相同。

（3）设置图层线宽。

【执行方式】

➢ 命令行：LINEWEIGHT（或 LWEIGHT）。

➢ 菜单栏："格式"→"线宽"。

➢ 功能区："常用"→"属性"→"线宽"→"线宽设置"。

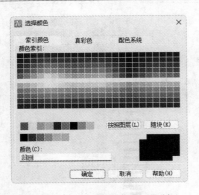

图 2.15　"选择颜色"对话框

图 2.16　"线型管理器"对话框 2

【操作步骤】

执行该命令后，系统打开"线宽设置"对话框，如图 2.17 所示。该对话框的使用方法与图 2.13 所示的"线宽"对话框类似。

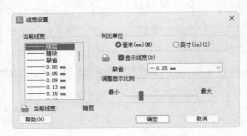

图 2.17　"线宽设置"对话框

2. 利用"对象特性"工具栏设置图层

中望 CAD 2024 提供了一个"对象特性"工具栏，如图 2.18 所示。用户能够通过使用"对象特性"工具栏快速地查看和改变所选对象的图层、颜色、线型和线宽等特性。使用"对象特性"工具栏可以更方便地查看和编辑所选对象的属性。在绘图区中选择任何对象，都将在工具栏中自动显示其所在的图层、颜色、线型等属性。

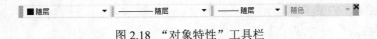

图 2.18　"对象特性"工具栏

也可以在"对象特性"工具栏中的"颜色控制""线型控制""线宽控制""打印样式"下拉列表中选择需要的参数值。如果在"颜色控制"下拉列表中选择"选择颜色"选项，则弹出"选择颜色"对话框，如图 2.15 所示。

3. 利用"特性"选项板设置图层

【执行方式】

➢ 　命令行：DDMODIFY（或 PROPERTIES）。

➢ 　菜单栏："修改"→"特性"。

➢ 　工具栏："标准"→"特性" 。

➢ 　功能区："工具"→"选项板"→"特性"。

【操作步骤】

执行该命令后，系统弹出"特性"选项板，如图 2.19 所示，在其中可以方便地设置或修改图层、颜色、线型、线宽等属性。

2.2.3 控制图层

在中望 CAD 中为了快速便捷地绘制图纸，需要使用图层控制命令进行辅助设计。图层控制命令有以下几项。

1．切换当前图层

不同的图形对象需要绘制在不同的图层中，在绘制前，需要将工作图层切换到所需的图层。打开"图层特性管理器"选项板，选择图层，单击"当前"按钮 ，完成设置。

2．删除图层

图 2.19 "特性"选项板

在"图层特性管理器"选项板中的图层列表框中选择要删除的图层，单击"删除"按钮 ，即可删除该图层。从图形文件定义中删除选定的图层时，只能删除未参照的图层。参照图层包括图层 0 和图层 Defpoints、当前层、依赖外部参照的图层和包含对象的图层，如图 2.20 所示。不包含对象（包括块定义中的对象）的图层、非当前层和不依赖外部参照的图层都可以删除。

3．关闭/打开图层

在"图层特性管理器"选项板中单击"开"按钮 ，可以控制图层的可见性。图层打开时，"开"按钮小灯泡呈黄色，该图层上的图形可以显示在屏幕上或绘制在绘图仪上；当单击"开"按钮后，按钮小灯泡呈灰蓝色，该图层上的图形不显示在屏幕上，而且不能被打印输出，但其仍然作为图形的一部分保留在文件中。

图 2.20 参照图层

4．冻结/解冻图层

在"图层特性管理器"选项板中单击"冻结"按钮 ，可以冻结图层或将图层解冻。当"冻结"按钮呈灰蓝色时，该图层是冻结状态；当"冻结"按钮呈黄色时，该图层是解冻状态。冻结图层上的对象不能显示，也不能被打印输出，同时也不能编辑修改该图层上的图形对象。冻结图层后，该图层上的对象不影响其他图层上对象的显示和打印。例如，使用 HIDE 命令消隐对象时，被冻结图层上的对象不隐藏其他对象。

5．锁定/解锁图层

在"图层特性管理器"选项板中单击"锁定"按钮 / ，可以锁定图层或将图层解锁。锁定图层后，该图层上的图形依然显示在屏幕上并可打印输出，并可以在该图层上绘制新的图形对象，但用户不能对该图层上的图形进行编辑修改操作。可以对当前层进行锁定，也可以对锁定图层上的图形执行查询和对象捕捉命令。锁定图层可以防止对图形的意外修改。

6．打印样式

在中望 CAD 中可以使用一个称为"打印样式"的新的对象特性。打印样式控制对象的打印特性，包括颜色、抖动、灰度、笔号、虚拟笔、淡显、线型、线宽、线条端点样式、线条连接样式和填充样式。使用打印样式给用户提供了很大的灵活性，因为用户可以设置打印样式替代其他对象特性，也可以按用户需要关闭这些替代设置。

7. 打印/不打印

在"图层特性管理器"选项板中单击"打印"按钮，可以设定在打印时是否打印该图层，以在保证图形显示可见不变的条件下，控制图形的打印特征。打印功能只对可见的图层起作用，对于已经被冻结或被关闭的图层不起作用。

8. 新视口冻结

在"图层特性管理器"选项板中单击"新视口冻结"按钮，显示可用的打印样式，包括默认打印样式 NORMAL。打印样式是打印中使用的特性设置的集合。

扫一扫，看视频

动手学——设置样板图

通常在绘制图形之前需要先新建图层，并对图层中的线型、线框、颜色等进行设置。

【操作步骤】

（1）单击"常用"选项卡"图层"面板中的"图层特性"按钮，弹出"图层特性管理器"选项板，❶单击"新建"按钮，创建图层 1，❷修改其名称为"中心线"，❸单击该层对应的"颜色"按钮，如图 2.21 所示，弹出"选择颜色"对话框，❹选择颜色为红色，❺单击"确定"按钮，如图 2.22 所示，返回"图层特性管理器"选项板。

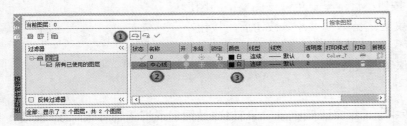

图 2.21　"图层特性管理器"选项板

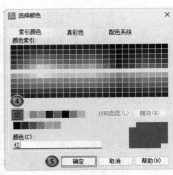

图 2.22　"选择颜色"对话框

（2）此时，在"图层特性管理器"选项板中显示"中心线"层的颜色为红色，如图 2.23 所示。

（3）❻单击"线型"列表中的"连续"按钮，弹出"线型管理器"对话框，如图 2.24 所示。❼单击"加载"按钮，弹出"添加线型"对话框，❽选择名称为 CENTER 的线型，如图 2.25 所示。❾单击"确定"按钮，返回"线型管理器"对话框，❿选中 CENTER 线型，如图 2.26 所示。⓫单击"确定"按钮，返回"图层特性管理器"选项板。

（4）此时，在"图层特性管理器"选项板中显示"中心线"层的线型为 CENTER，如图 2.27 所示。⓬单击"中心线"层"线宽"列表中的"默认"按钮，弹出"线宽"对话框，⓭选择宽度为 0.15mm，如图 2.28 所示。⓮单击"确定"按钮，返回"图层特性管理器"选项板。

（5）此时，在"图层特性管理器"选项板中显示"中心线"层的"线宽"为 0.15mm，"中心线"层设置完成，如图 2.29 所示。

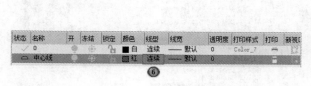

图 2.23　显示中心线颜色

图 2.24　"线型管理器"对话框

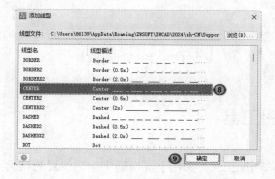

图 2.25　"添加线型"对话框

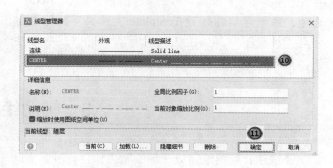

图 2.26　选中 CENTER 线型

图 2.27　显示中心线线型

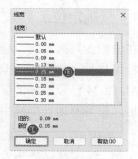

图 2.28　"线宽"对话框

（6）使用同样的方法，新建"实线"层，"颜色"为白色，"线型"为"连续"，"线宽"为 0.30mm。

（7）再新建"尺寸线"层和"剖面线"层，"颜色"为蓝色，"线型"为"连续"，"线宽"为 0.15mm。最终结果如图 2.30 所示。

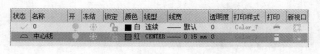

图 2.29　显示中心线线宽

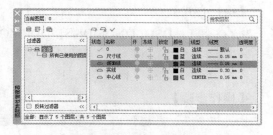

图 2.30　新建的图层

25

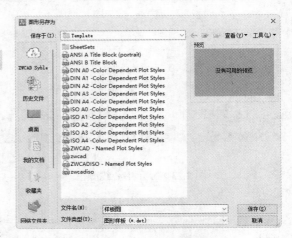

图 2.31　保存成样板图文件

✐技巧:

选中一个图层，按 Enter 键，即可复制该图层。

（8）单击"关闭"按钮，关闭"图层特性管理器"选项板。

（9）保存成样板图文件。选择菜单栏中的"文件"→"另存为"命令，或单击"标准"工具栏中的"另存为"按钮，弹出"图形另存为"对话框，在"文件类型"下拉列表中选择"图形样板（*.dwt）"选项，系统自动跳转到 Template 文件夹下，输入文件名"样板图"，如图 2.31 所示。单击"保存"按钮，保存文件。

2.3　辅助绘图工具

要快速、顺利地完成图形绘制工作，有时要借助一些辅助工具，如用于准确确定绘制位置的精确定位工具和调整图形显示范围与方式的图形显示工具等。下面介绍这两种非常重要的辅助绘图工具。

2.3.1　精确定位工具

在绘制图形时，可以使用直角坐标和极坐标精确定位点。但是，有些点（如端点、中心点等）的坐标用户是不知道的，但又想精确地指定这些点，可想而知是很难的，有时甚至是不可能的。中望 CAD 2024 已经很好地解决了这个问题。中望 CAD 2024 提供了辅助定位工具，使用这类工具，用户可以很容易地在屏幕中捕捉到这些点，进行精确的绘图。

1. 栅格

中望 CAD 的栅格由有规则的点的矩阵组成，延伸到指定为图形界限的整个区域。使用栅格与在坐标纸上绘图十分相似，利用栅格可以对齐对象并直观显示对象之间的距离。如果放大或缩小图形，则可能需要调整栅格间距，使其更适合新的比例。虽然栅格在屏幕上是可见的，但其并不是图形对象，因此不会被输出为图形中的一部分，也不会影响在何处绘图。

可以单击状态栏中的"栅格"按钮或按 F7 键，打开或关闭栅格。启用栅格并设置栅格在 X 轴方向和 Y 轴方向上的间距的方法如下。

【执行方式】

➤ 命令行：DSETTINGS/DS/SE/DDRMODES。
➤ 菜单栏："工具"→"草图设置"。
➤ 状态栏：右击"栅格"按钮→"设置"。

【操作步骤】

执行该命令，系统弹出"草图设置"对话框，如图 2.32 所示。

如果需要显示栅格，则勾选"启用栅格"复选框。在"栅格 X 轴间距"文本框中输入栅格点之间的水平距离，单位为 mm。如果使用相同的间距设置垂直和水平分布的栅格点，则按 Tab 键；否则，在"栅格 Y 轴间距"文本框中输入栅格点之间的垂直距离。

用户可改变栅格与绘图边界的相对位置。默认情况下，栅格以绘图边界的左下角为起点，沿着与坐标轴平行的方向填充整个由绘图边界确定的区域。

捕捉可以用户直接使用鼠标快捷、精准地定位目标点。捕捉模式有几种不同的形式：栅格捕捉、对象捕捉、极轴捕捉和自动对象捕捉。

另外，可以使用 GRID 命令通过命令行窗口设置栅格，功能与"草图设置"对话框类似，此处不再赘述。

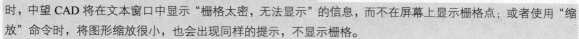

图 2.32　"草图设置"对话框

注意：

> 如果栅格的间距设置得太小，当进行"打开栅格"操作时，中望 CAD 将在文本窗口中显示"栅格太密，无法显示"的信息，而不在屏幕上显示栅格点；或者使用"缩放"命令时，将图形缩放很小，也会出现同样的提示，不显示栅格。

2．捕捉

捕捉是指中望 CAD 可以生成一个隐含分布于屏幕上的栅格，这种栅格能够捕捉十字光标，使十字光标只能落到其中的一个栅格点上。捕捉可分为矩形捕捉和等轴测捕捉两种类型，默认设置为矩形捕捉，即捕捉点的阵列类似于栅格，如图 2.33 所示。用户可以指定捕捉模式在 X 轴方向和 Y 轴方向上的间距，也可改变捕捉模式与绘图边界的相对位置。其与栅格的不同之处在于：捕捉间距的值必须为正实数，且捕捉模式不受绘图边界的约束。等轴测捕捉表示捕捉模式为等轴测模式，此模式是绘制正等轴测图时的工作环境，如图 2.34 所示。在等轴测捕捉模式下，栅格和十字光标构成绘制等轴测图时的特定角度。

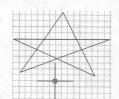

图 2.33　矩形捕捉示例

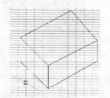

图 2.34　等轴测捕捉示例

在绘制图 2.33 和图 2.34 所示的图形时，输入参数点时十字光标只能落在栅格点上。两种模式切换方法：打开"草图设置"对话框，选择"捕捉和栅格"选项卡，在"捕捉类型"选项组中，通过选中相应的单选按钮切换"矩阵捕捉"模式与"等轴测捕捉"模式。

3．极轴捕捉

极轴捕捉是在创建或修改对象时，按事先给定的角度增量和距离增量追踪特征点，即捕捉相对于初始点且满足指定的极轴距离和极轴角的目标点。

极轴追踪设置主要是设置追踪的距离增量和角度增量，以及与之相关联的捕捉模式。这些设置可以通过"草图设置"对话框中的"捕捉和栅格"选项卡与"极轴追踪"选项卡实现，如图 2.35 和

图 2.36 所示。

图 2.35　"捕捉和栅格"选项卡　　　　　图 2.36　"极轴追踪"选项卡

（1）设置极轴距离：在"草图设置"对话框的"捕捉和栅格"选项卡中可以设置极轴距离，单位为 mm。绘图时，十字光标将按指定的极轴距离增量进行移动。

（2）设置极轴角度：在"草图设置"对话框的"极轴追踪"选项卡中可以设置极轴角增量角度。设置极轴角增量角度时，可以在"增量角度"下拉列表中选择 90、45、30、22.5、18、15、10 和 5，也可以直接输入指定其他任意角度。十字光标移动时，如果接近极轴角，将显示对齐路径和工具栏提示。例如，图 2.37 所示为当极轴角增量角度设置为 30°，十字光标移动 90° 时显示的对齐路径。

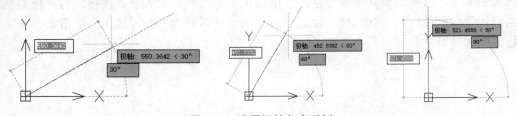

图 2.37　设置极轴角度示例

（3）"附加角"：用于设置极轴追踪时是否采用附加角度追踪。勾选"附加角"复选框，通过单击"新建"按钮或"删除"按钮增加、删除附加角度值。

（4）对象捕捉追踪设置：用于设置对象捕捉追踪的模式。如果选中"仅正交追踪"单选按钮，则当采用追踪功能时，系统仅在水平和垂直方向上显示追踪数据；如果选中"用所有极轴角设置追踪"单选按钮，则当采用追踪功能时，不仅可以在水平和垂直方向上显示追踪数据，还可以在设置的极轴追踪角度与附加角度确定的一系列方向上显示追踪数据。

（5）极轴角测量：用于设置极轴角的角度测量采用的参考基准。如果选中"绝对"单选按钮，则是相对水平方向逆时针测量；如果选中"相对上一段"单选按钮，则是以上一段对象为基准进行测量。

4．对象捕捉

中望 CAD 给所有的图形对象都定义了特征点，对象捕捉则是指在绘图过程中，通过捕捉这些特征点，迅速准确地将新的图形对象定位在现有对象的确切位置上，如圆的圆心、线段中点或两个对象的交点等。在中望 CAD 中，可以通过单击状态栏中的"对象捕捉"按钮，或是在"草图设置"对话框的"对象捕捉"选项卡中勾选"启用对象捕捉"复选框，完成启用对象捕捉功能。在绘图过程中，对象捕捉功能的调用可以通过以下方式完成。

（1）"对象捕捉"工具栏：如图 2.38 所示，在绘图过程中，当系统提示需要指定点的位置时，可以单击"对象捕捉"工具栏中相应的特征点按钮，再把十字光标移动到要捕捉的对象的特征点附近，系统会自动提示并捕捉到这些特征点。例如，如果需要用直线连接一系列圆的圆心，可以将"圆心"设置为执行对象捕捉。如果有两个可能的捕捉点落在选择区域，系统将捕捉离十字光标中心最近的符合条件的点。还有可能指定点时需要检查哪一个对象捕捉有效，如在指定位置有多个对象捕捉符合条件，则在指定点之前，按 Tab 键可以遍历所有可能的点。

（2）"对象捕捉"快捷菜单：在需要指定点位置时，还可以按住 Ctrl 键或 Shift 键并右击，弹出"对象捕捉"快捷菜单，如图 2.39 所示。在该快捷菜单中可以选择某一种特征点执行对象捕捉，把十字光标移动到要捕捉的对象的特征点附近，即可捕捉到这些特征点。

图 2.38 "对象捕捉"工具栏　　　　　　　　　图 2.39 "对象捕捉"快捷菜单

（3）使用命令行：当需要指定点的位置时，在命令行中输入相应特征点的关键词，把十字光标移动到要捕捉的对象的特征点附近，即可捕捉到这些特征点。对象捕捉模式及其关键字见表 2.1。

表 2.1 对象捕捉模式及其关键字

模　式	关键字	模　式	关键字	模　式	关键字
临时追踪点	TT	捕捉自	FROM	端点	END
中点	MID	交点	INT	外观交点	APP
延长线	EXT	圆心	CEN	象限点	QUA
切点	TAN	垂足	PER	平行线	PAR
节点	NOD	最近点	NEA	无捕捉	NON

注意：

（1）对象捕捉不可单独使用，必须配合其他绘图命令一起使用。仅当系统提示输入点时，对象捕捉才生效。如果试图在命令提示下使用对象捕捉，系统将显示错误信息。

（2）对象捕捉只影响屏幕上可见的对象，包括锁定图层、布局视口边界和多段线上的对象；不能捕捉不可见的对象，如未显示的对象、关闭或冻结图层上的对象或虚线的空白部分。

5．自动对象捕捉

在绘制图形的过程中，使用对象捕捉的频率非常高，如果每次在捕捉时都要先选择捕捉模式，将使工作效率大大降低。出于此种考虑，中望 CAD 提供了自动对象捕捉模式。如果启用自动对象捕捉功能，当十字光标距指定的捕捉点较近时，系统会自动精确地捕捉这些特征点，并显示出相应的标记以及该捕捉的提示。在"草图设置"对话框中的"对象捕捉"选项卡中勾选"启用对象捕捉追踪"复选框，可以调用自动捕捉功能，如图2.40所示。

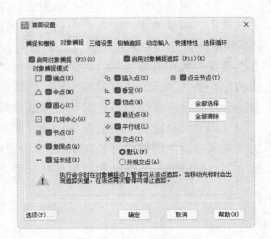

图 2.40　"对象捕捉"选项卡

注意：

用户可以设置自己经常要用的捕捉方式。一旦设置了运行捕捉模式后，在每次运行时，设定的目标捕捉模式就会被激活，而不是仅对一次选择有效。当同时使用多种模式时，系统将捕捉距十字光标最近，同时又是满足多种目标捕捉模式之一的点。当十字光标距要捕捉的点非常近时，按 Shift 键，将暂时不获取对象点。

6．正交绘图

正交模式绘图，即在命令的执行过程中，光标只能沿 X 轴或 Y 轴移动。所有绘制的线段和构造线都将平行于 X 轴或 Y 轴，因此它们相互垂直成 90°相交，即正交模式。使用正交模式绘图，对于绘制水平线和垂直线非常有用，特别是当绘制构造线时经常使用。另外，当捕捉模式为等轴测模式时，其还迫使直线平行于三个等轴测中的一个。

要设置正交模式绘图，可以直接单击状态栏中的"正交模式"按钮，或按 F8 键，相应地会在文本窗口中显示开/关提示信息；也可以在命令行中输入 ORTHO 命令，开启或关闭正交模式绘图。

注意：

正交模式将十字光标限制在水平或垂直（正交）轴上。因为不能同时打开正交模式和极轴追踪，所以正交模式打开时，中望 CAD 会关闭极轴追踪；如果再次打开极轴追踪，中望 CAD 将关闭正交模式。

2.3.2　图形显示工具

对一个较为复杂的图形来说，在观察整幅图形时往往无法对其局部细节进行查看和操作，而当在屏幕上显示一个细部时又看不到其他部分。为解决这类问题，中望 CAD 提供了缩放、平移、视图、鸟瞰视图和视口命令等一系列图形显示控制命令，可以用来任意放大、缩小或移动屏幕上的图形，或者同时从不同角度、不同部位显示图形。中望 CAD 2024 还提供了重画和重新生成命令刷新屏幕、重新生成图形。

1．图形缩放

图形缩放命令类似于照相机的镜头，可以放大或缩小屏幕显示的范围，只改变视图的比例，但是对象的实际尺寸并不发生变化。当放大图形一部分的显示尺寸时，可以更清楚地查看该区域的细节；相反，如果缩小图形的显示尺寸，则可以查看更大的区域，如整体浏览。

图形缩放功能在绘制大幅面机械图纸，尤其是装配图时非常有用，是使用频率较高的命令之一。该命令可以透明地使用，即可以在其他命令执行时运行。用户完成涉及透明命令的过程时，系统会自动返回到在用户调用透明命令前正在运行的命令。执行图形缩放的方法如下。

【执行方式】

- ➢ 命令行：ZOOM。
- ➢ 菜单栏："视图" → "缩放"（图2.41）。
- ➢ 工具栏："标准" / "缩放"（图2.42）。
- ➢ 功能区："视图" → "定位" → "缩放"下拉菜单（图2.43）。

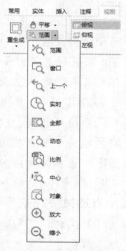

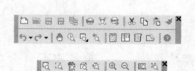

图2.41 "缩放"下拉菜单　　图2.42 "标准"和"缩放"工具栏　　图2.43 "缩放"下拉菜单

【操作步骤】

执行该命令后，系统提示如下：

指定窗口的角点，输入比例因子 (nX 或 nXP)，或者

[全部(A)/中心(C)/动态(D)/范围(E)/上一个(P)/比例(S)/窗口(W)/对象(O)] <实时>：

【选项说明】

（1）输入比例因子(nX 或 nXP)：根据输入的比例因子，以当前的视图窗口为中心，将视图窗口显示的内容放大或缩小输入的比例倍数。nX 是根据当前视图指定的比例，nXP 是指定相对于布局空间单位的比例。

（2）全部(A)：执行 ZOOM 命令后，在提示文字后输入 A，即可执行"全部(A)"缩放操作。无论图形有多大，该操作都将显示图形的边界或范围；即使对象不包括在边界以内，它们也将被显示。因此，使用"全部(A)"缩放选项，可查看当前视口中的整个图形。

（3）中心(C)：通过确定一个中心点，该选项可以定义一个新的显示窗口。操作过程中需要指定中心点以及输入比例或高度。默认新的中心点就是当前视图的中心点，默认的输入高度就是当前视图的高度，按 Enter 键后，图形将不会被放大。输入比例，则数值越大，图形放大倍数也将越大。也可以在数值后面紧跟一个 X，如 3X，表示在放大时不是按绝对值缩放，而是按相对于当前视图的相对值缩放。

（4）动态(D)：通过操作一个表示视口的视图框，可以确定所需显示的区域。选择该选项，在绘图区中出现一个小的视图框，按住鼠标左键左右移动可以改变该视图框的大小，定形后松开鼠标左键，再按住鼠标左键移动视图框，确定图形中的放大位置，系统将清除当前视口并显示一个特定的视图选择屏幕。该特定屏幕由有关当前视图及有效视图的信息构成。

（5）范围(E)：可以使图形缩放至整个显示范围。图形的范围由图形所在的区域构成，剩余的空白区域将被忽略。选择该选项，图形中所有对象都尽可能地被放大。

（6）上一个(P)：在绘制一幅复杂的图形时，有时需要放大图形的一部分以进行细节的编辑。当编辑完成后，有时希望回到前一个视图。这种操作就可以使用"上一个(P)"选项实现。当前视口由"缩放"命令的各种选项或移动视图、视图恢复、平行投影或透视命令引起的任何变化，系统都将进行保存。每个视口最多可以保存 10 个视图，因此连续使用"上一个(P)"选项，可以恢复前 10 个视图。

（7）比例(S)：提供了三种使用方法。第一种是在提示信息下直接输入比例系数，系统将按照此比例因子放大或缩小图形的尺寸；第二种是在比例系数后面加上 X，则表示相对于当前视图计算的比例因子；第三种是相对于布局空间，如可以在布局空间阵列布排或输出模型的不同视图，为了使每张视图都与布局空间单位成比例，可以使用"比例(S)"选项，每个视图可以有单独的比例。

（8）窗口(W)：最常使用的选项，通过确定一个矩形窗口的两个对角指定所需缩放的区域。对角点可以由鼠标指定，也可以输入坐标确定。指定窗口的中心点将成为新的显示屏幕的中心点。窗口中的区域将被放大或缩小。执行 ZOOM 命令时，可以在没有选择任何选项的情况下，利用鼠标在绘图区中直接指定缩放窗口的两个对角点。

（9）对象(O)：缩放以便尽可能大地显示一个或多个选定的对象并使其位于视图的中心。可以在执行 ZOOM 命令前后选择对象。

（10）实时："缩放"命令的默认操作，即在输入 ZOOM 命令后，直接按 Enter 键，将自动调用实时缩放操作。实时缩放就是可以通过上下移动鼠标指针，交替进行放大和缩小。需要从实时缩放操作中退出时，可按 Enter 键、Esc 键或从菜单中选择 Exit 命令退出。

松开拾取键时缩放终止。可以在松开拾取键后将鼠标光标移动到图形的另一个位置，再按住拾取键，便可从该位置继续缩放显示。

📢 **注意：**

> 这里提到的诸如放大、缩小或移动的操作，仅仅是对图形在屏幕上的显示进行控制，图形本身并没有任何改变。

2．图形平移

当图形幅面大于当前视口时，如使用图形缩放命令将图形放大，如果需要在当前视口之外观察或绘制一个特定区域，可以使用图形平移命令实现。平移命令能将在当前视口以外的图形的一部分移动进来查看或编辑，但不会改变图形的缩放比例。执行图形平移的方法如下。

【执行方式】

➢ 命令行：PAN。

➢ 菜单栏："视图"→"平移"（图 2.44）。

> 工具栏："标准" → "平移" 🖐。
> 功能区："视图" → "定位" → "平移" 🖐（图 2.45）。

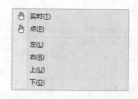

图 2.44 "平移"下拉菜单

图 2.45 "定位"面板

激活平移命令之后，鼠标光标将变成一只"小手"，可以在绘图区中任意移动，以示当前正处于平移模式。单击并按住鼠标左键，将鼠标光标锁定在当前位置，即"小手"已经抓住图形，拖动图形即可使其移动到所需位置上；松开鼠标左键，将停止平移图形。可以反复按住鼠标左键，拖动再松开，将图形平移到其他位置上。

平移命令预先定义了一些不同的菜单选项与按钮，它们可用于在特定方向上平移图形。在激活平移命令后，这些选项可以通过"视图" → "平移"命令调用。

（1）实时：平移命令中最常用的选项，也是默认选项。前面提到的平移操作都是指实时平移，通过鼠标的拖动实现任意方向上的平移。

（2）点：要求确定位移量，这时需要确定图形移动的方向和距离。可以通过输入点的坐标或用鼠标指定点的坐标确定位移量。

（3）左：该选项移动图形，使屏幕左部的图形进入显示窗口。

（4）右：该选项移动图形，使屏幕右部的图形进入显示窗口。

（5）上：该选项向底部平移图形后，使屏幕顶部的图形进入显示窗口。

（6）下：该选项向顶部平移图形后，使屏幕底部的图形进入显示窗口。

动手学——绘制垫圈

本例通过垫圈的绘制介绍对象捕捉、极轴追踪和缩放等绘图工具的使用。

【操作步骤】

（1）选择菜单栏中的"文件" → "新建"命令，或单击"标准"工具栏中的"新建"按钮 🗋，弹出"选择样板文件"对话框，选择"样板图"模板，单击"打开"按钮，打开样板文件。

（2）选择菜单栏中的"文件" → "另存为"命令，或单击"标准"工具栏中的"另存为"按钮 🖫，弹出"图形另存为"对话框，设置保存路径，输入文件名称"垫圈"，进行保存。

（3）在"常用"选项卡"图层"面板中的"图层特性"下拉列表中选择"中心线"层，将其设置为当前层。

（4）单击状态栏中的"正交模式"按钮 ∟，打开正交功能；单击"对象捕捉"按钮 ▯，打开对象捕捉功能；单击"对象捕捉追踪"按钮 ∠，打开对象捕捉追踪功能；单击"显示/隐藏线宽"按钮 ≡，显示线宽。

（5）单击"常用"选项卡"绘图"面板中的"直线"按钮 ╲，绘制两条互相垂直的中心线，如图 2.46 所示。

（6）在"常用"选项卡"图层"面板中的"图层特性"下拉列表中选择"实线"层，将其设置为当前层。

（7）在状态栏中右击"对象捕捉"按钮，在弹出的快捷菜单中选择"设置"命令，弹出"草图设置"对话框，单击"全部清除"按钮，勾选"交点"复选框，如图 2.47 所示。

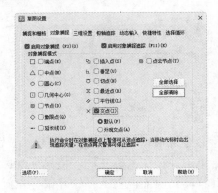

图 2.46　绘制中心线　　　　　　　　　　图 2.47　对象捕捉设置

（8）单击"常用"选项卡"绘图"面板中的"圆"按钮，以中心线的交点为圆心，绘制半径为 160 的圆，命令行提示和操作如下，结果如图 2.48 所示。

```
命令：_circle
指定圆的圆心或 [三点(3P)/两点(2P)/切点、切点、半径(T)]：（捕捉中心线交点）
指定圆的半径或 [直径(D)] <86.3545>:160✓
```

（9）按 Enter 键，重复"圆"命令，捕捉交点，绘制半径为 120 的同心圆，如图 2.49 所示。

（10）选中刚刚绘制的半径为 120 的同心圆，如图 2.50 所示。在"图层"工具栏下拉列表中选择"中心线"层，将该圆放置到"中心线"层，结果如图 2.51 所示。

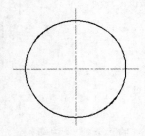　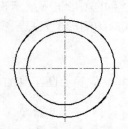　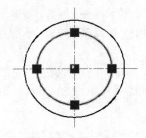　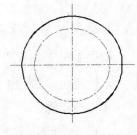

图 2.48　绘制圆　　　图 2.49　绘制同心圆　　　图 2.50　选中同心圆　　　图 2.51　修改图层

（11）按 Enter 键，重复"圆"命令，分别以中心线与中心圆的交点为圆心，绘制 4 个半径为 20 的圆，结果如图 2.52 所示。

（12）在"常用"选项卡"图层"面板中的"图层特性"下拉列表中选择"尺寸线"层，将其设置为当前层。

（13）单击"工具"选项卡"样式管理器"面板中的"标注样式"按钮，弹出"标注样式管理器"对话框，在"样式"列表框中选择 ISO-25，如图 2.53 所示。单击"修改"按钮，弹出"修改标注样式：ISO-25"对话框。

（14）选择"文字"选项卡，单击"文字样式"按钮，系统弹出"文字样式管理器"对话框，将文本字体"名称"设置为 Standard。单击"确定"按钮，返回"修改标注样式：ISO-25"对话框。设置"文字高度"为 20，在"文字方向"选项组中设置"在尺寸界线外"为"水平"，如图 2.54 所示。

（15）选择"符号和箭头"选项卡，设置"箭头大小"为 20，如图 2.55 所示。

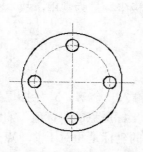

图 2.52　绘制 4 个半径为 20 的圆

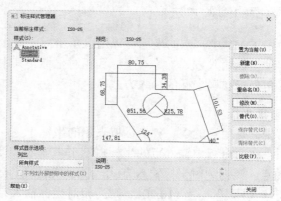

图 2.53　"标注样式管理器"对话框

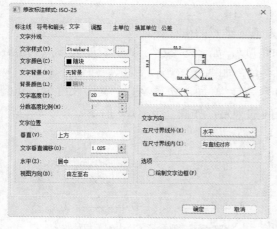

图 2.54　设置文字高度和方向

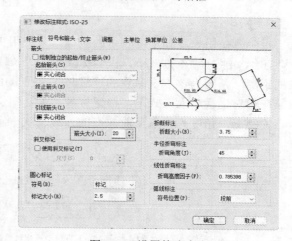

图 2.55　设置箭头大小

（16）设置完成，单击"确定"按钮，返回"标注样式管理器"对话框，单击"置为当前"按钮，再单击"关闭"按钮，关闭该对话框。

（17）单击"注释"选项卡"标注"面板"线性"下拉列表中的"半径"按钮◎，选择半径为 160 的圆，进行尺寸标注，命令行提示和操作如下，结果如图 2.56 所示。

```
命令：_dimradius
选取弧或圆：（在绘图区选择半径为 160 的圆）
标注注释文字 = 160
指定尺寸线位置或 [角度(A)/多行文字(M)/文字(T)]：（选择放置位置单击）
```

（18）继续选择半径为 120 的圆和半径为 20 的圆，标注半径尺寸 120 和 20，结果如图 2.57 所示。

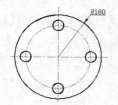

图 2.56　标注半径尺寸 160

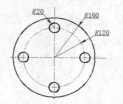

图 2.57　标注半径尺寸 120 和 20

2.3.3 数据的输入方法

在中望 CAD 中，点的坐标可以用直角坐标、极坐标、球面坐标和柱面坐标表示，每种坐标又分别有两种坐标输入方式：绝对坐标和相对坐标。其中，直角坐标和极坐标最为常用，故本小节主要介绍直角坐标和极坐标的输入方式。

1．直角坐标

直角坐标是用点的 X、Y 坐标值表示的坐标。

例如，在命令行中输入点的坐标提示下，输入"15,18"，则表示输入一个 X、Y 坐标值分别为15、18 的点。此为绝对坐标输入方式，表示该点的坐标是相对于当前坐标原点的坐标值，如图 2.58（a）所示。如果输入"@10,20"，则为相对坐标输入方式，表示该点的坐标是相对于前一点的坐标值，如图 2.58（b）所示。

2．极坐标

极坐标是用长度和角度表示的坐标，只能用来表示二维点的坐标。

在绝对坐标输入方式下，极坐标表示为"长度<角度"，如"25<50"，其中长度为该点到坐标原点的距离，角度为该点至原点的连线与 X 轴正向的夹角，如图 2.58（c）所示。

在相对坐标输入方式下，极坐标表示为"@长度<角度"，如"@25<45"，其中长度为该点到前一点的距离，角度为该点至前一点的连线与 X 轴正向的夹角，如图 2.58（d）所示。

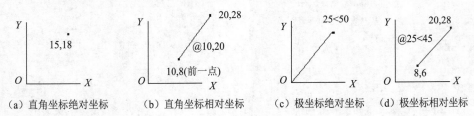

（a）直角坐标绝对坐标　　（b）直角坐标相对坐标　　（c）极坐标绝对坐标　　（d）极坐标相对坐标

图 2.58　数据输入方式

3．动态输入

单击状态栏中的"动态输入"按钮 ，打开动态输入功能，该功能在默认情况下是打开的（如果不需要动态输入功能，则单击"动态输入"按钮 ，关闭动态输入功能）。可以在屏幕上动态地输入某些参数数据。例如，绘制直线时，在十字光标附近会动态地显示"指定第一个点："及后面的坐标框，当前坐标框中显示的是十字光标所在位置，可以输入数据，输入第一个数据后输入逗号，此时第一个数据会自动锁定，再输入第二个数据并按 Enter 键，如图 2.59 所示。指定第一个点后，系统动态地显示直线的角度，同时要求输入线段长度值，如图 2.60 所示，其输入效果与"@长度<角度"方式相同。下面分别介绍点与距离值的输入方法。

（1）点的输入。在绘图过程中常需要输入点的位置，中望 CAD 提供了以下几种输入点的方式。

1）直接在命令行窗口中输入点的坐标。笛卡儿坐标有两种输入方式："X,Y"（点的绝对坐标值，如"100,50"）和"@X,Y"（相对于上一点的相对坐标值，如"@50,-30"）。坐标值是相对于当前的用户坐标系而言的。

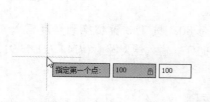

图 2.59 动态输入坐标值

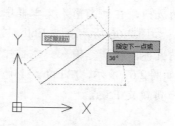

图 2.60 动态输入长度值

✎ 技巧：

> 第二个点和后续点的默认设置为相对极坐标，不需要输入@符号。如果需要使用绝对坐标，请使用#符号前缀。例如，要将对象移动到原点，则在提示输入第二个点时，输入"#0,0"。

2）移动十字光标，在屏幕上单击直接取点。

3）使用对象捕捉功能捕捉屏幕上已有图形的特殊点，如端点、中点、中心点、插入点、交点、切点、垂足点等。

4）直接输入距离：先用十字光标拖曳出橡筋线确定方向，再通过键盘输入距离，这样有利于准确控制对象的长度等参数。

（2）距离值的输入。在中望 CAD 的命令中，有时需要提供高度、宽度、半径、长度等距离值。中望 CAD 提供两种输入距离值的方式：一种是通过键盘在命令行窗口中直接输入数值；另一种是在屏幕上拾取两点，以两点的距离值确定所需数值。

动手学——绘制五角星

本例通过动态输入功能绘制图 2.61 所示的五角星。

【操作步骤】

（1）单击状态栏中的"动态输入"按钮，打开动态输入功能。

（2）单击"常用"选项卡"绘图"面板中的"直线"按钮，在动态输入文本框中输入第一点坐标为(120,120)，如图 2.62 所示，按 Enter 键确定 P1 点。

（3）拖动鼠标，在动态输入文本框中输入长度为 80；按 Tab 键切换到角度输入文本框，输入角度为 108°，如图 2.63 所示，按 Enter 键确定 P2 点。

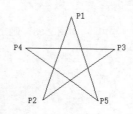

图 2.61 五角星

扫一扫，看视频

（4）拖动鼠标，在动态输入文本框中输入长度为 80；按 Tab 键切换到角度输入文本框，输入角度为 36°，如图 2.64 所示，按 Enter 键确定 P3 点。也可以输入绝对坐标(#159.091,90.870)，如图 2.65 所示，按 Enter 键确定 P3 点。

图 2.62 确定 P1 点

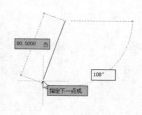

图 2.63 确定 P2 点

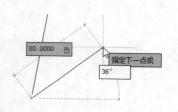

图 2.64 确定 P3 点

（5）拖动鼠标，在动态输入文本框中输入长度为 80；按 Tab 键切换到角度输入文本框，输入角度为 180°，如图 2.66 所示，按 Enter 键确定 P4 点。

（6）拖动鼠标，在动态输入文本框中输入长度为 80；按 Tab 键切换到角度输入文本框，输入角度为 36°，如图 2.67 所示，按 Enter 键确定 P5 点。也可以输入绝对坐标(#144.721,43.916)，如图 2.68 所示，按 Enter 键确定 P5 点。

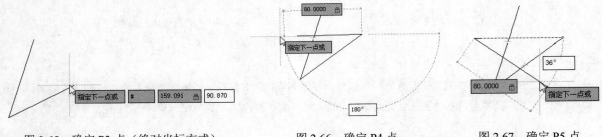

图 2.65　确定 P3 点（绝对坐标方式）　　　图 2.66　确定 P4 点　　　图 2.67　确定 P5 点

（7）拖动鼠标，直接捕捉 P1 点，如图 2.69 所示；也可以输入长度为 80，按 Tab 键切换到角度输入文本框，输入角度为 108°，完成五角星的绘制。

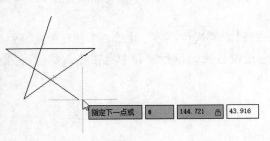 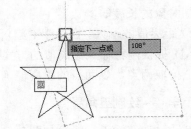

图 2.68　确定 P5 点（绝对坐标方式）　　　　　图 2.69　完成五角星的绘制

第 3 章 二维绘图命令

内容简介

二维图形是指在二维平面空间绘制的图形，主要由一些图形元素组成，如点、直线、圆弧、圆、椭圆、矩形、多边形、多段线、样条曲线等几何元素。中望 CAD 提供了大量的绘图命令，可以帮助用户完成二维图形的绘制。本章主要内容包括直线、圆和圆弧、椭圆和椭圆弧、平面图形、点、多段线、样条曲线的绘制和图案填充等。

内容要点

➢ 简单二维绘图
➢ 高级二维绘图

案例效果

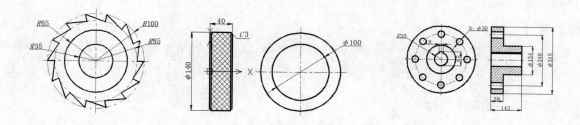

3.1 简单二维绘图

简单二维绘图命令包括直线、构造线、圆、圆弧、圆环、椭圆与椭圆弧、矩形、正多边形和点等。直线类命令是最简单的绘图命令，本节仅对直线类命令中的直线和构造线进行介绍。

3.1.1 直线

"直线"命令通过在绘图区单击或输入坐标值的方式创建直线对象。在按 Enter 键结束命令之前，用户可通过指定下一点创建一系列连续的直线。

【执行方式】

➢ 命令行：LINE（L）。
➢ 菜单栏："绘图"→"直线"。
➢ 工具栏："绘图"→"直线"。
➢ 功能区："常用"→"绘图"→"直线"。

【操作步骤】

命令：LINE ↙
指定第一个点：（输入直线段的起点，用鼠标指定点或者给定点的坐标）
指定下一点或 [角度(A)/长度(L)/放弃(U)]：（输入直线段的端点，也可以用鼠标指定一定角度后，直接输入直线的长度）
指定下一点或 [角度(A)/长度(L)/放弃(U)]：（输入下一直线段的端点。输入选项 U，表示放弃前面的输入；右击或按 Enter 键，结束命令）
指定下一点或 [角度(A)/长度(L)/闭合(C)/放弃(U)]：（输入下一直线段的端点，或输入选项 C 使图形闭合，结束命令）

【选项说明】

（1）若通过按 Enter 键响应"指定第一个点"提示，系统会把上次绘线（或弧）的终点作为本次操作的起始点。特别地，若上次操作为绘制圆弧，则按 Enter 键后将绘制通过圆弧终点的与该圆弧相切的直线段，该线段的长度由鼠标在屏幕上指定的一点与切点之间线段的长度确定。

（2）在"指定下一点"提示下，用户可以指定多个端点，从而绘制多条直线段。但是，每一条直线段都是一个独立的对象，可以进行单独的编辑操作。

（3）绘制两条以上直线段后，若输入选项 C 响应"指定下一点"提示，系统会自动连接起始点和最后一个端点，从而绘制封闭的图形。

（4）若输入选项 U 响应提示，则擦除最近一次绘制的直线段；若设置正交方式（单击状态栏中的"正交模式"按钮∟），则只能绘制水平线段或垂直线段。

（5）若设置动态数据输入方式（单击状态栏中的"动态输入"按钮＋），则可以动态输入坐标或长度值。

🔊 **注意：**

本书中所有的绘图命令都可以设置动态数据输入方式，效果与非动态数据输入方式类似。除了特别需要，以后不再强调，只按非动态数据输入方式输入相关数据。

扫一扫，看视频

动手学——绘制阶梯轴

本例主要利用"直线"命令绘制图 3.1 所示的阶梯轴。

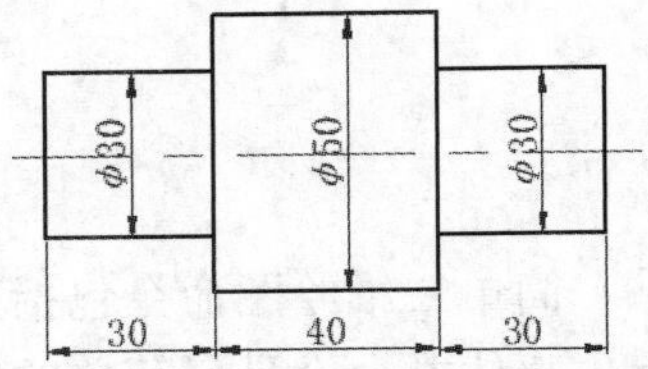

【操作步骤】

（1）选择菜单栏中的"文件"→"新建"命令，或单击"标准"工具栏中的"新建"按钮，弹出"选择样板文件"对话框，选择"样板图"模板，如图 3.2 所示。单击"打开"按钮，创建新文件。

（2）单击状态栏中的"正交模式"按钮∟，打开正交功能；单击"对象捕捉"按钮，打开对象捕捉功能；单击"动态输入"按钮＋，关闭动态输入功能，单击"显示/隐藏线宽"按钮≡，显示线宽。

图 3.1　阶梯轴

（3）在"常用"选项卡"图层"面板中选择"图层特性"下拉列表中的"中心线"层，将当前层设置为"中心线"层。

（4）单击"常用"选项卡"绘图"面板中的"直线"按钮，以(1000,1000)为起点，绘制长度为 120 的水平中心线，命令行提示和操作如下，结果如图 3.3 所示。

命令：_line
指定第一个点：1000,1000↙
指定下一点或 [角度(A)/长度(L)/放弃(U)]：@120,0↙

图 3.2　选择模板　　　　　　　　　　　　图 3.3　绘制水平中心线

（5）在"常用"选项卡"图层"面板中选择"图层特性"下拉列表中的"实线"层，将当前层设置为"实线"层。

（6）按 Enter 键，重复"直线"命令，命令行提示和操作如下，结果如图 3.4 所示。

```
指定第一个点：1010,1000✓（输入起点坐标）①
指定下一点或 [角度(A)/长度(L)/放弃(U)]：@15<90✓②
指定下一点或 [角度(A)/长度(L)/放弃(U)]：@ 30<0✓③
指定下一点或 [角度(A)/长度(L)/闭合(C)/放弃(U)]：@10<90✓④
指定下一点或 [角度(A)/长度(L)/闭合(C)/放弃(U)]：@40<0✓⑤
指定下一点或 [角度(A)/长度(L)/闭合(C)/放弃(U)]：@ 10<270✓⑥
指定下一点或 [角度(A)/长度(L)/闭合(C)/放弃(U)]：@30<0✓⑦
指定下一点或 [角度(A)/长度(L)/闭合(C)/放弃(U)]：@30<270✓⑧
指定下一点或 [角度(A)/长度(L)/闭合(C)/放弃(U)]：@30<180✓⑨
指定下一点或 [角度(A)/长度(L)/闭合(C)/放弃(U)]：@10<270✓⑩
指定下一点或 [角度(A)/长度(L)/闭合(C)/放弃(U)]：@40<180✓⑪
指定下一点或 [角度(A)/长度(L)/闭合(C)/放弃(U)]：@10<90✓⑫
指定下一点或 [角度(A)/长度(L)/闭合(C)/放弃(U)]：@30<180✓⑬
指定下一点或 [角度(A)/长度(L)/闭合(C)/放弃(U)]：C
```

（7）重复"直线"命令，连接第❸点和第⑫点，结果如图 3.5 所示。

（8）重复"直线"命令，连接第⑥点和第⑨点，结果如图 3.6 所示。

图 3.4　绘制阶梯轴操作步骤　　　图 3.5　绘制连接线 1　　　图 3.6　绘制连接线 2

3.1.2　构造线

构造线是没有起点和终点的无限延伸的直线。通过在绘图区单击或输入坐标值的方式创建一个或多个构造线对象。

【执行方式】

- ➤ 命令行：XLINE（XL）。
- ➤ 菜单栏："绘图"→"构造线"。
- ➤ 工具栏："绘图"→"构造线" 。
- ➤ 功能区："常用"→"绘图"→"构造线" 。

【操作步骤】

命令：XLINE↙
指定构造线位置或 [等分(B)/水平(H)/竖直(V)/角度(A)/偏移(O)]：（给出点 1）
指定通过点：（给定通过点 2，绘制一条通过点 1 并通过点 2 的双向无限延长的直线）
指定通过点：[继续给定通过点，继续绘制线，如图 3.7（a）所示，按 Enter 键结束命令]

【选项说明】

（1）执行选项中有"等分""指定点""水平""竖直""角度""偏移"六种绘制构造线的方式，分别如图 3.7（a）～（f）所示。

（2）构造线模拟手工作图中的辅助作图线，用特殊的线型显示，在绘图输出时可不作输出。

构造线的主要用途是作为辅助线绘制机械图中的三视图，构造线的应用保证了三视图之间"主俯视图长对正、主左视图高平齐、俯左视图宽相等"的对应关系。

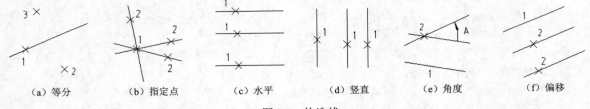

图 3.7　构造线

动手学——绘制楔块的投影三视图

使用"构造线"命令，可以绘制楔块的投影三视图，如图 3.8 所示。

扫一扫，看视频

【操作步骤】

（1）单击"常用"选项卡"图层"面板中的"图层特性"按钮，弹出"图层特性管理器"选项板，单击"新建"按钮，新建"图层 1"。将"图层 1"的线宽修改为 0.3；选中 0 层，将0 层的颜色修改为红色。设置完成，关闭"图层特性管理器"选项板。

（2）单击"常用"选项卡"绘图"面板中的"构造线"按钮，在绘图区绘制两条互相垂直的构造线，命令行提示和操作如下，结果如图 3.9 所示。

命令：_xline
指定构造线位置或 [等分(B)/水平(H)/竖直(V)/角度(A)/偏移(O)]：（指定水平构造线的第一点①）
指定通过点：（指定水平构造线的第二点②）
指定通过点：（指定竖直构造线的第二点③）
指定通过点：*取消*

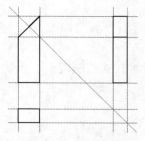

图 3.8 楔块的投影三视图

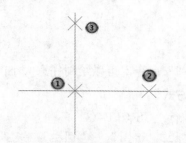

图 3.9 绘制互相垂直的构造线

（3）单击"常用"选项卡"绘图"面板中的"构造线"按钮，将水平构造线向下偏移，偏移距离为 120；将竖直构造线向右侧偏移，偏移距离为 120，命令行提示和操作如下：

```
命令：_xline
指定构造线位置或 [等分(B)/水平(H)/竖直(V)/角度(A)/偏移(O)]：O
指定偏移距离或 [通过(T)/擦除(E)/图层(L)] <通过>：120
选取偏移线：（选择图 3.10 所示的水平构造线①）
指定向哪侧偏移：（在水平构造线下方单击②）
选取偏移线：（选择图 3.10 所示的竖直构造线③）
指定向哪侧偏移：（在竖直构造线右侧单击④）
选取偏移线：*取消*
```

结果如图 3.11 所示。

（4）重复"构造线"命令，继续将最后偏移得到的水平构造线向下偏移 260、150 和 80；将最后偏移得到的竖直构造线向右侧偏移 410 和 80，结果如图 3.12 所示。

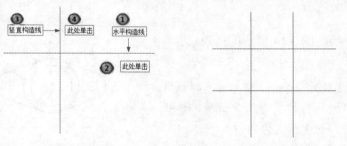

图 3.10 选择要偏移的构造线   图 3.11 偏移结果 1   图 3.12 偏移结果 2

（5）重复"构造线"命令，绘制角度构造线，命令行提示和操作如下，结果如图 3.13 所示。

```
命令：_xline
指定构造线位置或 [等分(B)/水平(H)/竖直(V)/角度(A)/偏移(O)]：A
输入角度值或 [参照值(R)] <0>：135
定位：（选择图 3.12 所示的交点）
定位：*取消*
```

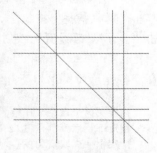

图 3.13 绘制角度构造线

（6）单击状态栏中的"正交模式"按钮，打开正交功能；单击"对象捕捉"按钮，打开对象捕捉功能；单击"动态输入"按钮，关闭动态输入功能；单击"显示/隐藏线宽"按钮，显示线宽。

（7）单击"常用"选项卡"绘图"面板中的"直线"按钮，绘制楔块的投影三视图，结果如图 3.8 所示。

3.1.3 圆

使用"圆"命令，可以绘制任意大小的圆，可以采用多种方式绘制圆。

【执行方式】

- ➢ 命令行：CIRCLE（C）。
- ➢ 菜单栏："绘图"→"圆心，半径"/"圆心，直径"/"两点"/"三点"/"相切，相切，半径"/"相切，相切，相切"。
- ➢ 工具栏："绘图"→"圆心，半径"⊖/"圆心，直径"⊘/"两点"○/"三点"○/"相切，相切，半径"⊘/"相切，相切，相切"○。
- ➢ 功能区："常用"→"绘图"→"圆心，半径"⊖/"圆心，直径"⊘/"两点"○/"三点"○/"相切，相切，半径"⊘/"相切，相切，相切"○。

【操作步骤】

命令：CIRCLE✓
指定圆的圆心或 [三点(3P)/两点(2P)/切点、切点、半径(T)]：（指定圆心）
指定圆的半径或 [直径(D)]：（直接输入半径数值或用鼠标指定半径长度）

【选项说明】

（1）三点(3P)：按指定圆周上三点的方法绘制圆。

（2）两点(2P)：按指定直径的两端点的方法绘制圆。

（3）切点、切点、半径(T)：按先指定两个相切对象，后指定半径的方法绘制圆。

动手学——绘制压盖

扫一扫，看视频

本例利用"圆"和"直线"命令绘制图 3.14 所示的压盖。

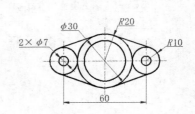

图 3.14　压盖

【操作步骤】

（1）选择菜单栏中的"文件"→"新建"命令，或单击"标准"工具栏中的"新建"按钮🗋，弹出"选择样板文件"对话框，选择"样板图"模板，单击"打开"按钮，创建新文件。

（2）将"中心线"层设置为当前层。

（3）单击状态栏中的"正交模式"按钮L，打开正交功能；单击"对象捕捉"按钮□，打开对象捕捉功能；单击"动态输入"按钮＋，关闭动态输入功能；单击"显示/隐藏线宽"按钮≡，显示线宽。

（4）单击"常用"选项卡"绘图"面板中的"直线"按钮＼，绘制两条相互垂直的中心线，命令行提示和操作如下，结果如图 3.15 所示。

命令：_line
指定第一个点：（在绘图区中单击一点）
指定下一点或 [角度(A)/长度(L)/放弃(U)]：@90,0
指定下一点或 [角度(A)/长度(L)/放弃(U)]：*取消*
命令：_line
指定第一个点：_from（按住 Shift 键，右击，在弹出的快捷菜单中选择"自"命令）
基点：（在绘图区捕捉水平中心线的中点）
<偏移>：@0,25（输入竖直中心线的起点相对坐标）
指定下一点或 [角度(A)/长度(L)/放弃(U)]:50（输入竖直中心线的长度）

指定下一点或 [角度(A)/长度(L)/放弃(U)]：*取消*

（5）使用同样的方法，绘制两侧的竖直中心线，结果如图 3.16 所示。

（6）选中绘制的中心线，右击，在弹出的快捷菜单中选择"特性"命令，弹出"特性"选项板，修改"线型比例"为 0.2，如图 3.17 所示。修改后的中心线如图 3.18 所示。

图 3.15　绘制中心线　　　图 3.16　绘制两侧的竖直中心线　图 3.17　"特性"选项板　图 3.18　修改后的中心线

（7）单击状态栏中的"动态输入"按钮 ⊥，打开动态输入功能。

（8）在"常用"选项卡"图层"面板中选择"图层特性"下拉列表中的"实线"层，将当前层设置为"实线"层。

（9）单击"常用"选项卡"绘图"面板中的"圆心，半径"按钮 ⊙，❶捕捉水平中心线与竖直中心线的交点，以该点为圆心，❷输入半径 20，绘制半径为 20 的圆，如图 3.19 所示。

（10）重复"圆心，半径"命令，❶捕捉水平中心线与竖直中心线的交点，❷输入直径参数 d，如图 3.20 所示；❸再输入直径 30，如图 3.21 所示。

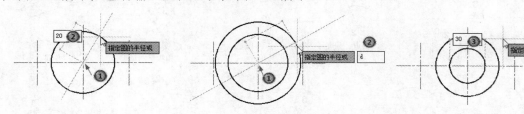

图 3.19　绘制半径为 20 的圆　　　图 3.20　捕捉圆心　　　图 3.21　输入直径

（11）使用同样的方法，绘制两侧的圆，结果如图 3.22 所示。

（12）在状态栏中右击"对象捕捉"按钮 ▯，在弹出的快捷菜单中选择"设置"命令，弹出"草图设置"对话框，勾选"切点"复选框，单击"确定"按钮，关闭该对话框。

（13）单击"常用"选项卡"绘图"面板中的"直线"按钮 ＼，将十字光标接近圆，当出现图 3.23 所示的切点标识时，单击确定切线的起点，移动十字光标到半径为 20 的大圆，出现切点标识时单击，绘制一条切线，结果如图 3.24 所示。

（14）使用同样的方法，绘制其他三条切线，结果如图 3.25 所示。

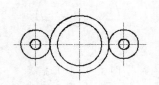
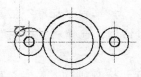
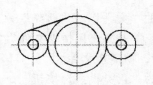
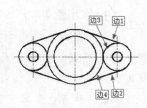

图 3.22　绘制两侧的圆　　图 3.23　显示切点标识　　图 3.24　绘制切线　　图 3.25　绘制其他三条切线

3.1.4 圆弧

使用"圆弧"命令，可以绘制圆弧对象，可以采用多种方式绘制圆弧。

【执行方式】

➤ 命令行：ARC（A）。
➤ 菜单栏："绘图"→"圆弧"。
➤ 工具栏："绘图"→"圆弧"下拉菜单。
➤ 功能区："常用"→"绘图"→"圆弧"下拉菜单。

【操作步骤】

命令：ARC✓
指定圆弧的起点或 [圆心(C)]：（指定起点）
指定圆弧的第二个点或 [圆心(C)/端点(E)]：（指定第二个点）
指定圆弧的端点：（指定端点）

【选项说明】

（1）用命令行的方式绘制圆弧时，可以根据系统提示单击选择不同的选项，其具体功能和选择菜单栏中的"绘图"→"圆弧"下拉菜单中提供的 11 种方式相似。这 11 种方式绘制的圆弧分别如图 3.26（a）～（k）所示。

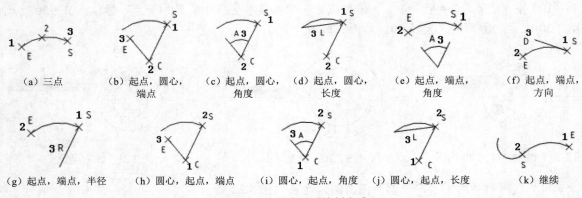

(a) 三点　(b) 起点，圆心，端点　(c) 起点，圆心，角度　(d) 起点，圆心，长度　(e) 起点，端点，角度　(f) 起点，端点，方向

(g) 起点，端点，半径　(h) 圆心，起点，端点　(i) 圆心，起点，角度　(j) 圆心，起点，长度　(k) 继续

图 3.26　11 种圆弧绘制方式

（2）需要强调的是"继续"方式，其绘制的圆弧与上一线段或圆弧相切，以继续绘制圆弧段，因此针对该方式只提供端点即可。

动手学——绘制圆形插板

本例绘制图 3.27 所示的圆形插板。

【操作步骤】

（1）选择菜单栏中的"文件"→"新建"命令，或单击"标准"工具栏中的"新建"按钮，弹出"选择样板文件"对话框，选择"样板图"模板，单击"打开"按钮，创建新文件。

（2）单击状态栏中的"正交模式"按钮，打开正交功能；单击"对象捕捉"按钮，打开对象捕捉功能；单击"动态输入"按钮，关闭动态输入功能；单击"显

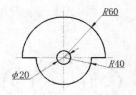

图 3.27　圆形插板

扫一扫，看视频

示/隐藏线宽"按钮，显示线宽。

（3）在"常用"选项卡"图层"面板中选择"图层特性"下拉列表中的"中心线"层，将当前层设置为"中心线"层。

（4）单击"常用"选项卡"绘图"面板中的"直线"按钮，绘制两条相互垂直的中心线，端点坐标分别是{(-70,0)，(70,0)}和{(0,-70)，(0,70)}。

（5）选中绘制的中心线，右击，在弹出的快捷菜单中选择"特性"命令，弹出"特性"选项板，修改"线型比例"为0.4。

（6）在"常用"选项卡"图层"面板中选择"图层特性"下拉列表中的"实线"层，将当前层设置为"实线"层。

（7）单击"常用"选项卡"绘图"面板中的"圆心，半径"按钮，捕捉两条中心线的交点为圆心，指定圆的半径为10，绘制效果如图3.28所示。

（8）单击"常用"选项卡"绘图"面板中的"圆心，起点，端点"按钮，①捕捉两条中心线的交点为圆心，如图3.29所示。②输入起点坐标(60,0)，如图3.30所示；③输入终点坐标(-60,0)，如图3.31所示。圆弧绘制完成，结果如图3.32所示。

（9）使用同样的方法，绘制下端圆弧，圆心为两条中心线的交点，起点坐标为(-40,0)，终点坐标为(40,0)，结果如图3.33所示。

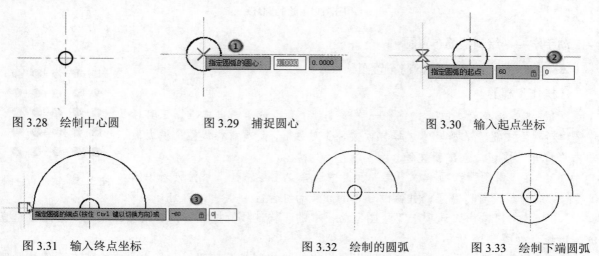

图3.28　绘制中心圆　　　　　图3.29　捕捉圆心　　　　　图3.30　输入起点坐标

图3.31　输入终点坐标　　　　图3.32　绘制的圆弧　　　　图3.33　绘制下端圆弧

（10）单击"常用"选项卡"绘图"面板中的"直线"按钮，连接两个圆弧的端点，结果如图3.27所示。

3.1.5　圆环

使用"圆环"命令，可以绘制圆环对象。圆环是由宽弧线段组成的闭合多段线构成的。

【执行方式】

➤ 命令行：DONUT（DO）。

➤ 菜单栏："绘图"→"圆环"。

➤ 功能区："常用"→"绘图"→"圆环" ◎。

【操作步骤】

命令：DONUT✓
指定圆环的内径 <常用值>：（指定圆环的内径）
指定圆环的外径 <常用值>：（指定圆环的外径）
指定圆环的中心点或 <退出>：（指定圆环的中心点）
指定圆环的中心点或 <退出>：[继续指定圆环的中心点，则继续绘制具有相同内外径的圆环。按 Enter 键、Space 键或右击，结束命令，如图 3.34（a）所示]

【选项说明】

（1）若指定内径为 0，则绘制的是实心填充圆，如图 3.34（b）所示。

（2）使用 FILL 命令可以控制圆环是否填充，具体方法如下：

命令：FILL✓
输入模式 [开(ON)/关(OFF)] <开>：[选择"开(ON)"选项表示填充，选择"关(OFF)"选项表示不填充，如图 3.34（c）所示]

（a）普通圆环　　　　（b）实心填充圆　　　　（c）是否填充圆环

图 3.34　绘制圆环

扫一扫，看视频

动手学——绘制钢筋布置图

本例绘制图 3.35 所示的钢筋布置图。

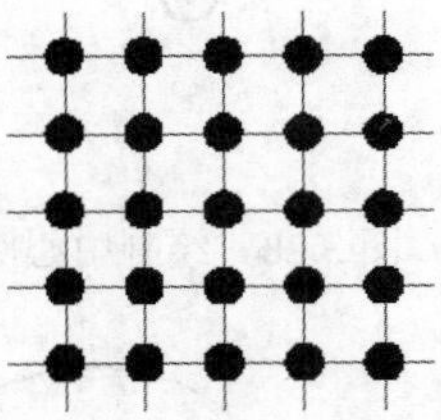

【操作步骤】

（1）选择菜单栏中的"文件"→"新建"命令，或单击"标准"工具栏中的"新建"按钮，弹出"选择样板文件"对话框，选择"样板图"模板，单击"打开"按钮，创建新文件。

（2）在"常用"选项卡"图层"面板中选择"图层特性"下拉列表中的 0 层，将当前层设置为 0 层，并修改 0 层的颜色为红色。

图 3.35　钢筋布置图

（3）单击"常用"选项卡"绘图"面板中的"构造线"按钮，在绘图区绘制两条相互垂直的构造线，如图 3.36 所示。

（4）单击"常用"选项卡"绘图"面板中的"构造线"按钮，将水平构造线向下偏移，偏移距离为 120，再将偏移后的构造线向下偏移 120，共偏移 4 次；将竖直构造线向右侧偏移，偏移距离为 120，再将偏移后的构造线向右偏移 120，共偏移 4 次，结果如图 3.37 所示。

（5）单击状态栏中的"正交模式"按钮，打开正交功能；单击"对象捕捉"按钮，打开对象捕捉功能；单击"动态输入"按钮，打开动态输入功能；单击"显示/隐藏线宽"按钮，显示线宽。

（6）在"常用"选项卡"图层"面板中选择"图层特性"下拉列表中的"实线"层，将当前层设置为"实线"层。

（7）单击"常用"选项卡"绘图"面板中的"圆环"按钮，❶输入圆环内径为 0，如图 3.38 所示；❷继续输入圆环外径为 60，如图 3.39 所示。❸捕捉图 3.40 所示的交点作为圆环的中心点，结果如图 3.41 所示。

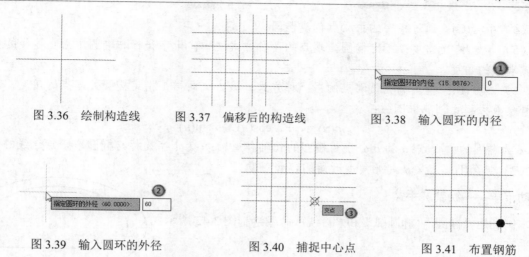

图 3.36 绘制构造线　　　图 3.37 偏移后的构造线　　　图 3.38 输入圆环的内径

图 3.39 输入圆环的外径　　　　　图 3.40 捕捉中心点　　　　　图 3.41 布置钢筋

（8）依次捕捉各交点，放置钢筋，结果如图 3.35 所示。

3.1.6 椭圆与椭圆弧

该命令用于绘制椭圆或椭圆弧对象。

【执行方式】

➢ 命令行：ELLIPSE（EL）。
➢ 菜单栏："绘图"→"椭圆"→"中心点"/"轴、端点"/"椭圆弧"。
➢ 工具栏："绘图"→"椭圆" ◯ /"椭圆弧" ⌒ 。
➢ 功能区："常用"→"绘图"→"中心点"/"轴、端点"/"椭圆弧"。

【操作步骤】

```
命令: ELLIPSE↙
指定椭圆的第一个端点或 [弧(A)/中心(C)]:
指定轴向第二端点: <正交 开>
指定其他轴或 [旋转(R)]:
命令: _ellipse
指定椭圆的第一个端点或 [弧(A)/中心(C)]: _a
指定椭圆的第一个端点或 [中心(C)]:
指定轴向第二端点:
指定其他轴或 [旋转(R)]:
指定弧的起始角度或 [参数(P)]:
指定终止角度或 [参数(P)/包含(I)]:
```

【选项说明】

（1）指定椭圆的轴端点：根据两个端点，定义椭圆的第一条轴。第一条轴的角度确定了整个椭圆的角度。第一条轴既可定义为椭圆的长轴，也可定义为椭圆的短轴。

（2）其他轴：以第一条轴的中点拖曳选择第三点定义椭圆的另一条轴。

（3）旋转(R)：以第一条轴为主轴，通过旋转一定的角度确定离心率绘制椭圆。

🔊 **注意：**

角度的有效范围为 0°～89.4°。输入值越大，椭圆的离心率就越大，输入 0 将绘制圆。

49

（4）中心(C)：通过指定的中心点创建椭圆。

（5）起始/终止角度：指定椭圆弧端点的两种方式之一，十字光标与椭圆中心点连线的夹角为椭圆弧端点的角度。

（6）参数(P)：指定椭圆弧端点的另一种方式，该方式同样是指定椭圆弧端点的角度，通过以下矢量参数方程式创建椭圆弧：

$$p(u) = c + a\cos(u) + b\sin(u)$$

式中，c 为椭圆的中心点；a 和 b 分别为椭圆的长轴和短轴；u 为十字光标与椭圆中心点连线的夹角。

（7）包含(I)：定义从起始角度开始的包含角度。

扫一扫，看视频

动手学——绘制洗手盆

本例利用"椭圆""椭圆弧"和"直线"命令绘制图 3.42 所示的洗手盆。

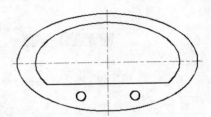
图 3.42　洗手盆

【操作步骤】

（1）选择菜单栏中的"文件"→"新建"命令，或单击"标准"工具栏中的"新建"按钮 ⌐，弹出"选择样板文件"对话框，选择"样板图"模板，单击"打开"按钮，创建新文件。

（2）在"常用"选项卡"图层"面板中选择"图层特性"下拉列表中的"中心线"层，将当前层设置为"中心线"层。

（3）单击"常用"选项卡"绘图"面板中的"直线"按钮 ＼，绘制两条相互垂直的中心线，水平中心线长度为 210，竖直中心线长度为 120。

（4）选中绘制的中心线，右击，在弹出的快捷菜单中选择"特性"命令，弹出"特性"选项板，修改"线型比例"为 0.5，修改后的中心线如图 3.43 所示。

（5）在"常用"选项卡"图层"面板中选择"图层特性"下拉列表中的"实线"层，将当前层设置为"实线"层。

（6）单击状态栏中的"动态输入"按钮 ＋，打开动态输入功能。

（7）单击"常用"选项卡"绘图"面板"椭圆"下拉列表中的"中心点"按钮 ⊙，❶捕捉图 3.44 所示的中心线中点，沿水平方向移动十字光标，❷输入长半轴长度 100，如图 3.45 所示；再沿竖直方向移动十字光标，❸输入短半轴长度 55，如图 3.46 所示。

图 3.43　修改线型比例后的中心线　　　图 3.44　捕捉中点 1　　　图 3.45　输入长半轴长度 1

（8）单击"常用"选项卡"绘图"面板"椭圆"下拉列表中的"椭圆弧"按钮 ⌒，❶输入参数 c，如图 3.47 所示。❷捕捉图 3.48 所示的中点，❸输入长半轴长度 80，如图 3.49 所示；❹输入短半轴长度 45，如图 3.50 所示。❺输入椭圆弧的起始角度-20°，如图 3.51 所示；❻输入终止角度 200°，如图 3.52 所示。椭圆弧绘制完成，结果如图 3.53 所示。

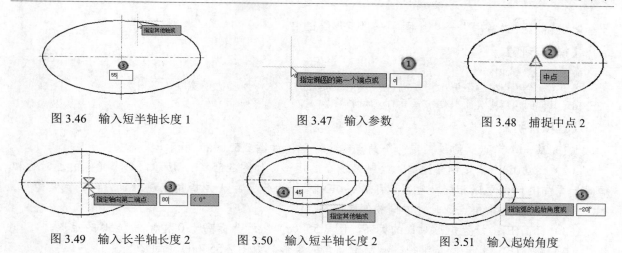

图 3.46　输入短半轴长度 1　　　图 3.47　输入参数　　　图 3.48　捕捉中点 2

图 3.49　输入长半轴长度 2　　　图 3.50　输入短半轴长度 2　　　图 3.51　输入起始角度

（9）单击"常用"选项卡"绘图"面板中的"直线"按钮╲，绘制直线连接椭圆弧的两端点，如图 3.54 所示。

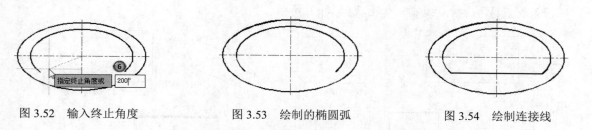

图 3.52　输入终止角度　　　　图 3.53　绘制的椭圆弧　　　　图 3.54　绘制连接线

（10）单击"常用"选项卡"绘图"面板中的"圆心，半径"按钮⊙，绘制半径为 5 的圆，命令行提示和操作如下，结果如图 3.42 所示。

```
命令：_circle
指定圆的圆心或 [三点(3P)/两点(2P)/切点、切点、半径(T)]：_from（按住 Shift 键，右击，在弹出的快捷菜单中选择"自"命令）
基点：（捕捉交点）
<偏移>：@30,-38（输入偏移坐标）
指定圆的半径或 [直径(D)] <5.2141>:5（输入半径）
命令：_circle
指定圆的圆心或 [三点(3P)/两点(2P)/切点、切点、半径(T)]：_from（按住 Shift 键，右击，在弹出的快捷菜单中选择"自"命令）
基点：（捕捉交点）
<偏移>：@-30,-38（输入偏移坐标）
指定圆的半径或 [直径(D)] <5.0000>:5（输入半径）
```

3.1.7　矩形

该命令通过指定矩形的参数绘制多段线矩形对象。

【执行方式】

➢ 命令行：RECTANG（REC）。

➢ 菜单栏："绘图"→"矩形"。

➢ 工具栏："绘图"→"矩形"▭。

➤ 功能区："常用"→"绘图"→"矩形" 🔲。

【操作步骤】

命令：RECTANG↙
指定第一个角点或 [倒角(C)/标高(E)/圆角(F)/正方形(S)/厚度(T)/宽度(W)]：
指定其他的角点或 [面积(A)/尺寸(D)/旋转(R)]：

【选项说明】

（1）第一个角点：通过指定两个角点确定矩形，如图 3.55（a）所示。

（2）倒角(C)：指定倒角距离，绘制带倒角的矩形，如图 3.55（b）所示。每个角点的逆时针和顺时针方向的倒角可以相同，也可以不同，其中第一个倒角距离是指角点逆时针方向的倒角距离，第二个倒角距离是指角点顺时针方向的倒角距离。

（3）标高(E)：设置矩形对象的标高。图 3.55（c）所示为标高为 0 和标高为 50 的矩形。

（4）圆角(F)：指定圆角半径，绘制带圆角的矩形，如图 3.55（d）所示。

（5）正方形(S)：通过指定正方形一条边的两个端点绘制正方形，如图 3.55（e）所示。

（6）厚度(T)：指定矩形的厚度，如图 3.55（f）所示。

（7）宽度(W)：指定线宽，如图 3.55（g）所示。

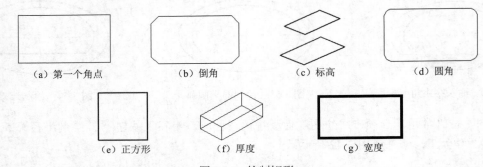

（a）第一个角点　　　（b）倒角　　　　（c）标高　　　　　（d）圆角

（e）正方形　　　　（f）厚度　　　　（g）宽度

图 3.55　绘制矩形

（8）面积(A)：输入以当前单位计算的矩形面积值，通过指定矩形的面积绘制矩形。在指定了长度或宽度后，根据命令行提示指定一点，以确定矩形另一个角点的位置。

（9）尺寸(D)：使用长和宽绘制矩形。第二个指定点将矩形定位在与第一个角点相关的四个位置之一。

（10）旋转(R)：通过指定的旋转角度绘制矩形。在指定了拾取点或旋转角度后，根据命令行提示指定另一个角点。

扫一扫，看视频

动手学——绘制底座

本例利用"矩形"命令绘制图 3.56 所示的底座。

【操作步骤】

（1）选择菜单栏中的"文件"→"新建"命令，或单击"标准"工具栏中的"新建"按钮🗋，弹出"选择样板文件"对话框，选择"样板图"模板，单击"打开"按钮，创建新文件。

（2）单击状态栏中的"正交模式"按钮 ⌐，打开正交功能；单击"对象捕捉"按钮 ▢，打开对象捕捉功能；单击"动态输入"按钮 ⁺, 关闭动态输入功能；单击"显示/隐藏线宽"按钮 ☰，

图 3.56　底座

显示线宽。

（3）在"常用"选项卡"图层"面板中选择"图层特性"下拉列表中的"中心线"层，将当前层设置为"中心线"层。

（4）单击"常用"选项卡"绘图"面板中的"直线"按钮＼，绘制两条相互垂直的中心线，端点分别为{(-80,0)和(80,0)}和{(0,80)和(0, -80)}。

（5）选中绘制的中心线，右击，在弹出的快捷菜单中选择"特性"命令，弹出"特性"选项板，修改"线型比例"为0.5，结果如图3.57所示。

（6）在"常用"选项卡"图层"面板中选择"图层特性"下拉列表中的"实线"层，将当前层设置为"实线"层。

（7）单击状态栏中的"正交模式"按钮┗，打开正交功能；单击"对象捕捉"按钮□，打开对象捕捉功能；单击"动态输入"按钮╋，打开动态输入功能；单击"显示/隐藏线宽"按钮≡，显示线宽。

（8）单击"常用"选项卡"绘图"面板中的"矩形"按钮□，❶输入倒角参数c，如图3.58所示；❷输入第一个倒角距离6，如图3.59所示；❸输入第二个倒角距离6，如图3.60所示。❹输入第一个角点坐标(-75,-75)，如图3.61所示；❺输入矩形长度尺寸150，如图3.62所示。矩形绘制完成，如图3.63所示。

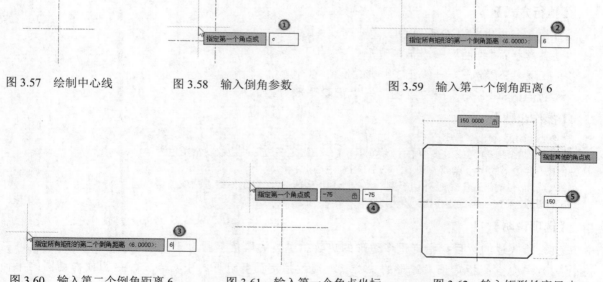

图3.57　绘制中心线　　　　　　图3.58　输入倒角参数　　　　　　图3.59　输入第一个倒角距离6

图3.60　输入第二个倒角距离6　　　图3.61　输入第一个角点坐标　　　图3.62　输入矩形长度尺寸

（9）重复"矩形"命令，绘制长度为47，宽度为20的小矩形，命令行提示和操作如下，结果如图3.64所示。

```
命令: _rectang
当前矩形模式: 倒角=6.0000 x 6.0000
指定第一个角点或 [倒角(C)/标高(E)/圆角(F)/正方形(S)/厚度(T)/宽度(W)]: C✓
指定所有矩形的第一个倒角距离 <6.0000>: 0✓
指定所有矩形的第二个倒角距离 <6.0000>: 0✓
指定第一个角点或 [倒角(C)/标高(E)/圆角(F)/正方形(S)/厚度(T)/宽度(W)]: 75,-10✓
指定其他的角点或 [面积(A)/尺寸(D)/旋转(R)]: @-47,-20✓
```

```
命令：_rectang
指定第一个角点或 [倒角(C)/标高(E)/圆角(F)/正方形(S)/厚度(T)/宽度(W)]：10,75↙
指定其他的角点或 [面积(A)/尺寸(D)/旋转(R)]：@20,-47↙
命令：_rectang
指定第一个角点或 [倒角(C)/标高(E)/圆角(F)/正方形(S)/厚度(T)/宽度(W)]：-75,10↙
指定其他的角点或 [面积(A)/尺寸(D)/旋转(R)]：@47,20↙
命令：_ rectang
指定第一个角点或 [倒角(C)/标高(E)/圆角(F)/正方形(S)/厚度(T)/宽度(W)]：-10,-75↙
指定其他的角点或 [面积(A)/尺寸(D)/旋转(R)]：@-20,47↙
```

图 3.63　绘制的倒角矩形

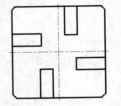

图 3.64　绘制的小矩形

3.1.8　正多边形

正多边形对象由首尾相接的等长多段线组成。

【执行方式】

➢ 命令行：POLYGON（POL）。

➢ 菜单栏："绘图"→"正多边形"。

➢ 工具栏："绘图"→"正多边形" ⬠。

➢ 功能区："常用"→"绘图"→"正多边形" ⬠。

【操作步骤】

```
命令：POLYGON↙
输入边的数目 <4> 或 [多个(M)/线宽(W)]：（指定多边形的边数，常用值为 4）
指定正多边形的中心点或 [边(E)]：（指定中心点）
输入选项 [内接于圆(I)/外切于圆(C)] <外切于圆>：（指定内接于圆或外切于圆）
指定圆的半径：（指定内接圆或外切圆的半径）
```

【选项说明】

（1）输入边的数目：指定正多边形的边数。边数的取值范围为 3～1024 之间的所有整数。

（2）中心点：指定正多边形的中心点。通过指定正多边形的中心点、外接圆或内切圆的半径绘制正多边形。

1）内接于圆(I)：绘制的正多边形内接于圆，正多边形的各个顶点都位于圆上，如图 3.65（a）所示。

2）外切于圆(C)：绘制的正多边形外切于圆，正多边形的各条边都与圆相切，如图 3.65（b）所示。

（3）圆的半径：指定内接圆或外切圆的半径。对于外切圆，圆的半径即正多边形中心到其边的距离；对于内接圆，圆的半径即正多边形中心到其顶点的距离。

（4）边(E)：指定第一条边的两个端点，程序将自动按逆时针方向创建正多边形，如图 3.65（c）所示。

（5）多个(M)：可以通过指定正多边形的中心点连续绘制多个正多边形对象，直到按 Enter 键结束。

（6）线宽(W)：正多边形对象由多段线对象构成。可指定正多边形的线宽，如图 3.66 所示。

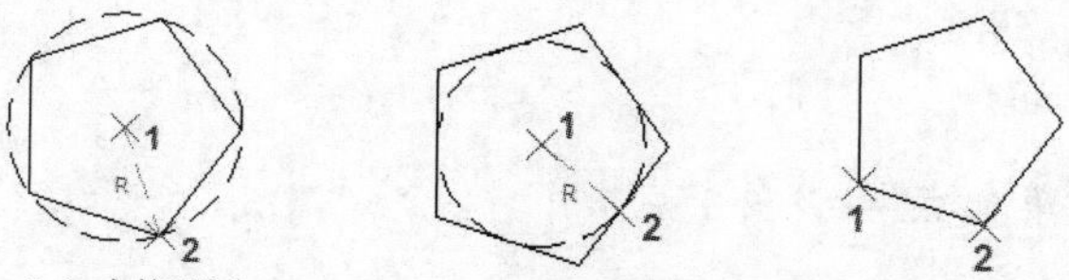

（a）内接于圆　　　（b）外切于圆　　　（c）边

图 3.65　绘制正多边形

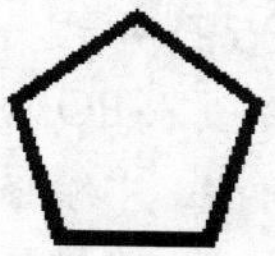

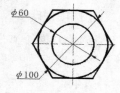

图 3.66　指定线宽

动手学——绘制螺栓头

本例主要利用"多边形""圆""直线"命令绘制图 3.67 所示的螺栓头。

【操作步骤】

（1）选择菜单栏中的"文件"→"新建"命令，或单击"标准"工具栏中的"新建"按钮 □，弹出"选择样板文件"对话框，选择"样板图"模板，单击"打开"按钮，创建新文件。

图 3.67　螺栓头

（2）将"中心线"层设置为当前层。单击"常用"选项卡"绘图"面板中的"直线"按钮 ＼，绘制中心线，端点坐标值为 {(90,150)，(210,150)}，{(150,90)，(150,210)}。

（3）将"实线"层设置为当前层。单击"常用"选项卡"绘图"面板中的"圆心，半径"按钮 ⊖，以(150,150)为圆心，以 50 为半径绘制一个圆，结果如图 3.68 所示。

（4）单击状态栏中的"动态输入"按钮 ⁺□，打开动态输入功能；单击"显示/隐藏线宽"按钮 ≡，显示线宽。

（5）单击"常用"选项卡"绘图"面板中的"正多边形"按钮 ⬡，❶捕捉图 3.69 所示的中点为圆心，❷选择图 3.70 所示的"外切于圆"选项，❸输入圆的半径 50，如图 3.71 所示，绘制正六边形，结果如图 3.72 所示。

　　　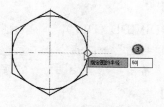　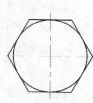

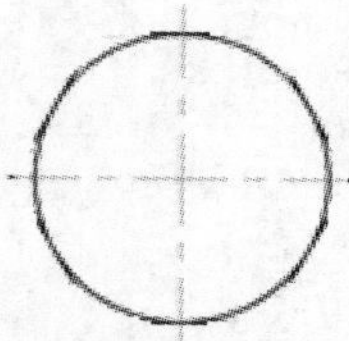

图 3.68　绘制圆　图 3.69　捕捉中点　图 3.70　选择　　图 3.71　输入圆的半径　图 3.72　绘制

"外切于圆"选项　　　　　　　　　　　　正六边形

（6）单击"常用"选项卡"绘图"面板中的"圆心，半径"按钮 ⊖，以(150,150)为圆心，绘制半径为 30 的圆，结果如图 3.67 所示。

3.1.9　点

点在中望 CAD 中有多种不同的表示方式，可以根据需要进行点样式设置。可以绘制单个点、多个点和等分点。

1．绘制单个点/多个点

通过在绘图区指定坐标或输入坐标值的方式创建单个或多个点对象。

【执行方式】

➢ 命令行：POINT（PO）。

➢ 菜单栏："绘图"→"点"→"单个点"/"多个点"。

➢ 工具栏："绘图"→"点" ∴。

➢ 功能区："常用"→"绘图"→"多个点" ∴。

【操作步骤】

命令：POINT
指定点：（指定点所在的位置）

【选项说明】

（1）"单个点"选项表示只输入一个点，"多个点"选项表示可输入多个点。

（2）可以打开状态栏中的"对象捕捉"开关设置点捕捉模式，帮助用户拾取点。

（3）点在图形中的表示样式共有 20 种，可通过命令 DDPTYPE 或选择菜单栏中的"格式"→"点样式"命令，弹出"点样式"对话框进行设置，如图 3.73 所示。

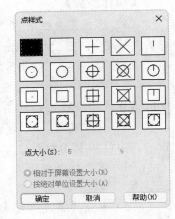

图 3.73 "点样式"对话框

2．定数等分绘点

通过指定分段数，以点或块作为标记对选定的对象进行平均分割。沿着选定的对象放置标记。标记会平均地将对象分割成指定的分段数，可以分割线、弧、圆、椭圆、样条曲线或多段线。标记可以选择点或图块对象。

【执行方式】

➢ 命令行：DIVIDE（DIV）。

➢ 菜单栏："绘图"→"点"→"定数等分"。

➢ 功能区："常用"→"绘图"→"定数等分" ⤬n。

【操作步骤】

命令：DIVIDE✓
选择要定数等分的对象：（选择要等分的实体）
输入线段数目或 [块(B)]：（指定实体的等分数）

【选项说明】

（1）线段数目：通过指定分段数对选定的对象进行等分，等分标记为点对象。放置的点对象的数目为输入分段数减 1。等分数范围为 2～32767。

（2）块(B)：通过指定块名和分段数对选定的对象进行等分，等分标记为指定的块。可以设置是否将块与对象对齐。

3．定距等分绘点

通过指定分段长度放置相等间隔的标记。标记可以是点对象或图块。沿着选定的对象，从距离选择的点最近的端点开始放置标记。

【执行方式】

- ➤ 命令行：MEASURE（ME）。
- ➤ 菜单栏："绘图"→"点"→"定距等分"。
- ➤ 功能区："常用"→"绘图"→"定距等分"✕。

【操作步骤】

```
命令：MEASURE✓
选择要定距等分的对象：（选择要设置测量点的实体）
指定线段长度或 [块(B)]：（指定分段长度）
```

【选项说明】

（1）线段长度：通过指定分段长度对选定的对象进行等分，等分标记为点对象。

若选取的对象为闭合多段线，将从绘制多段线的第一个点开始测量并放置标记。若选取的对象为圆，则定距等分的起点为当前捕捉角度的方向与圆的交点。例如，当捕捉角度为 0 时，从圆心为起点、圆与 X 轴正方向交点处开始，沿逆时针方向放置等分标记。

（2）块(B)：通过指定块名和分段长度对选定的对象进行等分，等分标记为指定的块。

（3）最后一个测量段的长度不一定等于指定分段长度。

动手学——绘制棘轮

本例绘制图 3.74 所示的棘轮。

【操作步骤】

（1）选择菜单栏中的"文件"→"新建"命令，或单击"标准"工具栏中的"新建"按钮 ，弹出"选择样板文件"对话框，选择"样板图"模板，单击"打开"按钮，创建新文件。

（2）将"中心线"层设置为当前层。

（3）单击状态栏中的"正交模式"按钮 ，打开正交功能；单击"对象捕捉"按钮 ，打开对象捕捉功能；单击"动态输入"按钮 ，关闭动态输入功能；单击"显示/隐藏线宽"按钮 ，显示线宽。

图 3.74　棘轮 1

（4）单击"常用"选项卡"绘图"面板中的"直线"按钮 ，绘制两条相互垂直的中心线，命令行提示和操作如下，结果如图 3.75 所示。

```
命令：_line
指定第一个点：100,100✓
指定下一点或 [角度(A)/长度(L)/放弃(U)]：@220,0✓
指定下一点或 [角度(A)/长度(L)/放弃(U)]：✓
命令：_line
指定第一个点：210,210✓
指定下一点或 [角度(A)/长度(L)/放弃(U)]：@220<270✓
指定下一点或 [角度(A)/长度(L)/放弃(U)]：✓
```

（5）将"实线"层设置为当前层。

（6）单击"常用"选项卡"绘图"面板中的"圆心，半径"按钮 ，捕捉水平中心线与竖直中心线的交点，以该点为圆心，分别绘制半径为 100、85、65 和 35 的圆。

（7）选中半径为 100 和 85 的圆，在"常用"选项卡"图层"面板中选择"图形特性"下拉列表中的"中心线"层，将绘制的圆放置在"中心线"层，如图 3.76 所示。

（8）选择菜单栏中的"格式"→"点样式"命令，弹出"点样式"对话框，选择图 3.77 所示的点样式。

图 3.75　绘制中心线

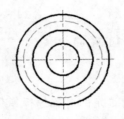

图 3.76　将绘制的圆放置在"中心线"层

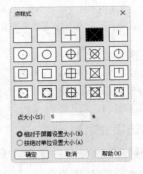

图 3.77　"点样式"对话框

（9）单击状态栏中的"动态输入"按钮 ，打开动态输入功能。

（10）单击"常用"选项卡"绘图"面板中的"定数等分"按钮 ，①选择图 3.78 所示的半径为 100 的圆，②输入分段数为 14，如图 3.78 所示。等分完成，结果如图 3.79 所示。

（11）重复"定数等分"命令，选择半径为 85 的圆进行等分，分段数为 14，结果如图 3.80 所示。

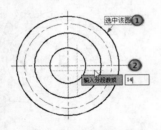

图 3.78　输入分段数

图 3.79　等分结果

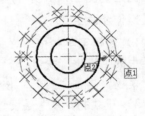

图 3.80　绘制等分点

（12）单击"常用"选项卡"绘图"面板中的"直线"按钮 ，以图 3.80 所示的点 1 为起点向点 2 绘制连线，依次连接各等分点，结果如图 3.81 所示。

（13）选择菜单栏中的"格式"→"点样式"命令，弹出"点样式"对话框，选择图 3.82 所示的点样式，结果如图 3.83 所示。

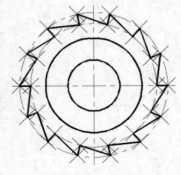

图 3.81　绘制连线

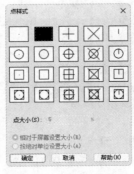

图 3.82　选择点样式

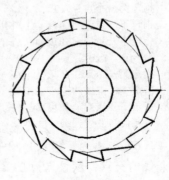

图 3.83　棘轮 2

3.2 高级二维绘图

3.2.1 绘制多段线

多段线是一种由线段和圆弧组合而成的，不同线宽的多线。多段线由于其组合形式的多样和线宽的不同，弥补了直线或圆弧功能的不足，适合绘制各种复杂的图形轮廓，因而得到了广泛的应用。

【执行方式】

➢ 命令行：PLINE（PL）。

➢ 菜单栏："绘图"→"多段线"。

➢ 工具栏："绘图"→"多段线" ⊂. 。

➢ 功能区："常用"→"绘图"→"多段线" ⊂. 。

【操作步骤】

命令：PLINE✓
指定起点：（指定多段线的起点）
当前线宽为 0.0000
指定下一个点或 [圆弧(A)/半宽(H)/长度(L)/放弃(U)/宽度(W)]：（指定多段线的下一点）

【选项说明】

（1）指定多段线的起点：可在绘图区单击或输入点的坐标值。通过指定两点的方式绘制多段线。在按 Enter 键结束命令之前，可通过指定下一点绘制多段线的多条线段。

（2）圆弧(A)：绘制包含圆弧段的多段线。在按 Enter 键结束命令或选择"直线"选项之前，均以圆弧方式绘制多段线。选择该选项，则命令行提示和操作如下：

指定圆弧的端点(按住 Ctrl 键以切换方向)或
[角度(A)/圆心(CE)/方向(D)/半宽(H)/直线(L)/半径(R)/第二个点(S)/宽度(W)/撤销(U)]：

1）圆弧的端点：通过指定弧的起点和终点绘制圆弧段。弧线段从多段线上一段的最后一点开始并与多段线相切。

2）角度(A)：指定圆弧段两点间包含的角度。若输入的角度值为正，则以逆时针方向绘制弧线；若输入的角度值为负，则以顺时针方向绘制弧线；若输入的角度值为 0，则绘制直线段。

3）圆心(CE)：指定圆弧所在圆的圆心。

4）方向(D)：指定弧线段绘制的起点的切线方向。

5）半宽(H)：为弧线段指定起始半宽和终止半宽。半宽是指定弧线段中心到其一边的宽度。

6）直线(L)：退出"圆弧"模式，使用直线段继续绘制多段线。

7）半径(R)：指定弧线段所在圆的半径。

8）第二个点(S)：指定弧线段上的点和端点，以三个点绘制弧线段。

9）宽度(W)：为弧线段指定起始宽度和终止宽度。起始宽度将作为终止宽度的默认值，可重新指定终止宽度。宽多段线的起点和端点位于宽线的中心。

（3）半宽(H)：指定多段线的起始半宽和终止半宽，绘制宽多段线。

（4）长度(L)：指定下一条绘制的直线段的长度。要绘制的直线段的角度与上一条直线段的角度相同。如果上一条绘制的线段为圆弧，则绘制的直线段与圆弧相切。

（5）宽度(W)：指定多段线的起始宽度和终止宽度，绘制宽多段线。

动手学——绘制指北针

本例绘制图 3.84 所示的指北针。

图 3.84　指北针

【操作步骤】

（1）选择菜单栏中的"文件"→"新建"命令，或单击"标准"工具栏中的"新建"按钮 ，弹出"选择样板文件"对话框，选择"样板图"模板，单击"打开"按钮，创建新文件。

（2）将"实线"层设置为当前层。

（3）单击状态栏中的"正交模式"按钮 ⌐，打开正交功能；单击"对象捕捉"按钮 □，打开对象捕捉功能；单击"动态输入"按钮 ⁺，关闭动态输入功能；单击"显示/隐藏线宽"按钮 ≡，显示线宽。

（4）单击"常用"选项卡"绘图"面板中的"圆心，半径"按钮 ⊖，以(200,200)为圆心，绘制半径为 24 的圆，如图 3.85 所示。

（5）单击状态栏中的"动态输入"按钮 ⁺，打开动态输入功能。

（6）单击"常用"选项卡"绘图"面板中的"多段线"按钮 ⌐，① 捕捉图 3.86 所示的象限点为起点，② 输入宽度参数 w，如图 3.87 所示；③ 输入起始宽度 0，如图 3.88 所示；④ 输入终止宽度 6，如图 3.89 所示；⑤ 捕捉图 3.90 所示的象限点，结果如图 3.84 所示。

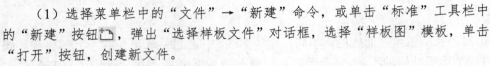

图 3.85　绘制圆　　　　　图 3.86　捕捉起点　　　　　图 3.87　输入参数

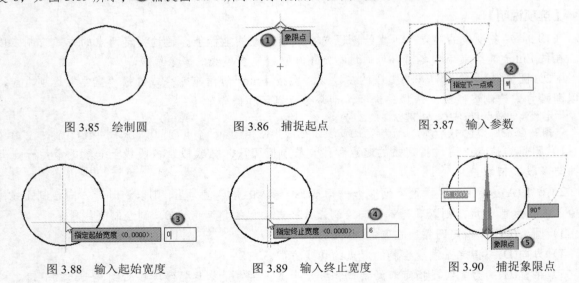

图 3.88　输入起始宽度　　　图 3.89　输入终止宽度　　　图 3.90　捕捉象限点

3.2.2　绘制样条曲线

中望 CAD 中使用了一种称为非一致有理 B 样条（Non Uniform Rational B-Spilne，NURBS）曲线的特殊样条曲线类型。NURBS 曲线在控制点之间产生一条光滑的样条曲线。样条曲线可用于创建形状不规则的曲线，如为地理信息系统（Geographic Information System，GIS）应用或汽车设计绘制轮廓线等。

【执行方式】

➢ 命令行：SPLINE（SPL）。

➢ 菜单栏："绘图"→"样条曲线"。

> 工具栏："绘图"→"样条曲线" ∿。
> 功能区："常用"→"绘图"→"样条曲线拟合" ∿/"样条曲线控制点" ∿。

【操作步骤】

```
命令：SPLINE✓
指定第一个点或 [对象(O)]：
指定下一点：
指定下一点或 [闭合(C)/拟合公差(F)/放弃(U)] <起点切向>：
指定下一点或 [闭合(C)/拟合公差(F)/放弃(U)] <起点切向>：
指定下一点或 [闭合(C)/拟合公差(F)/放弃(U)] <起点切向>：
指定起点切向：
指定端点切向：
```

【选项说明】

（1）第一个点：指定样条曲线的起点。

（2）对象(O)：将样条曲线拟合的多段线转换为等价的样条曲线。这里选择的对象只有样条曲线拟合的多段线可以转换为样条曲线，所以要先将多线段转换为样条曲线。使用 pedit 命令，具体操作如下：

1）首先绘制一条多段线。

2）启用 pedit 命令，选择多段线，根据命令行的提示输入 S，然后按 Enter 键，这样多线段就转换为样条曲线了。

3）启用"样条曲线"命令，根据命令行的提示输入 O，选择多段线转换成的样条曲线，然后按 Enter 键即可。

（3）下一点：指定样条曲线段的下一个点。

（4）闭合(C)：将样条曲线的端点与起点闭合。

（5）拟合公差(F)：定义样条曲线的偏差值，值越大，离控制点越远，反之则越近。

（6）放弃(U)：删除上一个指定的点。

（7）起点/端点切向：定义样条曲线的起点和端点的切线方向。

扫一扫，看视频

动手学——绘制螺丝刀

本例利用"矩形""直线""样条曲线""多段线"命令绘制图 3.91 所示的螺丝刀平面图。

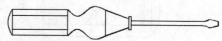

图 3.91　螺丝刀平面图

【操作步骤】

1．新建文件

选择菜单栏中的"文件"→"新建"命令，或单击"标准"工具栏中的"新建"按钮 □，弹出"选择样板文件"对话框，选择"样板图"模板，单击"打开"按钮，创建新文件。

2．绘制螺丝刀的左部把手

（1）将"实线"层设置为当前层。

（2）单击状态栏中的"正交模式"按钮 ∟，关闭正交功能；单击"对象捕捉"按钮 □，打开对象捕捉功能；单击"动态输入"按钮 ⊢，关闭动态输入功能；单击"显示/隐藏线宽"按钮 ≡，显示线宽。

（3）单击"常用"选项卡"绘图"面板中的"矩形"按钮 □，指定两个角点坐标为(45,180)

和(170,120)，绘制矩形。

（4）单击"常用"选项卡"绘图"面板中的"直线"按钮＼，绘制两条直线，端点坐标是{(45,166),(@125<0)}和{(45,134),(@125<0)}。

（5）单击"常用"选项卡"绘图"面板中的"圆弧"按钮 ⌒，绘制圆弧，圆弧的 3 个端点坐标为(45,180)(35,150)和(45,120)。绘制的图形如图 3.92 所示。

3. 绘制螺丝刀的中间部分

（1）单击"常用"选项卡"绘图"面板中的"样条曲线"按钮 ～，命令行提示和操作如下：

```
命令: _spline
指定第一个点或 [对象(O)]: 170,180↙
指定下一点: 192,165↙
指定下一点或 [闭合(C)/拟合公差(F)/放弃(U)] <起点切向>: 225,187↙
指定下一点或 [闭合(C)/拟合公差(F)/放弃(U)] <起点切向>: 255,180↙
指定下一点或 [闭合(C)/拟合公差(F)/放弃(U)] <起点切向>: f↙
指定拟合公差 <0.0000>: ↙
指定下一点或 [闭合(C)/拟合公差(F)/放弃(U)] <起点切向>: ↙
指定起点切向: ↙
指定端点切向: ↙
命令: _spline
指定第一个点或 [对象(O)]: 170,120↙
指定下一点: 192,135↙
指定下一点或 [闭合(C)/拟合公差(F)/放弃(U)] <起点切向>: 225,113↙
指定下一点或 [闭合(C)/拟合公差(F)/放弃(U)] <起点切向>: 255,120↙
指定下一点或 [闭合(C)/拟合公差(F)/放弃(U)] <起点切向>: ↙
指定起点切向: ↙
指定端点切向: ↙
```

（2）单击"常用"选项卡"绘图"面板中的"直线"按钮＼，绘制连续线段，端点坐标分别是(255,180)(308,160)(@5<90)(@5<0)(@30<-90)(@5<-180)(@5<90)(255,120)(255,180)；单击"常用"选项卡"绘图"面板中的"直线"按钮＼，绘制另一条线段，端点坐标分别是(308,160)(@20<-90)。绘制后的图形如图 3.93 所示。

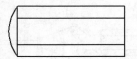

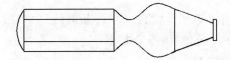

图 3.92　绘制螺丝刀的左部把手　　　　图 3.93　绘制完螺丝刀的中间部分后的图形

4. 绘制螺丝刀的右部

单击"常用"选项卡"绘图"面板中的"多段线"按钮 ⌐，命令行提示和操作如下，结果如图 3.91 所示。

```
命令: _pline
指定多段线的起点或 <最后点>: 313,155↙
当前线宽是 0.0000
指定下一点或 [圆弧(A)/半宽(H)/长度(L)/撤销(U)/宽度(W)]: @162<0↙
指定下一点或 [圆弧(A)/闭合(C)/半宽(H)/长度(L)/撤销(U)/宽度(W)]: A↙
指定圆弧的端点(按住 Ctrl 键以切换方向)或
[角度(A)/圆心(CE)/闭合(CL)/方向(D)/半宽(H)/直线(L)/半径(R)/第二个点(S)/宽度(W)/撤销
```

```
(U)]: 490,160✓
指定圆弧的端点(按住 Ctrl 键以切换方向)或
[角度(A)/圆心(CE)/闭合(CL)/方向(D)/半宽(H)/直线(L)/半径(R)/第二个点(S)/宽度(W)/撤销
(U)]: ✓
命令: _pline
指定多段线的起点或 <最后点>: 313,145✓
当前线宽是 0.0000
指定下一点或 [圆弧(A)/半宽(H)/长度(L)/撤销(U)/宽度(W)]: @162<0✓
指定下一点或 [圆弧(A)/闭合(C)/半宽(H)/长度(L)/撤销(U)/宽度(W)]: A✓
指定圆弧的端点(按住 Ctrl 键以切换方向)或
[角度(A)/圆心(CE)/闭合(CL)/方向(D)/半宽(H)/直线(L)/半径(R)/第二个点(S)/宽度(W)/撤销
(U)]: 490,140✓
指定圆弧的端点(按住 Ctrl 键以切换方向)或
[角度(A)/圆心(CE)/闭合(CL)/方向(D)/半宽(H)/直线(L)/半径(R)/第二个点(S)/宽度(W)/撤销
(U)]: L✓
指定下一点或 [圆弧(A)/闭合(C)/半宽(H)/长度(L)/撤销(U)/宽度(W)]: 510,145✓
指定下一点或 [圆弧(A)/闭合(C)/半宽(H)/长度(L)/撤销(U)/宽度(W)]: @10<90✓
指定下一点或 [圆弧(A)/闭合(C)/半宽(H)/长度(L)/撤销(U)/宽度(W)]: 490,160✓
指定下一点或 [圆弧(A)/闭合(C)/半宽(H)/长度(L)/撤销(U)/宽度(W)]: ✓
```

3.2.3 图案填充

当用户需要用一个重复的图案（pattern）填充一个区域时，可以使用 BHATCH 命令创建一个相关联的填充阴影对象，即图案填充。

1. 图案边界

在进行图案填充时，首先要确定填充图案的边界。定义边界的对象只能是直线、双向射线、单向射线、多义线、样条曲线、圆弧、圆、椭圆、椭圆弧、面域等或用这些对象定义的块，而且作为边界的对象在当前层上必须全部可见。

2. 孤岛

在进行图案填充时，把位于总填充区域内的封闭区称为孤岛，如图 3.94 所示。在使用 BHATCH 命令填充图案时，中望 CAD 系统允许用户以拾取点的方式确定填充边界，即在希望填充的区域内任意拾取一点，系统会自动确定出填充边界，同时也确定该边界内的孤岛。如果用户以选择对象的方式确定填充边界，则必须确切地选取这些孤岛。

3. 填充方式

在进行图案填充时，需要控制填充的范围。中望 CAD 系统为用户设置了以下三种填充方式，以实现对填充范围的控制。

（1）普通方式。如图 3.95（a）所示，该方式从边界开始，从每条填充线或每个填充符号的两端向里填充，遇到内部对象与之相交时，填充线或符号断开，直到遇到下一次相交时再继续填充。采用这种填充方式时，要避免剖面线或符号与内部对象的相交次数为奇数，该方式为系统内部的常用方式。

（2）最外层方式。如图 3.95（b）所示，该方式从边界向里填充，只要在边界内部与对象相交，剖面符号就会断开，而不再继续填充。

（3）忽略方式。如图 3.95（c）所示，该方式忽略边界内的对象，所有内部结构都被剖面符号覆盖。

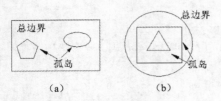

（a）普通方式   （b）最外层方式   （c）忽略方式

图 3.94   孤岛   图 3.95   填充方式

【执行方式】

- ➢ 命令行：BHATCH（BH）。
- ➢ 菜单栏："绘图"→"图案填充"。
- ➢ 工具栏："绘图"→"图案填充" ▨。
- ➢ 功能区："常用"→"绘图"→"图案填充" ▨。

【操作步骤】

执行上述命令后，系统打开图 3.96 所示的"图案填充创建"选项卡。

图 3.96   "图案填充创建"选项卡

【选项说明】

1."边界"面板

（1）拾取点：通过选择由一个或多个对象形成的封闭区域内的点，确定图案填充边界，如图 3.97 所示。指定内部点时，可以随时在绘图区中右击，以弹出包含多个选项的快捷菜单。

（2）选择：指定基于选定对象的图案填充边界。使用该选项时，不会自动检测内部对象，必须选择选定边界内的对象，以按照当前孤岛检测样式填充这些对象，如图 3.98 所示。

（a）选择一点   （b）填充区域   （c）填充结果   （a）原始图形   （b）选择边界对象   （c）填充结果

图 3.97   确定图案填充边界   图 3.98   选择边界对象

（3）删除：从边界定义中删除之前添加的任何对象，如图 3.99 所示。

（a）选择边界对象　　　（b）删除边界对象　　　（c）填充结果

图 3.99　删除边界对象

（4）重新创建：围绕选定的图案填充或填充对象创建多段线或面域，并使其与图案填充对象相关联（可选）。

2．"图案"面板

"图案"面板用于显示所有预定义和自定义图案的预览图像。

3．"特性"面板

（1）图案填充类型：指定是使用纯色、渐变色、图案还是用户定义的填充。

（2）背景色：指定填充图案背景的颜色。

（3）图案填充透明度：设定新图案填充或填充的透明度，替代当前对象的透明度。

（4）图案填充颜色：替代实体填充和填充图案的当前颜色。

（5）角度：指定图案填充或填充的角度。

（6）填充图案比例：放大或缩小预定义或自定义填充图案。

（7）交叉线：仅当"图案填充类型"设定为"用户定义"时可用，将绘制第二组直线，与原始直线呈 90°，从而构成交叉线。

（8）ISO 笔宽：仅对于预定义的 ISO 图案可用，基于选定的笔宽缩放 ISO 图案。

4．"原点"面板

设定原点：直接指定新的图案填充原点。

5．"选项"面板

（1）关联：指定图案填充或填充为关联图案。关联的图案填充或填充在用户修改其边界对象时将会更新。

（2）注释性：指定图案填充为注释性。此特性会自动完成缩放注释过程，从而使注释能够以正确的大小在图纸上打印或显示。

（3）特性匹配。

1）使用当前原点：使用选定图案填充对象（除图案填充原点外）设定图案填充的特性。

2）使用源图案填充的原点：使用选定图案填充对象（包括图案填充原点）设定图案填充的特性。

（4）创建独立的图案填充：控制当指定了几个单独的闭合边界时，是创建单个图案填充对象还是创建多个图案填充对象。

（5）孤岛检测。

1）普通孤岛检测：从外部边界向内填充。如果遇到内部孤岛，填充将关闭，直到遇到孤岛中的另一个孤岛。

2）外部孤岛检测：从外部边界向内填充。该选项仅填充指定的区域，不会影响内部孤岛。

3）忽略孤岛检测：忽略所有内部的对象，填充图案时将通过这些对象。

6. "关闭"面板

关闭图案填充创建：退出 BHATCH 并关闭"图案填充创建"选项卡，也可以按 Enter 键或 Esc 键退出 BHATCH。

扫一扫，看视频

动手学——绘制滚花轮

本例绘制图 3.100 所示的滚花轮。

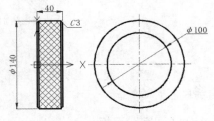

图 3.100　滚花轮

【操作步骤】

（1）选择菜单栏中的"文件"→"新建"命令，或单击"标准"工具栏中的"新建"按钮，弹出"选择样板文件"对话框，选择"样板图"模板，单击"打开"按钮，创建新文件。

（2）单击状态栏中的"正交模式"按钮，打开正交功能；单击"对象捕捉"按钮，打开对象捕捉功能；单击"动态输入"按钮，关闭动态输入功能；单击"显示/隐藏线宽"按钮，显示线宽。

（3）将"中心线"层设置为当前层。单击"常用"选项卡"绘图"面板中的"直线"按钮，以(-10,0)和(50,0)为起点和端点，绘制主视图水平中心线。

（4）重复"直线"命令，绘制左视图中心线，以(80,0)为起点绘制长度为 160 的水平中心线，再以(160,80)为起点绘制长度为 160 的竖直中心线。

（5）选中中心线，右击，在弹出的快捷菜单中选择"特性"命令，弹出"特性"选项板，将"线型比例"修改为 0.7，如图 3.101 所示。

（6）将"实线"层设置为当前层。单击"常用"选项卡"绘图"面板中的"圆心，半径"按钮，在左视图上绘制半径为 70 和 50 的圆，如图 3.102 所示。

图 3.101　绘制的中心线

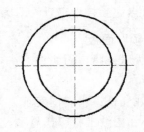

图 3.102　绘制圆

（7）单击"常用"选项卡"绘图"面板中的"矩形"按钮，设置倒角距离为 3，输入角点坐标(0,70)和(40,-70)，绘制矩形，如图 3.103 所示。

（8）单击"常用"选项卡"绘图"面板中的"直线"按钮，分别绘制点 1 和点 2、点 3 和点 4 之间的连线，如图 3.104 所示。

（9）将"剖面线"层设置为当前层。单击"常用"选项卡"绘图"面板中的"图案填充"按钮，打开"图案填充创建"选项卡，❶在"图案填充类型"下拉列表中选择 ANSI37，❷"填充图案比例"设置为 2，❸选择图 3.105 所示的区域 1 和❹区域 2，生成剖面线，如图 3.105 所示。结果如图 3.100 所示。

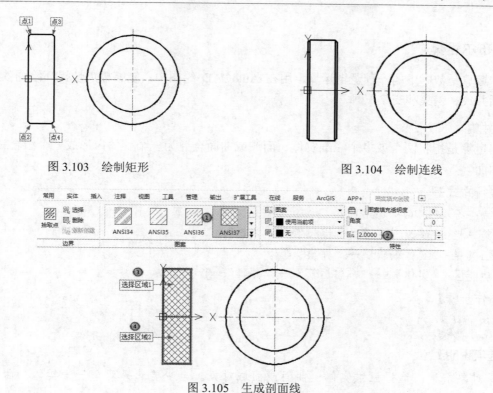

图 3.103　绘制矩形

图 3.104　绘制连线

图 3.105　生成剖面线

3.2.4　面域

用户可以将由某些对象围成的封闭区域转换为面域。这些封闭区域可以是圆、椭圆、封闭二维多段线、封闭样条曲线等，也可以是由圆弧、直线、二维多段线和样条曲线等构成的封闭区域。通过并集、交集以及差集操作可以将多个面域合并为单一复杂面域对象。

面域是具有边界的平面区域，内部可以包含孔。

【执行方式】

➤ 命令行：REGION（REG）。

➤ 菜单栏："绘图"→"面域"。

➤ 工具栏："绘图"→"面域" ⊙ 。

➤ 功能区："常用"→"绘图"→"面域" ⊙ 。

【操作步骤】

命令：REGION↙
选择对象：
（选择对象后，系统自动将选择的对象转换为面域）

【选项说明】

选择对象：选择要转换为面域的封闭对象，可以选择多个对象，按 Enter 键结束选择。在命令行提示选择集中包含的闭合环的数目，以及要转换为面域的数目。

在转换选取的对象为面域对象前，若 DELOBJ 系统变量的值为 1，则在转换为面域后，原始对象将从当前图形中删除。

3.2.5 布尔运算

布尔运算是数学中的一种逻辑运算，用在 AutoCAD 绘图中，能够极大地提高绘图效率。布尔运算包括并集、差集和交集三种。

1. 并集

并集运算是指将两个或多个三维实体、面域或曲面合并为一个整体，形成一个组合三维实体、面域或曲面。

【执行方式】

➤ 命令行：UNION（UNI）。

➤ 菜单栏："修改"→"实体编辑"→"并集"。

➤ 工具栏："实体编辑"→"并集" 。

➤ 功能区："实体"→"布尔运算"→"并集" 。

【操作步骤】

命令：UNION↙
选择对象求和：

【选项说明】

选择对象求和：选择三维实体、曲面或面域对象。至少要选择两个三维实体、曲面或面域对象。

（1）实体并集：得到的组合实体由选择集中所有三维实体封闭的空间组成，示例如图 3.106 所示。

（2）曲面并集：曲面在进行合并操作后，会丢失关联信息，示例如图 3.107 所示。

（3）面域并集：得到的组合面域由选择集中所有面域封闭的面积组成，示例如图 3.108 所示。

　　图 3.106　实体并集示例　　　　　　图 3.107　曲面并集示例　　　　　　图 3.108　面域并集示例

2. 差集

差集运算是指将两个或多个三维实体、曲面或面域通过"减"操作合并为一个整体对象。

【执行方式】

➤ 命令行：SUBTRACT（SU）。

➤ 菜单栏："修改"→"实体编辑"→"差集"。

➤ 工具栏："实体编辑"→"差集" 。

➤ 功能区："实体"→"布尔运算"→"差集" 。

【操作步骤】

命令：SUBTRACT↙
选择要从中减去的实体、曲面和面域：
找到 1 个

选择要从中减去的实体、曲面和面域：
选择要减去的实体、曲面和面域：

【选项说明】

（1）选择要从中减去的实体、曲面和面域：选择要进行"减"操作的实体、曲面和面域对象。

（2）选择要减去的实体、曲面和面域：选择要减去的实体、曲面和面域对象。

📢 注意：

> 执行"减"操作的两个面域必须在同一平面上。用户可在不同的平面上选择面域集，执行 SUBTRACT 命令，将会在每个平面上分别生成减去的面域。如果面域所在的平面上没有其他选定的共面的面域，将不接受该面域。

3．交集

交集运算是指在两个或多个三维实体、曲面或面域间获取交集，将相交的公共部分创建为一个组合三维实体、曲面或面域，并删除交集以外的部分。

【执行方式】

➢ 命令行：INTERSECT（IN）。
➢ 菜单栏："修改"→"实体编辑"→"交集"。
➢ 工具栏："实体编辑"→"交集" 🔲。
➢ 功能区："实体"→"布尔运算"→"交集" 🔲。

【操作步骤】

命令：INTERSECT✓
选取要相交的对象：

【选项说明】

选取要相交的对象：选择要相交的三维实体、曲面和面域对象。至少要选择两个三维实体、曲面或面域对象。

📢 注意：

> INTERSECT 命令仅支持在一个曲面与一个三维实体间获取交集。如果选择集中包含多个曲面或多个实体，则将在曲面与曲面、实体与实体间获取交集。

动手学——绘制垫片

本例利用"矩形""圆""面域"等命令绘制图 3.109 所示的垫片。

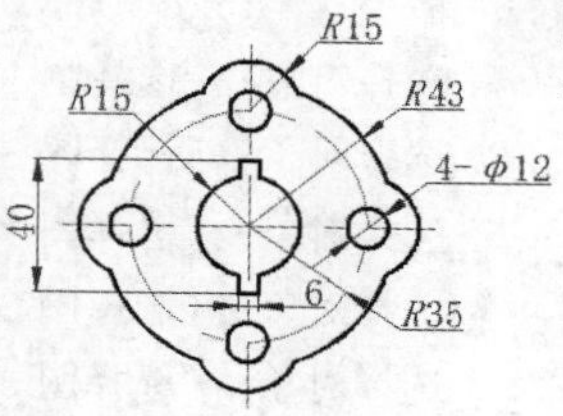

【操作步骤】

（1）选择菜单栏中的"文件"→"新建"命令，或单击"标准"工具栏中的"新建"按钮🗋，弹出"选择样板文件"对话框，选择"样板图"模板，单击"打开"按钮，创建新文件。

（2）选择菜单栏中的"视图"→"显示"→"UCS 图标"→"开"命令，关闭坐标系显示。

（3）单击状态栏中的"正交模式"按钮⌐，打开正交功能；单击"对象捕捉"按钮▢，打开对象捕捉功能；单击"动态输入"按钮⨪，关闭动态输入功能；单击"显示/隐藏线宽"按钮☰，

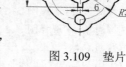

扫一扫，看视频

图 3.109　垫片

显示线宽。

（4）将"中心线"层设置为当前层。单击"常用"选项卡"绘图"面板中的"直线"按钮，绘制端点坐标分别为{(−55,0)，(55,0)}和{(0,−55)，(0,55)}的两条直线。

（5）单击"常用"选项卡"绘图"面板中的"圆心，半径"按钮，绘制圆心坐标为(0,0)、半径为35的圆，结果如图3.110所示。

（6）将"实线"层设置为当前层。单击"常用"选项卡"绘图"面板中的"圆心，半径"按钮，绘制圆心坐标分别为(−35,0)(0,35)(35,0)(0,−35)、半径为6的圆。

（7）重复"圆心，半径"命令，绘制圆心坐标分别为(−35,0)(0,35)(35,0)(0,−35)、半径为15的圆。

（8）重复"圆心，半径"命令，绘制圆心坐标为(0,0)、半径分别为15和43的圆，结果如图3.111所示。

（9）单击"常用"选项卡"绘图"面板中的"矩形"按钮，绘制角点坐标分别为(−3,−20)和(3,20)的矩形，结果如图3.112所示。

（10）单击"常用"选项卡"绘图"面板中的"面域"按钮，创建面域，命令行提示和操作如下：

```
命令：_region
选择对象：（选择图3.113中所有"实线"层中的图形）
找到 11 个
选择对象：↵
提取了 11 个环。
创建了 11 个面域。
```

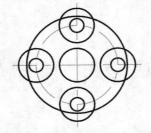
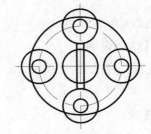

图3.110　绘制直线和圆　　　　图3.111　绘制圆　　　　图3.112　绘制矩形

（11）单击"实体"选项卡"布尔运算"面板中的"并集"按钮，将半径为43的圆与4个半径为15的圆进行并集处理，命令行提示和操作如下，结果如图3.114所示。

```
命令：_union
选择对象：（选择图3.113所示的直径为86的圆①）
选择对象：（选择图3.113所示的直径为30的圆②）
选择对象：（选择图3.113所示的直径为30的圆③）
选择对象：（选择图3.113所示的直径为30的圆④）
选择对象：（选择图3.113所示的直径为30的圆⑤）
选择对象：↵
```

（12）单击"实体"选项卡"布尔运算"面板中的"差集"按钮，以并集对象为主体对象，半径为15的中心圆、4个半径为6的圆和矩形为对象进行差集处理，命令行提示和操作如下，结果如图3.109所示。

```
命令：_subtract
```

选择要从中减去的实体、曲面和面域：（选择并集结果①）
找到 1 个
选择要从中减去的实体、曲面和面域：✓
选择要减去的实体、曲面和面域：（选择图 3.115 所示的半径为 15 的圆②）
找到 1 个
选择要减去的实体、曲面和面域：（选择图 3.115 所示的半径为 6 的圆1③）
找到 1 个，总计 2 个
选择要减去的实体、曲面和面域：（选择图 3.115 所示的半径为 6 的圆2④）
找到 1 个，总计 3 个
选择要减去的实体、曲面和面域：（选择图 3.115 所示的半径为 6 的圆3⑤）
找到 1 个，总计 4 个
选择要减去的实体、曲面和面域：（选择图 3.115 所示的半径为 6 的圆4⑥）
找到 1 个，总计 5 个
选择要减去的实体、曲面和面域：（选择图 3.115 所示的矩形⑦）
找到 1 个，总计 6 个
选择要减去的实体、曲面和面域：✓

📢 注意：

> 布尔运算的对象只包括实体和共面面域，普通的线条对象无法使用布尔运算。

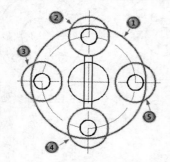

图 3.113　选择要进行并集的圆

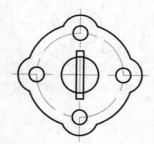

图 3.114　并集结果

图 3.115　选择要进行差集的图形

3.3　综合实例——绘制联轴器

扫一扫，看视频

本综合实例绘制图 3.116 所示的联轴器。

【操作步骤】

1. 新建文件

选择菜单栏中的"文件"→"新建"命令，或单击"标准"
工具栏中的"新建"按钮 ，弹出"选择样板文件"对话框，
选择"样板图"模板，单击"打开"按钮，创建新文件。

2. 绘制主视图

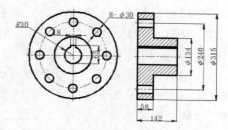

图 3.116　联轴器

（1）单击状态栏中的"正交模式"按钮 ，打开正交功能；单击"对象捕捉"按钮 ，打开
对象捕捉功能；单击"动态输入"按钮 ，关闭动态输入功能；单击"显示/隐藏线宽"按钮 ，

显示线宽。

（2）选择菜单栏中的"视图"→"显示"→"UCS 图标"→"开"命令，关闭坐标系显示。

（3）将"中心线"层设置为当前层。单击"常用"选项卡"绘图"面板中的"直线"按钮＼，绘制中心线，端点坐标分别为{(-167.5,0)，(167.5,0)}和{(0,167.5)，(0,-167.5)}。

（4）单击"常用"选项卡"绘图"面板中的"圆心，半径"按钮⊙，绘制圆，圆心坐标为(0,0)，半径为 120，结果如图 3.117 所示。

（5）将"实线"层设置为当前层。单击"常用"选项卡"绘图"面板中的"圆心，半径"按钮⊙，绘制圆，圆心坐标为(0,0)，半径分别为 30、67 和 157.5，如图 3.118 所示。

（6）重复"圆心，半径"命令，分别绘制圆心坐标为(0,120)(84.85,84.85)(120,0)(84.85, -84.85) (0, -120) (-84.85, -84.85)(-120,0)(-84.85,84.85)，半径为 15 的圆，结果如图 3.119 所示。

（7）单击"常用"选项卡"绘图"面板中的"矩形"按钮▢，绘制矩形，角点坐标分别为(-9,0)和(9,35)，结果如图 3.120 所示。

（8）单击"常用"选项卡"绘图"面板中的"面域"按钮◎，为半径为 30 的圆和矩形创建面域。

（9）单击"实体"选项卡"布尔运算"面板中的"并集"按钮▥，将半径为 30 的圆与矩形进行并集处理，结果如图 3.121 所示。

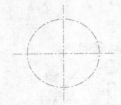
图 3.117 绘制直线和圆

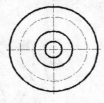
图 3.118 绘制轮廓圆

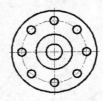
图 3.119 绘制圆孔

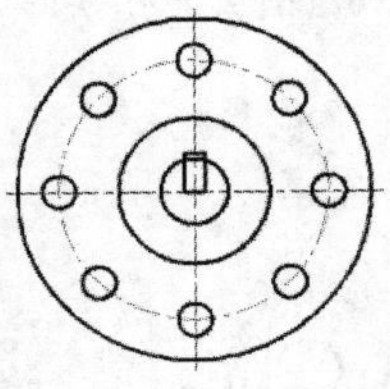

图 3.120 绘制矩形

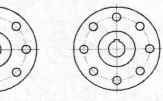
图 3.121 并集处理结果

3．绘制左视图

（1）将"中心线"层设置为当前层。单击"常用"选项卡"绘图"面板中的"直线"按钮＼，绘制中心线，端点坐标分别为{(220,-120)，(298,-120)}、{(220,0)，(382,0)}和{(220,120)，(298,120)}。

（2）将"实线"层设置为当前层。单击"常用"选项卡"绘图"面板中的"直线"按钮＼，绘制直线，端点坐标分别为(230,-157.5)(@0,315)(@58,0)(@0,-90.5)(@84,0)(@0,-134)(@-84,0) (@0, -90.5) (@-58,0)，如图 3.122 所示。

（3）重复"直线"命令，绘制直线，端点坐标分别为{(230,-135)，(288,-135)}、{(230,-105)，(288,-105)}、{(230,-30)，(372,-30)}、{(230,30)，(372,30)}、{(230,35)，(372,35)}、{(230,105)，(288,105)}、{(230,135)，(288,135)}，结果如图 3.123 所示。

（4）将"剖面线"层设置为当前层。单击"常用"选项卡"绘图"面板中的"图案填充"按钮▩，打开"图案填充创建"选项卡。选择填充图案 ANSI31，在"特性"面板中设置"角度"为 0，"填充图案比例"为 3，在绘图区中拾取区域 1、区域 2、区域 3 和区域 4，如图 3.124 所示。图案填充创建完成，结果如图 3.116 所示。

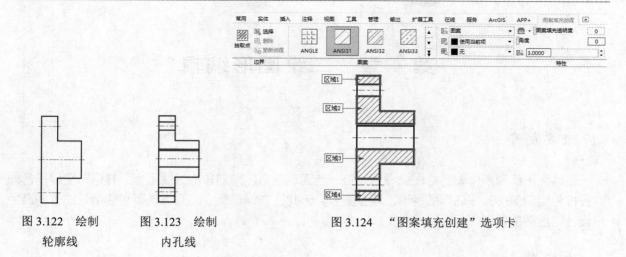

图 3.122　绘制
轮廓线

图 3.123　绘制
内孔线

图 3.124　"图案填充创建"选项卡

第 4 章　二维图形编辑

内容简介

二维图形编辑操作配合绘图命令可以进一步完成复杂图形对象的绘制工作，并可以使用户合理地安排和组织图形，保证作图准确，减少重复。因此，对编辑命令的熟练掌握和使用有助于提高用户设计与绘图的效率。

内容要点

➤ 对象特性编辑
➤ 对象编辑

案例效果

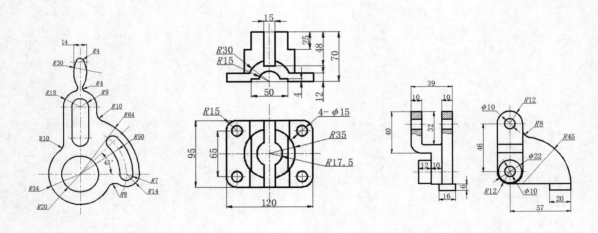

4.1　对象特性编辑

在对图形进行编辑时，还可以对图形对象本身的某些特性进行编辑，从而方便图形的绘制。

4.1.1　构造选择集

选择集可以仅由一个图形对象构成，也可以是一个复杂的对象组，如位于某一特定层上的具有某种特定颜色的一组对象。选择集的构造可以在调用编辑命令之前或之后进行。

中望 CAD 提供了以下几种方法构造选择集。

（1）先选择一个编辑命令，再选择对象，按 Enter 键结束操作。

（2）使用 SELECT 命令。在命令行提示后输入 SELECT，根据选择的选项会出现选择对象提示，按 Enter 键结束操作。

（3）通过点取方式选择对象，并调用编辑命令。

（4）定义对象组。

无论使用哪种方法，中望 CAD 都将提示用户选择对象，并且鼠标光标的形状由十字光标变为拾取框。

下面结合 SELECT 命令说明选择对象的方法。

SELECT 命令可以单独使用，也可以在执行其他编辑命令时被自动调用。中望 CAD 提供了多种选择方式，可以输入 "？" 查看这些选择方式。

【操作步骤】

```
命令：SELECT
选择对象：？
无效选择！
需要点或 窗口(W)/最后(L)/相交(C)/框(B)/全部(ALL)/围栏(F)/圈围(WP)/圈交(CP)/组(G)/添加
(A)/删除(R)/多个(M)/上一个(P)/撤销(U)/自动(AU)/单个(SI)
```

【选项说明】

（1）点：直接通过点取方式选择对象。用鼠标或键盘移动拾取框，使其框住要选取的对象，单击即可选中该对象并以高亮度显示。

（2）窗口(W)：用由两个对角顶点确定的矩形窗口选取位于其范围内部的所有图形，与边界相交的对象不会被选中。在指定对角顶点时，应该按照从左向右的顺序，如图 4.1 所示。

（3）最后(L)：在 "选择对象：" 提示下输入 L 后，按 Enter 键，系统会自动选取最后绘制的一个对象。

（4）相交(C)：该对象选择方式与 "窗口" 对象选择方式类似，区别在于其不仅会选中矩形窗口内部的对象，也会选中与矩形窗口边界相交的对象，如图 4.2 所示。

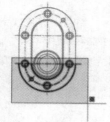 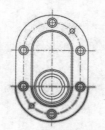 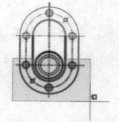 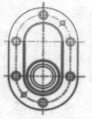

| （a）下部方框为选择框 | （b）选择后的图形 | | （a）下部虚线框为选择框 | （b）选择后的图形 |

图 4.1　"窗口" 对象选择方式　　　　　　图 4.2　"相交" 对象选择方式

（5）框(B)：使用时，系统根据用户在屏幕上给出的两个对角点的位置自动引用 "窗口" 或 "相交" 对象选择方式。若从左向右指定对角点，则为 "窗口" 对象选择方式；反之，则为 "相交" 对象选择方式。

（6）全部(ALL)：选择图面上的所有对象，被锁定的图层中的对象除外。

（7）围栏(F)：用户临时绘制一些直线，这些直线不必构成封闭图形，凡是与这些直线相交的对象均被选中，如图 4.3 所示。

（8）圈围(WP)：使用一个不规则的多边形选择对象。根据提示，用户顺次输入构成多边形的所有顶点的坐标，按 Enter 键，以空回答结束操作，系统将自动连接第一个顶点到最后一个顶点的各个顶点，形成封闭的多边形，凡是被多边形围住的对象均被选中（不包括边界），如图 4.4 所示。

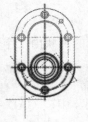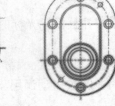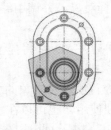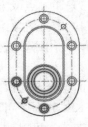

（a）虚线为选择框	（b）选择后的图形	（a）十字线拉出的多边形为选择框	（b）选择后的图形

图 4.3 "围栏"对象选择方式　　　　　　　　　图 4.4 "圈围"对象选择方式

（9）圈交(CP)：类似于"圈围"对象选择方式，在"选择对象："提示下输入 CP，后续操作与"圈围"对象选择方式相同。其区别"圈围"对象选择方式的在于与多边形边界相交的对象也被选中。

（10）组(G)：选定指定组中的全部对象。

（11）添加(A)：切换到"添加"对象选择方式，将选取的对象添加到选择集中。

（12）删除(R)：切换到"删除"对象选择方式，将选取的对象从选择集中删除。

（13）多个(M)：选择多个对象并亮显选取的对象。若两次指定相交对象的交点，则在选择"多个"选项后会将此两个相交对象也一起选中。

（14）上一个(P)：选择前次创建的选择集。若在创建选择集后删除了选择集中的对象，则前次创建的选择集将不存在。

（15）撤销(U)：取消最近添加到选择集中的对象。

（16）自动(AU)：切换到"自动"对象选择方式，用户指向一个对象即可选择该对象。

（17）单个(SI)：只能选择一个对象，若要继续选择其他对象，需要重新执行 SELECT 命令。

📢 **注意：**

> 若矩形框从左向右定义，则第一个选择的对角点为左侧的对角点，矩形框内部的对象被选中，矩形框外部的及与矩形框边界相交的对象不会被选中；若矩形框从右向左定义，则矩形框内部及与矩形框边界相交的对象都会被选中。

4.1.2　夹点功能

中望 CAD 在图形对象上定义了一些特殊点，称为夹点，利用夹点可以灵活地控制对象，如图 4.5 所示。

要使用夹点功能编辑对象，必须先打开夹点功能。

（1）选择菜单栏中的"工具"→"选项"命令，弹出"选项"对话框，选择"选择集"选项卡，如图 4.6 所示。在"夹点"选项组中勾选"启用夹点"复选框。在该选项卡中还可以设置代表夹点的小方格的尺寸和颜色（具体操作方法参照 1.1.4 小节的"动手学"）。

（2）也可以通过 GRIPS 系统变量控制是否打开夹点功能，1 代表打开，0 代表关闭。

（3）打开夹点功能后，应该在编辑对象之前先选择对象。夹点表示对象的控制位置。使用夹点编辑对象时，要选择一个夹点作为基点，称为基准夹点。

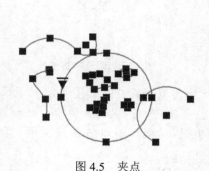

图 4.5　夹点 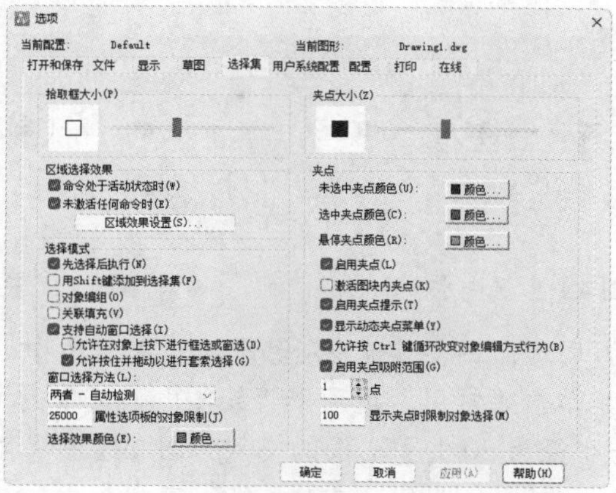　　　　　　　　图 4.6　"选择集"选项卡

（4）选择一种编辑操作，如镜像、移动、旋转、拉伸和缩放等。可以用 Space 键、Enter 键或快捷键循环选择这些功能。

动手学——绘制连接盘

本例绘制图 4.7 所示的连接盘，在绘图过程中使用夹点功能对图形进行调整。

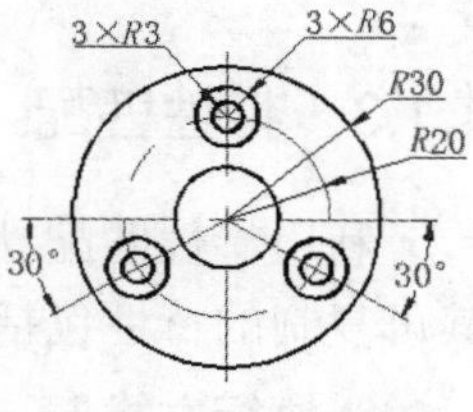

【操作步骤】

（1）单击"标准"工具栏中的"新建"按钮，弹出"选择样板文件"对话框，选择"样板图"模板，单击"打开"按钮，创建新文件。

（2）将"中心线"层设置为当前层。单击状态栏中的"正交模式"按钮，关闭正交功能；单击"对象捕捉"按钮，打开对象捕捉功能；单击"对象捕捉追踪"按钮，打开对象捕捉追踪功能；单击"动态输入"按钮，关闭动态输入功能；单击"显示/隐藏线宽"按钮，显示线宽。

图 4.7　连接盘

（3）单击"常用"选项卡"绘图"面板中的"直线"按钮，绘制两条相互垂直的中心线和两条与水平中心线夹角为 330° 和 210° 的斜中心线，如图 4.8 所示。

（4）单击"常用"选项卡"绘图"面板中的"圆心，半径"按钮，以中心线的交点为圆心，绘制半径为 20 的中心圆，如图 4.9 所示。

（5）将"实线"层设置为当前层。重复"圆心，半径"命令，以中心线的交点为圆心，绘制半径为 30 和 10 的圆，如图 4.10 所示。

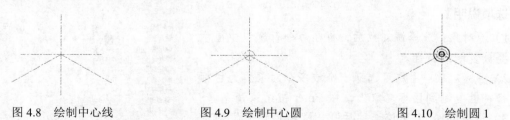

图 4.8　绘制中心线　　　　图 4.9　绘制中心圆　　　　图 4.10　绘制圆 1

（6）① 选中图 4.11 所示的水平中心线，此时显示夹点。单击"正交"按钮，② 将右端的夹点拖动到图 4.12 所示的位置，单击放置，结果如图 4.13 所示。使用同样的方法，拖动左端夹点，调整中心线长度。

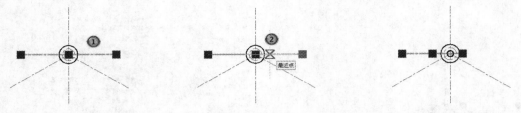

图 4.11　选中水平中心线　　　图 4.12　拖动夹点　　　图 4.13　调整中心线长度

（7）同理，调整其他中心线长度，并修改中心线的线型比例为 0.35，结果如图 4.14 所示。

（8）单击"常用"选项卡"绘图"面板中的"圆心，半径"按钮⊙，以两条斜中心线和竖直中心线与半径为 20 的中心圆的交点为圆心绘制半径为 3 和 6 的圆，结果如图 4.15 所示。

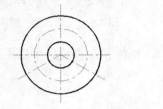

图 4.14　调整后的中心线

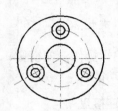

图 4.15　绘制圆 2

4.1.3　特性匹配

利用特性匹配功能可以将源对象的特性复制到目标对象，只有特性会被复制，而非对象本身。其可复制的特性包括颜色、图层、线型、厚度、文字和尺寸标注等。

【执行方式】

➢　命令行：MATCHPROP（MA 或 PAINTER）。

➢　菜单栏："修改"→"特性匹配"。

➢　工具栏："标准"→"特性匹配" 🖌️。

➢　功能区："常用"→"剪贴板"→"特性匹配" 🖌️。

【操作步骤】

命令：MATCHPROP✓
选择源对象：
当前活动设置：颜色 图层 线型 线型比例 线宽 透明度 厚度 打印样式 文字 标注 填充图案 多段线 视口 表格
选择目标对象或 [设置(S)]：

【选项说明】

（1）源对象：选择源对象后，将在命令行窗口中显示源对象要被复制的特性。

（2）目标对象：用户可选择一个或多个对象作为目标对象，将特性复制到目标对象上，按 Enter 键结束命令。

（3）设置(S)：选择该选项后弹出"特性设置"对话框，如图 4.16 所示，用户可在该对话框中选择要复制到目标对象上的特性。默认情况下，系统会将所有特性复制到目标对象上。

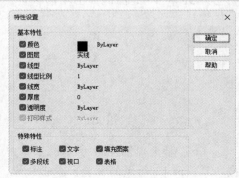

图 4.16　"特性设置"对话框

动手学——修改图形特性

本例通过特性匹配功能将轴套的粗实线的圆转换为中心线。

【操作步骤】

（1）打开源文件：源文件\原始文件\第 4 章\轴套，如图 4.17 所示。

（2）单击"常用"选项卡"剪贴板"面板中的"特性匹配"按钮 ，命令行提示和操作如下：

```
命令：'_matchprop
选择源对象：（选择图 4.18 所示的源对象）
当前活动设置：颜色 图层 线型 线型比例 线宽 透明度 厚度 打印样式 文字 标注 填充图案 多段线 视口
表格
选择目标对象或 [设置(S)]：（选择图 4.18 所示的目标对象）
选择目标对象或 [设置(S)]：*取消*
```

结果如图 4.19 所示。

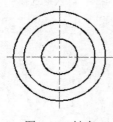
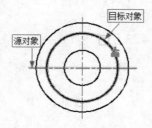
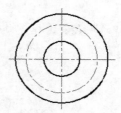

图 4.17　轴套　　　　图 4.18　选择对象　　　　图 4.19　匹配结果

4.1.4　修改对象属性

【执行方式】

➤ 命令行：PROPERTIES（CH、MO、PR、PROPS、DDCHPROP 或 DDMODIFY）。

➤ 菜单栏："修改"→"特性"/"工具"→"选项板"→"特性"。

➤ 工具栏："标准"→"特性" 。

➤ 功能区："工具"→"选项板"→"特性" 。

➤ 快捷键：Ctrl+1。

执行上述命令后，系统弹出"特性"选项板，如图 4.20 所示，利用该选项板可以方便地设置或修改对象的各种属性。

【选项说明】

（1） （切换 PICKADD 系统变量的值）：单击该按钮，打开或关闭 PICKADD 系统变量。打开 PICKADD 系统变量时，每个选定对象都将添加到当前选择集中。

（2） （选择对象）：单击该按钮，使用任意选择方法选择所需对象。

（3） （快速选择）：单击该按钮，打开图 4.21 所示的"快速选择"对话框，该对话框用于创建基于过滤条件的选择集。

图 4.20　"特性"选项板

（4）快捷菜单：在图 4.20 所示的右侧"特性"选项板的标题栏上右击，弹出图 4.22 所示的快捷菜单。

1）移动：选择该命令，显示用于移动"特性"选项板的四向箭头光标。移动光标，"特性"选项板也将随之移动。

2）大小：选择该命令，显示四向箭头光标，用于拖动"特性"选项板的边或角点，调整其大小。

3）关闭：选择该命令，将关闭"特性"选项板。

4）允许固定：拖动"特性"选项板时，可以固定"特性"选项板。固定的"特性"选项板附着到应用程序窗口的边界，并导致重新调整绘图区的大小。

5）自动隐藏：选择该命令，当十字光标移动到浮动选项板上时，该选项板将展开；当十字光标离开该选项板时，其将滚动关闭。

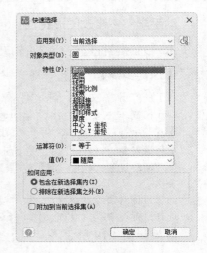

图 4.21　"快速选择"对话框

6）透明度：选择该命令，弹出图 4.23 所示的"透明"对话框，可调整"特性"选项板的透明度。

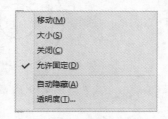

图 4.22　快捷菜单

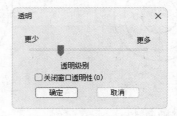

图 4.23　"透明"对话框

扫一扫，看视频

动手学——修改对象特性

本例利用"特性"选项板修改连接盘中心线的线型比例。

【操作步骤】

（1）打开源文件：源文件\原始文件\第 4 章\连接盘，如图 4.24 所示。

（2）单击"工具"选项卡"选项板"面板中的"特性"按钮，弹出"特性"选项板，选中所有中心线，在"特性"选项板中修改"线型比例"为 0.3，如图 4.25 所示，修改结果如图 4.26 所示。

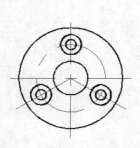

图 4.24　连接盘

图 4.25　修改线型比例

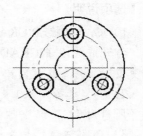

图 4.26　修改结果

4.2　对象编辑

在绘图过程中除了会用到绘制命令外，还经常需要对绘制的图形进行删除、移动、旋转、镜像等操作。本节详细介绍中望 CAD 2024 中的修改命令，利用这些命令可以方便地编辑图形。

4.2.1　删除

如果绘制的图形不符合要求或错绘，则可以使用删除命令 ERASE 将其删除。

【执行方式】

➢　命令行：ERASE（E）。

➢　菜单栏："修改"→"删除"。

➢　工具栏："修改"→"删除" ✐。

➢　功能区："常用"→"修改"→"删除" ✐。

【操作步骤】

```
命令：_erase
选择对象：?
无效选择！
需要点或 窗口(W)/最后(L)/相交(C)/框(B)/全部(ALL)/围栏(F)/圈围(WP)/圈交(CP)/组(G)/添加
(A)/删除(R)/多个(M)/上一个(P)/撤消(U)/自动(AU)/单个(SI)
选择对象：
```

【选项说明】

该命令的选项含义与 SELECT 命令的选项含义相同，这里不再赘述。

📢 注意：

　　使用该命令可以先选择对象，再执行删除命令；也可以先执行删除命令，再选择对象。选择对象时，可以使用前面介绍的各种选择对象的方法。当选择多个对象时，多个对象都被删除；若选择的对象属于某个对象组，则该对象组的所有对象都被删除。

4.2.2　删除重复对象

使用该命令可以删除图纸中重复或部分重叠的对象，将部分重叠或连续的对象合并。

【执行方式】

➢　命令行：OVERKILL。

➢　菜单栏："扩展"→"编辑"→"删除重复对象"。

➢　工具栏："ET:编辑"→"删除重复对象" 🧹。

➢　功能区："扩展"→"编辑"→"删除重复对象" 🧹。

【操作步骤】

执行上述命令，选择对象，系统弹出"删除重复对象"对话框，如图 4.27 所示。对话框中各选项含义如下。

（1）对象比较设置：控制命令在比较对象时的条件设置。

（2）公差：判断重复对象的最小距离。

（3）忽略对象特性：列出在比较过程中要忽略的对象特性。

（4）忽略全部特性：勾选该复选框，则在比较过程中忽略对象的全部特性；否则可单独设置。可忽略的对象特性包括颜色、图层、线型、线型比例、线宽、厚度、透明度和打印样式。

（5）选项设置：设置对直线、圆弧和多段线的处理方式。

1）部分重叠 - 合并部分重叠的共线对象：将部分重叠的共线对象合并为单个对象。

2）端点重合 - 合并端点重合的共线对象：将端点重合的共线对象合并为单个对象。

3）多段线 - 把多段线视为线段和圆弧的组合：把多段线看成是独立的多条线段和圆弧。

4）保持关联 - 保留存在关联标注的对象：对关联标注的对象不会进行删除或修改。

图 4.27　"删除重复对象"对话框

4.2.3　修剪

修剪命令是将超出边界的多余部分修剪删除，可以修剪的对象包括圆弧、圆、椭圆弧、直线、开放的二维和三维多段线、射线、样条曲线和构造线。

【执行方式】

➤　命令行：TRIM（TR）。

➤　菜单栏："修改"→"修剪"。

➤　工具栏："修改"→"修剪"　。

➤　功能区："常用"→"修改"→"修剪"　。

【操作步骤】

```
命令：TRIM↙
当前设置:投影模式 = UCS,边延伸模式 = 不延伸(N)
选择剪切边...
选择对象或 <全选>：（选择用作修剪边界的对象）
选择要修剪的实体，或按住 Shift 键选择要延伸的实体，或 [边缘模式(E)/围栏(F)/窗交(C)/投影(P)/
删除(R)/放弃(U)]：（选择要修剪的对象）
选择要修剪的实体，或按住 Shift 键选择要延伸的实体，或 [边缘模式(E)/围栏(F)/窗交(C)/投影(P)/
删除(R)/放弃(U)]：↙
```

【选项说明】

（1）选择对象：选择对象作为对象修剪的边界或按 Enter 键选择所有对象作为修剪边界。完成修剪边界的选择后，用户可选择要修剪的实体，或按住 Shift 键选择要延伸的实体。

有效的修剪边界包括二维和三维多段线、圆弧、圆、椭圆、布局视口、直线、射线、面域、样条曲线、文字和构造线。

（2）边缘模式(E)：如果要修剪的对象与修剪边界没有实际交点，可选择"边缘模式"进行修剪。此时，命令行提示和操作如下：

输入选项 [延伸(E)/不延伸(N)] <不延伸(N)>：

1）延伸(E)：沿修剪边界的延长线修剪选择的对象。选择该选项时，如果剪切边没有与要修剪的对象相交，系统会延伸剪切边直至与要修剪的对象相交后再修剪，如图 4.28 所示。

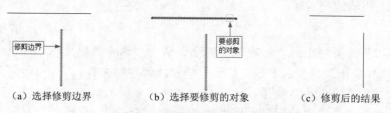

（a）选择修剪边界　　　　（b）选择要修剪的对象　　　　（c）修剪后的结果

图 4.28　延伸方式选择修剪对象

2）不延伸(N)：只修剪在三维空间中与修剪边界相交的对象。

（3）围栏(F)：通过栏选方式选择多个要修剪的对象，按 Enter 键确认修剪。选择该选项时，系统以栏选方式选择被修剪对象，如图 4.29 所示。

（a）选择剪切边　　　　（b）选择要修剪的对象　　　　（c）修剪结果

图 4.29　栏选方式选择修剪对象

（4）窗交(C)：指定一个矩形窗口，修剪与之相交或窗口内部的对象。选择该选项时，系统以相交方式选择被修剪对象，如图 4.30 所示。

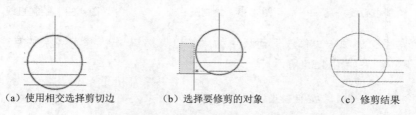

（a）使用相交选择剪切边　　　　（b）选择要修剪的对象　　　　（c）修剪结果

图 4.30　相交方式选择修剪对象

（5）投影(P)：指定修剪对象时使用的投影模式。此时，命令行提示和操作如下：

输入投影选项 [无(N)/用户坐标系(U)/视图(V)] <UCS>：

1）无(N)：在修剪对象时指定无投影。选择该选项时，只修剪在三维空间中与修剪边界相交的对象。

2）用户坐标系(U)：修剪在三维空间中不与修剪边界相交的对象，并投影在当前用户坐标系 XY 平面上。

3）视图(V)：修剪当前视图中与修剪边界相交的对象，并沿当前视图方向投影。

（6）删除(R)：在执行 TRIM 命令的过程中从图形中删除选择的对象。

（7）放弃(U)：撤销上一步修剪操作。

（8）按住 Shift 键：在选择对象时，如果按住 Shift 键，系统自动将"修剪"命令转换为"延伸"命令。

扫一扫，看视频

动手学——绘制胶木球

本例绘制图 4.31 所示的胶木球。

【操作步骤】

（1）单击"标准"工具栏中的"新建"按钮，弹出"选择样板文件"对话框，选择"样板图"模板，单击"打开"按钮，创建新文件。

图 4.31　胶木球

（2）将"中心线"层设置为当前层。

（3）单击"常用"选项卡"绘图"面板中的"直线"按钮，以坐标点{(154,150), (176,150)}和{(165,159), (165,139)}绘制中心线，修改线型比例为 0.1，结果如图 4.32 所示。

（4）将"实线"层设置为当前层。

（5）单击"常用"选项卡"绘图"面板中的"圆心，半径"按钮，以中心线的交点为圆心，绘制半径为 9 的圆，结果如图 4.33 所示。

（6）单击"常用"选项卡"绘图"面板中的"直线"按钮，以坐标点(154,156)和(176,156)为端点绘制直线，结果如图 4.34 所示。

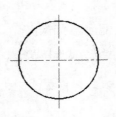

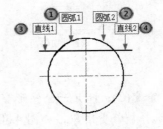

图 4.32　绘制中心线　　　　图 4.33　绘制圆　　　　图 4.34　绘制直线

（7）单击"常用"选项卡"修改"面板中的"修剪"按钮，修剪多余的直线和圆弧，命令行提示和操作如下，结果如图 4.35 所示。

```
命令: _trim
当前设置:投影模式 = UCS，边延伸模式 = 不延伸(N)
选择剪切边...
选择对象或 <全选>: ✓
选择要修剪的实体，或按住 Shift 键选择要延伸的实体，或 [边缘模式(E)/围栏(F)/窗交(C)/投影(P)/
删除(R)/放弃(U)]: （选择圆弧 1 ❶）
选择要修剪的实体，或按住 Shift 键选择要延伸的实体，或 [边缘模式(E)/围栏(F)/窗交(C)/投影(P)/
删除(R)/放弃(U)]: （选择圆弧 2 ❷）
```

选择要修剪的实体，或按住 Shift 键选择要延伸的实体，或 [边缘模式(E)/围栏(F)/窗交(C)/投影(P)/删除(R)/放弃(U)]：
指定对角点：（选择直线 1 ③）
选择要修剪的实体，或按住 Shift 键选择要延伸的实体，或 [边缘模式(E)/围栏(F)/窗交(C)/投影(P)/删除(R)/放弃(U)]：（选择直线 2 ④）
选择要修剪的实体，或按住 Shift 键选择要延伸的实体，或 [边缘模式(E)/围栏(F)/窗交(C)/投影(P)/删除(R)/放弃(U)]：✓

（8）单击"常用"选项卡"绘图"面板中的"直线"按钮＼，绘制螺纹，命令行提示和操作如下，将绘制的直线放置在 0 层，结果如图 4.36 所示。

命令：_line
指定第一个点：_from（按住 Shift 键，右击，在弹出的快捷菜单中选择"自"命令）
基点：（选择图 4.35 所示的中点）
<偏移>：@2.5<0✓
指定下一点或 [角度(A)/长度(L)/放弃(U)]：@7<270✓
指定下一点或 [角度(A)/长度(L)/放弃(U)]：@5<180✓
指定下一点或 [角度(A)/长度(L)/闭合(C)/放弃(U)]：@7<90✓
指定下一点或 [角度(A)/长度(L)/闭合(C)/放弃(U)]：✓

（9）重复"直线"命令，绘制右侧孔，命令行提示和操作如下，结果如图 4.37 所示。

命令：_line
指定第一个点：_from（按住 Shift 键，右击，在弹出的快捷菜单中选择"自"命令）
基点：（选择图 4.35 所示的中点）
<偏移>：@2<0✓
指定下一点或 [角度(A)/长度(L)/放弃(U)]：@10<270✓
指定下一点或 [角度(A)/长度(L)/放弃(U)]：A✓
指定角度：211✓
指定长度：（在竖直中心线上单击）
指定下一点或 [角度(A)/长度(L)/闭合(C)/放弃(U)]：✓

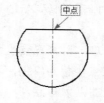

图 4.35 修剪结果

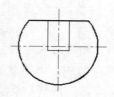

图 4.36 绘制螺纹

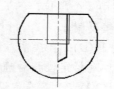

图 4.37 绘制右侧孔

（10）同理，绘制另一侧的孔，并绘制两竖直线下端点的连线，结果如图 4.38 所示。

（11）将"剖面线"层设置为当前层。

（12）单击"常用"选项卡"绘图"面板中的"图案填充"按钮▦，设置填充图案为 ANSI37，角度为 0°，比例为 0.5，如图 4.39 所示，结果如图 4.31 所示。

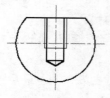

图 4.38 绘制左侧孔和连线

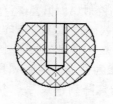

图 4.39 绘制剖面线

4.2.4 复制

使用"复制"命令，可以根据源对象以指定的角度和方向创建对象副本。中望 CAD 中的复制默认是多重复制，即选择图形并指定基点后，可以通过定位不同的目标点复制多份。

【执行方式】

➢ 命令行：COPY。

➢ 菜单栏："修改"→"复制"。

➢ 工具栏："修改"→"复制" ⊞。

➢ 功能区："常用"→"修改"→"复制" ⊞。

【操作步骤】

```
命令：COPY↙
选择对象：（选择要复制的对象）
找到 1 个
选择对象：（按 Enter 键）
当前设置：复制模式 = 多个
指定基点或 [位移(D)/模式(O)] <位移>：
指定第二个点或 [阵列(A)/等距(E)/等分(I)/沿线(P)] <使用第一个点作为位移>：
指定第二个点或 [阵列(A)/退出(X)/放弃(U)] <退出>：
```

【选项说明】

（1）指定基点：指定一个坐标点后，系统将该点作为复制对象的基点。

指定第二个点后，系统将根据这两点确定的位移矢量将选择的对象复制到第二个点处。如果此时直接按 Enter 键，即选择默认的"使用第一个点作为位移"，则第一个点被当作相对于 X、Y、Z 的位移。例如，如果指定基点为(2,3)并在下一个提示下按 Enter 键，则该对象从其当前的位置开始，在 X 方向移动 2 个单位，在 Y 方向移动 3 个单位。一次复制完成后，可以不断指定新的第二个点，从而实现多重复制。

（2）位移(D)：直接输入位移值，表示以选择对象时的拾取点为基准，以拾取点坐标为移动方向，纵横比移动指定位移后确定的点为基点。例如，选择对象时的拾取点坐标为(2,3)，输入位移为 5，则表示以(2,3)点为基准，沿纵横比为 3∶2 的方向移动 5 个单位确定的点为基点。

（3）模式(O)：控制是否自动重复"复制"命令。确定复制模式是单个还是多个。

（4）指定第二个点：通过指定第二个点确定复制对象移动的距离和方向。

（5）阵列(A)：通过阵列方式复制选定对象。此阵列为单行简单阵列，创建复杂阵列可参考 ARRAY 命令。选择该选项，命令行提示和操作如下：

```
输入要进行阵列的项目数：（输入项目数）
指定第二个点或 [布满(F)]：（指定放置位置）
指定第二个点或 [阵列(A)/退出(X)/放弃(U)] <退出>：↙
```

1）阵列的项目数：指定阵列中的项目数，包含原始的选择对象。

2）指定第二个点：指定阵列的排列相对于基点的距离和方向，默认通过指定阵列中第一个项目的相对位移放置相等间隔的其余项目。

3）布满(F)：指定阵列中最后一个项目的位置，其余项目则在第一个与最后一个项目之间均匀排列。

（6）等距(E)：按照相等距离沿直线复制选定对象。选择该选项，命令行提示和操作如下：

指定需要复制的数量：（输入数量）
指定第二个点或 ［调整复制数量(N)］：（指定放置位置）
指定第二个点或 ［等距(E)/退出(X)/放弃(U)］ <退出>：*取消*

1）需要复制的数量：指定除原始选择对象外复制项目的数量。

2）调整复制数量(N)：修改复制项目的数量。

（7）等分(I)：在指定距离内等距离复制选定的对象。选择该选项，命令行提示和操作如下：

指定需要复制的数量：（输入数量）
指定最后一点或 ［调整复制数量(N)］：
指定第二个点或 ［等分(I)/退出(X)/放弃(U)］ <退出>：*取消*

1）需要复制的数量：指定除原始选择对象外复制项目的数量。

2）指定最后一点：指定最后一个项目相对基点的距离和方向。

3）调整复制数量(N)：修改复制项目的数量。

（8）沿线(P)：沿指定路径复制选定对象。如果创建较复杂的路径阵列，可参考 ARRAYPATH 命令。选择该选项，命令行提示和操作如下：

选择曲线：（选择路径）
指定复制方式 ［等距(E)/等分(I)］ <等分>：↙

1）选择曲线：指定线、弧、圆、椭圆、样条曲线、多段线或三维多段线作为路径曲线。

2）等距(E)：将选定对象沿着指定曲线进行等距离复制。选择该选项，命令行提示和操作如下：

指定项目之间的距离：（输入距离值）
如需调整距离，请输入 ［距离(D)］ <回车确认>：（输入要调整的距离或按 Enter 键）
指定第二个点或 ［沿线(P)/退出(X)/放弃(U)］ <退出>：↙

➢　项目之间的距离：指定沿线相邻项目间的距离。

➢　距离：调整沿线相邻项目间的距离。

3）等分(I)：将指定数量的复制对象沿曲线进行均匀排列。选择该选项，命令行提示和操作如下：

指定需要复制的数量：（输入数量）
如需调整数量，请输入 ［数量(N)］ <回车确认>：（输入要调整的数量或按 Enter 键）
指定第二个点或 ［沿线(P)/退出(X)/放弃(U)］ <退出>：↙

➢　需要复制的数量：指定沿线复制项目的数量。

➢　数量(N)：调整沿线复制项目的数量。

动手学——绘制端盖主视图

本例绘制图 4.40 所示的端盖主视图。

【操作步骤】

（1）单击"标准"工具栏中的"新建"按钮，弹出"选择样板文件"对话框，选择"样板图"模板，单击"打开"按钮，创建新文件。

（2）将"中心线"层设置为当前层。

（3）单击"常用"选项卡"绘图"面板中的"直线"按钮，绘制两条相互垂直的中心线，再绘制两条与水平中心线夹角分别为 330° 和 210° 的斜中心线，如图 4.41 所示。

（4）将"实线"层设置为当前层。

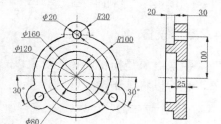

图 4.40　端盖主视图

（5）单击"常用"选项卡"绘图"面板中的"圆心，直径"按钮◯，以中心线的交点为圆心，绘制直径为 200、160、120 和 80 的同心圆，如图 4.42 所示。

（6）重复"圆心，直径"命令，以直径 200 的圆与竖直中心线的交点为圆心，绘制直径为 60 和 20 的同心圆，如图 4.43 所示。

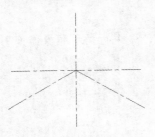

图 4.41　绘制中心线

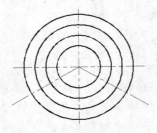

图 4.42　绘制同心圆 1

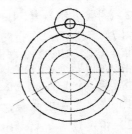

图 4.43　绘制同心圆 2

（7）单击"常用"选项卡"修改"面板中的"复制"按钮⊞，❶选中图 4.44 所示的同心圆，❷选择图 4.44 所示的圆心为基点。❸在交点 1 处单击，放置第一组复制的同心圆；❹在交点 2 处单击，放置第二组复制的同心圆。

（8）单击状态栏中的"正交模式"按钮∟，打开正交功能。选中竖直中心线，拖动上端的夹点，将中心线延长，结果如图 4.45 所示。

（9）单击"常用"选项卡"修改"面板中的"修剪"按钮╱，按 Space 键，修剪多余的圆弧，结果如图 4.46 所示。

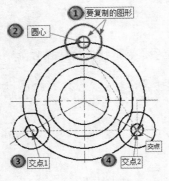

图 4.44　复制同心圆

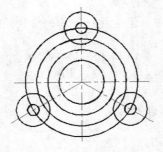

图 4.45　延长中心线

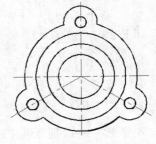

图 4.46　修剪结果

4.2.5　镜像

镜像对象是指将选择的对象以一条镜像线为对称轴进行镜像。镜像操作完成后，可以保留源对象，也可以将其删除。

【执行方式】

➢　命令行：MIRROR（MI）。

➢　菜单栏："修改"→"镜像"。

➢　工具栏："修改"→"镜像" ◁◁ 。

➢　功能区："常用"→"修改"→"镜像" ◁◁ 。

【操作步骤】

命令：MIRROR✓
选择对象：（选择要复制的对象）
选择对象：（按 Enter 键，结束选择）
指定镜像线的第一点：（指定镜像线上的一点）
指定镜像线的第二点：（指定镜像线上的另一点）
是否删除源对象？［是(Y)/否(N)］ <否>：（确定是否删除原图形，默认为不删除原图形）

【选项说明】

（1）选择对象：选择要创建镜像副本的对象，按 Enter 键结束选择。

（2）指定镜像线的第一点/第二点：通过指定镜像线的两点确定一条镜像线。以镜像线作为基准创建对象的副本。

对于三维空间中的镜像，将相对于用户坐标系中垂直于 XY 平面且包含镜像线的镜像平面创建选中三维对象的镜像副本。

（3）是否删除源对象？：镜像后，可以选择是否删除源对象。

1）是(Y)：删除源对象，仅保留创建的镜像副本。

2）否(N)：保留源对象，并在当前图形中创建镜像副本。

📢 **注意：**

文字、属性和属性定义在镜像后不会反转或倒置。

对于文字对象，镜像对象后，其对齐和对正方式不会发生变化。文字方向在镜像后也不会发生变化，如果需要更改文字方向，则需要将系统变量 MIRRTEXT 设置为 1。对于 TEXT、ATTDEF 或 MTEXT，属性定义和变量属性创建的文字，其镜像结果由 MIRRTEXT 控制；而对于插入块部分的文字和常量属性，则不管 MIRRTEXT 如何设置，镜像后都会将其反转。

动手学——绘制阀杆

本例绘制图 4.47 所示的阀杆。

【操作步骤】

（1）单击"标准"工具栏中的"新建"按钮🗋，弹出"选择样板文件"对话框，选择"样板图"模板，单击"打开"按钮，创建新文件。

（2）将"中心线"层设置为当前层。单击"常用"选项卡"绘图"面板中的"直线"按钮╲，以坐标点 {(125, 150), (233, 150)} 和 {(223, 160), (223, 140)} 绘制中心线。

（3）选中绘制的中心线，单击"标准"工具栏中的"特性"按钮▦，弹出"特性"选项板，修改"线型比例"为 0.15，结果如图 4.48 所示。

（4）将"实线"层设置为当前层。单击"常用"选项卡"绘图"面板中的"直线"按钮╲，以下列坐标点 {(130, 150), (130, 156), (138, 156), (138, 165)}、{(141, 165), (148, 158), (148, 150) }、{(148, 155), (223, 155)}、{ (138, 156), (141, 156), (141, 162), (138, 162)} 依次绘制线段，结果如图 4.49 所示。

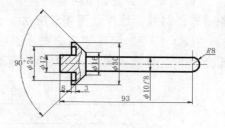

图 4.47　阀杆

扫一扫，看视频

图 4.48　绘制中心线　　　　　　　　　　　　　　　　图 4.49　绘制线段

（5）单击"常用"选项卡"修改"面板中的"镜像"按钮◢，命令行提示和操作如下，结果如图 4.50 所示。

```
命令：_mirror↙
选择对象：
指定对角点：（框选图 4.50 所示的上部图形①）
找到 10 个
选择对象：↙
指定镜像线的第一点：（选择图 4.50 所示的端点 1②）
指定镜像线的第二点：（选择图 4.50 所示的端点 2③）
是否删除源对象？[是(Y)/否(N)] <否(N)>：↙
```

（6）单击"常用"选项卡"绘图"面板中的 "圆心，起点，端点"按钮，以中心线交点为圆心，以上下水平实线最右端的两个端点为圆弧的两个端点，绘制圆弧，结果如图 4.51 所示。

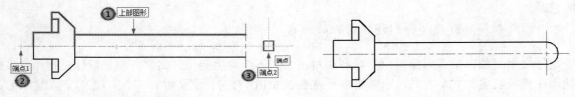

图 4.50　选择图形和镜像线　　　　　　　　　　　　图 4.51　绘制圆弧

（7）将 0 层设置为当前层。单击"常用"选项卡"绘图"面板中的"样条曲线"按钮〜，绘制局部剖切线，结果如图 4.52 所示。

（8）将"剖面线"层设置为当前层。单击"常用"选项卡"绘图"面板中的"图案填充"按钮▨，设置填充图案为 ANST31，角度为 0°，比例为 1，结果如图 4.53 所示。

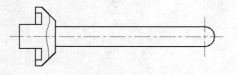

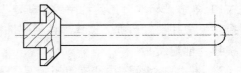

图 4.52　绘制局部剖切线　　　　　　　　　　　　图 4.53　绘制剖面线

4.2.6　移动

移动对象是指对象的重定位，可以在指定方向上按指定距离移动对象，对象的位置发生了改变，但方向和大小不改变。

【执行方式】

➤　命令行：MOVE（M）。

➤　菜单栏："修改"→"移动"。

➤　工具栏："修改"→"移动"✛。

➤ 功能区："常用"→"修改"→"移动" ✛。

【操作步骤】

命令：MOVE↙
选择对象：（选择对象）
选择对象：↙
指定基点或 [位移(D)] <位移>：（指定基点或移至点）
指定第二个点或 <使用第一个点作为位移>：（指定基点或位移）

【选项说明】

（1）选择对象：选择要移动的对象。

（2）基点：选择对象移动的起点。

（3）第二个点：和指定的基点一起，指定对象移动的方向和距离。按 Enter 键，使用第一个点作为位移，则指定的第一个点被看作对象相对 X、Y、Z 轴的位移。例如，当指定第一个点为(3,4)时，则选择对象沿 X 轴移动三个单位，沿 Y 轴移动 4 个单位。

（4）位移(D)：指定移动距离和方向的矢量。

动手学——绘制齿轮轴套左视图

本例绘制图 4.54 所示的齿轮轴套左视图。

【操作步骤】

（1）打开源文件：源文件\原始文件\第 4 章\齿轮轴套，如图 4.55 所示。

（2）将"实线"层设置为当前层，关闭"尺寸线"层。

（3）单击"常用"选项卡"绘图"面板中的"圆心，半径"按钮 ⊙，以图 4.56 所示的交点为圆心，捕捉图 4.56 所示的直线的端点，绘制圆。

（4）单击"常用"选项卡"修改"面板中的"复制"按钮 ⊞，命令行提示和操作如下：

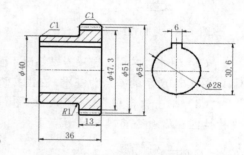

图 4.54 齿轮轴套左视图

命令：_copy
选择对象：（选择图 4.57 所示的直线）
找到 1 个
选择对象：↙
当前设置：复制模式 = 多个
指定基点或 [位移(D)/模式(O)] <位移>：（选择图 4.57 所示的端点）
指定第二个点或 [阵列(A)/等距(E)/等分(I)/沿线(P)] <使用第一个点作为位移>：@3<180
指定第二个点或 [阵列(A)/退出(X)/放弃(U)] <退出>：@3<0
指定第二个点或 [阵列(A)/退出(X)/放弃(U)] <退出>：*取消*

结果如图 4.58 所示。

（5）单击"常用"选项卡"绘图"面板中的"直线"按钮 ＼，以图 4.58 所示的点 1 为起点向右绘制水平线，使其与右侧的复制直线相交，如图 4.59 所示。

（6）单击"常用"选项卡"修改"面板中的"修剪"按钮 ⊬，按 Space 键，修剪多余的直线，结果如图 4.60 所示。

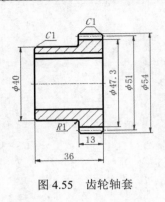

图 4.55　齿轮轴套

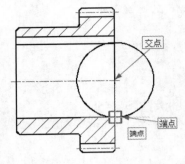

图 4.56　绘制圆

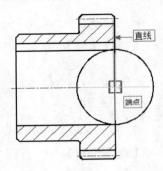

图 4.57　选择直线

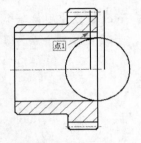

图 4.58　复制直线

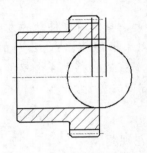

图 4.59　绘制水平线

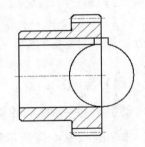

图 4.60　修剪结果

（7）单击"常用"选项卡"修改"面板中的"移动"按钮 ✛，❶选择图 4.61 所示的移动对象，❷以图 4.61 所示的基点为基准，在正交模式下，❸向右移动到适当的位置单击，结果如图 4.62 所示。

（8）单击"常用"选项卡"绘图"面板中的"直线"按钮 ╲，绘制左视图的中心线，并利用"特性匹配"命令将其转换为点画线，如图 4.63 所示。

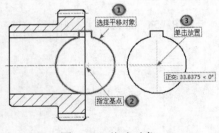

图 4.61　移动对象

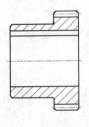

图 4.62　移动结果

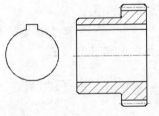

图 4.63　绘制中心线

4.2.7　旋转

旋转命令在保持原图形不变的情况下，以一定点为中心，一定角度为旋转角度旋转得到另一个图形。

【执行方式】

- ➢　命令行：ROTATE（RO）。
- ➢　菜单栏："修改" → "旋转"。
- ➢　工具栏："修改" → "旋转" ↻。
- ➢　功能区："常用" → "修改" → "旋转" ↻。

【操作步骤】

命令：ROTATE ✓
选择对象：✓
指定基点：（指定旋转的基点。在对象内部指定一个坐标点）
指定旋转角度或 ［复制(C)/参照(R)］ <0>：（指定旋转角度或其他选项）

【选项说明】

（1）选择对象：选择要旋转的对象，并按 Enter 键结束选择。

（2）指定基点：指定对象旋转的基点。

（3）指定旋转角度：选择对象绕基点旋转的角度。指定旋转角度时，可以直接输入旋转的角度值，也可以通过在绘图区拖动十字光标指定旋转角度。输入角度后，对象的旋转方向取决于系统变量 ANGDIR。

（4）复制(C)：保留源对象，创建源对象的副本并旋转。

（5）参照(R)：将对象从指定的角度旋转到新的绝对角度。

动手学——绘制曲柄

本例绘制图 4.64 所示的曲柄。

【操作步骤】

（1）单击"标准"工具栏中的"新建"按钮，弹出"选择样板文件"对话框，选择"样板图"模板，单击"打开"按钮，创建新文件。

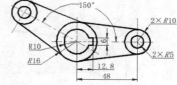

图 4.64　曲柄

（2）将"中心线"层设置为当前层。单击"常用"选项卡"绘图"面板中的"直线"按钮，绘制直线，直线坐标分别为{(100,100)，(180,100)}和{(120,120)，(120,80)}，修改"线型比例"为 0.3，结果如图 4.65 所示。

（3）单击"常用"选项卡"修改"面板中的"复制"按钮，命令行提示和操作如下，结果如图 4.66 所示。

命令：_copy
选择对象：（选择竖直中心线）
找到 1 个
选择对象：✓
当前设置：复制模式 = 多个
指定基点或 ［位移(D)/模式(O)］ <位移>：（选择两中心线的交点）
指定第二个点或 ［阵列(A)/等距(E)/等分(I)/沿线(P)］ <使用第一个点作为位移>：@48<0✓
指定第二个点或 ［阵列(A)/退出(X)/放弃(U)］ <退出>：✓

（4）将"实线"层设置为当前层。单击"常用"选项卡"绘图"面板中的"圆心，半径"按钮，以水平中心线与左边竖直中心线交点为圆心，以 16 和 10 为半径绘制一组同心圆；以水平中心线与右边竖直中心线交点为圆心，以 10 和 5 为半径绘制另一组同心圆，结果如图 4.67 所示。

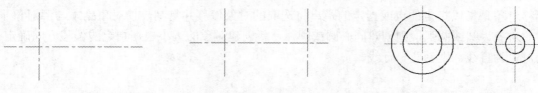

图 4.65　绘制中心线　　　　图 4.66　复制中心线　　　　图 4.67　绘制同心圆

（5）单击"常用"选项卡"绘图"面板中的"直线"按钮 ，分别捕捉左右外圆的切点为端点，绘制上下两条切线，结果如图 4.68 所示。

（6）单击"常用"选项卡"修改"面板中的"旋转"按钮 ，将绘制的图形进行复制旋转，命令行提示和操作如下，结果如图 4.69 所示。

```
命令：_rotate
选择对象：（选择图 4.69 所示的旋转对象①）
指定对角点：
找到 6 个
选择对象：↙
指定基点：（捕捉图 4.69 所示的旋转基点②）
指定旋转角度或 [复制(C)/参照(R)] <150>：C↙
指定旋转角度或 [复制(C)/参照(R)] <150>：150↙
```

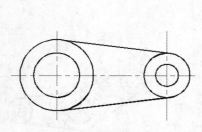

图 4.68　绘制切线

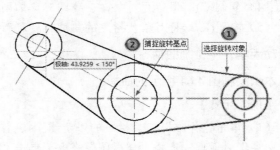

图 4.69　选择复制对象

（7）单击"常用"选项卡"修改"面板中的"复制"按钮 ，选择水平中心线，将其向两侧复制平移 3，再将竖直中心线向右复制平移 12.8，结果如图 4.70 所示。

（8）单击"标准"工具栏中的"特性匹配"按钮 ，选择任意一条粗实线作为源对象，再选择复制的中心线，将其转换为粗实线，结果如图 4.71 所示。

（9）单击"常用"选项卡"修改"面板中的"修剪"按钮 ，按 Space 键，修剪多余的直线，结果如图 4.64 所示。

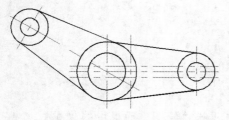

图 4.70　复制平移中心线结果

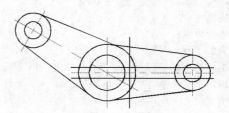

图 4.71　特性匹配结果

4.2.8　偏移

偏移对象是指以指定的点或指定的距离将选取的对象偏移并复制，使对象副本与源对象平行。若选取的对象为圆或圆弧，则创建同心圆或圆弧，新创建对象的大小根据指定的偏移方向确定；若选取的对象为直线，则创建平行线。

【执行方式】
- ➢ 命令行：OFFSET（O）。
- ➢ 菜单栏："修改"→"偏移"。
- ➢ 工具栏："修改"→"偏移" ⏚。
- ➢ 功能区："常用"→"修改"→"偏移" ⏚。

【操作步骤】

```
命令：OFFSET✓
当前设置：删除源=否　图层=源　OFFSETGAPTYPE=0
指定偏移距离或 [通过(T)/擦除(E)/图层(L)] <通过>：(给定偏移的距离)
选择要偏移的对象或 [放弃(U)/退出(E)] <退出>：(选择要偏移的对象)
指定目标点或 [退出(E)/多个(M)/放弃(U)] <退出>：(选择偏移方向)
选择要偏移的对象或 [放弃(U)/退出(E)] <退出>：✓
```

【选项说明】

（1）指定偏移距离：输入一个距离值，或按 Enter 键，使用当前的距离值，系统把该距离值作为偏移距离，如图 4.72 所示。

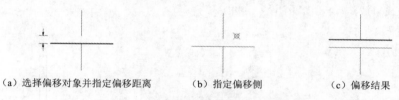

(a) 选择偏移对象并指定偏移距离　　(b) 指定偏移侧　　(c) 偏移结果

图 4.72　指定偏移距离示例

（2）通过(T)：选择要偏移的对象，指定偏移生成的对象通过的点，如图 4.73 所示。

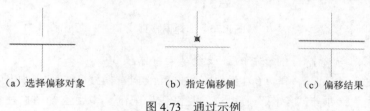

(a) 选择偏移对象　　(b) 指定偏移侧　　(c) 偏移结果

图 4.73　通过示例

若所选对象是带有角点的多段线，则生成的偏移对象与通过点的位置与 OFFSETGAPTYPE 系统变量相关。若要取得理想的偏移效果，请不要在角点附近，而是在直线段中点附近指定通过点。

1）当 OFFSETGAPTYPE 值为 1 时，偏移对象经过通过点。

2）当 OFFSETGAPTYPE 值为 0 或 2 时，偏移距离为通过点到最近角点的距离，偏移对象可能不经过通过点。

（3）擦除(E)：控制在偏移对象后是否删除源对象，默认不删除源对象。

（4）图层(L)：控制将偏移后的对象放置在当前图层还是放置在源对象所在图层，默认将偏移对象放置在源对象所在图层。

动手学——绘制端盖左视图

本例绘制图 4.74 所示的端盖左视图。

扫一扫，看视频

【操作步骤】

（1）打开源文件：源文件\原始文件\第 4 章\端盖主视图。

（2）将"中心线"层设置为当前层。单击状态栏中的"正交模式"按钮 ⌐，打开正交功能；单击"对象捕捉"按钮 ⃞，打开对象捕捉功能；单击"对象捕捉追踪"按钮 ∠，打开对象捕捉追踪功能。

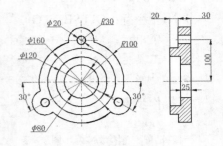

图 4.74　端盖

（3）单击"常用"选项卡"绘图"面板中的"直线"按钮 ＼，绘制左视图的水平中心线。

（4）将"实线"层设置为当前层。重复"直线"命令，绘制一条垂直于水平中心线的竖直线，如图 4.75 所示。

（5）单击"常用"选项卡"修改"面板中的"偏移"按钮 ⌐，命令行提示和操作如下：

```
命令：_offset
指定偏移距离或 [通过(T)/擦除(E)/图层(L)] <通过>：20↙
选择要偏移的对象或 [放弃(U)/退出(E)] <退出>：（选择图 4.76 所示的直线①）
指定目标点或 [退出(E)/多个(M)/放弃(U)] <退出>：（在直线右侧单击②）
选择要偏移的对象或 [放弃(U)/退出(E)] <退出>：↙
```

偏移结果如图 4.77 所示。

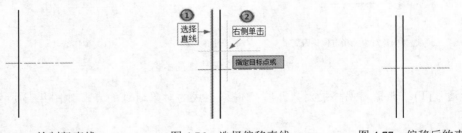

图 4.75　绘制竖直线　　　　图 4.76　选择偏移直线　　　　图 4.77　偏移后的直线

（6）重复"偏移"命令，将偏移后的直线继续向右偏移 30。

（7）重复"偏移"命令，将第（6）步偏移后的直线向左偏移 25，结果如图 4.78 所示。

（8）单击"常用"选项卡"绘图"面板中的"直线"按钮 ＼，由主视图向左视图绘制投影线，如图 4.79 所示。

（9）单击"常用"选项卡"修改"面板中的"修剪"按钮 ⫻，按 Space 键，修剪多余的直线，并将剩余直线删除，结果如图 4.80 所示。

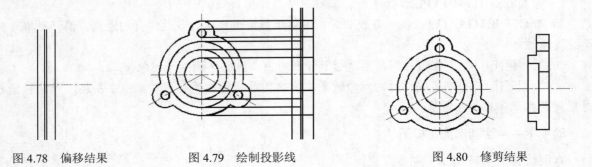

图 4.78　偏移结果　　　　　图 4.79　绘制投影线　　　　　图 4.80　修剪结果

（10）利用夹点功能调整中心线长度。

（11）单击"常用"选项卡"绘图"面板中的"直线"按钮＼，补绘左视图小孔中心线，结果如图 4.81 所示。

（12）单击"标准"工具栏中的"特性匹配"按钮，选中图中任意一条中心线，再选中刚刚绘制的小孔中心线，如图 4.82 所示。

（13）将"剖面线"层设置为当前层。单击"常用"选项卡"绘图"面板中的"图案填充"按钮，打开"图案填充创建"选项卡，在"图案填充类型"下拉列表中选择 ANSI31，"填充图案比例"设置为 2，绘制剖面线，如图 4.83 所示。

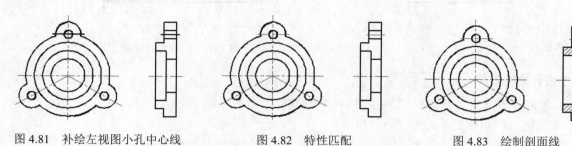

图 4.81　补绘左视图小孔中心线　　　图 4.82　特性匹配　　　图 4.83　绘制剖面线

4.2.9　拉伸

拉伸对象是指拉伸选取的图形对象，使其中一部分移动，同时维持与图形其他部分的连接。

【执行方式】

➢ 命令行：STRETCH（S）。
➢ 菜单栏："修改"→"拉伸"。
➢ 工具栏："修改"→"拉伸"。
➢ 功能区："常用"→"修改"→"拉伸"。

【操作步骤】

```
命令：STRETCH↙
选择对象：
指定对角点：（采用交叉窗口方式选择要拉伸的对象）
找到 3 个
选择对象：↙
指定基点或 [位移(D)] <位移>：（指定拉伸的基点）
指定第二个点或 <使用第一个点作为位移>：（指定拉伸的移至点）
```

此时，若指定第二个点，系统将根据这两点决定矢量拉伸对象；若直接按 Enter 键，系统会把第一个点作为 X 轴和 Y 轴的分量值。

【选项说明】

（1）选择对象：选择对象中要拉伸的部分，按 Enter 键结束选择。通过窗口或相交方式选择对象。STRETCH 仅移动位于交叉选择窗口内的顶点和端点，不更改那些位于交叉选择窗口外的顶点和端点。部分包含在交叉选择窗口内的对象将被拉伸。

（2）基点：通过基点和第二个点定义一个矢量，指示拉伸对象移动的距离和方向。点选对象进行拉伸，其操作与使用 MOVE 命令移动对象类似。

（3）指定第二个点：通过指定第二个点确定对象拉伸的方向和距离。

（4）位移(D)：指定对象拉伸的距离和方向。

动手学——修改螺栓长度

本例将图 4.84 所示的长度为 36 的 M10 的螺栓拉伸为图 4.85 所示的长度为 60 的螺栓。

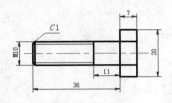

图 4.84　源文件

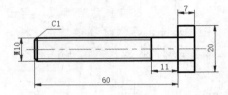

图 4.85　拉伸后的螺栓

【操作步骤】

（1）打开源文件：源文件\原始文件\第 4 章\螺栓，如图 4.84 所示。

（2）将"尺寸线"层关闭。

（3）单击"常用"选项卡"修改"面板中的"拉伸"按钮↑，命令行提示和操作如下：

```
命令：_stretch
选择对象：
指定对角点：（由右向左框选图 4.86 所示的图形）
找到 11 个
选择对象：↙
指定基点或 [位移(D)] <位移>：（指定拉伸基点）
指定第二个点或 <使用第一个点作为位移>：@24<180↙
```

结果如图 4.87 所示。

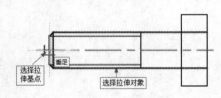

图 4.86　选择拉伸对象

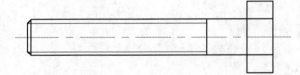

图 4.87　拉伸图形

4.2.10　缩放

缩放对象是指将已有图形对象以基点为参照进行等比例缩放。该命令可以调整对象的大小，使其在一个方向上按照要求增大或缩小一定的比例。

【执行方式】

➢　命令行：SCALE（SC）。

➢　菜单栏："修改"→"缩放"。

➢　工具栏："修改"→"缩放"◻。

➢　功能区："常用"→"修改"→"缩放"◻。

【操作步骤】

```
命令：SCALE↙
```

选择对象：（选择要缩放的对象）
选择对象：✓
指定基点：（指定缩放操作的基点）
指定缩放比例或〔复制(C)/参照(R)〕<1>：（输入比例值）

【选项说明】

（1）选择对象：指定要进行缩放的对象。

（2）基点：指定一个点作为缩放的中心点，选择的对象将随着光标移动幅度的大小放大或缩小。

（3）缩放比例：以指定的比例值放大或缩小选择对象。当输入的比例值大于 1 时，则放大对象；若为 0～1 之间的小数，则缩小对象。

（4）复制(C)：保留源对象，创建源对象缩放后的副本。

（5）参照(R)：按参照长度和指定的新长度缩放所选对象。其以新长度/参照长度的值作为缩放比例。

1）参照长度：输入参照长度值或在绘图区指定两点确定参照长度。

2）新长度：若指定的新长度大于参照长度，则放大选择的对象；否则缩小。

3）点：通过指定两点定义新的长度。

扫一扫，看视频

动手学——绘制连杆

本例绘制图 4.88 所示的连杆。

【操作步骤】

（1）单击"标准"工具栏中的"新建"按钮，弹出"选择样板文件"对话框，选择"样板图"模板，单击"打开"按钮，创建新文件。

（2）将"中心线"层设置为当前层。单击"常用"
选项卡"绘图"面板中的"直线"按钮＼，以点{(-14,0),

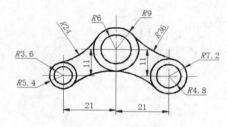

图 4.88　连杆

(14,0)}和{(0,14), (0,-14)}绘制两条相互垂直的中心线，并修改"线型比例"为 0.2，如图 4.89 所示。

（3）将"实线"层设置为当前层。单击"常用"选项卡"绘图"面板中的"圆心，半径"按钮⊙，以中心线的交点为圆心绘制半径为 9 和半径为 6 的同心圆，如图 4.90 所示。

（4）单击"常用"选项卡"修改"面板中的"复制"按钮，命令行提示和操作如下，结果如图 4.91 所示。

命令：_copy
选择对象：（选择图 4.90 所示的所有图形）
找到 4 个
选择对象：✓
当前设置：复制模式 = 多个
指定基点或〔位移(D)/模式(O)〕<位移>：（选择中心线的交点）
指定第二个点或〔阵列(A)/等距(E)/等分(I)/沿线(P)〕<使用第一个点作为位移>：　<正交 关>
@21,-11（输入位置坐标）
指定第二个点或〔阵列(A)/退出(X)/放弃(U)〕<退出>：@-21,-11（输入位置坐标）
指定第二个点或〔阵列(A)/退出(X)/放弃(U)〕<退出>：✓

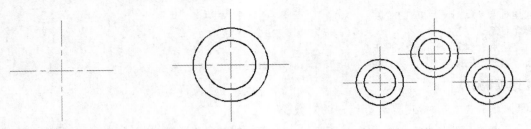

图 4.89 绘制中心线　　　　图 4.90 绘制同心圆　　　　图 4.91 复制结果

（5）单击"常用"选项卡"修改"面板中的"缩放"按钮，命令行提示和操作如下：

```
命令：_scale
选择对象：（选择图 4.92 所示的缩放对象①）
找到 4 个
选择对象：↙
指定基点：（选择图 4.92 所示的中点②）
指定缩放比例或 [复制(C)/参照(R)] <0.25>：0.6（输入缩放比例）
```

结果如图 4.93 所示。

（6）使用同样的方法，缩放右侧图形，缩放比例为 0.8，结果如图 4.94 所示。

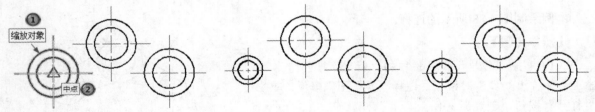

图 4.92 选择缩放对象　　　　图 4.93 缩放结果 1　　　　图 4.94 缩放结果 2

（7）单击"常用"选项卡"绘图"面板中的"相切，相切，半径"按钮，绘制切圆 1，命令行提示和操作如下：

```
命令：_circle
指定圆的圆心或 [三点(3P)/两点(2P)/切点、切点、半径(T)]：_ttr
指定对象与圆的第一个切点：（在图 4.95 所示的位置单击）
指定对象与圆的第二个切点：（在图 4.96 所示的位置单击）
指定圆的半径 <24.0000>:24（输入半径值）
```

结果如图 4.97 所示。

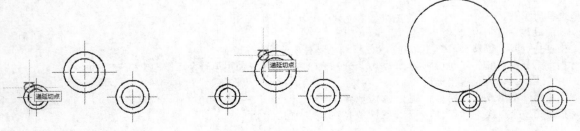

图 4.95 选择第一个切点　　　　图 4.96 选择第二个切点　　　　图 4.97 绘制切圆 1

（8）使用同样的方法，绘制右侧的切圆 2，半径为 36，结果如图 4.98 所示。

（9）单击"常用"选项卡"绘图"面板中的"相切，相切，相切"按钮◯，绘制图 4.99 所示的三个圆的切圆心，半径为 16。

（10）单击"常用"选项卡"修改"面板中的"修剪"按钮╱，按 Space 键，修剪多余的圆弧，结果如图 4.100 所示。

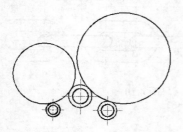 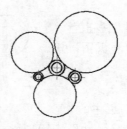 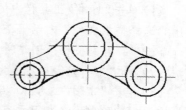

图 4.98　绘制切圆 2　　　　图 4.99　绘制切圆 3　　　　图 4.100　修剪结果

4.2.11　拉长

拉长命令可以更改对象的长度和圆弧的包含角。

【执行方式】

➢ 命令行：LENGTHEN（LEN）。

➢ 菜单栏："修改"→"拉长"。

➢ 功能区："常用"→"修改"→"拉长"╲。

【操作步骤】

命令：LENGTHEN↙
列出选取对象长度或 [动态(DY)/递增(DE)/百分比(P)/全部(T)]：（选择对象）
当前长度：44（给出选择对象的长度，如果选择圆弧，则还将给出圆弧的包含角）
列出选取对象长度或 [动态(DY)/递增(DE)/百分比(P)/全部(T)]：DE（选择拉长或缩短的方式，如选择"递增（DE）"方式）
输入长度递增量或 [角度(A)] <0>：30（输入长度增量数值。如果选择圆弧段，则可输入选项 A 给定角度增量）
选取变化对象或 [方式(M)/撤销(U)]：（选择要拉长的对象端）
选取变化对象或 [方式(M)/撤销(U)]：↙

【选项说明】

（1）动态(DY)：在该模式下，可以使用拖曳鼠标的方法动态地改变对象的长度或角度。

（2）递增(DE)：以指定的长度为增量修改对象的长度，该增量从距离选择点最近的端点处开始测量。若选取的对象为弧，则增量就为角度。若输入的值为正，则拉长扩展对象；若输入的值为负，则修剪缩短对象的长度或角度。

（3）百分比(P)：指定对象总长度或总角度的百分比，以设置对象的长度或弧包含的角度。

（4）全部(T)：指定从固定端点开始测量的总长度或总角度的绝对值，以设置对象的长度或弧包含的角度。

（5）列出选择对象长度：在命令行提示下选择对象，将在命令行显示选择对象的长度。若选择的对象为圆弧，则显示选择对象的长度和包含角。

拉伸和拉长的区别：拉伸和拉长工具都可以改变对象的大小，所不同的是拉伸可以一次框选多个对象，不仅改变对象的大小，而且改变对象的形状；而拉长只改变对象的长度，且不受边界的局限。可用于拉长的对象包括直线、弧线和样条曲线等。

扫一扫，看视频

动手学——绘制链环

本例绘制图 4.101 所示的链环。

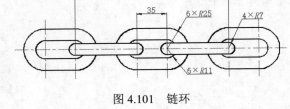

图 4.101　链环

【操作步骤】

（1）单击"标准"工具栏中的"新建"按钮，弹出"选择样板文件"对话框，选择"样板图"模板，单击"打开"按钮，创建新文件。

（2）将"中心线"层设置为当前层。

（3）单击"常用"选项卡"绘图"面板中的"直线"按钮，绘制两条相互垂直的中心线，如图 4.102 所示。

（4）单击"常用"选项卡"修改"面板中的"偏移"按钮，将竖直中心线向右侧偏移 35，如图 4.103 所示。

（5）单击"常用"选项卡"绘图"面板中的"圆心，半径"按钮，分别以水平中心线与两条竖直中心线的交点为圆心，绘制半径为 25 和 11 的同心圆，如图 4.104 所示。

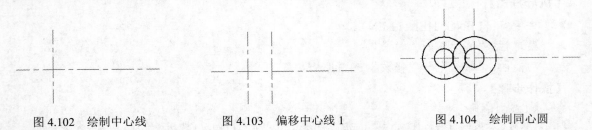

图 4.102　绘制中心线　　　　　图 4.103　偏移中心线 1　　　　　图 4.104　绘制同心圆

（6）单击"常用"选项卡"绘图"面板中的"直线"按钮，绘制两圆切线，如图 4.105 所示。

（7）单击"常用"选项卡"修改"面板中的"修剪"按钮，按 Space 键，修剪多余的圆弧，结果如图 4.106 所示。

（8）单击"常用"选项卡"修改"面板中的"偏移"按钮，将右侧的竖直中心线向右偏移 72.5，如图 4.107 所示。

（9）单击"常用"选项卡"绘图"面板中的"圆心，半径"按钮，绘制半径为 7 的圆，如图 4.108 所示。

（10）单击"常用"选项卡"绘图"面板中的"直线"按钮，绘制两圆切线，如图 4.109 所示。

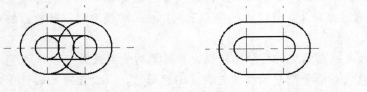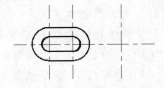

图 4.105　绘制两圆切线 1　　　　图 4.106　修剪结果 1　　　　　图 4.107　偏移中心线 2

（11）单击"常用"选项卡"修改"面板中的"修剪"按钮，按 Space 键，修剪多余的圆弧，结果如图 4.110 所示。

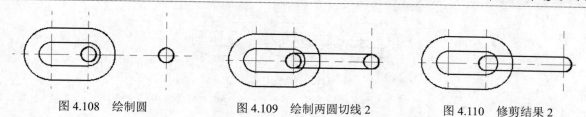

图 4.108　绘制圆　　　　图 4.109　绘制两圆切线 2　　　　图 4.110　修剪结果 2

（12）单击"常用"选项卡"修改"面板中的"镜像"按钮▲，选择图 4.111 所示的图形，以点 1 和点 2 为镜像线，进行镜像。

（13）单击"常用"选项卡"修改"面板中的"复制"按钮，命令行提示和操作如下：

命令：_copy
选择对象：（选择图 4.112 所示的要复制的图形）
选择对象：✓
当前设置：复制模式 = 多个
指定基点或 [位移(D)/模式(O)] <位移>：（选择图 4.112 所示的交点）
指定第二个点或 [阵列(A)/等距(E)/等分(I)/沿线(P)] <使用第一个点作为位移>：（选择图 4.112 所示的圆心）
指定第二个点或 [阵列(A)/退出(X)/放弃(U)] <退出>：✓

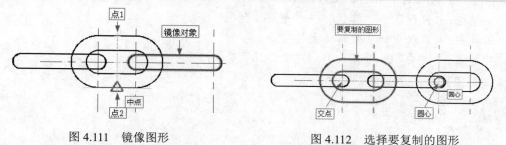

图 4.111　镜像图形　　　　　　图 4.112　选择要复制的图形

同理，再将该图形复制到左侧，结果如图 4.113 所示。

（14）单击"常用"选项卡"修改"面板中的"修剪"按钮，按 Space 键，修剪多余的圆弧，结果如图 4.114 所示。

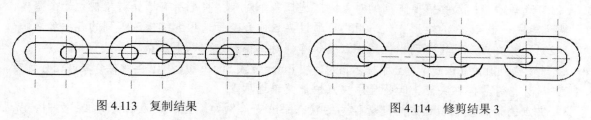

图 4.113　复制结果　　　　　　图 4.114　修剪结果 3

（15）单击"常用"选项卡"修改"面板中的"拉长"按钮，命令行提示和操作如下：

命令：_lengthen
列出选取对象长度或 [动态(DY)/递增(DE)/百分比(P)/全部(T)]：DY✓
选取变化对象或 [方式(M)/撤销(U)]：（选择水平中心线左端）
指定新端点：（在适当位置单击）
选取变化对象或 [方式(M)/撤销(U)]：✓

（16）使用同样的方法，调整其他中心线，修改中心线的"线型比例"为 0.5，结果如图 4.115所示。

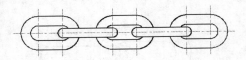

图 4.115　调整中心线

4.2.12　阵列

　　阵列是指多次重复选择对象并把这些副本按矩形或环形排列。把副本按矩形排列称为建立矩形阵列，把副本按环形排列称为建立环形阵列。建立环形阵列时，应该控制复制对象的次数和对象是否被旋转；建立矩形阵列时，应该控制行和列的数量以及对象副本之间的距离。

　　使用阵列命令可以建立矩形阵列、环形阵列、路径阵列和经典阵列。

1．矩形阵列

　　通过指定矩形的行数、列数复制并排列选择对象创建矩形阵列。默认情况下，阵列关联性处于开启状态，由系统变量 ARRAYASSOCIATIVITY 进行控制。

【执行方式】

➢　命令行：ARRAY→R/ ARRAYRECT。

➢　菜单栏："修改"→"阵列"→"矩形阵列"。

➢　工具栏："修改"→"矩形阵列" 品。

➢　功能区："常用"→"修改"→"矩形阵列" 品。

【操作步骤】

```
命令：ARRAYRECT↙
选择对象：
找到 1 个
选择对象：
类型 = 矩形　关联 = 是
选择夹点以编辑阵列或 ［关联(AS)/基点(B)/计数(COU)/间距(S)/列数(COL)/行数(R)/层数(L)/退出(X)］〈退出〉：
```

【选项说明】

　　（1）选择对象：选择需要阵列的对象。若选择多个对象，将把所有选择对象视为一个整体。默认生成一个 4×3 的矩形阵列，用户可通过夹点或命令行选项继续修改阵列的各项参数。

　　（2）选择夹点以编辑阵列：使用夹点编辑阵列时，需要注意以下几点。

1）选中夹点时，将在命令行显示提示信息，按 Enter 键或 Space 键，将在各种操作之间循环选择。

2）鼠标指针悬停在夹点上时将显示夹点快捷菜单选项。

3）夹点的个数及编辑选项将随着阵列的状态而改变。例如，当阵列为默认二维阵列时，界面上仅显示 6 个夹点；当阵列为三维阵列时，界面上最多显示 8 个夹点。

4）二维阵列仅能在其创建平面上进行拉伸，而不考虑当前 UCS 平面。

5）若用户创建的是关联阵列，则下次修改该阵列时仍可使用夹点编辑。

6）若用户创建的是非关联阵列，则当退出该命令后，不可再使用夹点编辑。

　　（3）关联(AS)：指定创建的阵列是否为关联阵列。选择该选项，命令行提示和操作如下：

`是否创建关联阵列？［是(Y)/否(N)］〈是〉：`

1）是：所有项目处于相互关联的状态，用户可以通过夹点或"特性"选项板快速更改所有项目。

2）否：所有项目相互独立。

（4）基点(B)：为阵列指定基点。

（5）计数(COU)：指定阵列的行数和列数。选择该选项，命令行提示和操作如下：

输入列数 <4>：

输入行数 <3>：

1）列数：指定阵列的列数，输入的值必须为正整数。

2）行数：指定阵列的行数，输入的值必须为正整数。

（6）间距(S)：指定阵列的列间距和行间距。选择该选项，命令行提示和操作如下：

指定列间距或 [单位单元(U)] <372.021149>：

指定行间距 <124.132831>：

1）列间距：指定阵列中项目的列间距。若输入正值，则向右创建阵列；若输入负值，则向左创建阵列。

2）行间距：指定阵列中项目的行间距。若输入正值，则向上创建阵列；若输入负值，则向下创建阵列。

3）单位单元(U)：指定矩形的对角点，以使用矩形的长宽定义阵列的行列间距。矩形对角点的指定方向确定了阵列的方向。

（7）列数(COL)：指定阵列的列数，输入的值必须为正整数。选择该选项，命令行提示和操作如下：

输入列数 <4>：

指定列间距或 [总计(T)] <2046.116321>：

1）列间距：指定阵列中项目的列间距。若输入正值，则向右创建阵列；若输入负值，则向左创建阵列。

2）总计(T)：指定阵列中第一列和最后一列项目间的总距离。若输入正值，则向右创建阵列；若输入负值，则向左创建阵列。

（8）行数(R)：指定阵列的行数，输入的值必须为正整数。选择该选项，命令行提示和操作如下：

输入行数 <3>：

指定行间距或 [总计(T)] <1970.125292>：

指定行之间的标高增量 <0.000000>：

1）行间距：指定阵列中项目的行间距。若输入正值，则向上创建阵列；若输入负值，则向下创建阵列。

2）标高增量：指定阵列中每行项目的增量高度，默认值为0。

标高增量为非 0 值时将创建三维阵列。若输入正值，则沿 Z 轴的正向生成三维阵列；若输入负值，则沿 Z 轴的负向生成三维阵列。

3）总计(T)：指定阵列中第一行和最后一行项目间的总距离。若输入正值，则向上创建阵列；若输入负值，则向下创建阵列。

（9）层数(L)：指定阵列在 Z 轴方向的层数。选择该选项，命令行提示和操作如下：

输入层数 <1>：

指定层间距或 [总计(T)] <1.000000>：

输入的值必须为正整数，默认值为 1。层数为非 1 值时将创建三维阵列，可继续指定层间距或首层与尾层间的总距离。若输入正值，则沿 Z 轴的正向生成三维阵列；若输入负值，则沿 Z 轴的负向生成三维阵列。

1）层间距：指定阵列中每层项目间的距离。

2）总计(T)：指定阵列中起点层和端点层项目间的总距离。

（10）退出(X)：结束矩形阵列编辑命令。

2. 环形阵列

通过指定的阵列的圆心或旋转轴复制并排列选定对象，创建环形阵列。默认情况下，阵列关联性处于开启状态，由系统变量 ARRAYASSOCIATIVITY 进行控制。

【执行方式】

- ➢ 命令行：ARRAY→PO/ARRAYPOLAR。
- ➢ 菜单栏："修改"→"阵列"→"环形阵列"。
- ➢ 工具栏："修改"→"环形阵列"。
- ➢ 功能区："常用"→"修改"→"环形阵列"。

【操作步骤】

```
命令：ARRAYPOLAR✓
选择对象：
找到 1 个
选择对象：✓
类型 = 环形   关联 = 是
指定阵列的中心点或 [基点(B)/旋转轴(A)]：
选择夹点以编辑阵列或 [关联(AS)/基点(B)/项目(I)/项目间角度(A)/填充角度(F)/行(ROW)/层(L)/旋转项目(ROT)/退出(X)] <退出>：
```

【选项说明】

（1）选择对象：选择需要阵列的对象。若选择多个对象，将把所有选择对象视为一个整体。

（2）旋转轴(A)：通过指定的两点建立环形阵列的旋转轴。选择该选项，命令行提示和操作如下：

```
指定旋转轴上的第一个点：
指定旋转轴上的第二个点：
```

1）第一个点：指定旋转轴的第一个点。

2）第二个点：指定旋转轴的第二个点。

（3）基点(B)：指定环形阵列的基点。

（4）中心点：指定环形阵列的圆心，即以通过该点的平面法线（Z 轴）为旋转轴。

（5）项目(I)：指定阵列中项目的数目，输入值必须为正整数。

（6）项目间角度(A)：设置阵列中项目间包含的角度，输入的角度值必须为正值。

（7）填充角度(F)：指定阵列的填充角度，即阵列中第一个项目和最后一个项目间的夹角。若输入正值，则以逆时针方向旋转；若输入负值，则以顺时针方向旋转。阵列角度值不能为 0。

（8）旋转项目(ROT)：指定是否围绕阵列旋转对象。若选择"是"，将自动旋转阵列中的项目。

3. 路径阵列

通过指定路径复制并排列选择对象，创建路径阵列。路径可以是线、弧、圆、椭圆、样条曲线、多段线或三维多段线。

【执行方式】

- ➢ 命令行：ARRAY→PA/ARRAYPATH。
- ➢ 菜单栏："修改"→"阵列"→"路径阵列"。
- ➢ 工具栏："修改"→"路径阵列"。
- ➢ 功能区："常用"→"修改"→"路径阵列"。

【操作步骤】

命令：ARRAYPATH↙
选择对象：
找到 1 个
选择对象：↙
类型 = 路径　　关联 = 是
选择路径曲线：
找到 1 个
选择夹点以编辑阵列或 [关联(AS)/方法(M)/基点(B)/项目(I)/行(R)/层(L)/对齐项目(A)/Z 方向
(Z)/退出(X)] <退出>：

【选项说明】

（1）选择对象：选择需要阵列的对象。若选择多个对象，将把所有选择对象视为一个整体。

（2）选择路径曲线：指定线、弧、圆、椭圆、样条曲线、多段线或三维多段线作为阵列的路径。

（3）方法(M)：采用定距等分或定数等分方式指定阵列中项目的数量。选择该选项，命令行提示和操作如下：

输入路径方法 [定数等分(D)/定距等分(M)] <定距等分>：

1）定数等分(D)：通过指定分段数目放置相等间隔的项目。

2）定距等分(M)：通过指定分段长度放置相等间隔的项目。

（4）项目(I)：指定阵列中项目的排列效果。选择该选项，命令行提示和操作如下：

指定沿路径的项目之间的距离 <87.406250>：
最大项目数 = 10
输入项目数或 [填写完整路径(F)] <10>：

1）沿路径的项目之间的距离：当阵列设定为定距等分时，通过指定项目间距离设置阵列。

2）项目数：指定阵列中的项目数。输入的值必须为正整数，且不可超过最大项目数。

3）填写完整路径(F)：自动填满整条路径，项目数随着路径长度变更实时更新。

（5）对齐项目(A)：指定是否对齐每个项目。若选择"是"，则每个项目将与当前路径方向相切。

（6）Z 方向(Z)：当路径为三维路径时，指定项目的 Z 轴方向角度。选择该选项，命令行提示和操作如下：

是否对阵列中的所有项目保持 Z 方向？ [是(Y)/否(N)] <是>：

1）是(Y)：项目将沿三维曲线在 Z 轴上倾斜。

2）否(N)：所有项目保持源对象与 Z 轴的夹角。

4．经典阵列

按指定的方式复制并排列选择对象，创建不关联的矩形阵列或环形阵列。该命令仅可创建非关联阵列。

【执行方式】

➢　命令行：ARRAYCLASSIC。

➢　菜单栏："修改" → "阵列" → "经典阵列"。

➢　工具栏："修改" → "经典阵列" 🔳。

➢　功能区："常用" → "修改" → "经典阵列" 🔳。

执行上述操作，弹出"阵列"对话框，如图 4.116 所示。该对话框中的各选项含义参照矩形阵列和环形阵列命令。

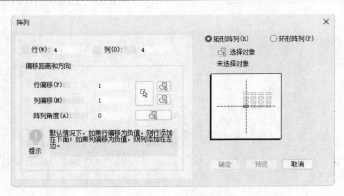

图 4.116 "阵列"对话框

扫一扫，看视频

动手学——绘制密封垫

本例绘制图 4.117 所示的密封垫。

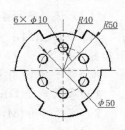

图 4.117 密封垫

【操作步骤】

（1）选择菜单栏中的"文件"→"新建"命令，或单击"标准"工具栏中的"新建"按钮，弹出"选择样板文件"对话框，选择"样板图"模板，单击"打开"按钮，创建新文件。

（2）选择菜单栏中的"格式"→"图形界限"命令，命令行提示和操作如下：

```
命令：LIMITS✓
指定左下点或限界 [开(ON)/关(OFF)] <0,0>：✓（按 Enter 键，图纸左下角坐标取默认值）
指定右上点 <420,297>：297,210✓
```

（3）将"中心线"层设置为当前层。单击"常用"选项卡"绘图"面板中的"直线"按钮，以端点{(50,100)，(160,100)}和端点{(105,45)，(105,155)}绘制两条中心线。

（4）单击"常用"选项卡"绘图"面板中的"圆心，半径"按钮，以两条中心线的交点为圆心，绘制半径为 25 的中心圆。

（5）选中绘制的中心线和中心圆，单击"标准"工具栏中的"特性"按钮，弹出"特性"选项板，修改"线型比例"为 0.5，结果如图 4.118 所示。

（6）将"实线"层设置为当前层。单击"常用"选项卡"绘图"面板中的"圆心，半径"按钮，以两条中心线的交点为圆心绘制半径分别为 40 和 50 的同心圆，如图 4.119 所示。

（7）重复"圆心，半径"命令，以中心圆的上象限点为圆心绘制半径为 5 的圆。

（8）单击"常用"选项卡"绘图"面板中的"直线"按钮，绘制两个同心圆右侧象限点的连线，结果如图 4.120 所示。

图 4.118 绘制中心线和中心圆

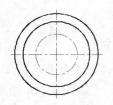
图 4.119 绘制同心圆

图 4.120 绘制轮廓线

（9）单击"常用"选项卡"修改"面板中的"环形阵列"按钮，命令行提示和操作如下，结果如图 4.121 所示。

```
命令：_arraypolar
选择对象：（选择图 4.120 所示的圆①）
找到 1 个
选择对象：（选择图 4.120 所示的直线②）
找到 1 个，总计 2 个
选择对象：↙
类型 = 环形   关联 = 是
指定阵列的中心点或 [基点(B)/旋转轴(A)]：（选择图 4.120 所示的交点③）
选择夹点以编辑阵列或 [关联(AS)/基点(B)/项目(I)/项目间角度(A)/填充角度(F)/行(ROW)/层(L)/旋
转项目(ROT)/退出(X)] <退出>：I↙
输入项目数<6>：6↙
选择夹点以编辑阵列或 [关联(AS)/基点(B)/项目(I)/项目间角度(A)/填充角度(F)/行(ROW)/层(L)/旋
转项目(ROT)/退出(X)] <退出>：F↙
指定填充角度(+=逆时针、-=顺时针) <360>：↙
选择夹点以编辑阵列或 [关联(AS)/基点(B)/项目(I)/项目间角度(A)/填充角度(F)/行(ROW)/层(L)/旋
转项目(ROT)/退出(X)] <退出>：↙
```

（10）单击"常用"选项卡"修改"面板中的"修剪"按钮，按 Space 键，选择要修剪的圆弧，结果如图 4.122 所示。

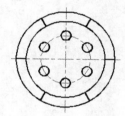

图 4.121　环形阵列结果

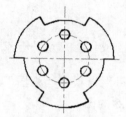

图 4.122　修剪结果

动手学——绘制轴座

本例绘制图 4.123 所示的轴座。

【操作步骤】

1．绘制俯视图

（1）选择菜单栏中的"文件"→"新建"命令，或单击"标准"工具栏中的"新建"按钮，弹出"选择样板文件"对话框，选择"样板图"模板，单击"打开"按钮，创建新文件。

（2）将"中心线"层设置为当前层。单击"常用"选项卡"绘图"面板中的"直线"按钮，以端点{(-70,0), (70,0)}和端点{(0,58), (0,-58)}绘制两条中心线。

（3）选中绘制的中心线，单击"标准"工具栏中的"特性"按钮，弹出"特性"选项板，修改"线型比例"为 0.33。

（4）将"实线"层设置为当前层。单击"常用"选项卡"绘图"

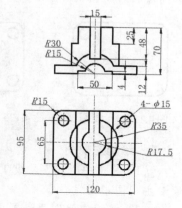

图 4.123　轴座

面板中的"矩形"按钮□，命令行提示和操作如下：

```
命令: _rectang
指定第一个角点或 [倒角(C)/标高(E)/圆角(F)/正方形(S)/厚度(T)/宽度(W)]: F
指定所有矩形的圆角距离 <0.0000>:15
指定第一个角点或 [倒角(C)/标高(E)/圆角(F)/正方形(S)/厚度(T)/宽度(W)]: -60,-47.5
指定其他的角点或 [面积(A)/尺寸(D)/旋转(R)]: @120,95
```

（5）单击"常用"选项卡"绘图"面板中的"圆心，直径"按钮◯，以圆角的圆心为圆心绘制直径为 15 的圆，如图 4.124 所示。

（6）单击"常用"选项卡"修改"面板中的"矩形阵列"按钮▦，命令行提示和操作如下，结果如图 4.125 所示。

```
命令: _arrayrect
选择对象:（选择第（5）步绘制的圆）
找到 1 个
选择对象: ↙
类型 = 矩形   关联 = 是
选择夹点以编辑阵列或 [关联(AS)/基点(B)/计数(COU)/间距(S)/列数(COL)/行数(R)/层数(L)/退出
(X)] <退出>: R
输入行数 <3>: 2↙
指定行间距或 [总计(T)] <22.500000>: -65↙
指定行之间的标高增量 <0.000000>: ↙
选择夹点以编辑阵列或 [关联(AS)/基点(B)/计数(COU)/间距(S)/列数(COL)/行数(R)/层数(L)/退出
(X)] <退出>: COL
输入列数 <4>: 2↙
指定列间距或 [总计(T)] <22.500000>: -90↙
选择夹点以编辑阵列或 [关联(AS)/基点(B)/计数(COU)/间距(S)/列数(COL)/行数(R)/层数(L)/退出
(X)] <退出>:↙
```

（7）单击"常用"选项卡"绘图"面板中的"圆心，半径"按钮⊙，以中心线的交点为圆心绘制半径为 35 和 17.5 的圆。

（8）单击"常用"选项卡"绘图"面板中的"直线"按钮╲，绘制矩形上下边中点的连线。

（9）单击"常用"选项卡"修改"面板中的"偏移"按钮⊜，选择第（8）步绘制的直线，分别向两侧偏移 25 和 7.5，如图 4.126 所示。

（10）单击"常用"选项卡"修改"面板中的"修剪"按钮╱，按 Space 键，修剪多余的图形，删除绘制的复制线后，结果如图 4.127 所示。

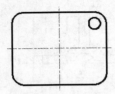

图 4.124　绘制圆 1

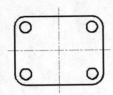

图 4.125　矩形阵列结果

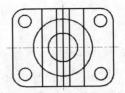

图 4.126　偏移直线 1

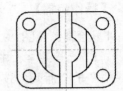

图 4.127　修剪结果 1

2. 绘制主视图

（1）将"中心线"层设置为当前层。单击"常用"选项卡"绘图"面板中的"直线"按钮╲，绘制主视图中心线。

（2）将"实线"层设置为当前层。单击"常用"选项卡"绘图"面板中的"直线"按钮╲，绘制长度为 120，宽度为 12 的矩形。

（3）重复"直线"命令，以矩形下边中点为起点绘制一条长度为 35 的竖直线。

（4）单击"常用"选项卡"修改"面板中的"偏移"按钮▣，选择矩形的下边，将其向上偏移 22 和 4；将竖直线向两侧偏移 25 和 7.5，如图 4.128 所示。

（5）单击"常用"选项卡"绘图"面板中的"圆心，半径"按钮⊙，以矩形下边中点为圆心绘制半径为 30 和 15 的圆，如图 4.129 所示。

（6）单击"常用"选项卡"修改"面板中的"修剪"按钮⊀，按 Space 键，修剪多余的直线和圆弧。

（7）单击"常用"选项卡"绘图"面板中的"直线"按钮＼，由俯视图绘制主视图投影线，如图 4.130 所示。

（8）单击"常用"选项卡"修改"面板中的"偏移"按钮▣，选择矩形的下边，将其向上偏移 70 和 45。

（9）选择图 4.130 所示的直线 1 和直线 2，拖动其上端的夹点，将其拉长，如图 4.131 所示。

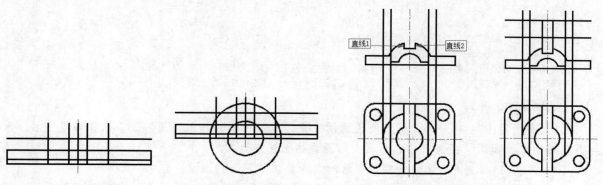

图 4.128　偏移直线 2　　　　图 4.129　绘制圆 2　　　　图 4.130　绘制主视图投影线　图 4.131　偏移直线 3

（10）单击"常用"选项卡"修改"面板中的"修剪"按钮⊀，按 Space 键，修剪多余的直线，如图 4.132 所示。

（11）单击"常用"选项卡"绘图"面板中的"直线"按钮＼，由主视图绘制俯视图投影线，如图 4.133 所示。

（12）单击"常用"选项卡"修改"面板中的"修剪"按钮⊀，按 Space 键，修剪多余的直线，如图 4.134 所示。

（13）单击"常用"选项卡"绘图"面板中的"直线"按钮＼，补绘俯视图小孔中心线，结果如图 4.123 所示。

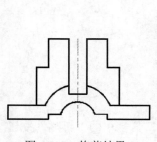
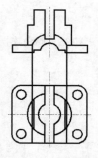
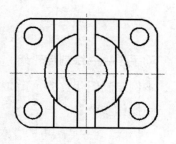

图 4.132　修剪结果 2　　　　图 4.133　绘制俯视图投影线　　　　图 4.134　修剪结果 3

4.2.13　圆角

圆角是指用指定的半径决定的一段平滑的圆弧连接两个对象。系统规定可以用圆角连接一对直线段、非圆弧的多段线段、样条曲线、双向无限长线、射线、圆、圆弧和椭圆。圆角可以在任何位置连接非圆弧多段线的每个节点。

【执行方式】

> 命令行：FILLET（F）。
> 菜单栏："修改"→"圆角"。
> 工具栏："修改"→"圆角"▱。
> 功能区："常用"→"修改"→"圆角"▱。

【操作步骤】

```
命令：FILLET✓
当前设置：模式 = TRIM，半径 = 0.0000
选取第一个对象或 [多段线(P)/半径(R)/修剪(T)/多个(M)/放弃(U)]：R✓
圆角半径<0.0000>：(输入圆角半径)
选取第一个对象或 [多段线(P)/半径(R)/修剪(T)/多个(M)/放弃(U)]：(选择第一个对象)
选择第二个对象或按住 Shift 键选择对象以应用角点：(选择第二个对象)
```

【选项说明】

（1）多段线(P)：在一条二维多段线的两段直线段的节点处插入圆滑的弧。选择多段线后，系统会根据指定的圆弧半径把多段线各顶点用圆滑的弧连接起来。

（2）修剪(T)：决定在圆角连接两条边时是否修剪这两条边。

1）若选择"修剪"，则系统变量 TRIMMODE 的值将被设置为 1。此时，如果选定的是两条相交的直线，将修剪到圆角弧的端点；如果选定的直线不相交，将自动延伸或修剪使其相交，如图 4.135（a）所示。

2）若选择"不修剪"，则系统变量 TRIMMODE 的值将被设置为 0，直接创建圆角，不做其他修剪，如图 4.135（b）所示。

（3）多个(M)：可以同时对多个对象进行圆角编辑，而不必重新启用命令。

（4）半径(R)：按住 Shift 键并选择两条直线，可以快速创建零距离倒角或零半径圆角。

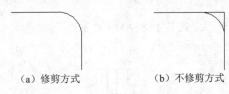

（a）修剪方式　　　　　（b）不修剪方式

图 4.135　圆角连接

扫一扫，看视频

动手学——绘制挂轮架

本例绘制图 4.136 所示的挂轮架。

【操作步骤】

（1）选择菜单栏中的"文件"→"新建"命令，或单击"标准"工具栏中的"新建"按钮▱，弹出"选择样板文件"对话框，选择"样板图"模板，单击"打开"按钮，创建新文件。

（2）将"中心线"层设置为当前层。单击"常用"选项卡"绘图"
面板中的"直线"按钮＼，以端点{(-45,0),(75,0)}和端点{(0,-45),(0,140)}
绘制两条相互垂直的中心线,过两条中心线的交点绘制一条与水平中心
线呈45°夹角,长度为80的直线,并修改"线型比例"为0.4。

（3）单击"常用"选项卡"修改"面板中的"偏移"按钮⏄,
选择水平中心线,将其向上偏移40,再将偏移后的直线向上偏移35,
再将偏移35后的直线向上偏移50,如图4.137所示。

（4）将"实线"层设置为当前层。单击"常用"选项卡"绘图"
面板中的"圆心,半径"按钮⊙,以交点1为圆心绘制半径为20、34、
43、50、57和64的圆,以交点2为圆心绘制半径为9的圆,以交点
3为圆心绘制半径为9和18的圆,以交点4为圆心绘制半径为4的圆。
选中直径为50的圆,将其放置在"中心线"层,如图4.138所示。

（5）重复"圆心,半径"命令,以中心圆与水平中心线的交点
为圆心绘制半径为7和半径为14的圆,再以中心圆与斜中心线的交点为圆心绘制半径为7的圆,
如图4.139所示。

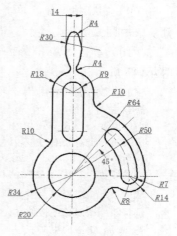

图 4.136　挂轮架

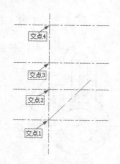

图 4.137　偏移中心线

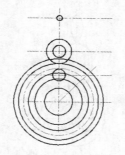

图 4.138　绘制圆 1

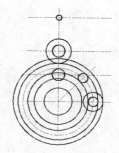

图 4.139　绘制圆 2

（6）单击"常用"选项卡"修改"面板中的"偏移"按钮⏄,选择竖直中心线,将其向两侧
偏移7,绘制辅助线,如图4.140所示。

（7）单击"常用"选项卡"绘图"面板中的"相切,相切,半径"按钮⟳,绘制与圆和直线相
切的半径为30的圆,如图4.141所示。

（8）单击"常用"选项卡"绘图"面板中的"直线"按钮＼,绘制半径为9的两圆的切线,
如图4.142所示。

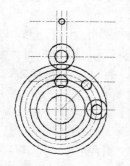

图 4.140　偏移竖直中心线

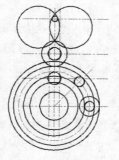

图 4.141　绘制切圆

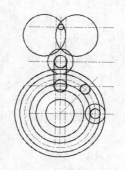

图 4.142　绘制切线 1

113

（9）删除辅助线。单击"常用"选项卡"修改"面板中的"修剪"按钮 ⊢，按 Space 键，修剪多余的圆弧。

（10）单击"常用"选项卡"绘图"面板中的"直线"按钮 ＼，绘制半径为 18 的圆的切线，如图 4.143 所示。

（11）单击"常用"选项卡"修改"面板中的"圆角"按钮 ⌒，命令行提示和操作如下：

```
命令：_fillet
当前设置：模式 = TRIM，半径 = 0.0000
选取第一个对象或 [多段线(P)/半径(R)/修剪(T)/多个(M)/放弃(U)]：R✓
圆角半径<0.0000>：10✓
当前设置：模式 = TRIM，半径 = 10.0000
选取第一个对象或 [多段线(P)/半径(R)/修剪(T)/多个(M)/放弃(U)]：（选择图 4.144 所示的直线 1①）
选择第二个对象或按住 Shift 键选择对象以应用角点：（选择图 4.144 所示的圆弧 1②）
```

结果如图 4.145 所示。

（12）同理，绘制直线 2 和圆弧 2 的圆角。

（13）使用同样的方法，绘制其他部位的圆角，下端圆弧半径为 8，手柄部分圆弧半径为 4，结果如图 4.145 所示。

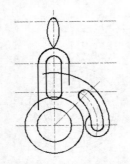
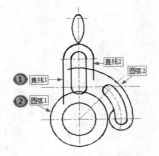
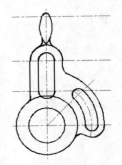

图 4.143　绘制切线 2　　　　图 4.144　选择圆角对象　　　　图 4.145　倒圆角结果

（14）单击"常用"选项卡"修改"面板中的"修剪"按钮 ⊢，按 Space 键，修剪多余的圆弧，并调整中心线长度，结果如图 4.136 所示。

👆 **教你一招：**

1．当两条线相交或不相连时，利用圆角进行修剪和延伸

如果将圆角半径设置为 0，则不会创建圆弧，操作对象将被修剪或延伸直到它们相交。当两条线相交或不相连时，使用圆角命令可以自动进行修剪和延伸，比使用修剪和延伸命令更方便。

2．对平行直线倒圆角

不仅可以对相交或不相连的线倒圆角，平行的直线、构造线和射线同样可以倒圆角。对平行直线倒圆角时，系统将忽略原来的圆角设置，自动调整圆角半径，生成一个半圆连接两条直线，绘制键槽或类似零件时比较方便。对平行直线倒圆角时，第一个选定对象必须是直线或射线，不能是构造线，因为构造线没有端点，但其可以作为圆角的第二个对象。

3．对多段线加圆角或删除圆角

如果想在多段线上适合圆角半径的每条线段的顶点处插入相同长度的圆角弧，可在倒圆角时使用"多段线"选项；如果想删除多段线上的圆角和弧线，也可以使用"多段线"选项，只需将圆角设置为 0，圆角命令将删除该圆弧线段并延伸直线，直到它们相交。

4.2.14 倒角

倒角是指用斜线连接两个不平行的线型对象。可创建倒角的对象包括直线、二维多段线、射线、构造线或二维对象的边。根据选择对象的顺序创建倒角。若选择的两个对象在同一图层上，将在该图层中创建倒角；若选择的两个对象不在同一图层上，将在当前图层中创建倒角。

若要创建倒角的两个对象没有相交，将自动延伸使其相交，并创建倒角。

【执行方式】

➤ 命令行：CHAMFER（CHA）。
➤ 菜单栏："修改"→"倒角"。
➤ 工具栏："修改"→"倒角" ⬜。
➤ 功能区："常用"→"修改"→"倒角" ⬜。

【操作步骤】

```
命令：CHAMFER↙
当前设置：模式 = TRIM，距离 1 = 2.0000，距离 2 = 2.0000
选择第一条直线或 [多段线(P)/距离(D)/角度(A)/方式(E)/修剪(T)/多个(M)/放弃(U)]：(选择第一条
直线或其他选项)
选择第二个对象或按住 Shift 键选择对象以应用角点：(选择第二条直线)
```

【选项说明】

（1）距离(D)：设置倒角至选定边端点的距离。选择该选项，代表用户选择了"距离-距离"的倒角方式。距离是指从被连接对象与斜线的交点到被连接的两个对象的可能交点之间的距离，这两个距离可以相同，也可以不相同。若二者均为 0，则系统不绘制连接的斜线，而是把两个对象延伸至相交，并修剪超出的部分。距离方式倒角示例如图 4.146 所示。

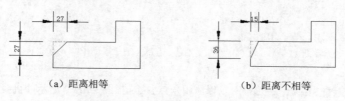

(a) 距离相等　　　　　　　　(b) 距离不相等

图 4.146　距离方式倒角示例

（2）角度(A)：设置第一条选定边的倒角距离和与倒角后形成线段之间的角度值。选择该选项，代表用户选择了"距离-角度"的倒角方式。角度方式倒角示例如图 4.147 所示。

（3）多段线(P)：在整条多段线的每个顶点处创建倒角，创建的倒角成为多段线的新线段。若设置的倒角距离在多段线的两条线段之间无法创建倒角，则不对这两条线段进行倒角处理。

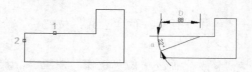

图 4.147　角度方式倒角示例

（4）修剪(T)：设置创建倒角时是否对选定边进行修剪，直到倒角线的端点。

1）若选择"修剪"，则系统变量 TRIMMODE 的值将被设置为 1。此时，如果选定的是两条相交的直线，将修剪到倒角线的端点；如果选定的直线不相交，将自动延伸或修剪使其相交。

2）若选择"不修剪"，则系统变量 TRIMMODE 的值将被设置为 0，直接创建倒角，不做其他修剪。

（5）多个(M)：同时对多个对象进行倒角编辑。

扫一扫，看视频

动手学——绘制销轴

本例绘制图 4.148 所示的销轴。

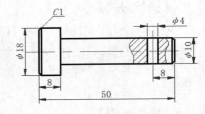

图 4.148　销轴

【操作步骤】

（1）选择菜单栏中的"文件"→"新建"命令，或单击"标准"工具栏中的"新建"按钮，弹出"选择样板文件"对话框，选择"样板图"模板，单击"打开"按钮，创建新文件。

（2）将"中心线"层设置为当前层。单击"常用"选项卡"绘图"面板中的"直线"按钮，以坐标点{(135, 150)，(195, 150)}绘制中心线，修改"线型比例"为 0.5，结果如图 4.149 所示。

（3）将"实线"层设置为当前层。单击"常用"选项卡"绘图"面板中的"直线"按钮，以下列坐标点{(140, 150)，(140, 159)，(148, 159)，(148, 150)}、{(148, 155)，(190, 155)，(190, 150)}依次绘制线段，结果如图 4.150 所示。

（4）单击"常用"选项卡"修改"面板中的"倒角"按钮，命令行提示和操作如下：

```
命令：_chamfer
当前设置：模式 = TRIM，距离 1 = 2.0000，距离 2 = 2.0000
选择第一条直线或 [多段线(P)/距离(D)/角度(A)/方式(E)/修剪(T)/多个(M)/放弃(U)]：D（选择倒角方式）
设置距离方式的倒角方式。
指定基准对象的倒角距离 <2.0000>：1↙
指定另一个对象的倒角距离 <1.0000>：↙
选择第一条直线或 [多段线(P)/距离(D)/角度(A)/方式(E)/修剪(T)/多个(M)/放弃(U)]：（选择图
4.150 所示的直线1①）
选择第二个对象或按住 Shift 键选择对象以应用角点：（选择图 4.150 所示的直线2②）
```

使用同样的方法，设置倒角距离为 0.8，进行右端倒角，结果如图 4.151 所示。

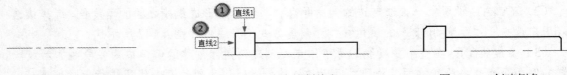

图 4.149　绘制中心线　　　　图 4.150　依次绘制线段　　　　图 4.151　创建倒角

（5）单击"常用"选项卡"绘图"面板中的"直线"按钮，绘制倒角连线，结果如图 4.152 所示。

（6）单击"常用"选项卡"修改"面板中的"镜像"按钮，选择图 4.152 所示的轮廓线，以中心线为镜像轴进行镜像，结果如图 4.153 所示。

（7）单击"常用"选项卡"修改"面板中的"偏移"按钮，将图 4.153 所示的直线 1 向左偏移 8，并将偏移的直线两端拉长，结果如图 4.154 所示。

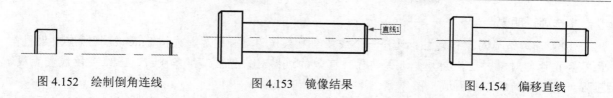

图 4.152　绘制倒角连线　　　　　图 4.153　镜像结果　　　　　图 4.154　偏移直线

（8）单击"常用"选项卡"修改"面板中的"偏移"按钮 ，将偏移后的直线继续向两侧偏移，偏移距离为 2。选中原直线，将其放置在"中心线"层。

（9）单击"常用"选项卡"修改"面板中的"修剪"按钮 ，修剪多余的线条，结果如图 4.155 所示。

（10）将 0 层设置为当前层。单击"常用"选项卡"绘图"面板中的"样条曲线"按钮 ，绘制局部剖切线，结果如图 4.156 所示。

（11）将"剖面线"层设置为当前层。单击"常用"选项卡"绘图"面板中的"图案填充"按钮 ，设置填充图案为 ANST31，角度为 0°，比例为 0.5，结果如图 4.157 所示。

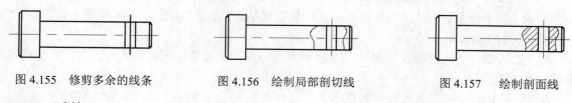

图 4.155　修剪多余的线条　　　　图 4.156　绘制局部剖切线　　　　图 4.157　绘制剖面线

4.2.15　延伸

延伸对象是指延伸一个对象直至另一个对象的边界线，如图 4.158 所示。

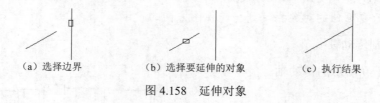

（a）选择边界　　　　　　（b）选择要延伸的对象　　　　　　（c）执行结果

图 4.158　延伸对象

【执行方式】

➢　命令行：EXTEND。

➢　菜单栏："修改" → "延伸"。

➢　工具栏："修改" → "延伸" 。

➢　功能区："常用" → "修改" → "延伸" 。

【操作步骤】

```
命令：EXTEND↙
当前设置：投影模式 = UCS，边延伸模式 = 不延伸(N)
选取边界对象作延伸<回车全选>：(选择延伸边界)
找到 1 个
选取边界对象作延伸<回车全选>：↙
选择要延伸的实体，或按住 Shift 键选择要修剪的实体，或 [边缘模式(E)/围栏(F)/窗交(C)/投影(P)/
放弃(U)]：(选择要延伸的对象)
选择要延伸的实体，或按住 Shift 键选择要修剪的实体，或 [边缘模式(E)/围栏(F)/窗交(C)/投影(P)/
放弃(U)]：*取消*
```

【选项说明】

（1）选取边界对象作延伸：选择一个或多个对象作为延伸边界，或按 Enter 键将所有对象用作边界。在延伸对象之前，必须先选择边界。有效的边界对象包括二维多段线、三维多段线、直线、圆弧、块、布局视口、面域、图像等。

（2）选择要延伸的实体，或按住 Shift 键选择要修剪的实体：选择要进行延伸的对象，可根据提示选取多个对象进行延伸；同时，还可按住 Shift 键将选择对象修剪到最近的边界，按 Enter 键结束选择。

（3）边缘模式(E)：如果边界对象的边和要延伸的对象没有实际交点，但又要将指定对象延伸到它们的假想交点处，则可选择"边缘模式"选项。选择该选项，命令行提示和操作如下：

输入选项 [延伸(E)/不延伸(N)] <不延伸(N)>：

1）延伸(E)：沿选择对象的实际轨迹延伸到与边界对象选定边的延长线交点处。

2）不延伸(N)]：只延伸到与边界对象选定边的实际交点处。如果没有实际交点，则不延伸。

（4）围栏(F)：进入"围栏"模式。通过选择栏选点延伸多个对象到一个对象，其中栏选点为要延伸对象上的开始点。系统会不断提示用户继续指定栏选点，直到延伸所有对象为止。要退出"围栏"模式，可按 Enter 键。

（5）窗交(C)：进入"窗交"模式。通过指定两个点定义选择区域内的所有对象，延伸所有的对象到边界对象。

（6）投影(P)：选择对象延伸时的投影方式。选择该选项，命令行提示和操作如下：

输入投影选项 [无(N)/用户坐标系(U)/视图(V)] <UCS>：

1）无(N)：在延伸对象时指定无投影。

2）用户坐标系(U)：为要延伸的对象指定到当前用户坐标系 XY 平面的投影。

3）视图(V)：为要延伸的对象指定到当前视图方向的投影。

动手学——绘制传动轴

扫一扫，看视频

本例绘制图 4.159 所示的传动轴。

【操作步骤】

（1）选择菜单栏中的"文件"→"新建"命令，或单击"标准"工具栏中的"新建"按钮，弹出"选择样板文件"对话框，选择"样板图"模板，单击"打开"按钮，创建新文件。

（2）将"中心线"层设置为当前层。单击"常用"选项卡"绘图"面板中的"直线"按钮，以坐标点{(-10, 0), (162, 0)}绘制中心线，并修改"线型比例"为 0.5，结果如图 4.160 所示。

（3）将"实线"层设置为当前层。单击"常用"选项卡"绘图"面板中的"直线"按钮，以

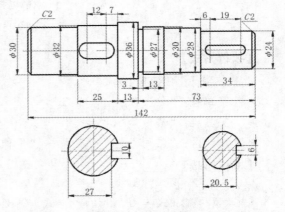
图 4.159　传动轴

(0,0)为起点绘制传动轴轮廓线，命令行提示和操作如下，结果如图 4.161 所示。

```
命令：_line
指定第一个点：0,0↙
指定下一点或 [角度(A)/长度(L)/放弃(U)]：@15<90↙
```

```
指定下一点或 [角度(A)/长度(L)/放弃(U)]: @31<0✓
指定下一点或 [角度(A)/长度(L)/闭合(C)/放弃(U)]: @1<90✓
指定下一点或 [角度(A)/长度(L)/闭合(C)/放弃(U)]: @25<0✓
指定下一点或 [角度(A)/长度(L)/闭合(C)/放弃(U)]: @2<90✓
指定下一点或 [角度(A)/长度(L)/闭合(C)/放弃(U)]: @13<0✓
指定下一点或 [角度(A)/长度(L)/闭合(C)/放弃(U)]: @4.5<270✓
指定下一点或 [角度(A)/长度(L)/闭合(C)/放弃(U)]: @3<0✓
指定下一点或 [角度(A)/长度(L)/闭合(C)/放弃(U)]: @1.5<90✓
指定下一点或 [角度(A)/长度(L)/闭合(C)/放弃(U)]: @13<0✓
指定下一点或 [角度(A)/长度(L)/闭合(C)/放弃(U)]: @1<270✓
指定下一点或 [角度(A)/长度(L)/闭合(C)/放弃(U)]: @23<0✓
指定下一点或 [角度(A)/长度(L)/闭合(C)/放弃(U)]: @2<270✓
指定下一点或 [角度(A)/长度(L)/闭合(C)/放弃(U)]: @34<0✓
指定下一点或 [角度(A)/长度(L)/闭合(C)/放弃(U)]: @12<270✓
指定下一点或 [角度(A)/长度(L)/闭合(C)/放弃(U)]: ✓
```

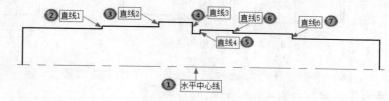

图 4.160　绘制中心线　　　　　　　　图 4.161　绘制轮廓线

（4）单击"常用"选项卡"修改"面板中的"延伸"按钮，命令行提示和操作如下，结果如图 4.162 所示。

```
命令: _extend
当前设置:投影模式 = UCS,边延伸模式 = 不延伸(N)
选取边界对象作延伸<回车全选>: （选择图 4.161 所示的水平中心线①）
找到 1 个
选取边界对象作延伸<回车全选>:✓
选择要延伸的实体,或按住 Shift 键选择要修剪的实体,或 [边缘模式(E)/围栏(F)/窗交(C)/投影(P)/
放弃(U)]: （单击直线 1 的下端②）
选择要延伸的实体,或按住 Shift 键选择要修剪的实体,或 [边缘模式(E)/围栏(F)/窗交(C)/投影(P)/
放弃(U)]: （单击直线 2 的下端③）
选择要延伸的实体,或按住 Shift 键选择要修剪的实体,或 [边缘模式(E)/围栏(F)/窗交(C)/投影(P)/
放弃(U)]: （单击直线 3 的下端④）
选择要延伸的实体,或按住 Shift 键选择要修剪的实体,或 [边缘模式(E)/围栏(F)/窗交(C)/投影(P)/
放弃(U)]: （单击直线 4 的下端⑤）
选择要延伸的实体,或按住 Shift 键选择要修剪的实体,或 [边缘模式(E)/围栏(F)/窗交(C)/投影(P)/
放弃(U)]: （单击直线 5 的下端⑥）
选择要延伸的实体,或按住 Shift 键选择要修剪的实体,或 [边缘模式(E)/围栏(F)/窗交(C)/投影(P)/
放弃(U)]: （单击直线 6 的下端⑦）
选择要延伸的实体,或按住 Shift 键选择要修剪的实体,或 [边缘模式(E)/围栏(F)/窗交(C)/投影(P)/
放弃(U)]: ✓
```

（5）单击"常用"选项卡"修改"面板中的"镜像"按钮，选择图 4.162 所示的轮廓线，以水平中心线为镜像线进行镜像，结果如图 4.163 所示。

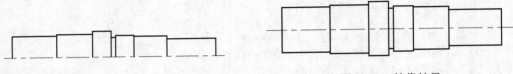

图 4.162　延伸结果　　　　　　　　　图 4.163　镜像结果

（6）单击"常用"选项卡"修改"面板中的"倒角"按钮◢，设置倒角距离为 2，对传动轴的左端和右端进行倒角，并利用"直线"命令绘制连线，结果如图 4.164 所示。

（7）单击"常用"选项卡"修改"面板中的"偏移"按钮凸，设置偏移距离为 7，先将图 4.164 所示的直线 1 向左偏移 7，再将偏移后的直线向左偏移 12；同理，先将直线 2 向右偏移 6，再将偏移后的直线向右偏移 19，并将偏移后的直线与中心线进行特性匹配，结果如图 4.165 所示。

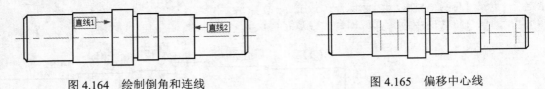

图 4.164　绘制倒角和连线　　　　　　图 4.165　偏移中心线

（8）单击"常用"选项卡"绘图"面板中的"圆心，半径"按钮⊙，分别绘制半径为 5 和半径为 3 的圆，如图 4.166 所示。

（9）单击"常用"选项卡"绘图"面板中的"直线"按钮╲，绘制圆的切线，修剪后的图形如图 4.167 所示。

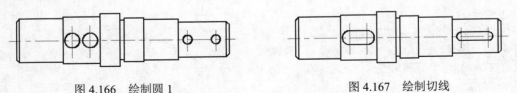

图 4.166　绘制圆 1　　　　　　　　　图 4.167　绘制切线

（10）单击"常用"选项卡"绘图"面板中的"直线"按钮╲，绘制键槽部分断面图的中心线，并修改"线型比例"为 0.35，如图 4.168 所示。

（11）单击"常用"选项卡"绘图"面板中的"圆心，半径"按钮⊙，分别绘制半径为 16 和 12 的圆，如图 4.169 所示。

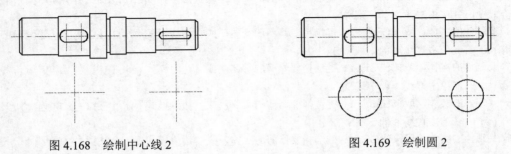

图 4.168　绘制中心线 2　　　　　　　图 4.169　绘制圆 2

（12）单击"常用"选项卡"修改"面板中的"偏移"按钮凸，设置偏移距离为 5，将右侧断面图的水平中心线向两侧偏移 5；同理，将竖直中心线向右偏移 11。

（13）使用同样的方法，将左侧断面图的水平中心线向两侧偏移 3，将竖直中心线向右偏移 8.5，将偏移后的直线放置在"实线"层，结果如图 4.170 所示。

（14）单击"常用"选项卡"修改"面板中的"修剪"按钮 ，按 Space 键，修剪多余的直线和圆弧，结果如图 4.171 所示。

（15）将"剖面线"层设置为当前层。单击"常用"选项卡"绘图"面板中的"图案填充"按钮 ，设置填充图案为 ANST31，角度为 0°，比例为 1，结果如图 4.172 所示。

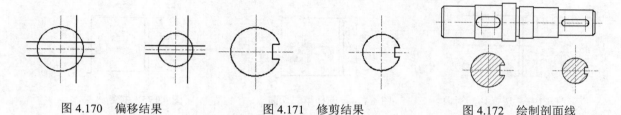

图 4.170　偏移结果　　　　　　图 4.171　修剪结果　　　　　图 4.172　绘制剖面线

4.2.16　打断

打断是在两个点之间创建间隔，即在打断之处存在间隙。

【执行方式】

➢　命令行：BREAK（BR）。
➢　菜单栏："修改"→"打断"。
➢　工具栏："修改"→"打断" 。
➢　功能区："常用"→"修改"→"打断" 。

【操作步骤】

```
命令：BREAK↵
选取切断对象：
指定第二切断点或 [第一切断点(F)]：
```

【选项说明】

（1）第一切断点(F)：在选择的对象上指定要切断的起点。

（2）第二切断点：在选择的对象上指定要切断的第二点。若用户在命令行输入 BREAK 命令后，第一条命令提示中选择了 S（第二切断点），则系统将以选择对象时指定的点为默认的第一切断点。

系统在使用 BREAK 命令切断被选择的对象时，一般是切断两个切断点之间的部分。当其中一个切断点不在选择的对象上时，系统将选择离此点最近的对象上的一点为切断点之一处理。

若选择的两个切断点在一个位置，可将对象切开，但不删除某个部分。除了可以指定同一点，还可以在选择第二切断点时在命令行提示下输入@字符，这样可以达到同样的效果。但这样的操作不适合圆，要切断圆，必须选择两个不同的切断点。

动手学——打断中心线

本例对 4.2.15 小节绘制的传动轴的中心线在有尺寸标注的位置进行打断。

【操作步骤】

（1）打开源文件：源文件\原始文件\第 4 章\传动轴，如图 4.159 所示。

（2）单击"常用"选项卡"修改"面板中的"打断"按钮□，命令行提示和操作如下：

命令：_break

选择切断对象：（在图 4.173 所示的位置单击❶）

指定第二切断点或［第一切断点(F)］：（在图 4.174 所示的第二切断点处单击❷）

结果如图 4.175 所示。

（3）使用同样的方法，在 φ36、φ27、φ30 和 φ28 处打断，结果如图 4.159 所示。

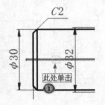
图 4.173　选择切断对象

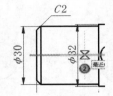
图 4.174　选择第二切断点

图 4.175　打断结果

✍ 技巧：

　　对于圆/圆弧的打断，系统默认打断的方向是逆时针，所以在选择打断点的先后顺序时，注意不要把顺序弄反。

4.2.17　打断于点

打断于点是指将对象在某一点处打断，打断之处没有间隙。其有效的对象包括直线、圆弧等，但不能是圆、矩形和多边形等封闭的图形。此命令与打断命令类似。

【执行方式】

➢　命令行：BREAK。

➢　工具栏："修改"→"打断于点"□。

➢　功能区："常用"→"修改"→"打断于点"□。

【操作步骤】

命令：BREAK↙

选取切断对象：（选择打断对象）

指定第二切断点或［第一切断点(F)］：_F

指定第一切断点：（选择第一个切断点）

指定第二切断点：（选择第二个切断点）

4.2.18　合并

可以将直线、圆弧、椭圆弧和样条曲线等独立的对象合并为一个对象。

【执行方式】

➢　命令行：JOIN。

➢　菜单栏："修改"→"合并"。

➢　工具栏："修改"→"合并"┌┐。

➢　功能区："常用"→"修改"→"合并"按钮┌┐。

【操作步骤】

命令：JOIN↙
选择源对象或要一次合并的多个对象：（选择一个对象）
选择源对象或要一次合并的多个对象：（选择另一个对象）
选择源对象或要一次合并的多个对象：↙

动手学——绘制星形齿轮架

本例绘制图 4.176 所示的星形齿轮架。

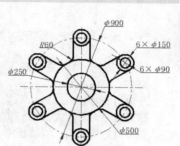

图 4.176　星形齿轮架

【操作步骤】

（1）单击"标准"工具栏中的"新建"按钮，弹出"选择样板文件"对话框，选择"样板图"模板，单击"打开"按钮，创建新文件。

（2）将"中心线"层设置为当前层。单击"常用"选项卡"绘图"面板中的"直线"按钮，在屏幕上绘制一条水平中心线和一条竖直中心线，端点坐标分别为{(-545,0)，(545,0)}和{(0,-545)，(0,545)}。

（3）单击"常用"选项卡"绘图"面板中的"圆心，半径"按钮，绘制圆心坐标为(0,0)、半径为 450 的圆，修改"线型比例"为 4.5，结果如图 4.177 所示。

（4）将"实线"层设置为当前层。单击"常用"选项卡"绘图"面板中的"圆心，半径"按钮，绘制圆心坐标为(0,0)、半径分别为 250 和 125 的圆；重复"圆心，半径"命令，绘制圆心坐标为(0,450)、半径分别为 45 和 75 的圆，效果如图 4.178 所示。

（5）单击"常用"选项卡"绘图"面板中的"直线"按钮，绘制半径为 75 的圆的切线，如图 4.179 所示。

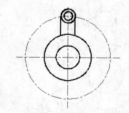

图 4.177　绘制中心线和圆　　　　图 4.178　绘制圆　　　　图 4.179　绘制切线

（6）单击"常用"选项卡"修改"面板中的"经典阵列"按钮，弹出"阵列"对话框，单击"中心点"后的"拾取"按钮，在绘图区拾取两条中心线的交点；设置项目总数为 6，填充角度为 360°，单击"选择对象"按钮，选择图 4.180 所示的图形。按 Enter 键结束选择，返回"阵列"对话框，单击"确定"按钮，结果如图 4.181 所示。

（7）单击"常用"选项卡"修改"面板中的"修剪"按钮，修剪图 4.182 所示的圆弧。

图 4.180　选择阵列对象

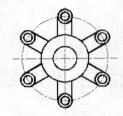

图 4.181　经典阵列结果

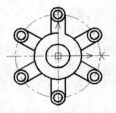

图 4.182　修剪圆弧

（8）单击"常用"选项卡"修改"面板中的"打断于点"按钮，命令行提示和操作如下：

命令：_break
选取切断对象：（选择图 4.183 所示的圆弧）
指定第二切断点或 [第一切断点(F)]：_F
指定第一切断点：（捕捉图 4.183 所示的交点）
指定第二切断点：@

使用同样的方法，在所有切线与圆弧的交点处打断。

（9）单击"常用"选项卡"修改"面板中的"圆角"按钮，设置圆角半径为 60，命令行提示和操作如下：

命令：_fillet
当前设置：模式 = TRIM，半径 = 0.0000
选取第一个对象或 [多段线(P)/半径(R)/修剪(T)/多个(M)/放弃(U)]：R↙
圆角半径<0.0000>：60↙
当前设置：模式 = NOTRIM，半径 = 60.0000
选取第一个对象或 [多段线(P)/半径(R)/修剪(T)/多个(M)/放弃(U)]：（选择图 4.184 所示的直线）
选择第二个对象或按住 Shift 键选择对象以应用角点：（选择图 4.184 所示的圆弧）

使用同样的方法，对所有直线与圆弧进行圆角，结果如图 4.185 所示。

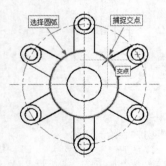

图 4.183　选择打断对象和断点

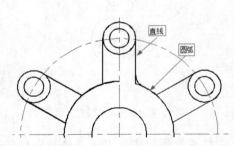

图 4.184　选择圆角对象

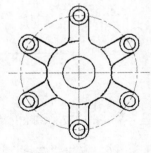

图 4.185　圆角结果

（10）单击"常用"选项卡"修改"面板中的"拉长"按钮，命令行提示和操作如下：

命令：_lengthen
列出选取对象长度或 [动态(DY)/递增(DE)/百分比(P)/全部(T)]：DY↙
选取变化对象或 [方式(M)/撤销(U)]：（选择图 4.186 所示的圆弧）
指定新端点：（捕捉图 4.186 所示的端点）
选取变化对象或 [方式(M)/撤销(U)]：↙

（11）单击"常用"选项卡"修改"面板中的"合并"按钮，选择图 4.187 所示的所有圆弧，将其合并为一个整体，命令行提示和操作如下，结果如图 4.188 所示。

命令：_join

选择源对象或要一次合并的多个对象：（选择图 4.187 所示的圆弧 1①）
找到 1 个

选择源对象或要一次合并的多个对象：（选择图 4.187 所示的圆弧 2②）
找到 1 个，总计 2 个

选择源对象或要一次合并的多个对象：（选择图 4.187 所示的圆弧 3③）
找到 1 个，总计 3 个

选择源对象或要一次合并的多个对象：（选择图 4.187 所示的圆弧 4④）
找到 1 个，总计 4 个

选择源对象或要一次合并的多个对象：（选择图 4.187 所示的圆弧 5⑤）
找到 1 个，总计 5 个

选择源对象或要一次合并的多个对象：（选择图 4.187 所示的圆弧 6⑥）
找到 1 个，总计 6 个

选择源对象或要一次合并的多个对象：（选择图 4.187 所示的圆弧 7⑦）
找到 1 个，总计 7 个

选择源对象或要一次合并的多个对象：（选择图 4.187 所示的圆弧 8⑧）
找到 1 个，总计 8 个

选择源对象或要一次合并的多个对象：（选择图 4.187 所示的圆弧 9⑨）
找到 1 个，总计 9 个

选择源对象或要一次合并的多个对象：（选择图 4.187 所示的圆弧 10⑩）
找到 1 个，总计 10 个

选择源对象或要一次合并的多个对象：（选择图 4.187 所示的圆弧 11⑪）
找到 1 个，总计 11 个

选择源对象或要一次合并的多个对象：（选择图 4.187 所示的圆弧 12⑫）
找到 1 个，总计 12 个

选择源对象或要一次合并的多个对象：↙
已将 11 个圆弧合并到源

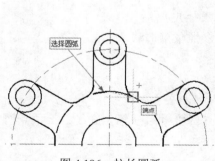

图 4.186　拉长圆弧

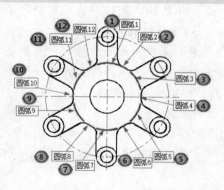

图 4.187　选择圆弧

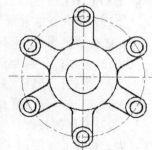

图 4.188　合并结果

4.2.19　分解

分解是指将由多个对象组合而成的合成对象分解为独立对象。

【执行方式】

➢　命令行：EXPLODE（X）。

➢　菜单栏："修改" → "分解"。

> ➤ 工具栏："修改"→"分解" 🔨。
> ➤ 功能区："常用"→"修改"→"分解" 🔨。

【操作步骤】

命令：EXPLODE✓
选择对象：（选择要分解的对象）

选择一个对象后，该对象会被分解。系统继续提示该行信息，允许分解多个对象。

【选项说明】

系统可同时分解多个合成对象，将合成对象中的多个部件全部分解为独立对象。分解后，除了颜色、线型和线宽可能会发生改变外，其他结果将取决于分解合成对象的类型，具体情况如下。

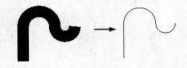

图 4.189　分解宽多段线

（1）多段线。

1）宽多段线：放弃宽度信息，分解为直线或圆弧，如图 4.189 所示。

2）宽度为 0 的多段线：分解为独立的直线或圆弧。

（2）三维实体：将平面表面分解成面域，将非平面表面分解成曲面。

（3）圆与圆弧：如果圆或圆弧位于非一致比例的块内，当系统变量 EXPLMODE 为 1 时，则可以分解为椭圆或椭圆弧。

（4）多行文字：分解为单行文字。

（5）块：将块中的多个对象分解为独立对象，一次分解后的实体如果仍然是合并的对象，则可以使用 EXPLODE 命令继续进行分解。

如果块中包含一个多段线或嵌套块，则使用 EXPLODE 命令首先将该块分解为多段线或嵌套块，然后继续分解该块中的各个对象。

对于具有相同 X、Y、Z 比例的块，则将分解成它们的部件对象。对于非一致比例块，当系统变量 EXPLMODE 为 1 时，则可能分解成其他对象。

如果分解一个包含属性的块，系统将删除属性值并重新显示属性定义。

不能分解使用 MINSERT 命令和外部参照插入的块以及外部参照依赖的块。

（6）标注：分解为直线、多行文字和实体。

（7）多线：分解为直线和圆弧。

（8）引线：分解为直线、样条曲线、实体、块插入、多行文字和公差对象。

（9）多面网格：一个顶点的网格对象分解为点对象，双顶点网格对象分解为直线，三顶点网格对象分解为三维面。

（10）面域：分解为直线、圆、圆弧和样条曲线。

扫一扫，看视频

动手学——绘制燕尾槽

本例绘制图 4.190 所示的燕尾槽。

【操作步骤】

（1）单击"标准"工具栏中的"新建"按钮 📄，弹出"选择样板文件"对话框，选择"样板图"模板，单击"打开"按钮，创建新文件。

（2）将"实线"层设置为当前层。

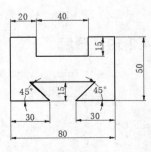

图 4.190　燕尾槽

（3）单击"常用"选项卡"绘图"面板中的"矩形"按钮▢，输入两角点坐标(0,0)和(80,50)，绘制矩形，如图 4.191 所示。

（4）单击"常用"选项卡"修改"面板中的"分解"按钮✦，在绘图区选中矩形，按 Enter 键将其分解。

（5）单击"常用"选项卡"修改"面板中的"偏移"按钮▱，将图 4.191 所示的直线 1 向右偏移 20 和 30，将直线 3 向左偏移 20 和 30，将直线 2 向下偏移 15，将直线 4 向上偏移 15，结果如图 4.192 所示。

（6）单击"常用"选项卡"修改"面板中的"旋转"按钮↻，选中图 4.192 所示的直线 5，以点 1 为基点旋转 45°；同理，以点 2 为基点将直线 6 旋转-45°，结果如图 4.193 所示。

（7）单击"常用"选项卡"修改"面板中的"修剪"按钮 ✁，按 Space 键，修剪多余的直线，结果如图 4.194 所示。

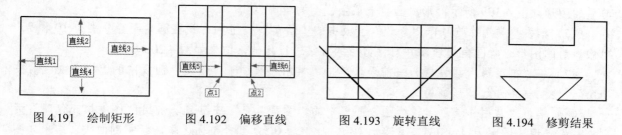

图 4.191 绘制矩形　　　图 4.192 偏移直线　　　图 4.193 旋转直线　　　图 4.194 修剪结果

4.3 综合实例——绘制凸轮卡爪

本综合实例绘制图 4.195 所示的凸轮卡爪。

【操作步骤】

1. 新建文件

单击"标准"工具栏中的"新建"按钮▢，弹出"选择样板文件"对话框，选择"样板图"模板，单击"打开"按钮，创建新文件。

2. 绘制主视图

（1）将"中心线"层设置为当前层。单击"常用"选项卡"绘图"面板中的"直线"按钮╲，绘制两条水平中心线，坐标点分别为{(2,18), (44,18)}和{(-5,64), (44,64)}，修改"线型比例"为 0.25，如图 4.196 所示。

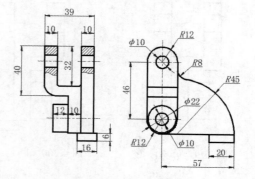

图 4.195 凸轮卡爪

（2）将"实线"层设置为当前层。单击"常用"选项卡"绘图"面板中的"矩形"按钮▢，分别以(0,0)和(42,76)为角点绘制矩形，如图 4.197 所示。

（3）单击"常用"选项卡"修改"面板中的"分解"按钮✦，将绘制的矩形进行分解。

（4）单击"常用"选项卡"修改"面板中的"偏移"按钮▱，将分解后的矩形进行偏移，具体如下：将最左边的竖直直线向右偏移，偏移距离分别为 7、10、19、26、29、39；将最下边的水平直线向上偏移，偏移距离分别为 6、7、29、36、44、59、69，结果如图 4.198 所示。

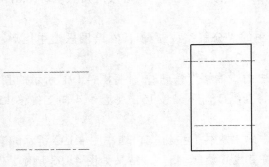

图 4.196　绘制中心线 1　　　图 4.197　绘制矩形　　　图 4.198　偏移直线

（5）单击"常用"选项卡"修改"面板中的"修剪"按钮，对偏移后的直线进行修剪，修剪后的图形如图 4.199 所示，形成凸轮卡爪主视图的轮廓。

（6）单击"常用"选项卡"修改"面板中的"圆角"按钮，设置圆角半径分别为 10 和 2，对修剪后的图形进行圆角处理，并对修剪后的直线进行延伸，结果如图 4.200 所示。

（7）将"剖面线"层设置为当前层。单击"常用"选项卡"绘图"面板中的"样条曲线"按钮，绘制样条曲线，形成局部剖切线。

（8）单击"常用"选项卡"绘图"面板中的"图案填充"按钮，打开"图案填充创建"选项卡，设置填充图案为 ANSI31，角度为 0°，比例为 0.5；选择剖面区域，绘制剖面线，结果如图 4.201 所示。

（9）单击"常用"选项卡"修改"面板中的"打断"按钮，将主视图中上端的水平中心线打断，调整中心线的长度，结果如图 4.202 所示。

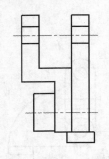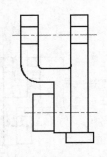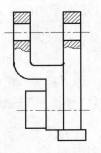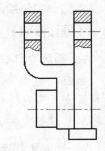

图 4.199　修剪图形　　　图 4.200　圆角结果 1　　　图 4.201　绘制剖面线　　　图 4.202　打断中心线

3．绘制左视图

（1）将"中心线"层设置为当前层。单击"常用"选项卡"绘图"面板中的"直线"按钮，利用"对象捕捉"和"正交模式"功能绘制中心线，并与主视图中的中心线进行特性匹配，结果如图 4.203 所示。

（2）将"实线"层设置为当前层。单击"常用"选项卡"绘图"面板中的"圆心，半径"按钮，以上边水平中心线与竖直中心线的交点为圆心，绘制半径为 5 和 12 的圆；重复"圆心，半径"命令，以下边水平中心线与竖直中心线的交点为圆心，绘制半径分别为 5、11 和 12 的圆，结果如图 4.204 所示。

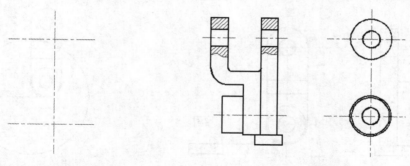

图 4.203　绘制中心线 2　　　　　　图 4.204　绘制圆

（3）单击"常用"选项卡"绘图"面板中的"直线"按钮╲，绘制半径为 12 的圆的切线，如图 4.205 所示。

（4）单击"常用"选项卡"绘图"面板中的"直线"按钮╲，命令行提示和操作如下，修剪多余的圆弧，结果如图 4.206 所示。

```
命令: _line
指定第一个点:（捕捉下部半径为 12 的圆的下象限点）
指定下一点或 [角度(A)/长度(L)/放弃(U)]: @57<0✓
指定下一点或 [角度(A)/长度(L)/放弃(U)]: @6<270✓
指定下一点或 [角度(A)/长度(L)/闭合(C)/放弃(U)]: @20<180✓
指定下一点或 [角度(A)/长度(L)/闭合(C)/放弃(U)]: @6<90✓
指定下一点或 [角度(A)/长度(L)/闭合(C)/放弃(U)]: ✓
```

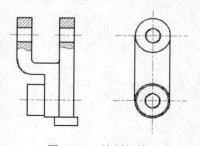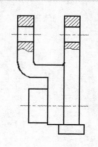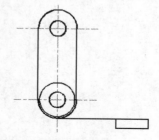

图 4.205　绘制切线　　　　　　　图 4.206　绘制直线并修剪圆弧

（5）重复"直线"命令，利用投影关系绘制投影线，如图 4.207 所示。

（6）单击"常用"选项卡"绘图"面板中的"圆心，半径"按钮⊙，命令行提示和操作如下，结果如图 4.208 所示。

```
命令: _circle
指定圆的圆心或 [三点(3P)/两点(2P)/切点、切点、半径(T)]: _from（按住 Shift 键，右击，在弹出的快捷菜单中选择"自"命令）
基点:（选择图 4.207 所示的端点）
<偏移>: @45<180（输入偏移距离）
指定圆的半径或 [直径(D)] <45.0000>:45（输入半径）
```

（7）单击"常用"选项卡"修改"面板中的"圆角"按钮⌒，绘制半径为 8 的圆角，修剪后结果如图 4.209 所示。

（8）单击"常用"选项卡"修改"面板中的"延伸"按钮⟶，以图 4.209 所示的圆弧为边界，单击直线下端，将直线延伸到圆弧，结果如图 4.210 所示。

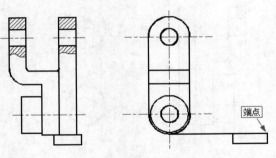

图 4.207　绘制投影线

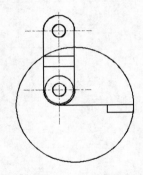

图 4.208　绘制圆弧

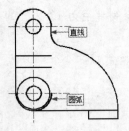

图 4.209　圆角结果 2

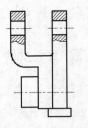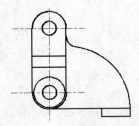

图 4.210　延伸结果

第 5 章 尺 寸 标 注

内容简介

图形在绘制与编辑完成后，需要对其进行尺寸标注、约束和引线标注、几何公差标注和表面粗糙度标注等，本章将详细介绍各类标注的使用方法。

内容要点

➢ 尺寸标注概述
➢ 引线标注
➢ 几何公差标注
➢ 文本标注

案例效果

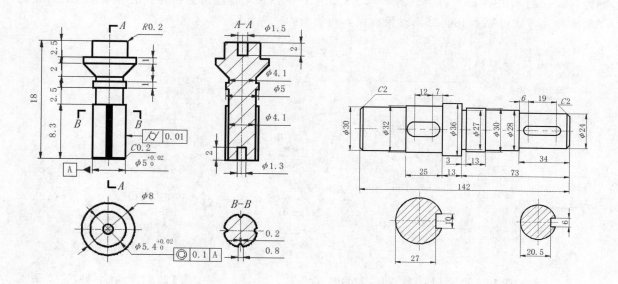

5.1 尺寸标注概述

尺寸标注是绘图设计过程中相当重要的一个环节。由于图形的主要作用是表达物体的形状，而物体各部分的真实大小和各部分之间的确切位置只能通过尺寸标注表达，因此如果没有正确的尺寸标注，绘制出的图样对于加工制造就没有意义。中望 CAD 提供了方便、准确的尺寸标注功能。

5.1.1　设置尺寸样式

在进行尺寸标注前，要先创建尺寸标注的样式。如果不创建尺寸样式而直接进行标注，则系统会使用名称为 Standard 的样式。如果用户认为使用的标注样式某些设置不合适，也可以修改标注样式。

【执行方式】

- ➢ 命令行：DIMSTYLE（D/DST/DIMSTY）。
- ➢ 菜单栏："标注"→"标注样式"。
- ➢ 工具栏："标注"→"样式"→"标注样式" 。
- ➢ 功能区："工具"→"样式管理器"→"标注样式" 。

【操作步骤】

执行上述命令，系统弹出"标注样式管理器"对话框，如图 5.1 所示。利用该对话框可方便直观地定制和浏览尺寸标注样式，包括生成新的标注样式、修改已存在的样式、设置当前尺寸标注样式、样式重命名以及删除一个已有样式等。

【选项说明】

（1）"置为当前"按钮：将在"样式"列表框中选中的样式设置为当前样式。

（2）"新建"按钮：定义一个新的尺寸标注样式。单击该按钮，弹出"新建标注样式"对话框，如图 5.2 所示，利用该对话框可创建一个新的尺寸标注样式。单击"继续"按钮，弹出"新建标注样式：副本 ISO-25"对话框，如图 5.3 所示，利用该对话框可对新样式的各项特性进行设置。"新建标注样式：副本 ISO-25"对话框中各选项卡的说明如下。

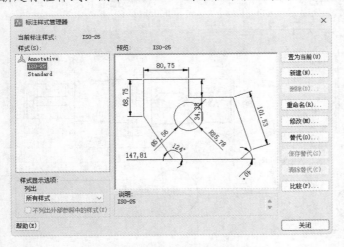

图 5.1　"标注样式管理器"对话框　　　　　图 5.2　"新建标注样式"对话框

1）"标注线"选项卡：用于设置尺寸线、尺寸界线的形式和特性，如图 5.3 所示。

2）"符号和箭头"选项卡：对箭头、圆心标记、折断标注、半径折弯标注、线性折弯标注和弧线标注的各个参数进行设置，如图 5.4 所示。该选项卡中包括箭头的大小、引线、形状，圆心标记的符号、标记大小，弧线符号位置、半径折弯标注的折弯角度、线性折弯标注的折弯高度因子以及折断标注的折断大小等参数。

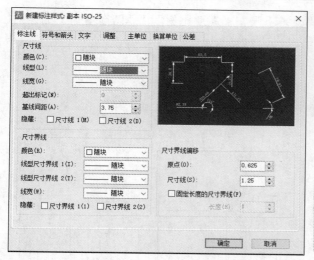

图 5.3　"新建标注样式：副本 ISO-25" 对话框

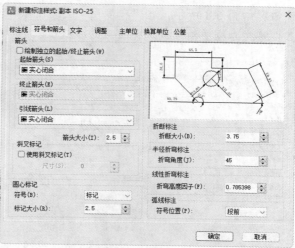

图 5.4　"符号和箭头" 选项卡

　　3）"文字" 选项卡：对文字的外观、位置、方向等参数进行设置，如图 5.5 所示。该选项卡中包括文字外观的文字样式、文字颜色、文字背景、背景颜色、文字高度、分数高度比例，文字位置的垂直、文字垂直偏移、水平和视图方向，是否绘制文字边框等参数；文字方向有水平、与直线对齐、ISO 标准三种。

　　4）"调整" 选项卡：对调整选项、文字位置、标注特征比例、优化等参数进行设置。

　　5）"主单位" 选项卡：设置尺寸标注的主单位和精度，以及给尺寸文本添加固定的前缀或后缀。该选项卡中包含两个选项组，分别对线性标注和角度标注进行设置，如图 5.6 所示。

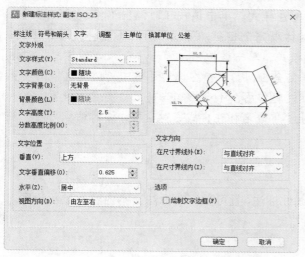

图 5.5　"文字" 选项卡

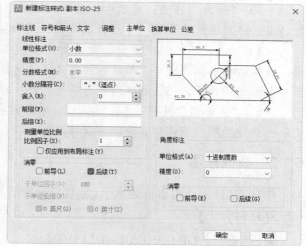

图 5.6　"主单位" 选项卡

　　6）"换算单位" 选项卡：用于对替换单位进行设置。

　　7）"公差" 选项卡：用于对尺寸公差进行设置，如图 5.7 所示。其中，"方式" 下拉列表中列出了系统提供的五种标注公差的形式，用户可从中进行选择。这五种形式分别是 "无" "对称" "极限偏差" "极限尺寸" "基本尺寸"，其中 "无" 表示不标注公差，即通常标注情形；其余四种标注情况如图 5.8 所示，在"精度""公差上限""公差下限""高度比例""垂直位置""公差对齐"等文本框中输入或选择相应的参数值。

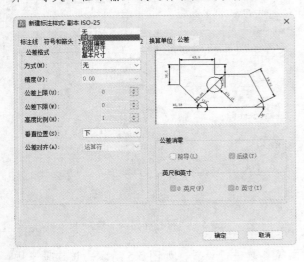

图 5.7　"公差"选项卡

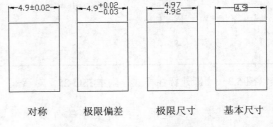

对称　　极限偏差　　极限尺寸　　基本尺寸

图 5.8　标注公差的形式

📢 **注意：**

> 　　系统自动在公差上限数值前加符号"+"，在公差下限数值前加符号"-"号。如果公差上限是负值或公差下限是正值，则都需要在输入的值前加符号"-"。例如，公差下限是+0.005，则需要在"公差下限"微调框中输入-0.005。

　　（3）"修改"按钮：修改一个已存在的尺寸标注样式。单击该按钮，弹出"修改标注样式"对话框，该对话框中各选项与"新建标注样式"对话框完全相同，可以对已有标注样式进行修改。

　　（4）"替代"按钮：设置临时覆盖尺寸标注样式。单击该按钮，弹出"替代当前样式"对话框，该对话框中各选项与"新建标注样式"对话框完全相同。用户在该对话框中可改变选项的设置以覆盖原来的设置，但这种修改只对指定的尺寸标注起作用，不会影响当前尺寸变量的设置。

　　（5）"重命名"按钮：单击该按钮，系统弹出"重命名标注样式"对话框，该对话框可对"样式"列表中的所有标注样式进行重新命名。

5.1.2　线性标注

　　中望 CAD 中还可以创建水平、垂直或旋转的线性标注，且可以修改标注文本内容及显示角度。

【执行方式】

➢ 命令行：DIMLINEAR（DLI/DIMLIN）。

➢ 菜单栏："标注"→"线性"。

➢ 工具栏："标注"→"线性"├┤。

➢ 功能区："常用"→"注释"→"线性"├─┤/"注释"→"标注"→"线性"├─┤。

【操作步骤】

命令：DIMLINEAR↙
指定第一条尺寸界线原点或 <选择对象>：

指定第二条尺寸界线原点：
指定尺寸线位置或 [多行文字(M)/文字(T)/角度(A)/水平(H)/垂直(V)/旋转(R)]：
指定第一个尺寸界线原点或 <选择对象>：

【选项说明】

（1）指定第一条尺寸界线原点：指定第一条与第二条尺寸界线的起始点。

（2）指定尺寸线位置：确定尺寸线的位置。用户可移动鼠标选择合适的尺寸线位置，按 Enter 键或单击，系统则自动测量标注线段的长度并标注相应的尺寸。

（3）多行文字(M)：用多行文字编辑器确定尺寸文本。

（4）文字(T)：在命令行提示下输入或编辑尺寸文本。选择该选项后，系统提示：

输入标注文字 <常用值>：

其中，常用值是系统自动测量得到的被标注线段的长度，直接按 Enter 键即可采用该长度值，也可输入其他数值代替常用值。当尺寸文本中包含常用值时，可使用尖括号"<>"表示常用值。

（5）直接按 Enter 键：十字光标变为拾取框，并且在命令行提示以下内容。

选取标注对象：
指定尺寸线位置或 [多行文字(M)/文字(T)/角度(A)/水平(H)/垂直(V)/旋转(R)]：

📢 注意：

要在公差尺寸前/后添加某些文本符号，必须输入尖括号"<>"表示常用值。例如，要将图 5.9（a）所示的原始尺寸改为图 5.9（b）所示的尺寸，进行线性标注时，在执行 M 或 T 命令后，在"输入标注文字 <常用值>:"提示下应该输入%%c<>。如果要将图 5.9（a）所示的尺寸改为图 5.9（c）所示的文本，则比较麻烦，因为后面的公差是堆叠文本，这时可以用多行文字命令 M 执行，在多行文字编辑器中输入：5.8+0.1^-0.2，堆叠处理即可。

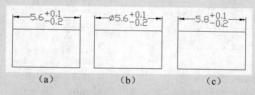

（a） （b） （c）

图5.9 在公差尺寸前/后添加某些文本符号

（6）角度(A)：确定尺寸文本的倾斜角度。

（7）水平(H)：水平标注尺寸，无论标注什么方向的线段，尺寸线均水平放置。

（8）垂直(V)：垂直标注尺寸，无论标注什么方向的线段，尺寸线均垂直放置。

（9）旋转(R)：输入尺寸线旋转的角度值，旋转标注尺寸。

动手学——标注螺栓线性尺寸

本例标注图 5.10 所示的螺栓线性尺寸。

【操作步骤】

（1）打开源文件：源文件\原始文件\第 5 章\螺栓，打开螺栓源文件。

（2）选择菜单栏中的"格式"→"标注样式"命令，弹出"标注样式管理器"对话框，①在"样式"列表框中选择

扫一扫，看视频

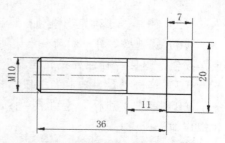

图 5.10 标注螺栓线性尺寸

ISO-25，如图 5.11 所示。

（3）❷单击"新建"按钮，弹出"新建标注样式"对话框，如图 5.12 所示，❸将"新样式名"设置为"标注 1"。❹单击"继续"按钮，弹出"新建标注样式：标注 1"对话框。

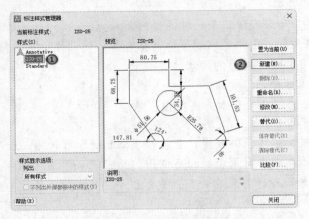

图 5.11　"标注样式管理器"对话框

图 5.12　"新建标注样式"对话框

（4）❺选择"文字"选项卡，❻将"文字高度"设置为 2，如图 5.13 所示。❼单击"文字样式"下拉列表框右侧的按钮 ⋯ ，弹出"文字样式管理器"对话框，❽将"文本字体"的"名称"设置为"仿宋"，如图 5.14 所示。

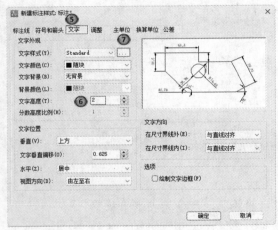

图 5.13　"新建标注样式：标注 1"对话框

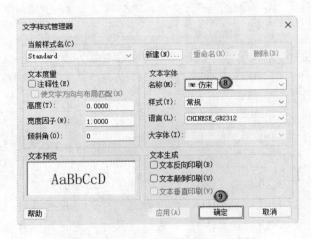

图 5.14　"文字样式管理器"对话框

（5）❾单击"确定"按钮，返回"新建标注样式：标注 1"对话框。

（6）❿选择"符号和箭头"选项卡，⓫将"箭头大小"设置为 2，如图 5.15 所示。⓬单击"确定"按钮，返回"标注样式管理器"对话框。

（7）单击"置为当前"按钮，将"标注 1"样式置为当前，关闭"标注样式管理器"对话框。

（8）单击"注释"选项卡"标注"面板中的"线性"按钮 ├┤，标注主视图高度，命令行提示和操作如下：

命令：DIMLINEAR✓
指定第一条尺寸界线原点或 <选择对象>：（捕捉图 5.16 所示的点 1❶）

指定第二条尺寸界线起点：（捕捉图 5.16 所示的点 2 ②）

指定尺寸线位置或 [多行文字(M)/文字(T)/角度(A)/水平(H)/垂直(V)/旋转(R)]：T✓

输入标注文字 <10>：M<>✓

指定尺寸线位置或 [多行文字(M)/文字(T)/角度(A)/水平(H)/垂直(V)/旋转(R)]：（指定尺寸线的位置。拖动鼠标，将出现动态的尺寸标注，在合适的位置单击，确定尺寸线的位置）

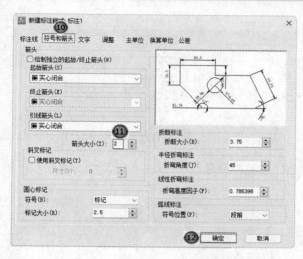

图 5.15 "符号和箭头"选项卡

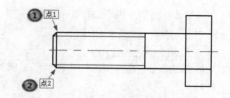

图 5.16 选择标注点

（9）重复"线性"命令，标注其他尺寸，结果如图 5.10 所示。

5.1.3 直径标注

中望 CAD 可以为圆或圆弧创建直径标注，并显示带有直径符号的标注文字。DIMDIAMETER 命令可根据圆或圆弧的位置、大小以及标注样式的设置创建不同类型的直径标注。其中，标注样式可设置是否绘制圆心标记或中心线。当在圆或圆弧内部绘制尺寸线时，系统将不创建圆心标记或中心线。

可以使用夹点改变尺寸线和标注文字的位置。

【执行方式】

➤ 命令行：DIMDIAMETER（DDI / DIMDIA）。

➤ 菜单栏："标注"→"直径"。

➤ 工具栏："标注"→"直径"◯。

➤ 功能区："常用"→"注释"→"直径"◯/"注释"→"标注"→"直径"◯。

【操作步骤】

命令：DIMDIAMETER✓

选取弧或圆：（选择要标注直径的圆或圆弧）

指定尺寸线位置或 [角度(A)/多行文字(M)/文字(T)]：（确定尺寸线的位置或选择某一选项）

用户可以选择"多行文字(M)"项、"文字(T)"项或"角度(A)"项输入、编辑尺寸文本或确定尺寸文本的倾斜角度，也可以直接确定尺寸线的位置，标注指定圆或圆弧的直径。

动手学——标注胶木球尺寸

本例标注图 5.17 所示的胶木球尺寸。

扫一扫，看视频

【操作步骤】

（1）打开源文件：源文件\原始文件\第 5 章\胶木球，打开胶木球源文件。

（2）按 5.1.2 小节"动手学——标注螺栓线性尺寸"相同的方法设置标注样式。

（3）单击"注释"选项卡"标注"面板中的"线性"按钮├┤，标注线性尺寸，结果如图 5.18 所示。

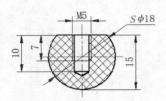 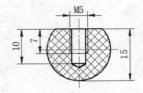

图 5.17　标注胶木球尺寸　　　　　　图 5.18　标注线性尺寸

（4）单击"注释"选项卡"标注"面板中的"直径"按钮⊘，标注直径尺寸，命令行提示和操作如下，结果如图 5.17 所示。

```
命令：_dimdiameter
选取弧或圆：（选择要标注直径的圆或圆弧）
标注注释文字 = 18
指定尺寸线位置或 [角度(A)/多行文字(M)/文字(T)]：t↙
输入标注文字 <18>：S<>↙
指定尺寸线位置或 [角度(A)/多行文字(M)/文字(T)]：（在适当位置单击）
```

5.1.4　半径标注

中望 CAD 还可以为圆或圆弧创建半径标注。

【执行方式】

➢　命令行：DIMRADIUS（DRA /DIMRAD）。

➢　菜单栏："标注"→"半径"。

➢　工具栏："标注"→"半径"⊘。

➢　功能区："常用"→"注释"→"半径"⊘/"注释"→"标注"→"半径"⊘。

【操作步骤】

```
命令：DIMRADIUS↙
选取弧或圆：（选择要标注半径的圆或圆弧）
指定尺寸线位置或 [角度(A)/多行文字(M)/文字(T)]：（确定尺寸线的位置或选择某一选项）
```

半径标注为一条指向圆或圆弧的带箭头的半径尺寸线，并在标注文字前显示字母 R。根据圆或圆弧的大小以及十字光标的位置不同可创建不同样式的半径标注。

若要在创建半径标注时显示圆心标记或中心线，需先将系统变量 DIMCEN 的值设置为非零。

动手学——标注密封垫尺寸

本例标注图 5.19 所示的密封垫尺寸。

扫一扫，看视频

【操作步骤】

（1）打开源文件：源文件\原始文件\第 5 章\密封垫，打开密封垫源文件。

（2）按 5.1.2 小节"动手学——标注螺栓线性尺寸"相同的方法设置标注样式，并将"文字高度"设置为7。

（3）单击"注释"选项卡"标注"面板中的"半径"按钮⊙，标注半径尺寸40，命令行提示和操作如下：

命令：_dimradius
选取弧或圆：（选择半径为40的圆弧）
标注注释文字 = 40
指定尺寸线位置或 [角度(A)/多行文字(M)/文字(T)]：（在适当位置单击）

使用同样的方法，标注半径尺寸50，结果如图5.20所示。

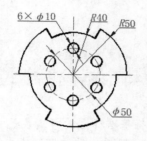

图5.19 标注密封垫尺寸

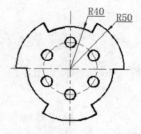

图5.20 标注半径尺寸

（4）单击"注释"选项卡"标注"面板中的"直径"按钮⊘，标注直径尺寸，结果如图5.19所示。

5.1.5 基线标注

基线标注用于产生一系列基于同一条尺寸界线的尺寸标注，适用于线性标注、角度标注和坐标标注等。在使用基线标注方式前，应该先标注出一个相关的尺寸。

【执行方式】

➢ 命令行：DIMBASELINE（DBA / DIMBASE）。
➢ 菜单栏："标注"→"基线"。
➢ 工具栏："标注"→"基线"⊨。
➢ 功能区："注释"→"标注"→"基线"⊨。

【操作步骤】

命令：DIMBASELINE✓
指定下一条尺寸界线的起始位置或 [放弃(U)/选取(S)] <选取>：

【选项说明】

（1）指定下一条尺寸界线的起始位置：直接确定另一个尺寸的第二条尺寸界线的起点，系统以上次标注的尺寸为基准标注，标注出相应尺寸。

（2）<选取>：在上述提示下直接按Enter键，系统提示如下内容。

选取基线的标注：（选择作为基准的尺寸标注）

5.1.6 连续标注

连接上个标注，以继续建立线性标注、坐标标注或角度标注。程序将基准标注的第二条尺寸界线作为下个标注的第一条尺寸界线。

如果先前未创建标注，命令行会提示用户选择线性标注、角度标注或坐标标注作为连续标注的基准；如果先前已创建了标注，系统将跳过指定基准标注的流程，默认以上个标注为基准标注。

按两次 Enter 键或直接按 Esc 键结束此命令。

【执行方式】

➢ 命令行：DIMCONTINUE（DCO/DIMCONT）。
➢ 菜单栏："标注"→"连续"。
➢ 工具栏："标注"→"连续标注" ├┼┤。
➢ 功能区："注释"→"标注"→"连续" ├┼┤。

【操作步骤】

```
命令：DIMCONTINUE↙
选取连续的标注：
指定下一条尺寸界线的起始位置或 [放弃(U)/选取(S)] <选取>：
```

【选项说明】

（1）指定下一条尺寸界线的起始位置：通常，系统将基准标注的第二条尺寸界线的原点作为连续标注的尺寸界线原点。在指定下一条尺寸界线的起始位置后，系统将创建连续标注。

指定下一条尺寸界线的起始位置后，系统将会继续提示"指定下一条尺寸界线的起始位置"。如果要结束命令，可以按 Esc 键；如果要使用其他标注作为基准标注以创建连续标注，可以按 Enter 键。

（2）点坐标：当基准标注为坐标标注时，将会出现以下系统提示。

```
命令：DIMCONTINUE↙
选取连续的标注：
指定点坐标或 [放弃(U)/选取(S)] <选取>：
```

使用点坐标为基准标注创建连续标注时，将使用上一个坐标标注的端点作为下一个标注的端点。

选择点坐标后，系统将会继续提示"指定点坐标"。此时若要结束命令，可以按 Esc 键；若要更改基准标注创建连续标注，可以按 Enter 键。

扫一扫，看视频

动手学——标注传动轴尺寸

本例标注图 5.21 所示的传动轴尺寸。

【操作步骤】

（1）打开源文件：源文件\原始文件\第 5 章\传动轴，打开传动轴源文件。

（2）按 5.1.2 小节"动手学——标注螺栓线性尺寸"相同的方法设置标注样式，在"文字"选项卡中设置"文字高度"为 4，在"标注线"选项卡中设置"基线间距"为 10。

（3）单击"注释"选项卡"标注"面板中的"线性"按钮 ├┼┤，标注视图中的直径尺寸和长度尺寸 34，结果如图 5.22 所示。

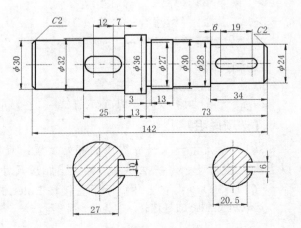

图 5.21　标注传动轴尺寸

📢 注意：

1）在标注长度尺寸 34 时，先选择图 5.22 所示的点 1，再选择点 2。

2）主视图直径尺寸中的直径符号是通过输入"%%c"实现的。

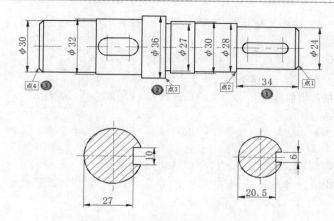

图 5.22　标注线性尺寸

（4）单击"注释"选项卡"标注"面板中的"基线"按钮，命令行提示和操作如下，结果如图 5.23 所示。

```
命令：_dimbaseline
指定下一条尺寸界线的起始位置或 [放弃(U)/选取(S)] <选取>：↙
选取基线的标注：（选择图 5.22 所示的尺寸 34①）
指定下一条尺寸界线的起始位置或 [放弃(U)/选取(S)] <选取>：（选择图 5.22 所示的点 3②）
标注注释文字 = 73
指定下一条尺寸界线的起始位置或 [放弃(U)/选取(S)] <选取>：（选择图 5.22 所示的点 4③）
标注注释文字 = 142
指定下一条尺寸界线的起始位置或 [放弃(U)/选取(S)] <选取>：*取消*
```

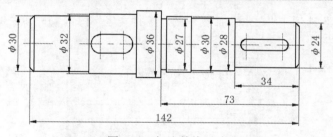

图 5.23　标注基线尺寸

（5）单击"注释"选项卡"标注"面板中的"线性"按钮，标注长度尺寸 12、3 和 6，如图 5.24 所示。

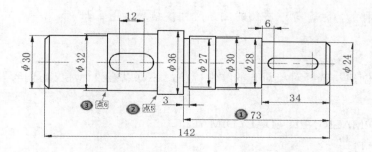

图 5.24　标注长度尺寸

（6）单击"注释"选项卡"标注"面板中的"连续"按钮 |ᑊᑊ|，命令行提示和操作如下：

```
命令：_dimcontinue
指定下一条尺寸界线的起始位置或 [放弃(U)/选取(S)] <选取>：✓
选取连续的标注：（选择图 5.24 所示的尺寸 73 ❶）
指定下一条尺寸界线的起始位置或 [放弃(U)/选取(S)] <选取>：（选择图 5.24 所示的点 5 ❷）
标注注释文字 = 13
指定下一条尺寸界线的起始位置或 [放弃(U)/选取(S)] <选取>：（选择图 5.24 所示的点 6 ❸）
标注注释文字 = 25
指定下一条尺寸界线的起始位置或 [放弃(U)/选取(S)] <选取>：
```

（7）使用同样的方法，分别选中尺寸 12、尺寸 3 和尺寸 6，标注连续尺寸 7、13 和 19，结果如图 5.25 所示。

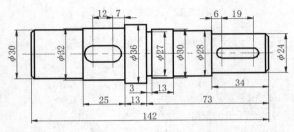

图 5.25　标注连续尺寸

（8）在命令行中输入 LEADER 并按 Enter 键，标注图 5.26 所示的引线。

（9）双击绘制的引线，弹出"引线"特性选项板，将"类型"修改为"无箭头直线"，如图 5.27 所示。

（10）单击"常用"选项卡"注释"面板中的"多行文字"按钮 ，标注倒角尺寸 *C*2，如图 5.28 所示。

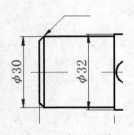

图 5.26　标注引线

图 5.27　"引线"特性选项板

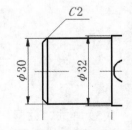

图 5.28　标注倒角尺寸

（11）使用同样的方法，标注右侧的倒角尺寸，结果如图 5.21 所示。

5.1.7　对齐标注

对齐标注用于创建与选择对象对齐的线性标注，还可以修改标注文本内容及显示角度。

【执行方式】

➤ 命令行：DIMALIGNED（DAL／DIMALI）。

➤ 菜单栏："标注"→"对齐"。

➤ 工具栏："标注"→"对齐" 。

➤ 功能区:"常用"→"注释"→"对齐" ↖ /"注释"→"标注"→"对齐" ↖。

【操作步骤】

命令: DIMALIGNED↙
指定第一个尺寸界线原点或 <选择对象>:

此命令标注的尺寸线与标注轮廓线平行,标注的是起始点到终点的距离尺寸。

5.1.8 角度标注

【执行方式】

➤ 命令行: DIMANGULAR (DAN / DIMANG)。
➤ 菜单栏:"标注"→"角度"。
➤ 工具栏:"标注"→"角度标注" △。
➤ 功能区:"常用"→"注释"→"角度" △ /"注释"→"标注"→"角度" △。

【操作步骤】

命令: DIMANGULAR↙
选择直线、圆弧、圆或 <指定顶点>:
指定标注弧线的位置或 [多行文字(M) /文字(T) /角度(A)]:

【选项说明】

(1)圆弧:为圆弧创建角度标注。以圆弧的圆心为角度顶点,两个端点到圆心的连接线(或延长线)为边确定角度。尺寸界线的原点为圆弧的两个端点,在尺寸界线之间绘制的一条圆弧即为尺寸线。

选择圆弧(标注圆弧的中心角):当用户选择一段圆弧后,系统提示以下内容。

指定标注弧线位置或 [多行文字(M) /文字(T) /角度(A)]:(确定尺寸线的位置或选择某一选项)

在该提示下确定尺寸线的位置,系统会按自动测量得到的值标注相应的角度。在此之前,用户可以选择"多行文字(M)"选项、"文字(T)"选项或"角度(A)"选项,通过多行文字编辑器或命令行输入或定制尺寸文本以及指定尺寸文本的倾斜角度。

(2)圆:为圆创建角度标注。创建的角度标注以圆心为角度顶点,选择圆时的选择点作为第一条尺寸界线的原点,指定的第二个角度端点作为第二条尺寸界线的原点。

选择一个圆(标注圆上某段弧的中心角):当用户选择圆上一点后,系统提示选择第二点。

选择直线、圆弧、圆或 <指定顶点>: (选择圆)
指定角的第二个端点:(选择另一点,该点可在圆上,也可不在圆上)
指定标注弧线的位置或 [多行文字(M) /文字(T) /角度(A)]:

在该提示下确定尺寸线的位置,系统会标注一个角度值,该角度以圆心为顶点,两条尺寸界线通过选择的两点,第二点可以不必在圆周上。用户还可以选择"多行文字(M)"选项、"文字(T)"选项或"角度(A)"选项,编辑尺寸文本和指定尺寸文本的倾斜角度,如图 5.29 所示。

(3)直线:为两条直线创建角度标注。以两条直线(或延长线)的交点为角度顶点,两条直线为边确定角度。将两条直线(或延长线)以一条圆弧连接起来,这条圆弧就是尺寸线。圆弧张角的角度值始终小于 180°,如图 5.30 所示。

选择一条直线(标注两条直线间的夹角):当用户选择一条直线后,系统提示选择另一条直线。

选择直线、圆弧、圆或 <指定顶点>:(选择直线)
选择角度标注的另一条直线:
指定标注弧线的位置或 [多行文字(M) /文字(T) /角度(A)]:

用户还可以利用"多行文字(M)"选项、"文字(T)"选项或"角度(A)"选项编辑尺寸文本和指定尺寸文本的倾斜角度。

（4）指定顶点：通过指定三个点创建角度标注。角度的第一条边是从角度顶点 1 到指定的点 2 之间的线段或连接线，另一条边是从角度顶点 1 到指定的点 3 之间的线段或连接线，这两条线段也称为尺寸界线。两条尺寸界线之间绘制的一条圆弧即为尺寸线，如图 5.31 所示。

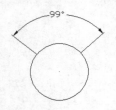

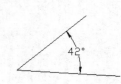

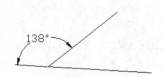

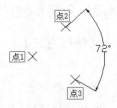

| 图 5.29　标注圆的角度 | 图 5.30　标注两条直线间的夹角 | 图 5.31　指定顶点标注角度 |

<指定顶点>：直接按 Enter 键，系统提示以下内容。

指定角的顶点：（指定顶点）
指定角的第一个端点：（选择角的第一个端点）
指定角的第二个端点：（选择角的第二个端点）
创建了无关联的标注。
指定标注弧线的位置或 [多行文字(M)/文字(T)/角度(A)]：（选择一点作为角的顶点）

在该提示下给定尺寸线的位置，系统根据给定的三点标注出角度。另外，用户还可以利用"多行文字(M)"选项、"文字(T)"选项或"角度(A)"选项编辑尺寸文本和指定尺寸文本的倾斜角度。

动手学——标注手把尺寸

本例标注图 5.32 所示的手把尺寸。

扫一扫，看视频

【操作步骤】

（1）打开源文件：源文件\原始文件\第 5 章\手把，打开手把文件。

（2）按 5.1.2 小节"动手学——标注螺栓线性尺寸"相同的方法设置标注样式，在"文字"选项卡中设置"文字高度"为 5。

（3）单击"注释"选项卡"标注"面板中的"线性"按钮├┤，标注线性尺寸，结果如图 5.33 所示。

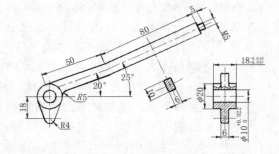

图 5.32　标注手把尺寸

（4）双击直径尺寸 10，弹出"文字编辑器"选项卡和文本框，在文本框中输入图 5.34 所示的公差值。选中公差，单击"文字编辑器"选项卡"字体"面板中的"堆叠"按钮 ½，结果如图 5.35 所示。

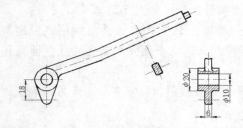

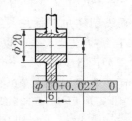

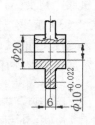

| 图 5.33　标注线性尺寸 | 图 5.34　输入公差值 | 图 5.35　标注公差 |

（5）单击"注释"选项卡"标注"面板中的"对齐"按钮 ，对图形进行对齐尺寸标注，命令行提示和操作如下：

```
命令: _dimaligned
指定第一条尺寸界线原点或 <选择对象>：（选择图5.36所示的切点1）
指定第二条尺寸界线原点：（选择图5.36所示的交点2）
指定尺寸线位置或 [角度(A)/多行文字(M)/文字(T)]：（在适当位置单击，放置尺寸）
标注注释文字 = 50
```

（6）使用同样的方法标注其他对齐尺寸，结果如图5.36所示。

（7）选择菜单栏中的"格式"→"标注样式"命令，弹出"标注样式管理器"对话框，在"样式"列表框中选择已经设置的"副本 ISO-25"样式，单击"替代"按钮，弹出"替代当前标注样式：副本 ISO-25"对话框。

（8）①选择"公差"选项卡，②选择"方式"为"极限偏差"，③"精度"为 0.000，④在"公差上限"文本框中输入-0.016，⑤在"公差下限"文本框中输入 0.034，⑥在"高度比例"文本框中输入0.5，⑦在"垂直位置"下拉列表中选择"中"，如图5.37所示。

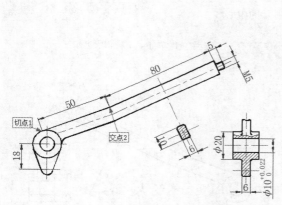

图5.36 标注对齐尺寸

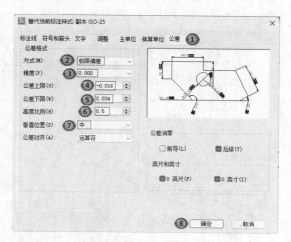

图5.37 设置公差

（9）⑧单击"确定"按钮，退出"替代当前标注样式：副本 ISO-25"对话框；再单击"关闭"按钮，退出"标注样式管理器"对话框。

（10）单击"注释"选项卡"标注"面板中的"线性"按钮 ，标注公差尺寸，结果如图5.38所示。

当在"公差"选项卡中设置公差时，需注意以下事项。

1）"公差上（下）限"文本框中的数值不能随意填写，应该查阅相关工程手册中的标准公差数值。本例讲解的是基准尺寸为 10 的孔公差系列为 H8 的尺寸，查阅相关手册，公差上限为+22（0.022），公差下限为 0。当公差下限标注的值是 0 时，输入时需要输入+0。

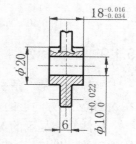

图5.38 标注公差尺寸

2）系统默认在公差下限数值前加一个"−"号，如果公差下限为正值，则一定要在"公差下限"文本框中输入一个负值。

3）"精度"一定要选择 0.000，即精确到小数点后三位数字，否则显示的偏差会出错。

4）"高度比例"文本框中一定要输入0.5，这样竖直堆放在一起的两个偏差数字的总高度就和前面的基准数值高度相近，符合《机械制图》（GB/T 4458—2003）相关标准。

5）"垂直位置"下拉列表中选择"中"，可以使偏差数值与前面的基准数值对齐，相对美观，也符合《机械制图》相关标准。

（11）选择菜单栏中的"格式"→"标注样式"命令，弹出"标注样式管理器"对话框，以"副本 ISO-25"样式为基础，新建标注样式。在"文字"选项卡中修改"文字方向"选项组中的"在尺寸界线外"为"水平"，"在尺寸界线内"为"水平"，如图 5.39 所示。将新建的标注样式置为当前。

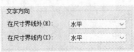

📢 **注意：**

> 国家标准《机械制图：尺寸注法》（GB/T 4458.4—2003）中规定，角度的尺寸数字必须水平放置，所以这里要对角度尺寸的标注样式进行重新设置。

图 5.39　修改文字方向

（12）单击"注释"选项卡"标注"面板中的"半径"按钮⊙，标注圆弧半径尺寸，结果如图 5.40 所示。

（13）单击"注释"选项卡"标注"面板中的"角度"按钮△，标注角度尺寸，命令行提示和操作如下，结果如图 5.41 所示。

```
命令：_dimangular
选择直线、圆弧、圆或 <指定顶点>：（选择图 5.40 所示的中心线 1）
选取角度标注的另一条直线：（选择图 5.40 所示的中心线 2）
指定标注弧线的位置或 [多行文字(M)/文字(T)/角度(A)]：（在适当位置单击，放置尺寸）
标注注释文字 = 20
```

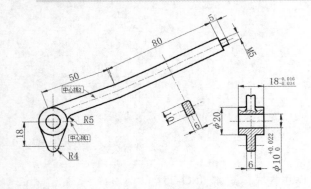

图 5.40　标注圆弧半径尺寸

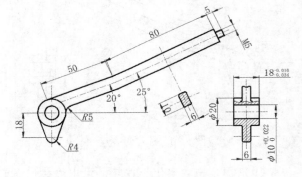

图 5.41　标注角度尺寸

5.1.9　坐标标注

坐标标注是一条引线，标注文字显示指定点的 X 或 Y 坐标值，即该点到坐标原点（基准点）在 X 或 Y 轴方向上的垂直距离。

标注文字显示的 X 或 Y 坐标值是 UCS 轴当前状态下的值，系统将以与当前 UCS 轴正交的方向绘制引线。坐标标注采用的是绝对坐标值。

【执行方式】

➢ 命令行：DIMORDINATE（DOR / DIMORD）。
➢ 菜单栏："标注"→"角度"。
➢ 工具栏："标注"→"角度标注"△。
➢ 功能区："常用"→"注释"→"角度"△/"注释"→"标注"→"角度"△。

【操作步骤】

命令：DIMORDINATE✓
指定坐标标注点：
创建了无关联标注。
指定引线端点或 [文字(T)/多行文字(M)/角度(A)/X 基准(X)/Y 基准(Y)]：

【选项说明】

（1）引线端点：指定引线端点后，通过点坐标和引线端点的坐标差确定是建立 X 坐标标注还是 Y 坐标标注。当标注点与端点的 X 坐标的坐标差较大时，标注将对 Y 坐标进行测量；反之，则对 X 坐标进行测量。

（2）X 基准(X)：创建 X 坐标标注，并确定引线和标注文字的方向。

（3）Y 基准(Y)：创建 Y 坐标标注，并确定引线和标注文字的方向。

动手学——标注阶梯坐标尺寸

扫一扫，看视频

本例标注图 5.42 所示的阶梯坐标尺寸。

【操作步骤】

（1）打开源文件：源文件\原始文件\第 5 章\阶梯，打开阶梯源文件，如图 5.43 所示。

（2）按 5.1.2 小节"动手学——标注螺栓线性尺寸"相同的方法设置标注样式，在"文字"选项卡中设置"文字高度"为 15。

（3）单击"注释"选项卡"标注"面板中的"坐标"按钮，标注纵坐标尺寸，命令行提示和操作如下：

命令：_dimordinate
指定坐标标注点：（选择图 5.43 所示的点 1）
创建了无关联标注。
指定引线端点或 [文字(T)/多行文字(M)/角度(A)/X 基准(X)/Y 基准(Y)]：（向左拖动光标，在适当位置单击）
标注注释文字 = 0

使用同样的方法，标注点 2、点 3 和点 4 的坐标，如图 5.43 所示。

（4）重复"坐标"命令，标注横坐标，结果如图 5.44 所示。

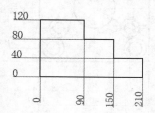

图 5.42　标注阶梯坐标尺寸

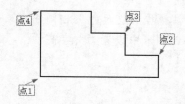

图 5.43　阶梯源文件

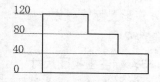

图 5.44　标注横坐标

5.1.10　快速标注

快速标注可以为选择对象快速创建一系列标注。

【执行方式】

➤ 命令行：QDIM。

➤ 菜单栏："标注"→"快速标注"。

> ➤ 工具栏："标注"→"快速标注"△。
> ➤ 功能区："注释"→"标注"→"快速标注"△。

【操作步骤】

```
命令：QDIM↙
选择要标注的几何图形：
指定尺寸线位置或 [连续(C)/并列(S)/基线(B)/坐标(O)/半径(R)/直径(D)/基准点(P)/编辑(E)/设置
(T)] <连续>：
```

【选项说明】

（1）选择要标注的几何图形：选择要标注对象或要编辑的标注，按 Enter 键结束选择。

（2）指定尺寸线位置：移动十字光标，指定尺寸线的位置。

（3）连续(C)：创建一系列连续标注。

（4）并列(S)：创建一系列对齐标注。

（5）基线(B)：创建一系列基线标注。

（6）坐标(O)：创建一系列坐标标注。

（7）半径(R)：创建一系列半径标注。

（8）直径(D)：创建一系列直径标注。

（9）基准点(P)：为创建基线标注和坐标标注指定新的基准点。

（10）编辑(E)：编辑一系列标注。系统提示指定要删除或添加的标注点。

（11）设置(T)：为指定尺寸界线原点设置默认的对象捕捉模式。

扫一扫，看视频

动手学——标注电磁管压盖尺寸

本例标注图 5.45 所示的电磁管压盖尺寸。

【操作步骤】

1．打开源文件

打开源文件：源文件\原始文件\第 5 章\电磁管压盖，打开电磁管压盖文件，如图 5.45 所示。

2．设置标注样式

按 5.1.2 小节"动手学——标注螺栓线性尺寸"相同的方法设置标注样式，在"文字"选项卡中设置"文字高度"为 2.5。

3．标注主视图尺寸

（1）将"尺寸线"层设置为当前层。

（2）单击"常用"选项卡"注释"面板中的"线性"

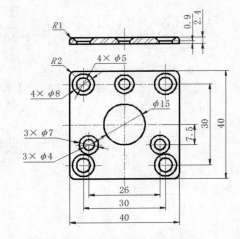

图 5.45　标注电磁管压盖尺寸

按钮┠┤，标注主视图中的线性尺寸 0.9，命令行提示和操作如下，结果如图 5.46 所示。

```
命令：_dimlinear
指定第一条尺寸界线原点或 <选择对象>：（捕捉标注为 0.9 的边的下端点，作为第一个尺寸界线原点）
指定第二条尺寸界线原点：（捕捉标注为 0.9 的边的上端点，作为第二条尺寸界线原点）
指定尺寸线位置或 [多行文字(M)/文字(T)/角度(A)/水平(H)/垂直(V)/旋转(R)]：（指定尺寸线的位置）
标注文字 = 0.9
```

（3）单击"注释"选项卡"标注"面板中"连续"下拉列表中的"基线"按钮┠┤，标注主视

图中的基线尺寸 **2.4**，命令行提示和操作如下，结果如图 5.47 所示。

> 命令：_dimbaseline
> 指定下一条尺寸界线的起始位置或 [放弃(U)/选取(S)] <选取>:（捕捉标注为 2.4 的边的上端点，作为第
> 二个尺寸界线原点）
> 标注文字 = 2.4
> 指定下一条尺寸界线的起始位置或 [放弃(U)/选取(S)] <选取>: *取消*

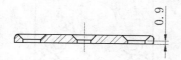

图 5.46　标注线性尺寸 1

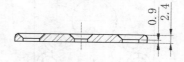

图 5.47　标注基线尺寸

（4）选择菜单栏中的"格式"→"标注样式"命令，弹出"标注样式管理器"对话框，单击
"替代"按钮，弹出"替代当前标注样式：副本 ISO-25"对话框。选择"文字"选项卡，修改"在
尺寸界线外"文字方向为"水平"，如图 5.48 所示。单击"确定"按钮，返回"标注样式管理器"
对话框，单击"关闭"按钮，关闭该对话框。

（5）单击"注释"选项卡"标注"面板中的"半径"按钮⊙，标注圆角半径尺寸，命令行提
示和操作如下，结果如图 5.49 所示。

> 命令：_dimradius
> 选取弧或圆:（选择 R1 圆弧）
> 标注文字 = 1
> 指定尺寸线位置或 [角度(A)/多行文字(M)/文字(T)]:（指定尺寸线位置）

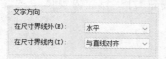

图 5.48　设置文字方向

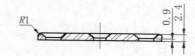

图 5.49　标注圆角半径尺寸

4. 标注俯视图尺寸

（1）单击"常用"选项卡"修改"面板中的"分解"按钮，在绘图区选中矩形，按 Enter
键将其分解。

（2）单击"注释"选项卡"标注"面板中的"快速标注"按钮，标注俯视图中的半径尺寸
*R*2，命令行提示和操作如下，结果如图 5.50 所示。

> 命令：_qdim
> 选择要标注的几何图形:（选择圆弧）
> 找到 1 个
> 选择要标注的几何图形: ✓
> 指定尺寸线位置或 [连续(C)/并列(S)/基线(B)/坐标(O)/半径(R)/直径(D)/基准点(P)/编辑(E)/设置
> (T)] <半径>:（单击放置尺寸）

（3）重复"快速标注"命令，标注直径尺寸 *ϕ*15，命令行提示和操作如下，结果如图 5.51 所示。

> 命令：_qdim
> 选择要标注的几何图形:（选择圆）
> 找到 1 个
> 选择要标注的几何图形: ✓
> 指定尺寸线位置或 [连续(C)/并列(S)/基线(B)/坐标(O)/半径(R)/直径(D)/基准点(P)/编辑(E)/设置

（T）] <半径>：D↙
指定尺寸线位置或 [连续(C)/并列(S)/基线(B)/坐标(O)/半径(R)/直径(D)/基准点(P)/编辑(E)/设置
（T）] <直径>：↙

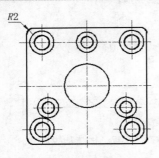

图 5.50　标注俯视图半径尺寸

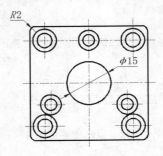

图 5.51　标注直径尺寸 15

　　（4）单击"常用"选项卡"注释"面板中的"直径"按钮◯，标注直径尺寸 4×φ8，命令行提示和操作如下：

```
命令：_dimdiameter
选取弧或圆：（选择直径为 8 的圆）
标注注释文字 = 8
指定尺寸线位置或 [角度(A)/多行文字(M)/文字(T)]：T↙
输入标注文字 <8>：4×<>↙
指定尺寸线位置或 [角度(A)/多行文字(M)/文字(T)]：↙
```

重复"直径"命令，标注其余直径尺寸，最终结果如图 5.52 所示。
　　（5）单击"注释"选项卡"标注"面板中的"线性"按钮▭，标注俯视图中的线性尺寸，结果如图 5.53 所示。

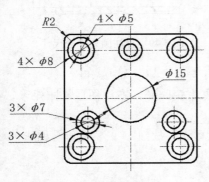

图 5.52　标注直径尺寸

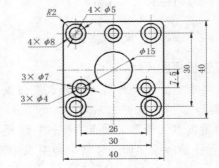

图 5.53　标注线性尺寸 2

5.1.11　折弯标注

　　可以为圆、圆弧或多段线弧线段创建折弯半径标注。在"修改标注样式"对话框的"符号和箭头"选项卡中可以修改折弯角度的大小。对于一个已创建的折弯半径标注，可以通过夹点、STRETCH 命令或"特性"选项板修改其折弯和中心位置。

　　【执行方式】

　　➤　命令行：DIMJOGGED（JOG）。
　　➤　菜单栏："标注"→"折弯"。

> 工具栏："标注" → "折弯" ⚙。
> 功能区："注释" → "标注" → "折弯" ⚙。

【操作步骤】

命令：DIMJOGGED✓
选取弧或圆：
指定中心位置：　指定一点替代圆心
标注文字 = 50
指定尺寸线位置或 [角度(A)/多行文字(M)/文字(T)]：　指定一点或选择某一选项

【选项说明】

（1）选取弧或圆：选择圆弧、圆或多段线中的圆弧段。

（2）中心位置：指定折弯半径标注的新圆心，该圆心将取代圆弧或圆的实际圆心创建折弯半径标注。

（3）尺寸线位置：指定一个点确定尺寸线的位置。系统继续提示：

指定折弯位置：指定一个点确定折弯中点的位置。

（4）多行文字(M)：在命令行中输入 M，系统弹出"文字编辑器"选项卡，可通过该编辑器编辑标注文字内容以及文字的字体、大小、颜色等。

如果要在标注文字中包含测量值，可以输入一对尖括号（<>）表示生成的测量值。如果要为测量值添加前缀或后缀，可以在尖括号前后添加前缀或后缀。如果要使用输入值替代测量值，只需删除尖括号并输入新值后单击 OK 按钮即可。

（5）文字(T)：在命令行中直接输入标注文字内容。

（6）角度(A)：设置标注文字的显示角度。输入角度值后，用户可根据命令行提示继续指定尺寸线的角度及标注文字的位置。

动手学——标注手柄尺寸

本例标注图 5.54 所示的手柄尺寸。

【操作步骤】

（1）打开源文件：源文件\原始文件\第 5 章\手柄，打开手柄源文件，如图 5.55 所示。

（2）按 5.1.2 小节"动手学——标注螺栓线性尺寸"相同的方法设置标注样式，在"文字"选项卡中设置"文字高度"为 5。

（3）单击"注释"选项卡"标注"面板中的"线性"按钮 ⊢⊣，标注线性尺寸，结果如图 5.56 所示。

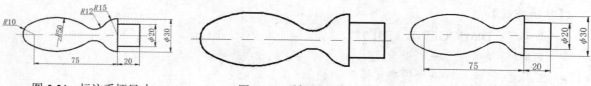

图 5.54　标注手柄尺寸　　　　图 5.55　手柄源文件　　　　图 5.56　标注线性尺寸

（4）单击"注释"选项卡"标注"面板中的"半径"按钮 ◯，标注圆弧半径尺寸，结果如图 5.57 所示。

（5）选择菜单栏中的"格式" → "标注样式"命令，弹出"标注样式管理器"对话框，在"样式"列表框中选择"副本 ISO-25"样式。单击"修改"按钮，弹出"修改标注样式：副本 ISO-25"对话框，选择"符号和箭头"选项卡，将"折弯角度"设置为 40，如图 5.58 所示。单击"确定"按钮，返回"标注样式管理器"对话框，单击"置为当前"按钮，关闭该对话框。

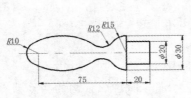

图 5.57　标注圆弧半径尺寸

图 5.58　设置折弯角度

（6）单击"注释"选项卡"标注"面板中的"折弯"按钮，命令行提示和操作如下，结果如图 5.54 所示。

```
命令： _dimjogged
选取弧或圆：（选择半径 50 的圆）
指定中心位置：（在图 5.59 所示的位置单击）
标注注释文字 = 50
指定尺寸线位置或 [角度(A)/多行文字(M)/文字(T)]：（在图 5.60 所示的位置单击）
指定折弯位置：（在图 5.61 所示的位置单击）
```

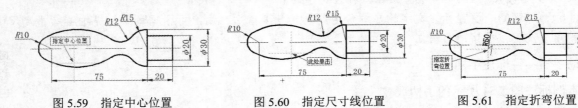

图 5.59　指定中心位置　　　　　图 5.60　指定尺寸线位置　　　　　图 5.61　指定折弯位置

5.1.12　折弯线性

"折弯线性"命令可以为线性标注添加或删除折弯线。折弯线用于表示不显示实际测量值的标注值，一般情况下，显示的值大于标注的实际测量值。

折弯由一对平行线及一根与平行线呈 40° 的直线构成。折弯的高度和折弯角度可在"修改标注样式"对话框的"符号和箭头"选项卡中设置。

【执行方式】

➤ 命令行：DIMJOGLINE（DJL）。

➤ 菜单栏："标注"→"折弯线性"。

➤ 工具栏："标注"→"折弯线性"。

➤ 功能区："注释"→"标注"→"折弯线性"。

【操作步骤】

```
命令：DIMJOGLINE✓
选择要添加折弯的标注或 [删除(R)]：（选择已有的线性标注）
指定折弯位置 （或按 Enter 键）：指定折弯位置
```

【选项说明】

（1）添加折弯：选择一个要添加折弯的线性标注或对齐标注。

（2）指定折弯位置：手动指定折弯位置或直接按 Enter 键。

（3）删除(R)：选择一个要删除折弯的线性标注或对齐标注。

动手学——标注泵轴尺寸

本例标注图 5.62 所示的泵轴尺寸。

【操作步骤】

（1）打开源文件：源文件\原始文件\第 5 章\泵轴，打开泵轴源文件，如图 5.63 所示。

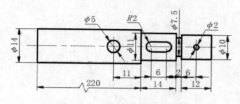

图 5.62 标注泵轴尺寸

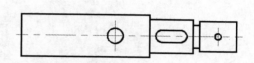

图 5.63 泵轴源文件

（2）按 5.1.2 小节"动手学——标注螺栓线性尺寸"相同的方法设置标注样式，在"文字"选项卡中设置"文字高度"为 2.5。

（3）单击"注释"选项卡"标注"面板中的"线性"按钮⊢⊣，标注线性尺寸，结果如图 5.64 所示。

（4）选择菜单栏中的"格式"→"标注样式"命令，弹出"标注样式管理器"对话框，在"样式"列表框中选择"副本 ISO-25"样式。单击"替代"按钮，弹出"替代当前标注样式：副本 ISO-25"对话框，选择"文字"选项卡，将"在尺寸界线外"文字方向设置为"水平"。单击"确定"按钮，返回"标注样式管理器"对话框，单击"关闭"按钮，关闭该对话框。

（5）单击"注释"选项卡"标注"面板中的"直径"按钮◯，标注直径尺寸。

（6）单击"注释"选项卡"标注"面板中的"半径"按钮◯，标注半径尺寸，结果如图 5.65 所示。

（7）单击"注释"选项卡"标注"面板中的"折弯线性"按钮⌄⌄，选中尺寸 220，将其修改为折弯线性尺寸，结果如图 5.62 所示。

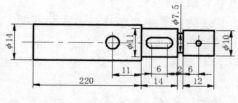

图 5.64 标注线性尺寸

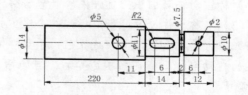

图 5.65 标注直径和半径尺寸

5.1.13 面积标注

【执行方式】

➢ 命令行：AREATABLE。

> ➤ 菜单栏："标注"→"面积表格"。
> ➤ 工具栏："标注"→"面积表格" 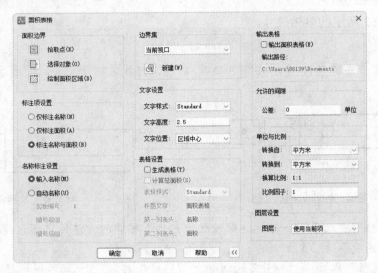。
> ➤ 功能区："注释"→"标注"→"面积表格"。

【选项说明】

执行上述命令后,系统弹出"面积表格"对话框,如图 5.66 所示。

图 5.66 "面积表格"对话框

该对话框中各选项的含义如下。

(1)面积边界:定义要计算面积的闭合区域。单击相应的按钮后将关闭"面积表格"对话框,在绘图区进行指定。

1)拾取点:拾取闭合区域内一点,将区域边界定义为要计算的面积边界。

2)选择对象:选择闭合对象,将其定义为要计算的面积边界。

3)绘制面积区域:依次指定若干个点,将其连线围成的区域定义为计算区域。

(2)标注项设置:指定标注中显示的内容。

1)仅标注名称:标注内容仅包含标注名称。

2)仅标注面积:标注内容仅包含面积大小。

3)标注名称与面积:标注内容既包含标注名称,也包含面积大小。

(3)名称标注设置:指定标注的命名方式,仅在要标注的内容中包含标注名称时可用。

1)输入名称:指定面积边界后,手动在命令行输入标注名称。

2)自动名称:指定面积边界后,自动插入标注名称。如果指定了多个面积边界,标注名称将依次编号。

> ➤ 起始编号:指定标注名称的起始编号,要求为非负整数或纯大写或小写英文字母。
> ➤ 编号前缀:指定标注名称的编号前缀。
> ➤ 编号后缀:指定标注名称的编号后缀。

(4)边界集:供用户进行选择的面积边界集合。

1)当前视口:指定面积边界时,在当前视口中指定。

2）现有集合：指定面积边界时，在边界集中指定。创建边界集后新增该选项，用户只能选择边界集内的边界。

3）新建：指定多个面积边界以创建边界集。单击该按钮，将关闭"面积表格"对话框，在绘图区选择边界。

（5）文字设置：设置标注文字的特性。

1）文字样式：指定标注文字的样式。

2）文字高度：指定标注文字的高度。

3）文字位置：设置标注的插入位置。当标注的插入位置设置为"区域中心"时，标注文字将显示在面积边界包围盒的中心；设置为"拾取点"时，需要用户指定标注文字的位置；设置为"添加引线"时，将为标注文字添加引线，需要用户指定引线位置。

（6）表格设置：将面积信息添加到表格中，设置表格特性。

1）生成表格：勾选该复选框，将在图形中插入面积表格，命令行将出现以下提示。

➤ 拾取点创建表格：指定面积表格的插入点，对应表格左上角点。

➤ 添加到表格：在绘图区选择一个表格用于添加面积信息，表格的列数必须为 2。

2）计算总面积：勾选该复选框，将计算所选面积边界的总面积并添加到表格中。

3）表格样式：指定表格的样式。

4）标题文字：指定表格的标题。

5）第一列表头：指定表格第一列的表头。

6）第二列表头：指定表格第二列的表头。

（7）输出表格：将面积表格输出保存。用户可以指定输出后是否打开该文件，保存在系统变量 ATEXMODE 中。

1）输出面积表格：勾选此复选框，面积表格将输出为 CSV 文件。系统变量 ATEXMODE 可以控制表格输出后是否立即打开。

2）输出路径：输入 CSV 文件的保存路径，也可以单击"浏览"按钮进行指定。

（8）允许的间隙：若所选面积边界存在缺口，则设置缺口处两点允许的最大距离。

公差：默认值为 0，取值范围为 0～5000。

（9）单位与比例：指定面积单位与换算比例。

1）转换自：设置绘图单位。

2）转换到：设置面积标注的单位。

3）换算比例：显示从绘图单位转换为面积标注的单位的换算比例。

4）比例因子：将图上面积转换为实际面积，面积标注的数值将根据比例因子进行缩放。

（10）图层设置：指定面积标注与表格所在的图层。

在"面积边界"选项组中单击"选择对象"按钮 ，命令行提示和操作如下：

```
命令：AREATABLE✓
选择对象或 [拾取点(P)/绘制区域(A)/边界集(B)]：（选择闭合对象）
输入名称：（输入标注名称）
选择对象或 [拾取点(P)/绘制区域(A)/边界集(B)/退出(E)/放弃(U)] <
退出>：*取消*
```

标注示例如图 5.67 所示。

图 5.67 标注示例

扫一扫，看视频

动手学——标注阶梯面积

本例标注图 5.68 所示的阶梯面积。

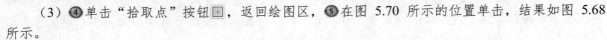

图 5.68　标注阶梯面积

【操作步骤】

（1）打开源文件：源文件\原始文件\第 5 章\阶梯，打开阶梯源文件。

（2）单击"注释"选项卡"标注"面板中的"面积表格"按钮，弹出"面积表格"对话框，①在"标注项设置"选项组中选中"仅标注面积"单选按钮，②设置"文字高度"为18，③"文字位置"为"拾取点"，如图5.69所示。

（3）④单击"拾取点"按钮，返回绘图区，⑤在图 5.70 所示的位置单击，结果如图 5.68所示。

图 5.69　"面积表格"对话框

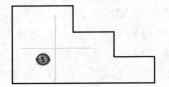

图 5.70　选择单击位置

5.2　引 线 标 注

中望 CAD 提供了引线标注功能，利用该功能不仅可以标注特定的尺寸，如圆角、倒角等，还可以实现在图形中添加多行旁注、说明。在引线标注中，指引线可以是折线，也可以是曲线；指引线端部可以有箭头，也可以没有箭头。

5.2.1　利用 LEADER 命令进行引线标注

LEADER 命令可以创建灵活多样的引线标注形式，可根据需要将指引线设置为折线或曲线，指引线可带箭头，也可不带箭头；注释文本可以是多行文本，也可以是几何公差，还可以从图形其他部位复制，还可以是一个图块。

【执行方式】

命令行：LEADER。

【操作步骤】

命令：LEADER✓
指定引线起点：(输入指引线的起始点)
指定下一点：(输入指引线的另一点)
指定下一点或 [注释(A)/格式(F)/撤销(U)] <注释>：

【选项说明】

（1）指定下一点：直接输入一点，系统根据前面的点绘制折线作为指引线。

（2）注释(A)：输入注释文本，该选项为常用选项。在命令行提示下直接按 Enter 键，系统提示以下内容。

输入注释文字的第一行或 <选项>：

1）在该提示下输入第一行文本后按 Enter 键，用户可继续输入第二行文本。如此反复执行，直到输入全部注释文本。

2）直接按 Enter 键：如果在上面的提示下直接按 Enter 键，系统提示以下内容。

输入标注文字选项 [块(B)/复制(C)/无(N)/公差(T)/多行文字(M)] <多行文字>：

在该提示下选择一个注释选项或直接按 Enter 键，选择"多行文字"选项。该提示中各选项的含义如下。

➤ 块(B)：插入块，把已经定义好的图块插入指引线末端。选择该选项，系统提示以下内容。

输入块名或 [?]：

在该提示下输入一个已定义好的图块名，系统把该图块插入指引线末端；或输入"？"，系统将列出当前已有图块，用户可从中进行选择。

➤ 复制(C)：把已由 LEADER 命令创建的注释复制到当前指引线末端。选择该选项，系统提示以下内容。

选择要复制的对象：

在该提示下选取一个已创建的注释文本，则系统将其复制到当前指引线末端。

➤ 无(N)：不进行注释，没有注释文本。

➤ 公差(T)：标注几何公差。几何公差的标注见 5.3 节。

➤ 多行文字(M)：利用多行文字编辑器标注注释文本并定制文本格式，该选项为常用选项。

（3）格式(F)：确定指引线的形式。选择该选项，系统提示以下内容。

输入选项 [箭头(A)/无(N)/样条曲线(S)/平直(ST)] <退出(E)>：

选择指引线形式，或直接按 Enter 键，返回上一级提示。

1）箭头(A)：在指引线的起始位置绘制箭头。

2）无(N)：在指引线的起始位置不绘制箭头。

3）样条曲线(S)：设置指引线为样条曲线。

4）平直(ST)：设置指引线为折线。

5）退出(E)：该选项为常用选项。选择该选项，退出"格式"选项，返回"指定下一点或[注释(A)/格式(F)/撤销(U)] <注释>："提示，并且指引线形式按常用方式设置。

5.2.2　利用 QLEADER 命令进行引线标注

利用 QLEADER 命令可快速生成指引线及注释，而且可以通过命令行优化对话框进行用户自定义，由此可以消除不必要的命令行提示，提高工作效率。

【执行方式】

➢ 命令行：QLEADER。

➢ 菜单栏："标注"→"快速引线"。

➢ 工具栏："标注"→"快速引线" 。

【操作步骤】

命令：QLEADER✓
指定第一个引线点或 [设置(S)] <设置>：

【选项说明】

（1）指定第一个引线点：在上面的提示下确定一点作为指引线的第一点，系统提示以下内容。

指定下一点：（输入指引线的第二点）
指定下一点：（输入指引线的第三点）

系统提示用户输入的点的数目由"引线设置"对话框（图 5.71）确定。输入指引线的点后，系统提示以下内容。

指定文字宽度 <0.0000>：（输入多行文字的宽度）
输入注释文字的第一行 <多行文字(M)>：

此时，有两种命令输入选择，含义如下。

1）输入注释文字的第一行：在命令行输入第一行文本，系统继续提示以下内容。

输入注释文字的下一行：（输入另一行文本）
输入注释文字的下一行：（输入另一行文本或按 Enter 键）

2）<多行文字(M)>：打开多行文字编辑器，输入编辑多行文字。

直接按 Enter 键，结束 QLEADER 命令，并把多行文字标注在指引线末端附近。

（2）设置(S)：直接按 Enter 键或输入 S，弹出图 5.71 所示的"引线设置"对话框，允许对引线标注进行设置。该对话框包含"注释""引线和箭头""附着"三个选项卡，下面分别进行介绍。

1）"注释"选项卡：设置引线标注中注释文本的类型、多行文字的格式并确定注释文本是否多次使用。

2）"引线和箭头"选项卡：设置引线标注中指引线和箭头的形式，如图 5.72 所示。其中，"点数"选项组用于设置执行 QLEADER 命令时系统提示用户输入的点的数目。例如，设置点数为 3，在执行 QLEADER 命令时，当用户在提示下指定三个点后，系统自动提示用户输入注释文本。注意，设置的点数要比用户希望的指引线的段数多 1。可利用微调框设置点数，如果勾选"无限制"复选框，系统会一直提示用户输入点，直到连续按两次 Enter 键为止。"角度约束"选项组用于设置第一段和第二段指引线的角度约束。

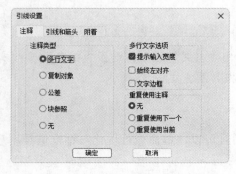

图 5.71　"引线设置"对话框

图 5.72　"引线和箭头"选项卡

3）"附着"选项卡：设置注释文本和指引线的相对位置，如图 5.73 所示。如果最后一段指引线指向右边，则系统自动把注释文本放在右侧；反之，则放在左侧。利用该选项卡，左侧和右侧的单选按钮分别设置位于左侧和右侧的注释文本与最后一段指引线的相对位置，二者可相同，也可不相同。

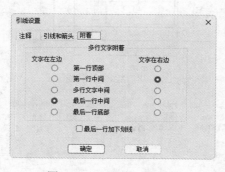

图 5.73 "附着"选项卡

动手学——标注螺栓倒角尺寸

扫一扫，看视频

本例标注图 5.74 所示的螺栓倒角尺寸。

【操作步骤】

（1）打开源文件：源文件\原始文件\第 5 章\螺栓倒角，打开螺栓倒角源文件，如图 5.75 所示。

（2）单击"标注"工具栏中的"快速引线"按钮 ，在命令行输入 S，弹出"引线设置"对话框。选择"注释"选项卡，设置"注释类型"为"无"；选择"引线和箭头"选项卡，在"箭头"下拉列表中选择"无"，将"第一段"角度约束设置为 45°，如图 5.76 所示。单击"确定"按钮，关闭"引线设置"对话框。

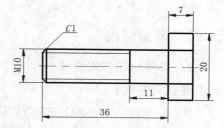

图 5.74 标注螺栓倒角尺寸

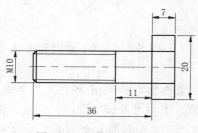

图 5.75 螺栓倒角源文件

图 5.76 "引线设置"对话框

（3）❶单击图 5.77 所示的点 1，拖动鼠标，❷在适当位置单击，确定转折点，如图 5.77 所示。❸单击绘制水平线，连续按 Enter 键结束命令，结果如图 5.78 所示。

（4）选择菜单栏中的"格式"→"文字样式"命令，弹出"文字样式管理器"对话框，设置"高度"为 2，如图 5.79 所示。

（5）单击"注释"选项卡"标注"面组中的"多行文字"按钮 ，指定两对角点，弹出"文字编辑器"选项卡和多行文字编辑器，在多行文字编辑器中输入内容 C1，选中 C，单击"文字编辑器"选项卡"字体"面板中的"斜体"按钮，如图 5.80 所示。

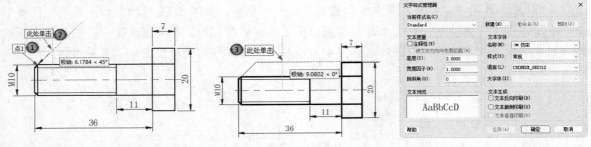

图 5.77 确定转折点   图 5.78 绘制水平线   图 5.79 "文字样式管理器"对话框

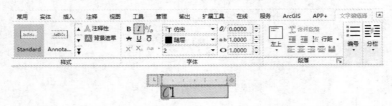

图 5.80 "文字编辑器"选项卡和多行文字编辑器

（6）在空白处单击，结束命令，拖动文字放置于引线上方，结果如图 5.74 所示。

5.2.3 多重引线

1．多重引线样式设置

【执行方式】

➢ 命令行：MLEADERSTYLE。
➢ 菜单栏："格式"→"多重引线样式"。
➢ 工具栏："多重引线"→"多重引线样式" ⚯。
➢ 功能区："工具"→"样式管理器"→"多重引线样式" ⚯ /"注释"→"引线"→"多重引线样式" ⚯。

【选项说明】

执行上述命令，系统弹出"多重引线样式管理器"对话框，如图 5.81 所示。该对话框用于创建、修改或删除多重引线样式。

在"多重引线样式管理器"对话框中选择一种样式（这里选择 Standard 样式），单击"新建"按钮，弹出"创建新多重引线样式"对话框，如图 5.82 所示。单击"继续"按钮，弹出"修改多重引线样式：Standard"对话框，如图 5.83 所示。或者直接在"多重引线样式管理器"对话框中单击"修改"按钮，也会弹出"修改多重引线样式：Standard"对话框。

"修改多重引线样式：Standard"对话框中各选项的含义如下。

（1）"引线格式"选项卡：设置多重引线的常规格式。

1）一般：设置多重引线的基本外观。

➢ 类型：设置多重引线的引线类型，包括直线、样条曲线和无三种选项。
➢ 颜色：设置多重引线的颜色。
➢ 线型：设置选定引线的线型，包括随层、随块、连续和其他线型四种选项。
➢ 线宽：设置选定引线的线宽值。

图 5.81 "多重引线样式管理器"对话框

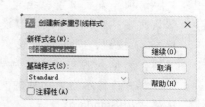

图 5.82 "创建新多重引线样式"对话框

2）箭头：设置多重引线箭头的外观。

➤ 符号：设置多重引线箭头的样式。

➤ 大小：设置多重引线箭头的大小。

（2）"引线结构"选项卡：设置多重引线的结构，包括引线点数、基线参数和缩放比例，如图 5.84 所示。

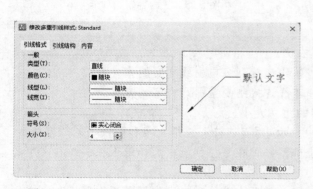

图 5.83 "修改多重引线样式：Standard"对话框

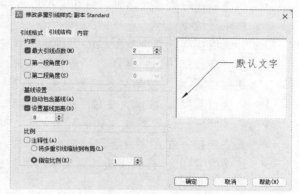

图 5.84 "引线结构"选项卡

1）约束：设置多重引线结构的相关约束值。

➤ 最大引线点数：设置多重引线的最大点数。通过设置该值，可以确定多重引线弯曲段数的最大值。

➤ 第一段角度：设置引线中的第一个点的角度大小。

➤ 第二段角度：设置引线中的第二个点的角度大小。

2）基线设置：设置多重引线基线部分的相关参数。

➤ 自动包含基线：勾选该复选框，水平基线将被添加到多重引线的内容中；否则，创建的多重引线将不包含基线部分。

➤ 设置基线距离：设置多重引线基线的长度。

3）比例：设置多重引线的缩放比例。

➤ 注释性：设置多重引线样式具有注释性。

➤ 将多重引线缩放到布局：根据模型空间和布局空间视口中的缩放比例确定多重引线的缩放比例。

➤ 指定比例：指定多重引线的缩放比例。

（3）"内容"选项卡：设置多重引线的内容类型，如图 5.85 所示。

1）多重引线类型：选择多重引线包含的内容，包括多行文字、块和无三种选项。

2）文字选项：设置多重引线文字外观的相关值。

➢ 默认文字：为多重引线内容设置默认文字。单击…按钮，对多重引线文字内容进行编辑，新输入的文字将作为默认文字。

➢ 文字样式：显示当前加载的文字样式，默认样式为 Standard。

➢ 文字角度：设置多重引线文字的旋转角度。

➢ 文字颜色：设置多重引线文字的颜色。

➢ 文字高度：设置多重引线文字的高度。

➢ 始终左对正：设置多重引线文字的对齐方式。勾选该复选框，则文字始终左对齐。

➢ 文字加框：设置多重引线文字内容是否添加边框。勾选该复选框，将在文字四周添加矩形边框。

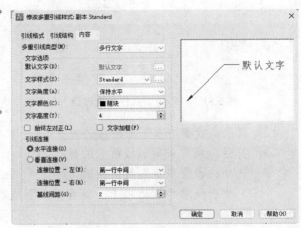

图 5.85　"内容"选项卡

3）引线连接：设置多重引线的引线连接相关参数。

➢ 水平连接：将引线插入文字内容的左侧或右侧。

➢ 连接位置-左：控制文字位于引线右侧时，基线连接到多重引线文字的方式。

➢ 连接位置-右：控制文字位于引线左侧时，基线连接到多重引线文字的方式。

➢ 基线间距：设置基线和多重引线文字之间的距离大小。

➢ 垂直连接：在文字内容的顶部或底部插入引线，垂直连接不包括文字和引线之间的基线。

➢ 连接位置-上：将引线连接到文字内容的上部，并可在下拉列表中选择是否在引线和文字之间插入上划线。

➢ 连接位置-下：将引线连接到文字内容的下部，并可在下拉列表中选择是否在引线和文字之间插入下划线。

2．绘制多重引线

多重引线是 CAD 标准对象类型中的一种。大体来说，多重引线可以包含多条引线和一条说明；具体来说，多重引线通常由以下四部分组成：箭头、引线、基线、内容，如图 5.86 所示。

（a）带有文字内容的引线　　（b）带有块内容的引线

图 5.86　多重引线的组成

1—箭头；2—引线；3—基线；4—多行文字内容；5—块内容

【执行方式】

➢ 命令行：MLEADER（MLD）。

➢ 菜单栏："标注"→"多重引线"。

➢ 功能区："注释"→"引线"→"多重引线"/"常用"→"注释"→"多重引线" 。

【操作步骤】

命令：MLEADER
指定引线箭头的位置或 [内容优先(C)/引线基线优先(L)/选项(O)] <引线箭头优先>：

【选项说明】

（1）引线箭头的位置：通过先指定引线箭头的位置，再指定引线基线的位置，最后指定内容的顺序创建多重引线。

（2）内容优先(C)：通过先指定内容，再指定引线箭头的顺序创建多重引线。

（3）引线基线优先(L)：通过先指定引线基线的位置，再指定引线箭头的位置，最后指定内容的顺序创建多重引线。

（4）选项(O)：指定用于放置多重引线对象的选项。

输入选项 [引线类型(L)/引线基线(A)/内容类型(C)/最大节点数(M)/第一个角度(F)/第二个角度(S)/退出选项(X)] <引线类型>：

1）引线类型(L)：设置要创建的多重引线的类型。

选择引线类型 [直线(S)/样条曲线(P)/无(N)] <直线>：：

➢ 直线(S)：创建直线多重引线。

➢ 样条曲线(P)：创建样条曲线多重引线。

➢ 无(N)：创建无引线的多重引线。

2）引线基线(A)：设置是否使用基线。在选择"是"后，系统将提示用户指定基线距离。

使用基线 [是(Y)/否(N)] <是>：

如果选择"否"，则不会有与多重引线对象相关联的基线。

3）内容类型(C)：设置多重引线要添加的内容类型。

选择内容类型 [块(B)/多行文字(M)/无(N)] <多行文字>：

➢ 块(B)：指定当前图形中的块，用于与新建引线相关联。

➢ 多行文字(M)：指定多重引线将包含多行文字。

➢ 无(N)：指定在多重引线末端无内容显示。

4）最大节点数(M)：指定将创建的多重引线的最大节点数目。

5）第一个角度(F)：约束新建引线中的第一个点的角度。

6）第二个角度(S)：约束新建引线中的第二个点的角度。

7）退出选项(X)：返回输入 MLEADER 时的命令提示行。

动手学——标注齿轮泵装配图零件序号

本例标注图 5.87 所示的齿轮泵装配图零件序号。

扫一扫，看视频

【操作步骤】

（1）打开源文件：源文件\原始文件\第 5 章\齿轮泵装配图，打开齿轮泵源文件，如图 5.88 所示。

（2）按 5.1.2 小节"动手学——标注螺栓线性尺寸"相同的方法设置标注样式，在"文字"选项卡中设置"文字高度"为 4。

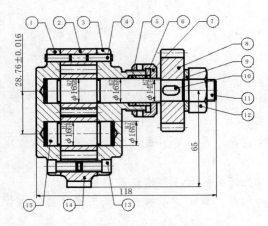

图 5.87　标注齿轮泵装配图零件序号

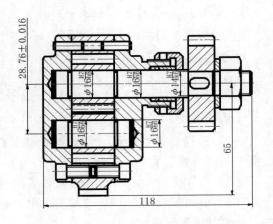

图 5.88　齿轮泵源文件

（3）单击"工具"选项卡"样式管理器"面板中的"多重引线样式"按钮 ，弹出"多重引线样式管理器"对话框，如图 5.89 所示。单击"新建"按钮，弹出"创建新多重引线样式"对话框，名称采用默认，如图 5.90 所示。单击"继续"按钮，弹出"修改多重引线样式：副本 Standard"对话框。

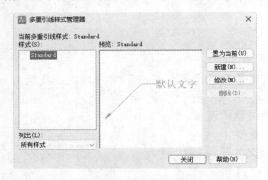

图 5.89　"多重引线样式管理器"对话框

图 5.90　"创建新多重引线样式"对话框

（4）选择"引线格式"选项卡，设置箭头"符号"为"点"，"大小"为 2，如图 5.91 所示。

（5）选择"引线结构"选项卡，设置基线距离为 5，如图 5.92 所示。

（6）选择"内容"选项卡，在"多重引线类型"下拉列表中选择"块"选项，在"源块"下拉列表中选择"圆"选项，如图 5.93 所示。单击"确定"按钮，返回"多重引线样式管理器"对话框，单击"置为当前"按钮，并关闭该对话框。

图 5.91　设置箭头样式

图 5.92　设置基线距离

图 5.93　设置内容

（7）单击"注释"选项卡"标注"面板中的"多重引线"按钮 ，命令行提示和操作如下：

命令：_mleader
指定引线箭头的位置或 [内容优先(C)/引线基线优先(L)/选项(O)] <引线箭头优先>：（选择图 5.94 所示的零件 1 ①）
指定引线基线的位置：（在图 5.94 所示的位置单击 ②）

此时，弹出"编辑图块属性"对话框，输入标记编号 1，如图 5.95 所示。

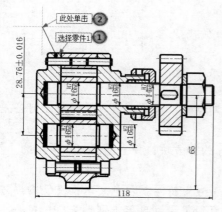

图 5.94　绘制引线

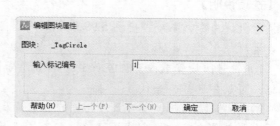

图 5.95　"编辑图块属性"对话框

（8）单击"确定"按钮，结果如图 5.96 所示。

（9）使用同样的方法，标注其他序号，结果如图 5.97 所示。

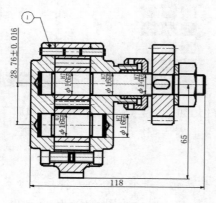

图 5.96　标注序号 1

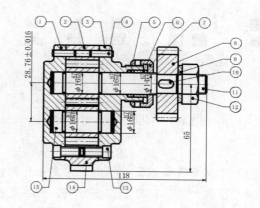

图 5.97　标注其他序号

5.3　几何公差标注

为方便机械设计工作，中望 CAD 提供了标注几何公差的功能。几何公差标注如图 5.98 所示，包括指引线、特征符号、公差值、基准代号及附加符号。

【执行方式】

➢ 命令行：TOLERANCE。

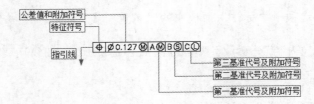

图 5.98 几何公差标注

> 菜单栏："标注"→"公差"。
> 工具栏："标注"→"公差" ⊞1。
> 功能区："注释"→"标注"→"公差" ⊞1。

【选项说明】

执行上述命令，系统弹出图 5.99 所示的"几何公差"对话框，可通过该对话框对几何公差标注进行设置。

（1）符号：设置或改变公差代号。单击"符号"下方的黑方块，弹出图 5.100 所示的"符号"对话框，可从中选择公差代号。

（2）公差 1/2：产生第 1/2 个公差的公差值及"附加符号"符号。白色文本框左侧的黑方块控制是否在公差值之前加一个直径符号，单击，则出现一个直径符号，再单击则消失；白色文本框用于确定公差值，在其中输入一个具体数值；白色文本框右侧的黑方块用于插入"包容条件"符号，单击，弹出图 5.101 所示的"附加符号"对话框，可从中选择所需符号。

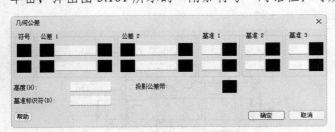

图 5.99 "几何公差"对话框

图 5.100 "符号"
对话框

图 5.101 "附加符号"
对话框

（3）"高度"文本框：确定标注复合几何公差的高度。

（4）投影公差带：单击该黑方块，则在复合几何公差带后面加一个复合公差符号。

（5）"基准标识符"文本框：产生一个标识符号，用一个字母表示。图 5.102 所示为几个利用 TOLERANCE 命令标注的几何公差。

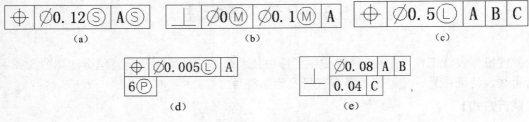

图 5.102 几何公差标注举例

（6）基准 1/2/3：确定第 1/2/3 个基准代号及材料状态符号。白色文本框中可输入基准代号。

📢 **注意：**

> 在"几何公差"对话框中有两行参数设置，可实现复合几何公差的标注。如果在两行参数设置中输入的公差代号相同，则得到图 5.102（e）所示的形式。

动手学——标注传动轴的几何公差

本例标注图 5.103 所示的传动轴的几何公差。

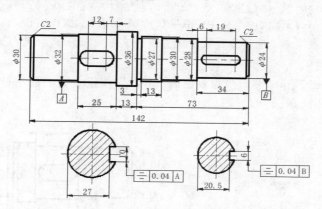

图 5.103　标注传动轴的几何公差

【操作步骤】

（1）打开源文件：源文件\结果文件\第 5 章\标注传动轴，打开传动轴源文件。

（2）单击"标注"工具栏中的"快速引线"按钮 ，在命令行输入 S，弹出"引线设置"对话框。在该对话框的"注释"选项卡中设置"注释类型"为"公差"；在"引线和箭头"选项卡中设置箭头为"实心闭合"，"点数"最大值为 3，单击"确定"按钮。

（3）在断面图键槽宽度尺寸为 10 的箭头下端单击，绘制引线，弹出"几何公差"对话框，设置对称度公差，①符号选择"对称度 "，②公差值设置为 0.04，③基准为 A，如图 5.104 所示。

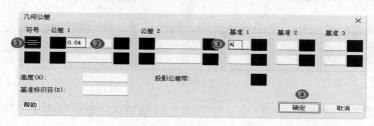

图 5.104　设置几何公差

（4）④单击"确定"按钮，标注几何公差，如图 5.105 所示。

（5）单击"常用"选项卡"绘图"面板中的"多段线"按钮 ，命令行提示和操作如下，结果如图 5.106 所示。

```
命令：_pline
指定多段线的起点：（捕捉左视图直径尺寸 φ32 下箭头的端点）
当前线宽是 0.0000
```

```
指定下一点或 [圆弧(A)/半宽(H)/长度(L)/撤销(U)/宽度(W)]：W
指定起始宽度 <0.0000>：4
指定终止宽度 <6.0000>：0
指定下一点或 [圆弧(A)/半宽(H)/长度(L)/撤销(U)/宽度(W)]：@4<270
指定下一点或 [圆弧(A)/闭合(C)/半宽(H)/长度(L)/撤销(U)/宽度(W)]：@4<270
指定下一点或 [圆弧(A)/闭合(C)/半宽(H)/长度(L)/撤销(U)/宽度(W)]：@3<0
指定下一点或 [圆弧(A)/闭合(C)/半宽(H)/长度(L)/撤销(U)/宽度(W)]：@6<270
指定下一点或 [圆弧(A)/闭合(C)/半宽(H)/长度(L)/撤销(U)/宽度(W)]：@6<180
指定下一点或 [圆弧(A)/闭合(C)/半宽(H)/长度(L)/撤销(U)/宽度(W)]：@6<90
指定下一点或 [圆弧(A)/闭合(C)/半宽(H)/长度(L)/撤销(U)/宽度(W)]：@3<0
指定下一点或 [圆弧(A)/闭合(C)/半宽(H)/长度(L)/撤销(U)/宽度(W)]：↙
```

（6）单击"常用"选项卡"注释"面板中的"多行文字"按钮，输入文字 *A*，结果如图 5.107 所示。

（7）单击"常用"选项卡"修改"面板中的"移动"按钮，将基准符号移动到直径尺寸 $\phi 32$ 的下端箭头处，如图 5.108 所示。

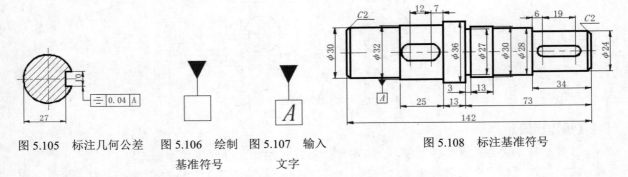

图 5.105　标注几何公差　图 5.106　绘制　图 5.107　输入　　　　　图 5.108　标注基准符号
基准符号　　　文字

（8）使用同样的方法，标注其他几何公差，结果如图 5.103 所示。

5.4　文　本　标　注

文本是图形的基本组成部分，在图签、说明、图纸目录、标题栏等地方都要用到文本。本节讲述文本标注的基本方法。

5.4.1　设置文字样式

该命令用于设置文字字体样式，也可以对 TEXT 和 MTEXT 命令创建文字时使用的当前样式进行修改或编辑。

【执行方式】

➤ 命令行：STYLE（DDSTYLE/ST）。

➤ 菜单栏："格式" → "文字样式"。

➤ 工具栏："文字" → "文字样式" / "样式" → "文字样式" 。

➤ 功能区："工具" → "样式管理器" → "文字样式" 。

【选项说明】

执行上述命令，系统弹出"文字样式管理器"对话框，如图 5.109 所示。利用该对话框可以新建文字样式或修改当前文字样式。

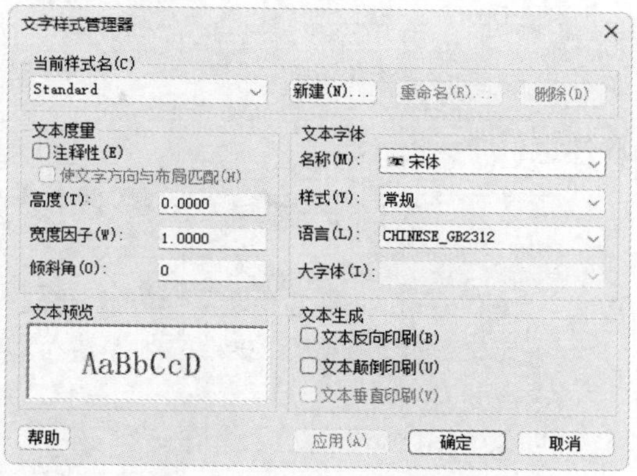

"文字样式管理器"对话框中部分选项的含义如下。

（1）高度：设置文字的固定高度。在标注文字中，如果文字样式的固定高度不为 0，则始终使用文字样式的固定高度而忽略标注样式中的文字高度设置。

（2）宽度因子：设置字符的间距。宽度因子大于 1 时扩大文字，小于 1 时压缩文字。

（3）倾斜角：设置文字的倾斜角度，此角度的取值范围为-85～85。

（4）文本反向印刷：反向显示文字，如图 5.110（a）所示。

（5）文本颠倒印刷：颠倒显示文字，如图 5.110（b）所示。

（6）文本垂直印刷：显示垂直对齐的字符，如图 5.111 所示。

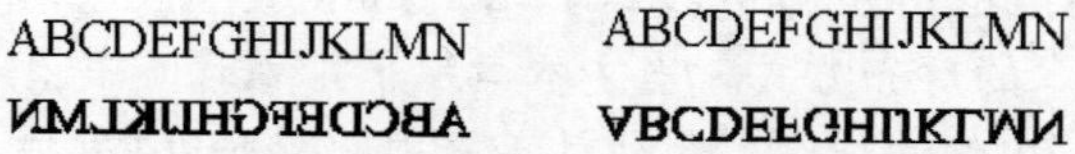

图 5.109　"文字样式管理器"对话框

ABCDEFGHIJKLMN
（a）文本反向印刷

ABCDEFGHIJKLMN
（b）文本颠倒印刷

图 5.110　文本反向印刷与文本颠倒印刷

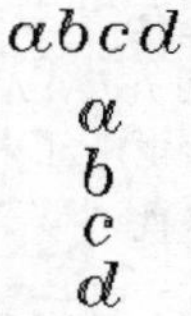

图 5.111　文本垂直印刷

5.4.2　单行文本标注

TEXT 命令可以创建单行文字对象，每行文字是一个独立的对象。

【执行方式】

➢ 命令行：TEXT。
➢ 菜单栏："绘图"→"文字"→"单行文字"。
➢ 工具栏："文字"→"单行文字" A_。
➢ 功能区："常用"→"注释"→"单行文字" A_ /"注释"→"文字"→"单行文字" A_ 。

【操作步骤】

```
命令：TEXT✓
当前文字样式："Standard"　文字高度：2.5 注释性：否
指定文字的起点或 [对正(J)/样式(S)]：
```

【选项说明】

（1）指定文字的起点：在该提示下直接在绘图区中选择一点作为文本的起始点，命令行提示和操作如下：

```
指定文字高度 <2.5>：（输入字高）
指定文字的旋转角度 <0>：（输入文字的倾斜角度）
```

设置完成后可在绘图区输入文本。待全部输入完成后，在该提示下直接按 Enter 键，退出 TEXT

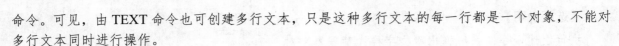

命令。可见，由 TEXT 命令也可创建多行文本，只是这种多行文本的每一行都是一个对象，不能对多行文本同时进行操作。

📢 **注意：**

（1）只有当前文本样式中设置的字符高度为 0 时，在使用 TEXT 命令时中望 CAD 才出现要求用户确定字符高度的提示。

（2）中望 CAD 允许将文本行倾斜排列，图 5.112 所示为倾斜角度分别为 0°、45°和-45°时的排列效果。在"指定文字的旋转角度 <0>:"提示下输入文本行的倾斜角度或在屏幕上拉出一条直线以指定倾斜角度。

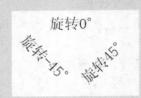

图 5.112　文本行倾斜排列效果

（2）对正(J)：在上面的提示下输入 J，用于确定文本的对齐方式，对齐方式决定文本的哪一部分与所选的插入点对齐。选择该选项，命令行提示和操作如下：

输入选项 [对齐(A)/布满(F)/居中(C)/中间(M)/左对齐(L)/右对齐(R)/左上(TL)/中上(TC)/右上(TR)/左中(ML)/正中(MC)/右中(MR)/左下(BL)/中下(BC)/右下(BR)]：

在该提示下选择一个选项作为文本的对齐方式。当文本串水平排列时，中望 CAD 为标注文本串定义了图 5.113 所示的底线、基线、中线和顶线，各种对齐方式如图 5.114 所示，图 5.114 中大写字母对应上述提示中的各命令。

图 5.113　文本串的底线、基线、中线和顶线

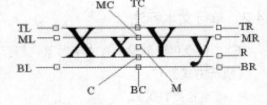

图 5.114　文本对齐方式

1）对齐(A)：选择此选项，要求用户指定文本行基线的起点与终点的位置，命令行提示以下内容。

指定文字起点：

指定文字终点：

执行结果：输入的文本字符均匀地分布于指定的两点间，如果两点间的连线不水平，则文本行倾斜放置，倾斜角度由两点间的连线与 X 轴夹角确定。字高、字宽根据两点间的距离、字符的多少以及文本样式中设置的宽度系数自动确定。指定了两点之后，每行输入的字符越多，字宽和字高越小。

2）其他选项与"对齐"类似，不再赘述。

📢 **注意：**

"布满""左上""中上""右上""左中""正中""右中""左下""中下""右下"选项只对水平方向的文字有效。

实际绘图时，有时需要标注一些特殊字符，如直径符号、上划线或下划线、温度符号等，由于这些符号不能直接从键盘上输入，因此中望 CAD 提供了一些控制码，用来实现这些要求。控制码由两个百分号（％％）加一个字符构成，常用控制码见表 5.1。

表 5.1　中望 CAD 常用控制码

符　　号	功　　能	符　　号	功　　能
％％O	上划线	\u+0278	电相位
％％U	下划线	\u+E101	流线
％％D	"度"符号	\u+2261	标识
％％P	正负符号	\u+E102	界碑线
％％C	直径符号	\u+2260	不相等
％％％	百分号	\u+2126	欧姆
\u+2248	约等于号	\u+03A9	欧米加
\u+2220	角度	\u+214A	低界线
\u+E100	边界线	\u+2082	下标 2
\u+2104	中心线	\u+00B2	上标 2
\u+0394	差值		

其中，％％O 和 ％％U 分别是上划线和下划线的开关，第一次出现该符号时开始绘制上划线和下划线，第二次出现该符号时上划线和下划线终止。例如，在"Text:"提示后输入"I want to ％％U go to Beijing％％U."，则得到图 5.115（a）所示的文本行；输入"50％％D+％％C75％％P12"，则得到图 5.115（b）所示的文本行。

用 TEXT 命令可以创建一个或若干个单行文本，即用此命令可以标注多行文本。在"输入文本:"提示下输入一行文本后按 Enter 键，中望 CAD 继续提示"输入文本:"，用户可输入第二行文本。以此类推，直到文本全部输完，再在该提示下直接按 Enter 键，结束文本输入命令。每按一次 Enter 键就结束一个单行文本的输入，每一个单行文本是一个对象，可以单独修改其文本样式、字高、旋转角度和对齐方式等。

I want to go to Bei jing　　　　　50°+Ø75±12

　　　　　（a）　　　　　　　　　　　　　　　　（b）

图 5.115　文本行

用 TEXT 命令创建文本时，在命令行输入的文本同时显示在屏幕上，而且在创建过程中可以随时改变文本的位置，只要将十字光标移动到新的位置单击，则当前行结束，随后输入的文本在新的位置出现。通过这种方法可以将多行文本标注到屏幕的任何地方。

动手学——绘制电阻符号

本例绘制图 5.116 所示的电阻符号。

【操作步骤】

（1）单击"标准"工具栏中的"新建"按钮，弹出"选择样板文件"对话框，选择"样板图"模板，单击"打开"按钮，创建新文件。

（2）将 0 层设置为当前层。

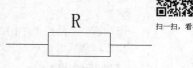

扫一扫，看视频

图 5.116　电阻符号

（3）单击"常用"选项卡"绘图"面板中的"直线"按钮＼，绘制长度为 12 的水平线，如图 5.117 所示。

（4）单击"常用"选项卡"绘图"面板中的"矩形"按钮□，命令行提示和操作如下，结果如图 5.118 所示。

命令：_rectang
指定第一个角点或 [倒角(C)/标高(E)/圆角(F)/正方形(S)/厚度(T)/宽度(W)]：_from（按住 Shift 键，右击，在弹出的快捷菜单中选择"自"命令）
基点：（捕捉图 5.117 所示的直线的右端点）
<偏移>：@4<90
指定其他的角点或 [面积(A)/尺寸(D)/旋转(R)]：@18,-8

（5）单击"常用"选项卡"修改"面板中的"镜像"按钮⚠，以矩形上、下两边的中点为镜像线，将水平线进行镜像，结果如图 5.119 所示。

图 5.117　绘制水平线　　　　　图 5.118　绘制矩形　　　　　图 5.119　镜像直线

（6）单击"注释"选项卡"文字"面板中的"单行文字"按钮Ａ，命令行提示和操作如下：

命令：_text
当前文字样式："Standard"　文字高度：2.5 注释性：否
指定文字的起点或 [对正(J)/样式(S)]：（单击一点作为起点）
指定文字高度 <2.5>：4✓
指定文字的旋转角度 <0>：✓

在绘图区的文本框中输入 R，结果如图 5.116 所示。

5.4.3　多行文本标注

在命令行输入 MTEXT 后按 Enter 键，先指定第一个角点后，再指定对角点。如果系统变量 MTEXTED 值设为句点"."或 Internal，且系统变量 MTEXTTOOLBAR 值设为 1，将开启带有"文本格式"工具栏的在位文字编辑器；如果系统变量 MTEXTED 值设为 OldEditor，将开启多行文字编辑器。用户可在其中输入相关文字内容，并设置字体、大小等。

【执行方式】

➤　命令行：MTEXT。
➤　菜单栏："绘图"→"文字"→"多行文字"。
➤　工具栏："绘图"→"多行文字"📄/"文字"→"多行文字"📄。
➤　功能区："常用"→"注释"→"多行文字"📄/"注释"→"文字"→"多行文字"📄。

【操作步骤】

命令：MTEXT✓
当前文字样式："Standard"　文字高度：2.5　注释性：　否
指定第一个角点：（指定矩形框的第一个角点）
指定对角点或 [对齐方式(J)/行距(L)/旋转(R)/样式(S)/字高(H)/方向(D)/字宽(W)/栏(C)]：

【选项说明】

（1）指定对角点：指定对角点，以一矩形区域显示多行文字对象的尺寸和位置。指定对角点后，系统打开图 5.120 所示的多行文字编辑器和"文字编辑器"选项卡，可利用该选项卡与编辑器输入多行文本并对其格式进行设置。该选项卡与 Word 软件界面类似，不再赘述。

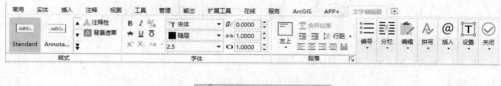

图 5.120　多行文字编辑器和"文字编辑器"选项卡

（2）对齐方式(J)：为文字对象设置以文本边界为基准的对齐方式。系统默认的对齐方式为"左上"。

（3）行距(L)：指定多行文字对象的行距。行距是一行文字的底部（或基线）与下一行文字的底部之间的垂直距离。

（4）旋转(R)：设置多行文字对象的旋转角度。

（5）样式(S)：设置多行文字对象的字型样式。

（6）字高(H)：设置多行文字对象的高度。

（7）方向(D)：设置多行文字的方向。

（8）字宽(W)：设置多行文本框的宽度。

（9）栏(C)：设置多行文字对象的分栏方式，包括静态分栏、动态分栏和不分栏。

动手学——标注技术要求

本例标注图 5.121 所示的技术要求。

【操作步骤】

（1）选择菜单栏中的"格式"→"文字样式"命令，弹出"文字样式管理器"对话框，❶在"文本字体"选项组中的"名称"下拉列表中选择"仿宋"，❷设置"高度"为 5，如图 5.122 所示。❸单击"确定"按钮，关闭"文字样式管理器"对话框。

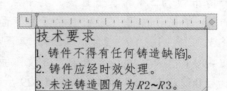

图 5.121　标注技术要求

（2）单击"注释"选项卡"标注"面板中的"多行文字"按钮，在空白处单击，指定第一个角点；在右下角拖动出适当距离，单击，指定第二点。打开多行文字编辑器和"文字编辑器"选项卡，输入技术要求。输入完成之后，将"技术要求"的字高修改为 6，如图 5.123 所示。

图 5.122　"文字样式管理器"对话框

图 5.123　输入文字

扫一扫，看视频

5.5　综合实例——绘制出油阀座

本综合实例绘制图 5.124 所示的出油阀座。

【操作步骤】

1. 新建文件

单击"标准"工具栏中的"新建"按钮，弹出"选择样板文件"对话框，选择"样板图"模板，单击"打开"按钮，创建新文件。

2. 绘制俯视图

（1）将"中心线"层设置为当前层。单击"常用"选项卡"绘图"面板中的"直线"按钮，绘制两条相互垂直的中心线，竖直中心线和水平中心线长度均为 10，修改线型比例为 0.03，如图 5.125 所示。

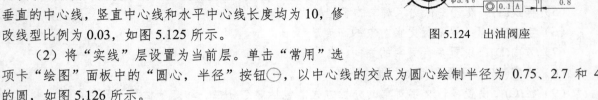

图 5.124　出油阀座

（2）将"实线"层设置为当前层。单击"常用"选项卡"绘图"面板中的"圆心，半径"按钮，以中心线的交点为圆心绘制半径为 0.75、2.7 和 4 的圆，如图 5.126 所示。

3. 绘制主视图

（1）将"中心线"层设置为当前层。单击"常用"选项卡"绘图"面板中的"直线"按钮，在主视图的上方，以竖向中心线延长线上的一点为直线的起点，绘制长度为 22 的竖直直线，修改线型比例为 0.03，如图 5.127 所示。

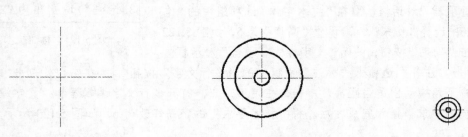

图 5.125　绘制中心线　　　　　图 5.126　绘制同心圆　　　　　图 5.127　绘制竖直直线

（2）将"实线"层设置为当前层。单击"常用"选项卡"绘图"面板中的"直线"按钮，绘制一条长度为 5.4 的水平直线，其中点在竖直直线上。

（3）单击"常用"选项卡"修改"面板中的"偏移"按钮，将水平直线向上偏移，偏移距离为 8.3、2.5、1、0.7、2、1 和 2.5，如图 5.128 所示。

（4）单击"常用"选项卡"修改"面板中的"复制"按钮，将竖直直线向左侧复制，复制间距为 2.05、2.5、2.7 和 4，如图 5.129 所示。

（5）将复制后的直线转换到"实线"层，如图 5.130 所示。

（6）单击"常用"选项卡"修改"面板中的"延伸"按钮，将从上边起第 2 条和第 3 条水平直线进行延伸，延伸到最外侧的竖直直线，如图 5.131 所示。

（7）单击"常用"选项卡"修改"面板中的"修剪"按钮 ✂，修剪多余的直线，结果如图 5.132 所示。

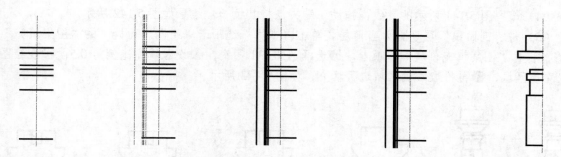

图 5.128　偏移直线 1　图 5.129　复制直线　　图 5.130　转换图层　图 5.131　延伸水平直线　图 5.132　修剪直线

（8）单击"常用"选项卡"绘图"面板中的"直线"按钮 ╲，绘制连接线，如图 5.133 所示。

（9）单击"常用"选项卡"修改"面板中的"镜像"按钮 ◁，将左侧的图形以竖直中心线为镜像线进行竖向镜像，如图 5.134 所示。

（10）单击"常用"选项卡"修改"面板中的"偏移"按钮 ⊆，将竖直中心线向左右两侧分别偏移 0.1 和 0.4。将偏移后的直线转换到"实线"层，将最下侧的水平直线向上侧偏移 0.2。

（11）单击"常用"选项卡"修改"面板中的"修剪"按钮 ✂，进行修剪操作，绘制主视图内部的图形，如图 5.135 所示。

（12）单击"常用"选项卡"修改"面板中的"倒角"按钮 ⟋，指定倒角距离为 0.2，对主视图下部的直线进行倒角处理，如图 5.136 所示。

（13）单击"常用"选项卡"修改"面板中的"圆角"按钮 ⌒，对上部图形进行圆角处理，圆角半径为 0.2，如图 5.137 所示。

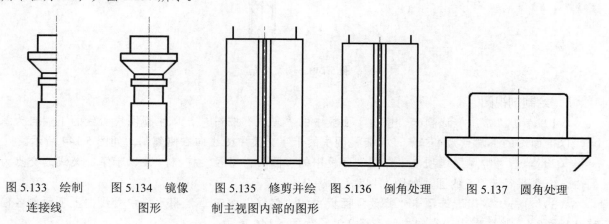

图 5.133　绘制　　　图 5.134　镜像　　　图 5.135　修剪并绘　　图 5.136　倒角处理　　　图 5.137　圆角处理
　　　连接线　　　　　　　图形　　　　制主视图内部的图形

4．绘制左视图

（1）单击"常用"选项卡"修改"面板中的"复制"按钮 ⊞，将主视图向右侧复制，复制间距为 20，如图 5.138 所示。

（2）单击"常用"选项卡"修改"面板中的　"修剪"按钮 ✂ 和"删除"按钮 ⌫，修剪主视图的内部图形后，将多余的内部图形进行删除，如图 5.139 所示。

（3）单击"常用"选项卡"绘图"面板中的"矩形"按钮囗，绘制长度为 1.3，宽度为 2 的矩形，放置在左视图的下部；再绘制长度为 1.5，宽度为 2 的矩形，放置在左视图的上部，如图 5.140 所示。

（4）选中图 5.141 所示的直线，拖动下端夹点将其拉长，结果如图 5.142 所示。

（5）将"剖面线"层设置为当前层。单击"常用"选项卡"绘图"面板中的"图案填充"按钮▩，打开"图案填充创建"选项卡，❶选择 ANSI31 图案，❷设置填充比例为 0.5，❸在绘图区拾取左侧区域，❹再拾取右侧区域进行填充，如图 5.143 所示。

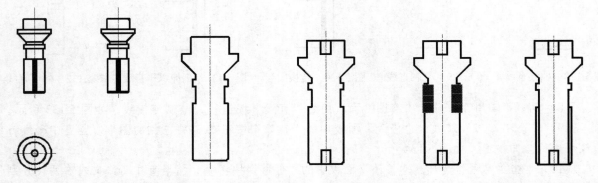

图 5.138　复制主视图　图 5.139　整理左视图　图 5.140　绘制矩形　图 5.141　选中直线　图 5.142　拉长直线

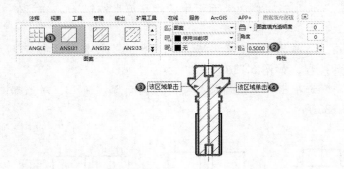

图 5.143　图案填充

5．绘制剖视图

（1）单击"常用"选项卡"修改"面板中的"复制"按钮❖，以主视图中心线的下端点为基点，以剖面图的下端点为第二点，将俯视图中的十字交叉中心线向右侧复制，如图 5.144 所示。

（2）单击"常用"选项卡"绘图"面板中的"圆心，半径"按钮⊙，以十字交叉线的交点为圆心，绘制半径为 2.5 的圆，如图 5.145 所示。

（3）单击"常用"选项卡"修改"面板中的"偏移"按钮▣，将水平中心线向上下两侧各偏移 0.1 和 0.4，将竖直中心线向左侧偏移 2.05，如图 5.146 所示。

（4）单击"常用"选项卡"绘图"面板中的"直线"按钮╲，绘制直线，如图 5.147 所示。

（5）单击"常用"选项卡"修改"面板中的"删除"按钮✐，删除偏移后的辅助直线，如图 5.148 所示。

（6）单击"常用"选项卡"修改"面板中的"环形阵列"按钮❀，以交点为阵列的中心点，阵列的项目数为 4，进行环形阵列，结果如图 5.149 所示。

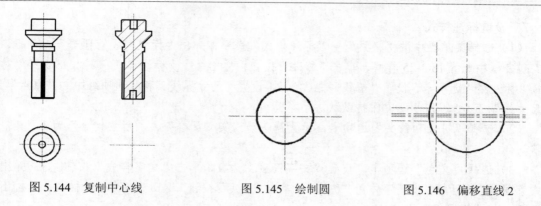

图 5.144 复制中心线 　　　　图 5.145 绘制圆 　　　　图 5.146 偏移直线 2

（7）单击"常用"选项卡"修改"面板中的"修剪"按钮 ，对多余的圆弧进行修剪，结果如图 5.150 所示。

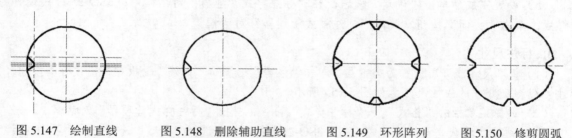

图 5.147 绘制直线 　　图 5.148 删除辅助直线 　　图 5.149 环形阵列 　　图 5.150 修剪圆弧

（8）将"剖面线"层设置为当前层。单击"常用"选项卡"绘图"面板中的"图案填充"按钮 ，打开"图案填充创建"选项卡，选择 ANSI31图案，设置"填充比例"为 0.5，进行填充，结果如图 5.151 所示。

6．标注剖切位置和剖切符号

（1）将"实线"层设置为当前层。单击"常用"选项卡"绘图"面板中的"直线"按钮 ，绘制图 5.152 所示的剖切线。

（2）将 0 层设置为当前层。单击"注释"选项卡"文字"面板中的"多行文字"按钮 ，标注剖切位置字母 A，并标注剖视图名称 A-A，如图 5.153 所示。

（3）使用同样的方法，标注剖视图名称 B-B，如图 5.154 所示。

图 5.151 填充图形

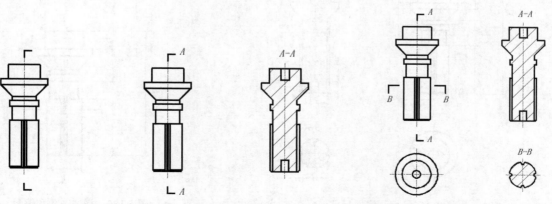

图 5.152 绘制剖切线 　　图 5.153 标注剖切位置字母 A 和剖视图名称 A-A 　　图 5.154 标注剖视图名称 B-B

7. 设置标注样式

（1）选择菜单栏中的"格式"→"标注样式"命令，弹出"标注样式管理器"对话框，在"样式"列表框中选择 ISO-25 样式，单击"修改"按钮，弹出"修改标注样式：副本 ISO-25"对话框。选择"标注线"选项卡，设置"基线间距"为 2，设置"尺寸界线偏移"选项组中的"原点"为 0.3，"尺寸线"为 0.5，其他设置保持默认。

（2）选择"符号和箭头"选项卡，设置箭头为"实心闭合"，"箭头大小"为 1，其他设置保持默认。

（3）选择"文字"选项卡，设置"文字高度"为 1。单击"文字样式"按钮，弹出"文字样式管理器"对话框，设置字体为"仿宋"，单击"确定"按钮，返回"修改标注样式：副本 ISO-25"对话框。其他设置保持默认。

（4）选择"主单位"选项卡，设置"精度"为 0.0，"小数分隔符"为句点，其他设置保持默认。

（5）设置完成后单击"确定"按钮，在"标注样式管理器"对话框中将 ISO-25 样式设置为当前样式，单击"关闭"按钮，关闭"标注样式管理器"对话框。

8. 标注尺寸

（1）将"尺寸线"层设置为当前层。单击"注释"选项卡"标注"面板中的"线性"按钮，标注主视图尺寸中的线性尺寸，如图 5.155 所示。

（2）选择菜单栏的"格式"→"标注样式"命令，弹出"标注样式管理器"对话框，单击"替代"按钮，弹出"替代当前标注样式：副本 ISO-25"对话框。选择"文字"选项卡，设置"在尺寸界线外"的文字方向为水平。单击"确定"按钮，返回"标注样式管理器"对话框；单击"关闭"按钮，关闭"标注样式管理器"对话框。单击"注释"选项卡"标注"面板中的"半径"按钮，设置圆角半径为 0.2。

（3）单击"标注"工具栏中的"快速引线"按钮，绘制引线并将引线改为无箭头直线；再单击"注释"选项卡"文字"面板中的"多行文字"按钮，设置倒角距离为 0.2，如图 5.156 所示。

（4）单击"注释"选项卡"标注"面板中的"直径"按钮，标注俯视图的直径尺寸，如图 5.157 所示。

（5）双击主视图和俯视图中的直径尺寸 5 和 5.4，标注尺寸公差，如图 5.158 所示。

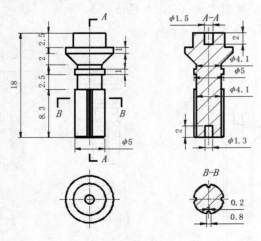

图 5.155　标注线性尺寸

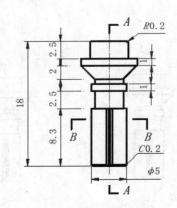

图 5.156　标注圆角和倒角

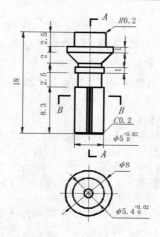

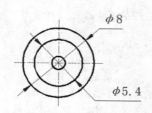

图 5.157 标注俯视图的直径尺寸

图 5.158 标注尺寸公差

9. 标注几何公差

（1）单击"标注"工具栏中的"快速引线"按钮，命令行提示和操作如下：

命令：_qleader↙
指定第一个引线点或 [设置(S)] <设置>：S↙

弹出"引线设置"对话框，在"注释"选项卡"注释类型"中选中"公差"单选按钮，如图 5.159 所示。选择"引线和箭头"选项卡，将"点数"选项组中的"最大值"设置为 2，如图 5.160 所示。设置完成，单击"确定"按钮。

指定第一个引线点或 [设置(S)] <设置>：（单击主视图直径为 φ5 的圆柱面上一点）
指定下一点：（向右移动鼠标，在适当位置处单击）

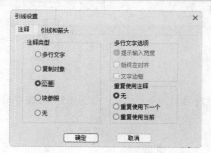

图 5.159 "注释"选项卡

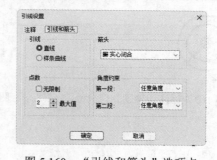

图 5.160 "引线和箭头"选项卡

弹出"几何公差"对话框，设置"圆柱度"公差为 0.01，如图 5.161 所示。单击"确定"按钮，结果如图 5.162 所示。

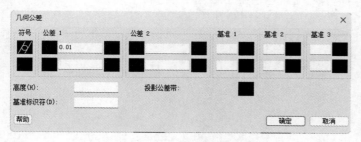

图 5.161 "几何公差"对话框

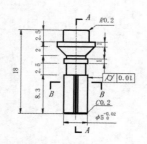

图 5.162 标注圆柱度几何公差

（2）单击"注释"选项卡"标注"面板中的"公差"按钮⊞1，弹出"几何公差"对话框，设置"同轴度"公差为 0.1，基准为 A。单击"确定"按钮，将其放置在俯视图直径尺寸 ϕ5.4 右侧，如图 5.163 所示。

（3）单击"常用"选项卡"绘图"面板中的"多段线"按钮⊂，命令行提示和操作如下，结果如图 5.164 所示。

```
命令：_pline
指定多段线的起点：（捕捉图 5.162 所示的主视图中直径 φ5 左侧的箭头端点）
当前线宽是 0.0000
指定下一点或 [圆弧(A)/半宽(H)/长度(L)/撤销(U)/宽度(W)]：W✓
指定起始宽度 <0.0000>：1✓
指定终止宽度 <1.0000>：0✓
指定下一点或 [圆弧(A)/半宽(H)/长度(L)/撤销(U)/宽度(W)]：@ 1<180✓
指定下一点或 [圆弧(A)/闭合(C)/半宽(H)/长度(L)/撤销(U)/宽度(W)]：@ 1<180✓
指定下一点或 [圆弧(A)/闭合(C)/半宽(H)/长度(L)/撤销(U)/宽度(W)]：@1<270✓
指定下一点或 [圆弧(A)/闭合(C)/半宽(H)/长度(L)/撤销(U)/宽度(W)]：@2<180✓
指定下一点或 [圆弧(A)/闭合(C)/半宽(H)/长度(L)/撤销(U)/宽度(W)]：@2<90✓
指定下一点或 [圆弧(A)/闭合(C)/半宽(H)/长度(L)/撤销(U)/宽度(W)]：@2<0✓
指定下一点或 [圆弧(A)/闭合(C)/半宽(H)/长度(L)/撤销(U)/宽度(W)]：@1<270✓
指定下一点或 [圆弧(A)/闭合(C)/半宽(H)/长度(L)/撤销(U)/宽度(W)]：✓
```

（4）单击"注释"选项卡"文字"面板中的"多行文字"按钮▤，在第（3）步绘制的基准符号内标注字母 A，如图 5.165 所示。

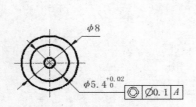

图 5.163　标注同轴度几何公差

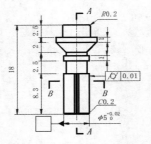

图 5.164　绘制基准符号

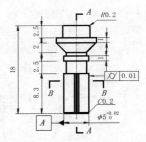

图 5.165　标注字母 A

第 6 章　表格和图块

内容简介

图表在 CAD 图形中也有大量的应用，如明细表、参数表和标题栏等，中望 CAD 新增的图表功能可使绘制图表变得更加方便、快捷。

为了提高系统整体的图形设计效率，并有效地管理整个系统的所有图形设计文件，经过不断地探索和完善，中望 CAD 推出了大量的集成化绘图工具，利用图块、设计中心和工具选项板，用户可以建立自己的个性化图库，也可以利用其他用户提供的资源快速、准确地进行图形设计。本章主要介绍表格、图块、设计中心、工具选项板等知识。

内容要点

- ➤ 表格
- ➤ 图块及其属性
- ➤ 设计中心与工具选项板

案例效果

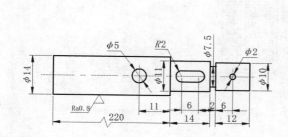

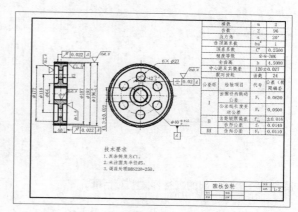

6.1　表　　格

对于使用 CAD 软件的设计人员来说，处理表格是日常工作的一部分。一张高质量的表格可以清晰展现出各项目的内容与数据，让人一目了然。大多数设计师习惯使用 Microsoft Excel 来创建和编辑工作表，然后再将这些表格导入 CAD 软件。这样的工作方式不仅要花费大量时间，还存在数据丢失的风险。

针对这一应用需求，中望 CAD 2023 版本开始对表格功能进行了改进和优化，让设计师无须借助 Excel 工具即可在软件中快速制作出符合要求的表格。下面具体介绍中望 CAD 的表格功能。

6.1.1 设置表格样式

【执行方式】

➢ 命令行：TABLESTYLE（TS）。
➢ 菜单栏："格式"→"表格样式"。
➢ 工具栏："样式"→"表格样式" 。
➢ 功能区："工具"→"样式管理器"→"表格样式" /"注释"→"表格"→"表格样式" 。

【操作步骤】

执行上述命令，系统弹出"表格样式管理器"对话框，如图 6.1 所示。

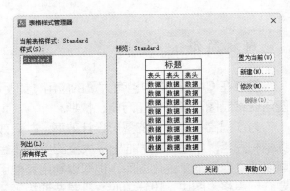

图 6.1　"表格样式管理器"对话框

【选项说明】

1. 新建

单击"新建"按钮，弹出"创建新的表格样式"对话框，如图 6.2 所示。输入新的表格样式名，单击"继续"按钮，弹出"新建表格样式：副本 Standard"对话框，如图 6.3 所示，从中可以定义新的表格样式，并控制表格中的数据、列标题和总标题有关参数。

图 6.2　"创建新的表格样式"对话框

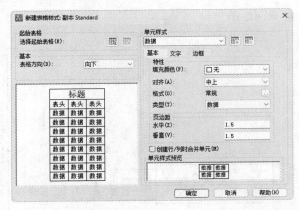

图 6.3　"新建表格样式：副本 Standard"对话框

"新建表格样式：副本 Standard"对话框中各选项的含义如下。

（1）起始表格：选择一张表格作为样例设置表格样式的格式，指定要复制的结构和内容，也可以删除起始表格。

（2）表格方向：更改表格方向，包括"向上"和"向下"两种表格方向。

1）向上：创建由下而上读取的表格，标题行和列标题行位于表格的底部。

2）向下：创建由上而下读取的表格，标题行和列标题行位于表格的顶部。

（3）单元样式：创建新的单元样式或修改现有的单元样式。

1） （创建新单元样式）：单击该按钮，弹出"创建新单元样式"对话框，如图 6.4 所示。该对话框用于指定新单元样式的名称以及基础样式。

2）（管理单元样式）：单击该按钮，弹出"管理单元样式"对话框，如图 6.5 所示。该对话框用于新建、重命名或删除单元样式。

图 6.4 "创建新单元样式"对话框

图 6.5 "管理单元样式"对话框

（4）"基本"选项卡。

1）填充颜色：指定单元格的填充颜色，默认值为"无"。

2）对齐：设置单元格内容的对齐方式。

3）格式：设置单元格内容的格式。单击右侧的 ... 按钮，弹出"格式"对话框，用户可通过该对话框进一步定义格式选项。

4）类型：指定单元样式类型为标签或数据。

5）页边距：指定单元格中的内容和单元边框的间距。水平方向和竖直方向的间距都默认为 1.5（公制）或 0.06（英制）。

6）创建行/列时合并单元：指定将所有新行或新列合并为一个单元。

（5）"文字"选项卡，如图 6.6 所示。

1）文字样式：指定单元格中文字的样式。单击其后的"文字样式"按钮，弹出"文字样式管理器"对话框，如图 6.7 所示。

图 6.6 "文字"选项卡

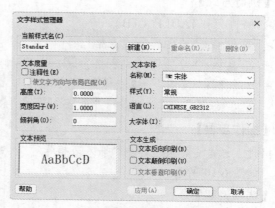

图 6.7 "文字样式管理器"对话框

2）文字高度：指定单元格中文字的高度。表格标题的默认文字高度为 6（公制）或 0.25（英制），列标题以及数据的默认文字高度为 4.5（公制）或 0.18（英制）。

3）文字颜色：指定单元格中文字的颜色。

4）文字角度：指定单元格中文字的角度。其默认值为 0°，取值范围为-359°～359°。

（6）"边框"选项卡，如图 6.8 所示。

1）线宽：指定单元格边框的线宽。若要使用粗线宽，则可能需要增加单元边距。

2）线型：指定单元格边框的线型。单击其下拉列表中的"其他"按钮，可加载自定义线型。

3）颜色：指定单元格边框的颜色。

4）双线：指定表格边框显示为双线。

5）间距：指定双线边框的双线之间的距离，默认值为 1.125（公制）或 0.045（英制）。

6）边框按钮：控制单元边框的外观。

图 6.9 所示数据的"文字样式"为 Standard，"文字高度"为 5.5，"文字颜色"为"红色"，"填充颜色"为"黄色"，"对齐"方式为"右下"；没有列标题行，标题"文字样式"为 Standard，"文字高度"为 6，"文字颜色"为"蓝色"，"填充颜色"为"无"，"对齐"方式为"正中"；"表格方向"为"向上"，水平页边距和垂直页边距都为 1.5。

图 6.8 "边框"选项卡

图 6.9 表格示例

2．修改

单击"修改"按钮可对当前表格样式进行修改，方式与新建表格样式相同。

6.1.2 创建表格

【执行方式】

➢ 命令行：TABLE（TB）。

➢ 菜单栏："绘图"→"表格"。

➢ 工具栏："绘图"→"表格" ▦。

➢ 功能区："常用"→"注释"→"表格" ▦/"注释"→"表格"→"表格" ▦。

【操作步骤】

执行上述命令，系统弹出"插入表格"对话框，如图 6.10 所示。

【选项说明】

（1）表格样式：在要从中创建表格的当前图形中选择表格样式。通过单击"表格样式"下拉列表旁边的按钮，可以创建新的表格样式。

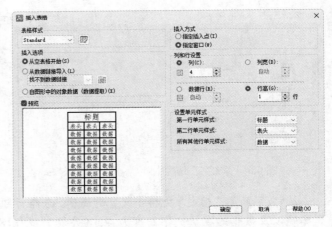

图 6.10 "插入表格"对话框

（2）插入方式：指定表格位置。

1）指定插入点：指定表格左上角的位置。可以使用定点设备，也可以在命令行提示下输入坐标值。如果表格样式将表格的方向设置为由下而上读取，则插入点位于表格的左下角。

2）指定窗口：指定表格的大小和位置。可以使用定点设备，也可以在命令行提示下输入坐标值。选中该单选按钮时，行数、列数、列宽和行高取决于窗口的大小以及列和行设置。

（3）列和行设置：设置列和行的数目与大小。

1）列：选中"指定窗口"单选按钮并指定列宽时，"自动"选项将被选定，且列数由表格的宽度控制。如果已指定包含起始表格的表格样式，则可以选择要添加到此起始表格的其他列的数量。

2）列宽：指定列的宽度。选中"指定窗口"单选按钮并指定列数时，则选定了"自动"选项，且列宽由表格的宽度控制。最小列宽为一个字符。

3）数据行：指定行数。选中"指定窗口"单选按钮并指定行高时，则选定了"自动"选项，且行数由表格的高度控制。带有标题行和表格头行的表格样式最少应有三行。最小行高为一个文字行。如果已指定包含起始表格的表格样式，则可以选择要添加到此起始表格的其他数据行的数量。

4）行高：按照行数指定行高。文字行高基于文字高度和单元边距，这两项均在表格样式中设置。选中"指定窗口"单选按钮并指定行数时，则选定了"自动"选项，且行高由表格的高度控制。

（4）设置单元样式：对于那些不包含起始表格的表格样式，应指定新表格中行的单元格式。

1）第一行单元样式：指定表格中第一行的单元样式。默认情况下，使用标题单元样式。

2）第二行单元样式：指定表格中第二行的单元样式。默认情况下，使用表头单元样式。

3）所有其他行单元样式：指定表格中所有其他行的单元样式。默认情况下，使用数据单元样式。

动手学——绘制齿轮参数表

本例绘制图6.11所示的齿轮参数表。

【操作步骤】

1．设置表格样式

（1）选择菜单栏中的"格式"→"表格样式"命令，弹出"表格样式管理器"对话框。

（2）单击"修改"按钮，弹出"修改表格样式"对话框。选择"文字"选项卡，设置数据、表头和标题的文字样式为 Standard。单击其后的"文字样式"按钮，弹出"文字样式管理器"对话框，设置字体为"仿宋"。单击"确定"按钮，返回"修改表格样式"对话框，设置"文字高度"为5.5，"文字颜色"为"随块"。

扫一扫，看视频

齿数	Z	24
模数	m	3
压力角	α	20°
公差等级及配合类别	6H-GE	T3478.1-1996
作用齿槽宽最小值	E_{Vmin}	4.7120
实际齿槽宽最大值	E_{max}	4.8370
实际齿槽宽最小值	E_{min}	4.7590
作用齿槽宽最大值	E_{Vmax}	4.7900

图 6.11 齿轮参数表

（3）选择"基本"选项卡，设置"填充颜色"为"无"，"对齐"方式为"正中"；"表格方向"为"向下"，水平页边距和垂直页边距都为1.5。

（4）选择"边框"选项卡，设置边框颜色为"洋红"，单击"所有边框"按钮田。

（5）设置完成，单击"确定"按钮，返回"表格样式管理器"对话框。单击"置为当前"按钮，将表格样式设置为当前样式。

2．绘制表格

（1）单击"注释"选项卡"表格"面板中的"表格"按钮▦，弹出"插入表格"对话框，设置"插入方式"为"指定插入点"，"行和列设置"为6行3列，"列宽"为8，"行高"为1，设置"第一行单元样式""第二行单元样式"和"所有其他行单元样式"均为"数据"，如图6.12所示。

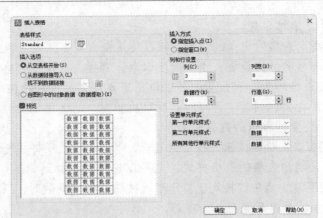

图 6.12 "插入表格"对话框

（2）单击"确定"按钮，在绘图区指定插入点插入空表格，并显示文字编辑器和"文字编辑器"选项卡。若不输入文字，则可在"文字编辑器"选项卡中单击"关闭"按钮，或者在绘图区空白区域单击，即可退出文字编辑。绘制的表格如图 6.13 所示。

（3）选中第一列某一个单元格，右击，在弹出的快捷菜单中选择"特性"命令，弹出"特性"选项板，将"单元宽度"修改为 76，如图 6.14 所示。

（4）使用同样的方法，修改第二列的宽度为 32，第三列的宽度为 56，如图 6.15 所示。

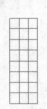

图 6.13 绘制的表格　　　　图 6.14 修改单元宽度　　　　　　图 6.15 修改列宽

（5）双击单元格，打开文字编辑器，在各单元格中输入相应的文字或数据，最终结果如图 6.11 所示。

6.2 图块及其属性

把一组图形对象组合成图块加以保存，需要时可以把图块作为一个整体以任意比例和旋转角度插入图中任意位置。这样不仅避免了大量的重复工作，提高了绘图速度和工作效率，而且可以大大节省磁盘空间。

6.2.1 定义图块

【执行方式】

➢ 命令行：BLOCK（B/BMAKE / BMOD）。

➢ 菜单栏："绘图"→"块"→"创建"。

➤ 工具栏:"绘图"→"创建块"⎗。

➤ 功能区:"常用"→"块"→"创建"⎗/"插入"→"块"→"创建"⎗。

【操作步骤】

执行上述命令,系统弹出图 6.16 所示的"块定义"对话框。利用该对话框指定定义对象和基点以及其他参数,并可定义图块并命名。

【选项说明】

(1)基点:设置块的插入点。

1)在屏幕上指定:关闭"块定义"对话框时,提示用户指定基点。

2)拾取基点:单击该按钮,临时关闭"块定义"对话框,提示用户指定基点,待用户指定基点后返回"块定义"对话框。

3)X、Y、Z:分别指定插入点的 X、Y、Z 坐标值,以确定基点。

(2)对象:选择创建块的对象。

1)在屏幕上指定:关闭"块定义"对话框时,提示用户指定对象。

2)选择对象:单击该按钮,临时关闭"块定义"对话框,待用户完成选择后按 Enter 键,返回"块定义"对话框。

3)⬚（快速选择):单击该按钮,弹出"快速选择"对话框,通过过滤条件构造对象,将最终结果作为选择的对象,如图 6.17 所示。

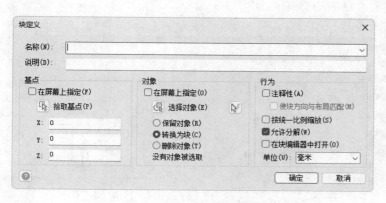

图 6.16 "块定义"对话框

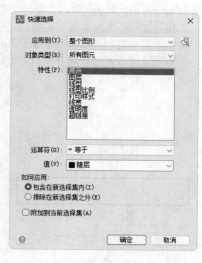

图 6.17 "快速选择"对话框

4)保留对象:完成创建块定义操作后,仍然保留选择的对象为单一独立的对象。

5)转换为块:完成创建块定义操作后,将选择的对象转换为块。

6)删除对象:完成创建块定义操作后,将选择的对象从图形中删除。

(3)行为:设置创建块的行为。

1)注释性:设置块为注释性。

2)使块方向与布局匹配:设置布局空间视口中的块参照的方向与布局一致。若未勾选"注释性"复选框,则此复选框不可用。

3)按统一比例缩放:设置块参照是否允许按统一比例进行缩放。

4）允许分解：设置块参照是否允许被分解。

5）在块编辑器中打开：设置是否在块编辑器中打开当前的块定义。

6）单位：设置块参照的插入单位。

动手学——创建滑动变阻器图块

本例创建图 6.18 所示的滑动变阻器图块。

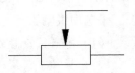

图 6.18 滑动变阻器图块

【操作步骤】

（1）打开源文件：源文件\原始文件\第 6 章\电阻，打开电阻源文件，如图 6.19 所示。

（2）选中单行文字 R，单击"常用"选项卡"修改"面板中的"删除"按钮，删除该标注。

（3）选择菜单栏中的"格式"→"标注样式"命令，弹出"标注样式管理器"对话框，单击"修改"按钮，修改"符号和箭头"选项卡中的"箭头大小"为 6。单击"确定"按钮，返回"标注样式管理器"对话框，将修改后的样式置为当前。

（4）单击"标注"工具栏中的"快速引线"按钮，命令行提示和操作如下：

```
命令：_qleader
指定第一个引线点或 [设置(S)] <设置>：S✓
```

此时，弹出"引线设置"对话框，参数设置如图 6.20 所示。单击"确定"按钮，命令行提示和操作如下，结果如图 6.21 所示。

```
指定第一个引线点或 [设置(S)] <设置>：（捕捉矩形上边中点）
指定下一点：（在适当位置单击）
指定下一点：（在适当位置单击）
```

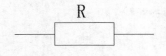

图 6.19 电阻源文件

图 6.20 "引线设置"对话框

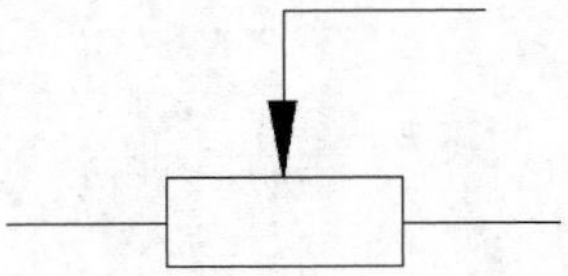

图 6.21 绘制快速引线

（5）单击"插入"选项卡"块"面板中的"创建"按钮，弹出"块定义"对话框，如图 6.22 所示。❶将"名称"设置为"滑动变阻器"，❷在"对象"选项组中选中"转换为块"单选按钮，❸单击"选择对象"按钮，❹绘图区选择图 6.23 所示的图形，按 Enter 键，返回"块定义"对话框。❺单击"基点"选项组中的"拾取基点"按钮，❻在绘图区拾取图 6.24 所示的基点，设置完成。❼单击"确定"按钮，块创建完成，如图 6.18 所示。

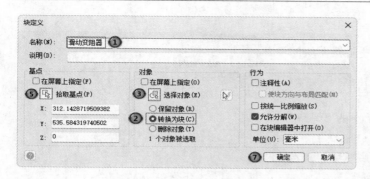

图 6.22　"块定义"对话框

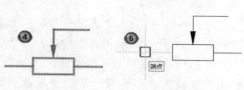

图 6.23　选择图形　　图 6.24　拾取基点

6.2.2　保存图块

【执行方式】

➤ 命令行：WBLOCK（W）。

➤ 功能区："插入" → "块" → "写块" 🖫。

【操作步骤】

执行上述命令，系统弹出图 6.25 所示的"保存块到磁盘"对话框。利用该对话框可把图形对象保存为图块或把图块转换成图形文件。

以 BLOCK 命令定义的图块只能插入当前图形；以 WBLOCK 命令保存的图块则既可以插入当前图形，也可以插入其他图形。

【选项说明】

（1）源：指定块或对象，将其写入新的图形文件并指定插入点。

1）块：选中该单选按钮，用户可从其下拉列表中选择块。"块"下拉列表中显示的块都是当前图形文件中存在的块。

2）整个图形：将当前图形写入新的图形文件。

3）对象：选择要写入新的图形文件中的对象。只有选中该单选按钮，用户才可以指定基点和选择对象。

（2）基点：指定块的基点。

1）选择点：单击该按钮，系统提示用户指定基点。

2）X、Y、Z：分别指定插入点的 X、Y、Z 坐标值。

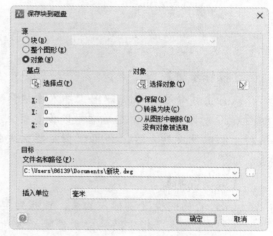

图 6.25　"保存块到磁盘"对话框

（3）对象：指定在将选择的对象保存为文件的过程中，对原始对象的处理方法。该部分选项含义与"块定义"对话框中的相似，这里不再赘述。

（4）目标：指定新的图形文件的名称和保存路径，以及插入块时所用的单位。

1）文件名和路径：输入新的图形文件的名称和保存路径，或单击文本框后面的按钮 ，弹出"要创建的.DWG 文件名"对话框，从中指定新的图形文件的名称、文件格式以及保存位置。

2）插入单位：为新的图形文件指定插入单位。

扫一扫，看视频

动手学——保存滑动变阻器图块

本例介绍保存 6.2.1 小节创建的滑动变阻器图块的方法。

【操作步骤】

（1）单击"插入"选项卡"块"面板中的"写块"按钮，弹出"保存块到磁盘"对话框。

（2）在"源"选项组中选中"块"单选按钮，在右侧的下拉列表中选择"滑动变阻器"图块。

（3）在"目标"选项组中修改保存路径，设置"插入单位"为"毫米"，如图 6.26 所示。单击"确定"按钮，完成保存。

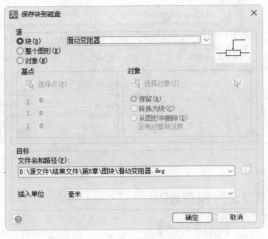

图 6.26　"保存块到磁盘"对话框

6.2.3　插入图块

【执行方式】

➢ 命令行：INSERT（I/ INSERTURL）。

➢ 菜单栏："插入" → "块"。

➢ 工具栏："插入" → "插入块" / "绘图" → "插入块"。

➢ 功能区："常用" → "块" → "插入" / "插入" → "块" → "插入"。

【操作步骤】

执行上述命令，系统弹出"插入图块"对话框，如图 6.27 所示。利用该对话框可以设置插入点位置、插入比例以及旋转角度，还可以指定要插入的图块及插入位置。

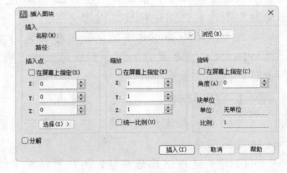

图 6.27　"插入图块"对话框

【选项说明】

（1）名称：指定要插入的块，或指定要以块的形式插入图形中的文件。

（2）插入点：指定图块或文件的插入位置。

1）在屏幕上指定：关闭"插入图块"对话框时，命令行提示指定插入点，可以在绘图区指定图块或文件的插入点。

2）X、Y、Z：分别输入插入点的 X、Y、Z 坐标值。

3）选择：取消勾选"在屏幕上指定"复选框后，该功能可用。单击该按钮，用户可以在绘图区指定图块或文件的插入点。指定插入点后，返回"插入图块"对话框。

（3）缩放：指定插入的图块或文件的缩放比例。

1）在屏幕上指定：勾选该复选框，则在插入时，命令行提示指定缩放比例因子。

2）X、Y、Z：分别指定图块缩放的 X、Y、Z 比例因子。

3）统一比例：为 X、Y 和 Z 坐标指定相同的比例因子。

（4）旋转：指定插入的块的旋转角度。

1）在屏幕上指定：勾选该复选框，命令行提示指定块的旋转角度，用户可以使用定点设备在绘图区旋转图像或直接输入旋转角度。

2）角度：指定图块的旋转角度。

（5）块单位：显示块单位信息。

1）单位：显示插入块的 INSUNITS 值。

2）比例：显示单位比例因子，其是根据源块和当前图形的 INSUNITS 值计算出来的。

（6）分解：勾选该复选框，将块分解为单独的对象插入当前图形文件。

动手学——绘制电路图

本例通过插入图块绘制图 6.28 所示的电路图。

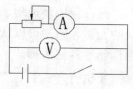

图 6.28 电路图

扫一扫，看视频

【操作步骤】

（1）单击"标准"工具栏中的"新建"按钮，弹出"选择样板文件"对话框，选择"样板图"模板，单击"打开"按钮，创建新文件。

（2）选择菜单栏中的"格式"→"标注样式"命令，弹出"标注样式管理器"对话框，单击"修改"按钮，修改"符号和箭头"选项卡中的"箭头大小"为 6。单击"确定"按钮，返回"标注样式管理器"对话框，将修改后的样式置为当前。

（3）将 0 层设置为当前层。单击"插入"选项卡"块"面板中的"插入"按钮，弹出"插入图块"对话框，单击"浏览"按钮，弹出"插入块"对话框，❶选择"滑动变阻器"图块。

（4）在"插入点"选项组中❷勾选"在屏幕上指定"复选框，在"缩放"选项组中❸取消勾选"在屏幕上指定"复选框，❹设置 X、Y、Z 的缩放比例均为 1，在"旋转"选项组中❺设置"角度"为 0，如图 6.29 所示。

（5）❻单击"插入"按钮，在绘图区适当位置单击，结果如图 6.30 所示。

（6）使用同样的方法，插入"电流表"图块、"电压表"图块、"开关"图块和"电源"图块，结果如图 6.31 所示。

（7）单击"常用"选项卡"绘图"面板中的"直线"按钮，绘制各块之间的连接线，结果如图 6.32 所示。

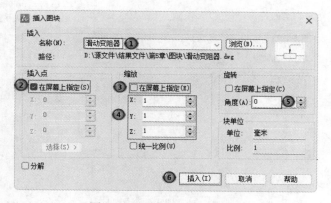

图 6.29 "插入图块"对话框

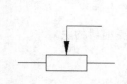

图 6.30 插入滑动变阻器

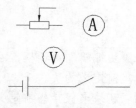

图 6.31 插入其他图块

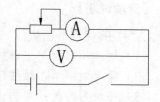

图 6.32 绘制连接线

6.2.4　动态块

动态块具有灵活性和智能性，用户在操作时可以轻松地更改图形中的动态块参照。可以通过自定义夹点或自定义特性操作动态块参照中的几何图形，这使用户可以根据需要在位调整块，而不用搜索另一个块以插入或重定义现有的块。

可以使用块编辑器创建动态块。块编辑器是一个专门的编辑区域，用于添加能够使块成为动态块的元素。用户可以从头创建动态块，可以向现有的块定义中添加动态行为，也可以像在绘图区中一样创建几何图形。

【执行方式】

➢ 命令行：BEDIT。
➢ 菜单栏："工具"→"块编辑器"。
➢ 工具栏："标准"→"块编辑器" 🖻。
➢ 功能区："插入"→"块"→"块编辑器" 🖻。
➢ 快捷菜单：双击图块或选择一个块参照，右击，在弹出的快捷菜单中选择"块编辑器"命令。

【操作步骤】

执行上述命令，系统弹出"块编辑"对话框，如图 6.33 所示。在"要创建或编辑的块"文本框中输入块名或在列表框中选择已定义的块或当前图形，单击"确定"按钮，弹出"块编辑器"选项卡，如图 6.34 所示。

图 6.33　"块编辑"对话框

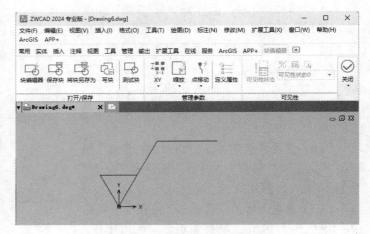

图 6.34　"块编辑器"选项卡

【选项说明】

1."打开/保存"面板

（1）块编辑器：单击该按钮，打开"块编辑"对话框，在列表中选择要编辑的块。

（2）保存块：单击该按钮，则保存当前定义的块。

（3）将块另存为：单击该按钮，则以新块名保存当前定义的块。

（4）写块：单击该按钮，则将块保存到外部文件。

（5）测试块：单击该按钮，打开用于测试块的窗口。

2. "管理参数"面板

（1）块参数：单击该按钮，打开下拉菜单，如图 6.35 所示。该组命令可以在块编辑器中将带有夹点的参数添加到动态块定义中。该组命令仅在块编辑器中用于定义动态块参照的自定义特性。添加参数后，将参数与块动作相关联即可定义动态块。将参数添加到动态块定义后，夹点将显示在该参数的关键点上，用于控制块参照操作的参数部分。该组命令也可以通过命令 BPARAMETER 打开。

（2）块动作：单击该按钮，打开下拉菜单，如图 6.36 所示。该组命令可以向动态块定义中添加动作。在动态块定义中，必须将动作与参数相关联，动作定义了在图形中操作动态块中的对象时，动态块中的几何对象将如何变化。该组命令也可以通过命令 BACTIONTOOL 打开。

图 6.35　"块参数"下拉菜单　　　图 6.36　"块动作"下拉菜单

1）移动：在动态块参照中使用该命令移动选择集中的对象。移动动作可以与点参数、线性参数、极轴参数和 XY 参数相关联。

单击"移动"按钮，命令行提示和操作如下：

```
命令：_bactiontool
输入动作类型 [阵列(A)/翻转(F)/移动(M)/旋转(R)/缩放(S)/拉伸(T)/极轴拉伸(P)]：_move✓
选择参数：
指定要与动作关联的参数点或输入 [基点(B)/第二个点(S)/X 角点(X)/Y 角点(Y)] <X 角点>：
指定动作的选择集
选择对象：
找到 1 个
选择对象：
指定动作位置或 [乘数(M)/偏移(O)/Xy(X)]：
```

➢ 选择参数：选择要与移动动作相关联的参数。

➢ 指定要与动作关联的参数点：将移动动作与线性参数或极轴参数相关联时，指定动作的基点位于参数的起点或端点；将移动动作与 XY 参数相关联时，指定动作的基点位于参数的基点、端点、X 角点或 Y 角点。

➢ 选择对象：选择要移动的一个或多个对象，按 Enter 键结束选择。

➢ 指定动作位置：指定在块参照中动作发生的位置。

➢ 乘数(M)：指定块参照中对象移动的倍率。

➢ 偏移(O)：指定块参照中对象移动时偏移的角度。

➢ Xy(X)：当将移动动作与 XY 参数相关联时，指定将动作作用于 X 距离、Y 距离或 XY 距离。

2）拉伸：将块参照中的选择集基于选定的基点拉伸和移动一段指定的距离。拉伸动作可以与点参数、线性参数、极轴参数和 XY 参数相关联。

单击"拉伸"按钮🗊，命令行提示和操作如下：

```
命令：_bactiontool
输入动作类型 [阵列(A)/翻转(F)/移动(M)/旋转(R)/缩放(S)/拉伸(T)/极轴拉伸(P)]：_stretch↙
选择参数：
指定要与动作关联的参数点或输入 [基点(B)/第二个点(S)/X 角点(X)/Y 角点(Y)] <X 角点>：
指定拉伸框架的第一个角点或 [圈交(CP)]：
指定对角点：
指定要拉伸的对象
选择对象：
选择对象：
指定动作位置或 [乘数(M)/偏移(O)/Xy(X)]：
```

➢ 指定拉伸框架的第一个角点：由指定两点定义的矩形框确定拉伸动作的边界。

➢ 圈交(CP)：指定由一系列的点定义的封闭区域确定拉伸动作的边界。

3）极轴拉伸：将块参照中的选择集基于选定的基点拉伸和移动一段指定的距离。极轴拉伸动作仅可以与极轴参数相关联。

```
命令：_bactiontool
输入动作类型 [阵列(A)/翻转(F)/移动(M)/旋转(R)/缩放(S)/拉伸(T)/极轴拉伸(P)]：_polar↙
选择参数：
指定要与动作关联的参数点或输入 [起点(T)/第二点(S)] <第二点>：
指定拉伸框架的第一个角点或 [圈交(CP)]：
指定对角点：
指定要拉伸的对象
选择对象：
指定仅旋转的对象
选择对象：
选择对象：
指定动作位置或 [乘数(M)/偏移(O)]：
```

➢ 指定要拉伸的对象：选择要拉伸的一个或多个对象，按 Enter 键结束选择。

➢ 指定仅旋转的对象：选择只修改其极轴角度而不改变极轴距离的对象，按 Enter 键结束选择。

4）缩放：将块参照中的选择集基于指定的基点进行缩放。缩放动作可以与线性参数、极轴参数和 XY 参数相关联。

5）旋转：将块参照中的选择集基于指定的基点旋转。旋转动作仅可以与旋转参数相关联。

6）翻转：将块参照中的选择集基于指定的投影线翻转。翻转动作仅可以与翻转参数相关联。

7）阵列：将块参照中的选择集按照指定的方式进行复制。阵列动作可以与线性参数、极轴参数和 XY 参数相关联。

➢ 输入行间距：当将阵列动作与 XY 参数相关联时，输入阵列对象副本在 Y 方向的间距。

➢ 输入列间距：输入阵列对象副本在 X 方向的间距。

➢ 指定单位单元：当将阵列动作与 XY 参数相关联时，使用指定两点定义的矩形确定阵列对象副本在 X 方向和 Y 方向的间距。

（3）参数集：单击该按钮，打开下拉菜单，如图 6.37 所示。该组命令用于在块编辑器中向动态块定义中添加一个参数和至少一个动作。将参数集添加到动态块中时，动作将自动与参数相关联。

将参数集添加到动态块中后，双击黄色警示图标（或使用 BACTIONSET 命令），按照命令行中的提示将动作与几何图形选择集相关联。该组命令也可以通过命令 BPARAMETER 打开。

1）点移动：向动态块定义中添加一个点参数，系统会自动添加与该点参数相关联的移动动作。

2）线性移动：向动态块定义中添加一个线性参数，系统会自动添加与该线性参数的端点相关联的移动动作。

3）可见性集：向动态块定义中添加一个可见性参数并允许定义可见性状态，无须添加与可见性参数相关联的动作。

其他参数集功能与上面各选项类似。

动手学——创建并标注动态粗糙度

本例创建图 6.38 所示的动态粗糙度图块，并将其插入图 6.39 所示的图形中。

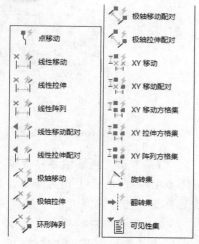

图 6.37　"参数集"下拉菜单

扫一扫，看视频

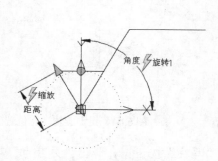

图 6.38　动态粗糙度图块

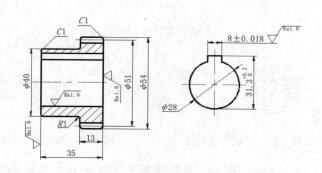

图 6.39　标注动态粗糙度

【操作步骤】

（1）单击"标准"工具栏中的"新建"按钮，弹出"选择样板文件"对话框，选择"无样板打开——公制"方式，单击"打开"按钮，创建新文件。

（2）单击"常用"选项卡"绘图"面板中的"直线"按钮，绘制图 6.40 所示的粗糙度符号。

（3）单击"插入"选项卡"块"面板中的"创建"按钮，弹出"块定义"对话框，将名称设置为"粗糙度"，在"对象"选项组中选中"转换为块"单选按钮，单击"选择对象"按钮，在绘图区选择粗糙度符号，按 Enter 键，返回"块定义"对话框；单击"基点"选项组中的"拾取基点"按钮，在绘图区拾取粗糙度符号下端点为基点。设置完成，单击"确定"按钮，块创建完成。

（4）双击刚刚创建的粗糙度图块，弹出"块编辑"对话框，选中名称"粗糙度"，单击"确定"按钮，系统进入块编辑环境。

（5）单击"块编辑器"选项卡"管理参数"面板"块参数"下拉菜单中的"线性"按钮，在绘图区❶拾取图 6.41 所示的点 1 和❷点 2，在❸适当位置单击，指定距离参数位置。

（6）单击"块编辑器"选项卡"管理参数"面板"块动作"下拉菜单中的"缩放"按钮，❶在绘图区选择刚刚创建的"距离"参数，❷选择粗糙度符号，按 Enter 键，❸在适当位置单击，指定缩放动作位置，如图 6.42 所示。

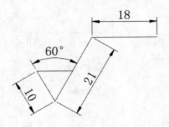

图 6.40　绘制粗糙度符号

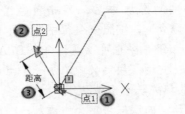

图 6.41　指定距离参数位置

（7）单击"块编辑器"选项卡"管理参数"面板"块参数"下拉菜单中的"旋转"按钮，捕捉图 6.43 所示的点 1 作为基点，捕捉图 6.43 所示的中点确定半径尺寸，设置旋转角度为 90°，在适当位置单击，指定角度参数位置。

（8）单击"块编辑器"选项卡"管理参数"面板"块动作"下拉菜单中的"旋转"按钮，在绘图区选择刚刚创建的"角度"参数，选择粗糙度符号，按 Enter 键，在适当位置单击，指定旋转动作位置，如图 6.44 所示。

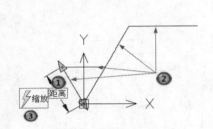

图 6.42　指定缩放动作位置

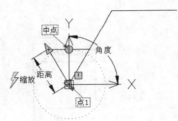

图 6.43　指定角度参数位置

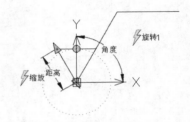

图 6.44　指定旋转动作位置

（9）单击"块编辑器"选项卡"打开/保存"面板中的"写块"按钮，弹出"另存为"对话框，在列表中选中"粗糙度"，单击"确定"按钮，弹出"浏览图形文件"对话框，设置保存路径，进行保存。

（10）单击"关闭块编辑器"按钮，退出块编辑。

（11）打开源文件：源文件\原始文件\第 6 章\齿轮轴套，打开齿轮轴套源文件，如图 6.45 所示。

（12）单击"插入"选项卡"块"面板中的"插入"按钮，弹出"插入图块"对话框，单击"浏览"按钮，弹出"插入块"对话框，选择"粗糙度"图块，单击"打开"按钮。此时，在"插入图块"对话框中显示"粗糙度"图块的预览和路径，勾选"插入点"选项组中的"在屏幕上指定"复选框，将 X、Y、Z 缩放比例均设置为 1，如图 6.46 所示。

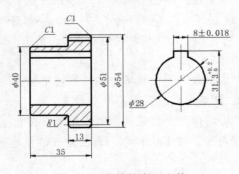

图 6.45　齿轮轴套源文件

图 6.46　"插入图块"对话框

（13）单击"插入"按钮，在绘图区拾取右端面插入"粗糙度"图块，如图 6.47 所示。

（14）选中"粗糙度"图块，拖动图 6.48 所示的旋转标签，将其沿顺时针方向旋转 90°，结果如图 6.49 所示。

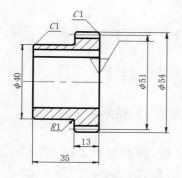

图 6.47 插入"粗糙度"图块

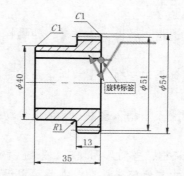

图 6.48 选择旋转标签

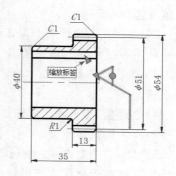

图 6.49 旋转图块

（15）再拖动图 6.49 所示的缩放标签，将图块进行缩小，结果如图 6.50 所示。

（16）单击"注释"选项卡"文字"面板中的"多行文字"命令，标注粗糙度数值，结果如图 6.51 所示。

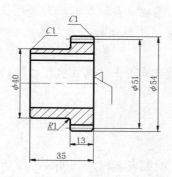

图 6.50 缩小图块

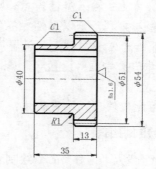

图 6.51 标注粗糙度数值

（17）使用同样的方法，在其他位置插入"粗糙度"图块，结果如图 6.39 所示。

6.2.5 定义属性

【执行方式】

➤ 命令行：ATTDEF。

➤ 菜单栏："绘图"→"块"→"定义属性"。

➤ 功能区："插入"→"属性"→"定义属性" / "常用"→"块"→"定义属性"。

【操作步骤】

执行上述命令，系统弹出"定义属性"对话框，如图 6.52 所示。

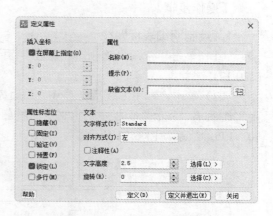

图 6.52 "定义属性"对话框

【选项说明】

（1）属性标志位：在图形中插入块时，设置与块关联的属性值选项。

1）"隐藏"复选框：勾选该复选框，属性为不可见显示方式，即插入图块并输入属性值后，属性值在图中并不显示。

2）"固定"复选框：勾选该复选框，属性值为常量，即属性值在属性定义时给定，在插入图块时系统不再提示输入属性值。

3）"验证"复选框：勾选该复选框，当插入图块时，系统重新显示属性值，让用户验证该值是否正确。

4）"预置"复选框：勾选该复选框，当插入图块时，系统自动把事先设置好的默认值赋予属性，而不再提示输入属性值。

5）"锁定"复选框：勾选该复选框，当插入图块时，系统锁定块参照中属性的位置。 解锁后，属性可以相对于使用夹点编辑的块的其他部分移动，并且可以调整多行属性的大小。

6）"多行"复选框：指定属性值可以包含多行文字。勾选该复选框，可以指定属性的边界宽度。

（2）属性。

1）"名称"文本框：输入属性标签。属性标签可由除空格和感叹号外的所有字符组成，系统自动将小写字母转换为大写字母。

2）"提示"文本框：输入属性提示。属性提示是插入图块时系统要求输入属性值的提示。如果不在该文本框内输入文本，则以属性标签作为提示。如果在"属性标志位"选项组中勾选"固定"复选框，即设置属性为常量，则无须设置属性提示。

3）"缺省文本"文本框：设置默认属性值。可把使用次数较多的属性值作为默认值，也可不设置默认值。

其他各选项组比较简单，不再赘述。

扫一扫，看视频

动手学——绘制明细表

本例利用"矩形"及"偏移"命令绘制表格；同时输入明细表名称，绘制图 6.53 所示的明细表。

序号	名称	数量	材料	备注

图 6.53　明细表

【操作步骤】

1．绘制明细表标题栏

（1）单击"常用"选项卡"绘图"面板中的"矩形"按钮□，指定矩形的两个角点(40,10)、(220,17)。

（2）单击"常用"选项卡"修改"面板中的"分解"按钮，分解刚绘制的矩形；再单击"常用"选项卡"修改"面板中的"偏移"按钮，将矩形的左侧边向右偏移，偏移距离分别为 15、75、90、135，结果如图 6.54 所示。

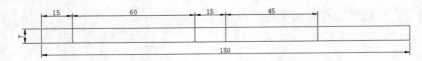

图 6.54　绘制明细表格线

（3）单击"工具"选项卡"样式管理器"面板中的"文字样式"按钮A，弹出"文字样式管理器"对话框，单击"新建"按钮，在弹出的对话框中设置"样式名称"为"明细表"，单击"确定"按钮，返回"文字样式管理器"对话框；在"名称"下拉列表中选择"仿宋"，设置"样式"为"常规"，在"高度"文本框中输入3.5，如图6.55所示。

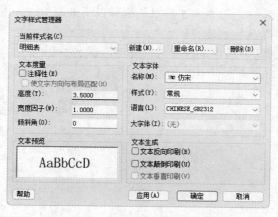

图6.55 "文字样式管理器"对话框

（4）单击"常用"选项卡"注释"面板中的"多行文字"按钮，打开多行文字编辑器，依次填写明细表标题栏中的各项，结果如图6.56所示。

序号	名称	数量	材料	备注

图6.56 填写明细表标题栏

（5）单击"常用"选项卡"块"面板中的"创建"按钮，弹出"块定义"对话框，创建"明细表标题栏"图块，选择绘制的明细表，以左下端点为基点创建图块，如图6.57所示。

（6）在命令行输入W/WBLOCK命令后按Enter键，弹出"保存块到磁盘"对话框，如图6.58所示。在"源"选项组中选中"块"单选按钮，从下拉列表中选择"明细表标题栏"图块，在"目标"选项组中选择文件名和路径，完成零件图块的保存。

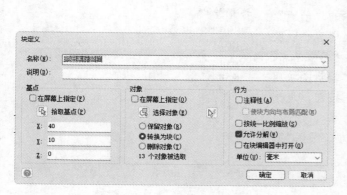

图6.57 "块定义"对话框

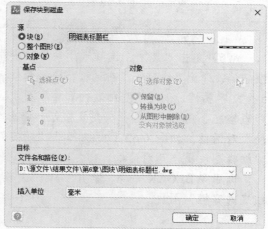

图6.58 "保存块到磁盘"对话框

2. 绘制明细表内容栏

（1）仿照标题栏表格的绘制方法，绘制明细表内容栏表格，如图 6.59 所示。

（2）单击"常用"选项卡"块"面板中的"定义属性"按钮，弹出"定义属性"对话框。❶在"名称"文本框中输入 N，❷在"提示"文本框中输入"输入序号："，❸勾选"在屏幕上指定"复选框，❹勾选"锁定"复选框，❺"文字样式"选择"明细表"，如图 6.60 所示。❻单击"定义并退出"按钮，完成"序号"属性的定义。

（3）在明细表内容栏的第一栏中单击插入"序号"属性。

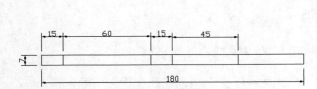

图 6.59　绘制明细表内容栏表格

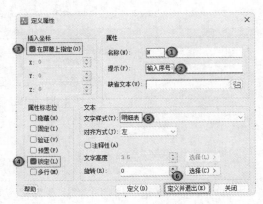

图 6.60　定义"序号"属性

（4）使用同样的方法定义其他 4 个文字属性。弹出"定义属性"对话框，依次定义明细表内容栏的后 4 个文字属性。

1）名称 NAME，提示"输入名称："。

2）名称 Q，提示"输入数量："。

3）名称 MATERAL，提示"输入材料："。

4）名称 NOTE，提示"输入备注："。

插入点都是用鼠标在屏幕上选取。定义好 5 个文字属性的明细表内容栏如图 6.61 所示。

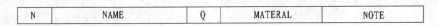

图 6.61　定义好 5 个文字属性的明细表内容栏

（5）单击"常用"选项卡"块"面板中的"创建"按钮，弹出"块定义"对话框，选择明细表内容栏以及 5 个文字属性，创建"明细表内容栏"图块，"拾取基点"为表格左下角点。单击"确定"按钮，弹出"编辑图块属性"对话框，如图 6.62 所示。单击"确定"按钮，退出"编辑图块属性"对话框。

调用 WBLOCK 命令，弹出"写块"对话框，保存"明细表内容栏"图块。

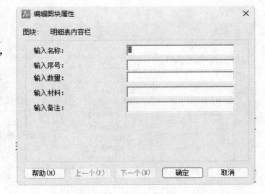

图 6.62　"编辑图块属性"对话框

6.2.6　修改属性定义

【执行方式】

➢ 命令行：DDEDIT（ED）。

➢ 菜单栏："修改"→"对象"→"文字编辑"。

➢ 工具栏："文字"→"编辑文字" ／"修改Ⅱ"→"编辑文字" 。

【操作步骤】

命令：DDEDIT✓
选择注释对象或 [放弃(U)]：

在该提示下选择要修改的属性定义，系统弹出"增强属性编辑器"对话框，如图 6.63 所示。在该对话框中可对块中的每个属性的值、文字选项和特性进行编辑。

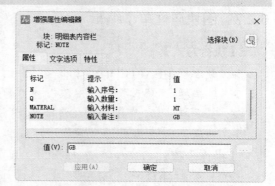

【选项说明】

（1）属性：显示属性信息。属性信息不能重新定义，但可以对各属性的特定值进行修改。

（2）文字选项：设置在属性列表中选定的属性文字在图形中的显示方式。

（3）特性：设置属性所在的图层以及属性文字的颜色、线宽和线型。

图 6.63　"增强属性编辑器"对话框

动手学——修改明细表内容

本例将填写图 6.64 所示的明细表。

| 1 | 轴 | 1 | 45钢 | GB/T699—1999 |

图 6.64　明细表

【操作步骤】

（1）单击"常用"选项卡"块"面板中的"插入"按钮，弹出"插入图块"对话框，单击"浏览"按钮，弹出"插入块"对话框，选择"明细表内容栏"图块，单击"打开"按钮，返回"插入图块"对话框，在"插入点"选项组中勾选"在屏幕上指定"复选框，缩放比例均设置为 1。

（2）单击"插入"按钮，在绘图区适当位置插入"明细表内容栏"图块，弹出"编辑图块属性"对话框，输入内容，如图 6.65 所示。

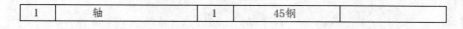

| 1 | 轴 | 1 | 45钢 | |

图 6.65　插入图块

（3）选择菜单栏中的"修改"→"对象"→"文字编辑"命令，选择图 6.65 所示的图块，弹出"增强属性编辑器"对话框，选择 NOTE 标记，在"值"文本框中输入 GB/T699—1999，如图 6.66 所示。

（4）选择"文字选项"选项卡，将"对正"设置为"中心"，如图 6.67 所示。单击"确定"按钮，明细表修改完成，结果如图 6.64 所示。

扫一扫，看视频

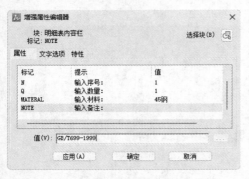

图 6.66 "增强属性编辑器"对话框

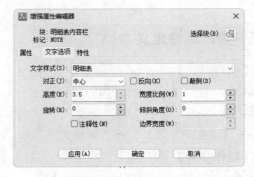

图 6.67 "文字选项"选项卡

6.2.7 图块属性单个编辑

【执行方式】

- ➢ 命令行：EATTEDIT。
- ➢ 菜单栏："修改" → "对象" → "属性" → "单个"。
- ➢ 工具栏："修改 II" → "编辑属性" 🔲。
- ➢ 功能区："默认" → "块" → "编辑属性" 🔲。

【操作步骤】

命令：EATTEDIT✓
选取带属性的块参照：：

执行 EATTEDIT 命令，系统弹出"增强属性编辑器"对话框，如图 6.63 所示。该命令的使用方法与 DDEDIT 命令相同，这里不再赘述。

6.2.8 图块属性多重编辑

【执行方式】

- ➢ 命令行：ATTEDIT。
- ➢ 菜单栏："修改" → "对象" → "属性" → "多重"。
- ➢ 工具栏："修改 II" → "编辑属性" 🔲。
- ➢ 功能区："默认" → "块" → "编辑属性" 🔲。

【操作步骤】

命令：ATTEDIT✓
编辑属性一次一个？[是(Y)/否(N)] <是>：
输入块名称 <*>：
输入属性标记 <*>：
输入属性值 <*>：
选取属性：
找到 1 个
选取属性：✓
1 属性被选取。
输入选项 [定位(P)/角度(A)/文字(T)/样式(S)/颜色(C)/高度(H)/层(L)/下一个(N)/退出(Q)] <下
一个>：

【选项说明】

（1）编辑属性一次一个?：输入"是"，进入一次编辑一个属性；输入"否"，进入全局编辑属性。

（2）一次编辑一个属性。

1）输入块名称：输入要修改块的名称，或直接按 Enter 键，可以编辑任何块参照的属性。

2）输入属性标记：输入要修改的属性标记，当不输入标记名称直接按 Enter 键时，可以编辑任何标记的属性。

3）输入属性值：输入要修改的属性值，当不输入属性值直接按 Enter 键时，可以编辑任意值。

4）选取属性：选择要修改的块参照属性，属性必须可显示并与当前 UCS 平行。在选择了第一个属性后，系统将用 X 标记该属性。可以修改选定的属性的任何特性。

5）输入选项。

➤ 定位(P)：移动属性的位置。

➤ 角度(A)：修改属性的旋转角度。

➤ 文字(T)：改变或替换属性的值。

➤ 样式(S)：修改属性的文字样式。

➤ 颜色(C)：修改属性的颜色为真彩色、系统配色或 BYLAYER。

➤ 高度(H)：修改属性的文字高度。

➤ 层(L)：修改属性的图层。

➤ 下一个(N)：移动到选择集中的下一个属性。若选择集中无下一个属性，则结束命令。

➤ 退出(Q)：结束属性编辑命令。

（3）全局编辑属性：全局属性仅限于使用新的属性值替换原属性值。

在"编辑属性一次一个?"提示下输入"否"，显示以下提示：

是否仅编辑屏幕可见的属性？［是(Y)/否(N)］<是>：

在编辑全局属性时，可以区分编辑可见属性和不可见属性。

动手学——标注泵轴的表面粗糙度

本例标注图 6.68 所示的泵轴的表面粗糙度。

【操作步骤】

（1）单击"插入"选项卡"块"面板中的"插入"按钮，弹出"插入图块"对话框，选择"粗糙度"图块，进行插入，结果如图 6.69 所示。

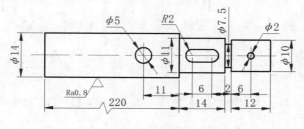

图 6.68 泵轴

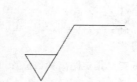

图 6.69 插入"粗糙度"图块

（2）单击"插入"选项卡"属性"面板中的"定义属性"按钮，弹出"定义属性"对话框，设置"名称"为 R，"提示"为"输入粗糙度值："，"文字高度"为 5，如图 6.70 所示。

（3）单击"定义并退出"按钮，根据系统提示指定插入点，结果如图 6.71 所示。

（4）单击"插入"选项卡"块"面板中的"创建"按钮 🔲，弹出"块定义"对话框，设置名称为"属性粗糙度"，单击"选择对象"按钮 🔲，选择粗糙度符号及属性 R，按 Enter 键，单击"拾取基点"按钮，在绘图区选择图 6.72 所示的插入点，单击"确定"按钮，"属性粗糙度"图块定义完成。

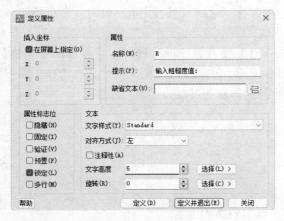

图 6.70　"定义属性"对话框

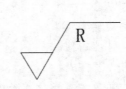

图 6.71　指定插入点

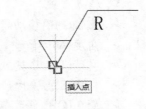

图 6.72　选择插入点

（5）弹出"编辑图块属性"对话框，单击"确定"按钮，关闭该对话框。

（6）选中刚刚定义的"属性粗糙度"图块，右击，在弹出的快捷菜单中选择"块编辑器"命令，弹出"块编辑器"选项卡。

（7）单击"块编辑器"选项卡"管理参数"面板"块参数"下拉菜单中的"线性"按钮 🔲，在绘图区拾取两点定义线性参数，在适当位置单击，指定距离参数位置，如图 6.73 所示。

（8）单击"块编辑器"选项卡"管理参数"面板"块动作"下拉菜单中的"缩放"按钮 🔲，在绘图区选择刚刚创建的"距离"参数，选择粗糙度符号和属性 R，按 Enter 键，在适当位置单击，指定缩放动作位置，如图 6.74 所示。

（9）单击"块编辑器"选项卡"管理参数"面板"块参数"下拉菜单中的"旋转"按钮 △，捕捉图 6.72 所示的插入点作为基点，在任意位置单击，确定半径尺寸，设置旋转角度为 90°，在适当位置单击，指定角度参数位置，如图 6.75 所示。

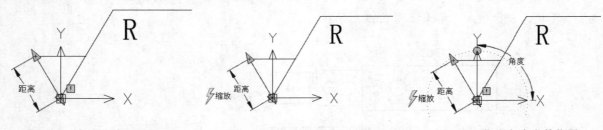

图 6.73　指定距离参数位置　　　　图 6.74　指定缩放动作位置　　　　图 6.75　指定角度参数位置

（10）单击"块编辑器"选项卡"管理参数"面板"块动作"下拉菜单中的"旋转"按钮 ↻，在绘图区选择刚刚创建的"角度"参数，选择粗糙度符号和属性 R，按 Enter 键，在适当位置单击，指定旋转动作位置，如图 6.76 所示。

（11）单击"块编辑器"选项卡"打开/保存"面板中的"写块"按钮，弹出"另存为"对话框，在列表中选中"属性粗糙度"，单击"确定"按钮，弹出"浏览图形文件"对话框，设置保存路径，进行保存。

（12）打开源文件：源文件\原始文件\第 6 章\泵轴，打开泵轴源文件，如图 6.77 所示。

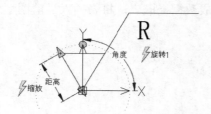

图 6.76　指定旋转动作位置

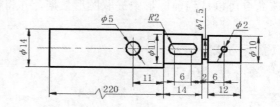

图 6.77　泵轴源文件

（13）单击"插入"选项卡"块"面板中的"插入"按钮，弹出"插入图块"对话框，选择"属性粗糙度"图块，在空白处单击放置图块。

（14）弹出"编辑图块属性"对话框，输入粗糙度值 Ra0.8，如图 6.78 所示。

（15）单击"确定"按钮，结果如图 6.79 所示。

（16）选中插入的粗糙度符号，拖动缩放标签和旋转标签进行调整，结果如图 6.80 所示。

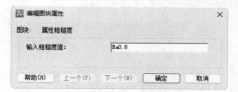

图 6.78　"编辑图块属性"对话框

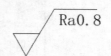

图 6.79　粗糙度符号

（17）选择菜单栏中的"修改"→"对象"→"属性"→"多重"命令，命令行提示和操作如下：

```
命令：_attedit
编辑属性一次一个？ [是(Y)/否(N)] <是>：✓
输入块名称 <*>：✓
输入属性标记 <*>：✓
输入属性值 <*>：✓
选取属性：（选择图 6.81 所示的属性）
找到 1 个
选取属性：✓
1 属性被选取。
输入选项 [定位(P)/角度(A)/文字(T)/样式(S)/颜色(C)/高度(H)/层(L)/下一个(N)/退出(Q)] <下一个>：A
输入新旋转角度 <180>：0（输入文字角度）
输入选项 [定位(P)/角度(A)/文字(T)/样式(S)/颜色(C)/高度(H)/层(L)/下一个(N)/退出(Q)] <下一个>：P
```

在绘图区重新拾取放置位置，结果如图 6.82 所示。

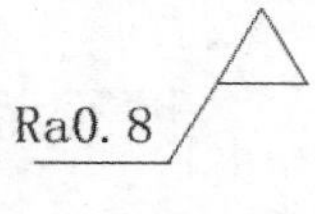

图 6.80　调整粗糙度符号

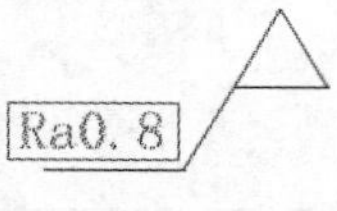

Ra0.8

图 6.81　选择属性

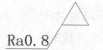

图 6.82　编辑多重属性结果

（18）单击"常用"选项卡"修改"面板中的"移动"按钮⊹，选中图 6.82 所示的粗糙度符号，以上端尖角为基点，将其移动到图形中适当位置，结果如图 6.68 所示。

6.2.9　提取属性数据

该命令可以从当前图形中提取图形数据，并将数据生成数据提取表，将表插入当前图形或外部文件。

【执行方式】

➢ 命令行：EATTEXT。

➢ 菜单栏："工具"→"数据提取"。

【操作步骤】

执行上述命令，系统弹出"数据提取-开始"对话框，如图 6.83 所示。单击"下一步"按钮，依次在弹出的各对话框中对提取属性的各选项进行设置。设置完成后，系统生成包含提取数据的 BOM 表。

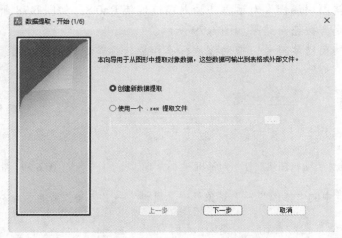

图 6.83　"数据提取-开始"对话框

6.3　设计中心与工具选项板

使用中望 CAD 设计中心可以很容易地组织设计内容，并把它们拖动到当前图形中。工具选项板是"工具选项板"窗口中以选项卡形式存在的区域，是组织、共享和放置块及填充图案的有效方法。工具选项板还可以包含由第三方开发人员提供的自定义工具；也可以利用设计中的组织内容，并将其创建为工具选项板。设计中心与工具选项板的使用大大方便了绘图，提高了绘图效率。

6.3.1　设计中心

1. 启动设计中心

【执行方式】

➢ 命令行：ADCENTER（DC/DCENTER/ZDCENTER / CONTENT）。

> 菜单栏："工具"→"选项板"→"设计中心"。
> 工具栏："标准"→"设计中心" ⊞。
> 功能区："工具"→"选项板"→"设计中心" ⊞。
> 快捷键：Ctrl+2。

【操作步骤】

执行上述命令，系统打开设计中心。第一次启动设计中心时，设计中心默认打开的选项卡为"文件夹"。内容显示区采用大图标显示，左边的资源管理器采用 tree view 显示方式显示系统的树形结构，浏览资源的同时，在内容显示区显示浏览资源的有关细目或内容，如图 6.84 所示。在设计中心中也可以搜索资源，方法与 Windows 资源管理器类似。

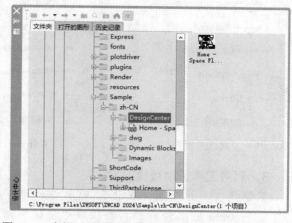

图 6.84　中望 CAD 设计中心的资源管理器和内容显示区

2. 利用设计中心插入图形

设计中心最大的一个优点是可以将系统文件夹中的 DWG 图形当成图块插入当前图形中。其具体方法如下。

（1）从文件夹列表或查找结果列表框中选择要插入的对象，拖动对象到打开的图形中。

（2）在相应的命令行提示下输入比例和旋转角度等数值。

执行上述操作之一，则被选择的对象会根据指定的参数插入图形中。

6.3.2　工具选项板

1. 打开工具选项板

【执行方式】

> 命令行：TOOLPALETTES。
> 菜单栏："工具"→"选项板"→"工具选项板"。
> 工具栏："标准"→"工具选项板" 。
> 功能区："视图"→"选项板"→"工具选项板" ▦。
> 快捷键：Ctrl+3。

【操作步骤】

执行上述命令，系统自动打开工具选项板窗口，如图 6.85 所示。该工具选项板中有系统预设置的几个选项板。在选项板任意位置右击，在弹出的快捷菜单中选择"新建选项板"命令，如图 6.86 所示，新建一个空白选项板，可以命名该选项板，如图 6.87 所示。

2. 将设计中心的内容添加到工具选项板

选中设计中心文件夹，右击，在弹出的快捷菜单中选择"创建块的工具选项板"命令，如图 6.88 所示。设计中心中储存的图形单元就出现在工具选项板中新建的 DesignCenter 选项板中，如图 6.89 所示。这样就可以将设计中心与工具选项板结合起来，建立一个快捷方便的工具选项板。

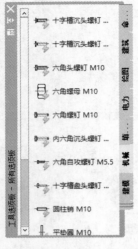
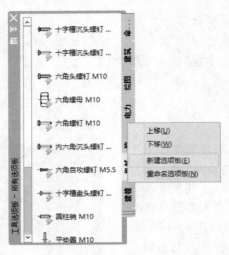

图 6.85　工具选项板窗口　　　图 6.86　右键快捷菜单 1　　　图 6.87　新建选项板

3．利用工具选项板绘图

只需将工具选项板中的图形单元拖动到当前图形，该图形单元就以图块的形式插入当前图形中。图 6.90 所示为将工具选项板"机械"选项板中的图形单元拖动到当前图形中绘制的标准零件。

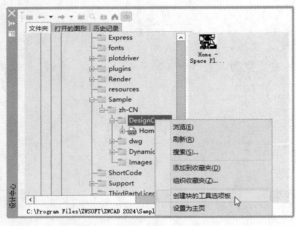

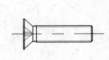

图 6.88　右键快捷菜单 2　　　图 6.89　DesignCenter 选项板　　　图 6.90　标准零件

扫一扫，看视频

6.4　综合实例——绘制圆柱齿轮

本综合实例绘制图 6.91 所示的圆柱齿轮。

【操作步骤】

1．新建文件

选择菜单栏中的"文件"→"新建"命令，弹出"选择样板文件"对话框，选择"样板图"源文件，单击"打开"按钮，创建一个新的图形文件。

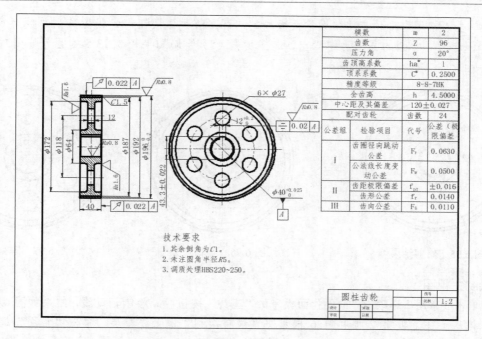

图 6.91 圆柱齿轮

模数	m	2
齿数	Z	96
压力角	α	20°
齿顶高系数	ha*	1
顶隙系数	C*	0.2500
精度等级		8-8-7HK
全齿高	h	4.5000
中心距及其偏差		120±0.027
配对齿轮	齿数	24

公差组	检验项目	代号	公差（极限偏差）
I	齿圈径向跳动公差	F_r	0.0630
	公法线长度变动公差	F_w	0.0500
II	齿距极限偏差	f_{pt}	±0.016
	齿形公差	f_f	0.0140
III	齿向公差	$F_β$	0.0110

技术要求
1. 其余倒角为 C1。
2. 未注圆角半径 R5。
3. 调质处理 HBS220~250。

圆柱齿轮		
设计	审核	1:2

2. 绘制左视图

（1）将"中心线"层设置为当前层。单击"常用"选项卡"绘图"面板中的"直线"按钮，在适当位置绘制水平中心线与竖直中心线，结果如图 6.92 所示。

（2）将"实线"层设置为当前层。单击"常用"选项卡"绘图"面板中的"圆心，半径"按钮，以图 6.92 中的点 1 为圆心，绘制半径分别为 20、21、32、59、86、93.5、96、98 的同心圆，并将半径为 59 和 96 的圆的图层修改为"中心线"层，如图 6.93 所示。

（3）单击"常用"选项卡"修改"面板中的"偏移"按钮，将水平中心线向上偏移 23.3，竖直中心线分别向左、右偏移 6，并将偏移的直线转换到"实线"层，结果如图 6.94 所示。

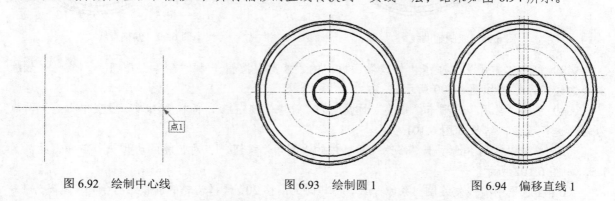

图 6.92 绘制中心线　　　　图 6.93 绘制圆 1　　　　图 6.94 偏移直线 1

（4）单击"常用"选项卡"修改"面板中的"修剪"按钮，修剪多余的线条并修改线型，结果如图 6.95 所示。

（5）单击"常用"选项卡"绘图"面板中的"圆心，半径"按钮，以图 6.95 中的点 2 为圆心，绘制半径为 13.5 的圆，如图 6.96 所示。

（6）单击"常用"选项卡"修改"面板中的"环形阵列"按钮，设置阵列总数为 6，填充角度为 360°，选取同心圆的圆心为中心点，选择步骤（5）绘制的半径为 13.5 的圆为阵列对象，结果如图 6.97 所示。

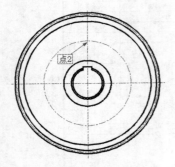

图 6.95　修剪结果 1

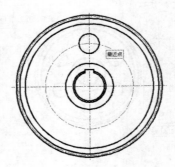

图 6.96　绘制圆 2

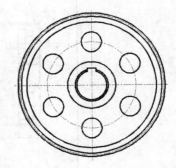

图 6.97　阵列圆

3．绘制主视图

（1）单击"常用"选项卡"绘图"面板中的"直线"按钮，绘制辅助线，结果如图 6.98 所示。

（2）将从上往下数第 2 根和第 6 根水平直线转换到"中心线"层，单击"常用"选项卡"修改"面板中的"偏移"按钮，将图 6.98 主视图中的竖直中心线向右偏移，偏移距离分别为 6、20，并将偏移的直线转换到"实线"层，结果如图 6.99 所示。

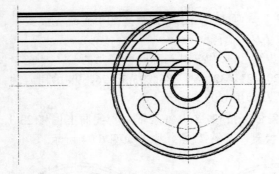

图 6.98　绘制辅助线

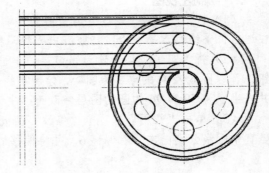

图 6.99　偏移直线 2

（3）单击"常用"选项卡"修改"面板中的"修剪"按钮和"删除"按钮，修剪并删除多余的线条，结果如图 6.100 所示。

（4）单击"常用"选项卡"修改"面板中的"镜像"按钮，将右侧图形以竖直中心线上两点为轴线进行镜像，结果如图 6.101 所示。

（5）单击"常用"选项卡"修改"面板中的"倒角"按钮，对齿轮的齿顶进行倒角，距离为 1.5，如图 6.102 所示。

（6）在水平中心线处绘制一条水平线，将其向上偏移 20，选择齿轮的孔口进行倒角，距离为 1。单击"常用"选项卡"绘图"面板中的"直线"按钮，在倒角处绘制直线，删除水平线。单击"常用"选项卡"修改"面板中的"修剪"按钮，修剪多余的线条，结果如图 6.103 所示。

（7）单击"常用"选项卡"修改"面板中的"圆角"按钮，对图 6.103 中的 A、B、C、D 角点进行圆角处理，圆角半径为 5，结果如图 6.104 所示。

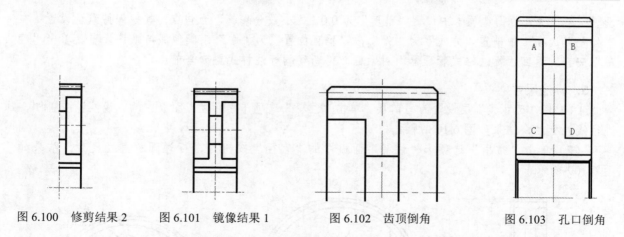

图 6.100　修剪结果 2　　图 6.101　镜像结果 1　　图 6.102　齿顶倒角　　图 6.103　孔口倒角

（8）单击"常用"选项卡"修改"面板中的"镜像"按钮△↓，镜像对象为上部所有图形，镜像线为水平中心线，镜像结果如图 6.105 所示。

（9）单击"常用"选项卡"修改"面板中的"删除"按钮◇，删除图 6.106 中选中的直线。

（10）将"剖面线"层设置为当前层。单击"常用"选项卡"绘图"面板中的"图案填充"按钮▨，在打开的选项卡中选择填充图案为 ANSI31，设置"角度"为 90°，"填充图案比例"为 1，其他为默认值。在要绘制剖面线的区域单击进行图案填充，单击"关闭图案填充创建"按钮，完成剖面线的绘制，结果如图 6.107 所示。

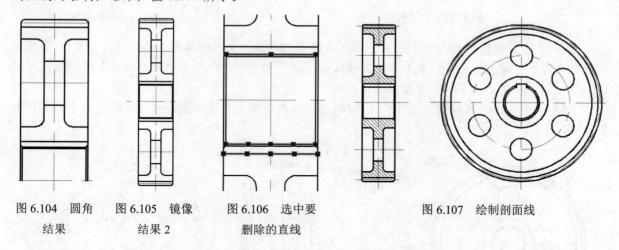

图 6.104　圆角　　图 6.105　镜像　　图 6.106　选中要　　　　图 6.107　绘制剖面线
　　结果　　　　　　结果 2　　　　删除的直线

（11）选中所有图形，单击"常用"选项卡"修改"面板中的"缩放"按钮◻，设置缩放比例为 0.5。

4．设置标注样式

（1）选择菜单栏中的"格式"→"标注样式"命令，弹出"标注样式管理器"对话框，利用该对话框可创建一个新的尺寸标注样式。单击"新建"按钮，弹出"新建标注样式"对话框，设置新样式名称为"齿轮标注"。

（2）在"新建标注样式"对话框中单击"继续"按钮，弹出"新建标注样式：齿轮标注"对话框。在"符号和箭头"选项卡中设置"箭头大小"为 3，其他保持默认设置；在"文字"选项卡中设置"字体"为"仿宋"，"文字高度"为 4，"在尺寸界线外"文字方向为"水平"，其他保持默认设置；在"主单位"选项卡中设置"精度"为0.0，"小数分隔符"为句点，其他保持默认设置；在"公差"选项卡中设置"方式"为"无"，"垂直位置"为"中"，其他保持默认设置。单击"确定"按钮，返回"标注样式管理器"对话框，将新建的标注样式置为当前。

5. 标注尺寸

（1）将"尺寸线"层设置为当前层。单击"注释"选项卡"标注"面板中的"线性"按钮┣┤，进行线性标注，结果如图6.108所示。

（2）单击"常用"选项卡"注释"面板中的"直径"按钮◯，标注圆的直径尺寸，结果如图6.109所示。

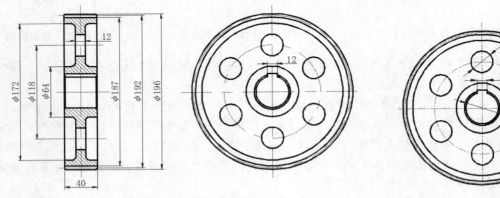

图 6.108　标注线性尺寸　　　　　　　　　图 6.109　标注圆的直径尺寸

（3）双击左视图中的尺寸12，弹出多行文字编辑器和"文字编辑器"选项卡，在尺寸12后输入+0.2^0。选中输入的公差，单击"文字编辑器"选项卡"字体"面板中的"堆叠"按钮 ᵇ/ₐ，尺寸12的公差标注完成，如图6.110所示。

（4）同理，标注左视图的直径尺寸40的公差，再标注主视图的直径尺寸196的公差，结果如图6.111所示。

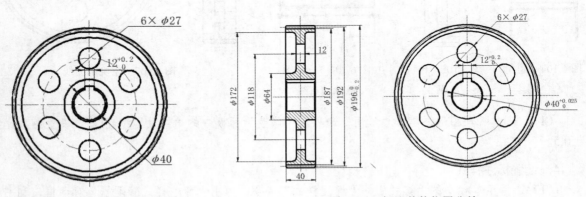

图 6.110　标注尺寸12的公差　　　　　　　图 6.111　标注其他位置公差

（5）选择菜单栏中的"格式"→"标注样式"命令，弹出"标注样式管理器"对话框。在"样式"列表框中选择"齿轮标注"样式，单击"替代"按钮，弹出"替代当前标注样式：齿轮标注"对话框。在"文字"选项卡中将"在尺寸界线外"的文字方向设置为"与直线对齐"；在"公差"选项卡中设置"方式"为"对称"，"精度"为0.000，"公差上限"为0.022，"高度比例"为0.5，

（6）单击"注释"选项卡"标注"面板中的"线性"按钮，标注键槽深度尺寸，结果如图 6.112 所示。

（7）单击"标注"工具栏中的"快速引线"按钮，在命令行输入 S，弹出"引线设置"对话框。在"注释"选项卡中设置"注释类型"为"无"；在"引线和箭头"选项卡中设置箭头为"无"，"点数"最大值为 3，"第一段"角度约束为 45°，"第二段"角度约束为"水平"。单击"确定"按钮，在倒角位置单击绘制引线。

（8）单击"注释"选项卡"文字"面板中的"多行文字"按钮，标注倒角尺寸 C1.5，结果如图 6.113 所示。

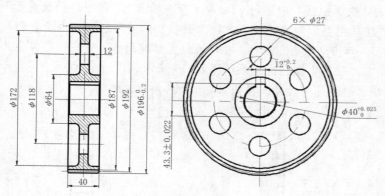

图 6.112　标注键槽深度尺寸

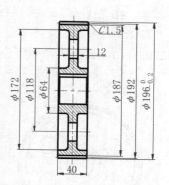

图 6.113　标注倒角尺寸

6. 标注几何公差

（1）单击"常用"选项卡"绘图"面板中的"多段线"按钮和"注释"面板中的"多行文字"按钮，绘制基准符号，命令行提示和操作如下，结果如图 6.114 所示。

```
命令: _pline
指定多段线的起点或 <最后点>:（捕捉左视图尺寸 40 的尺寸线上一点）
当前线宽是 0.0000
指定下一点或 [圆弧(A)/半宽(H)/长度(L)/撤销(U)/宽度(W)]: w
指定起始宽度 <0.0000>: 5
指定终止宽度 <10.0000>: 0
指定下一点或 [圆弧(A)/半宽(H)/长度(L)/撤销(U)/宽度(W)]: @5<270
指定下一点或 [圆弧(A)/闭合(C)/半宽(H)/长度(L)/撤销(U)/宽度(W)]: @6<270
指定下一点或 [圆弧(A)/闭合(C)/半宽(H)/长度(L)/撤销(U)/宽度(W)]: @5<0
指定下一点或 [圆弧(A)/闭合(C)/半宽(H)/长度(L)/撤销(U)/宽度(W)]: @10<270
指定下一点或 [圆弧(A)/闭合(C)/半宽(H)/长度(L)/撤销(U)/宽度(W)]: @10<180
指定下一点或 [圆弧(A)/闭合(C)/半宽(H)/长度(L)/撤销(U)/宽度(W)]: @10<90
指定下一点或 [圆弧(A)/闭合(C)/半宽(H)/长度(L)/撤销(U)/宽度(W)]: @5<0
指定下一点或 [圆弧(A)/闭合(C)/半宽(H)/长度(L)/撤销(U)/宽度(W)]: *取消*
```

（2）单击"标注"工具栏中的"快速引线"按钮，在命令行输入 S，弹出"引线设置"对话框。在"注释"选项卡中设置"注释类型"为"公差"；在"引线和箭头"选项卡中设置箭头为"无"，"点数"最大值为 2，单击"确定"按钮。

（3）捕捉尺寸 12 的尺寸线端点，拖动引线至合适的位置单击，弹出"几何公差"对话框，设置对称度几何公差，如图 6.115 所示。单击"确定"按钮，结果如图 6.116 所示。

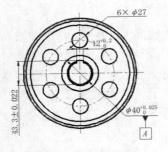

图 6.114 标注基准

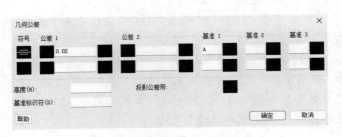

图 6.115 设置对称度几何公差

（4）单击"标注"工具栏中的"快速引线"按钮↙️，在命令行中输入 S，弹出"引线设置"对话框。在"注释"选项卡中设置"注释类型"为"公差"；在"引线和箭头"选项卡中设置箭头为"实心闭合"，"点数"最大值为 3，单击"确定"按钮。在轮齿位置绘制引线，弹出"几何公差"对话框，设置圆跳动几何公差，单击"确定"按钮，结果如图 6.117 所示。

（5）使用同样的方法，标注端面跳动几何公差，结果如图 6.118 所示。

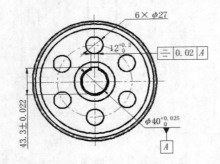

图 6.116 标注对称度几何公差

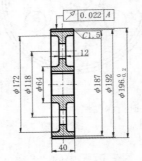

图 6.117 标注圆跳动几何公差

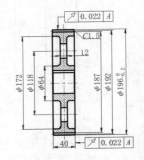

图 6.118 标注端面跳动几何公差

7. 标注表面粗糙度

（1）单击"插入"选项卡"块"面板中的"插入"按钮📥，弹出"插入图块"对话框，选择"粗糙度"图块，勾选"统一比例"复选框，设置比例值为 0.8，旋转角度为 90°。单击"插入"按钮，在齿轮左端面位置单击放置图块。

（2）单击"注释"选项卡"文字"面板中的"多行文字"按钮🅰️，输入粗糙度值 Ra1.6，并将其旋转 90°，如图 6.119 所示。

（3）参照以上方法，标注其他位置的粗糙度，结果如图 6.120 所示。

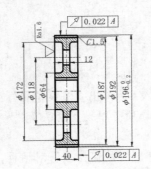

图 6.119 粗糙度符号

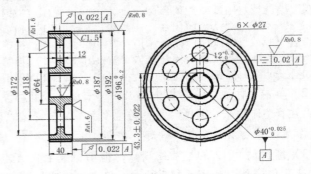

图 6.120 粗糙度标注结果

8. 插入图框

（1）单击"常用"选项卡"块"面板中的"插入"按钮，选择"A3 横向样板图"图块，将其插入当前窗口中。

（2）单击"常用"选项卡"修改"面板中的"分解"按钮，选中"A3 横向样板图"图块，将其分解，并将分解后的内框放置在"粗实线"层，结果如图 6.121 所示。

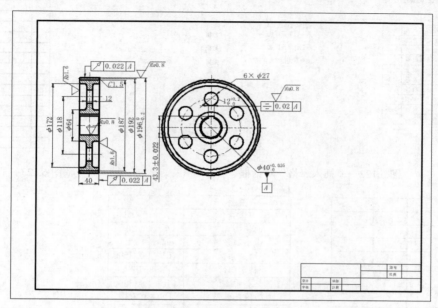

图 6.121 插入图框

9. 绘制参数表

（1）选择菜单栏中的"格式"→"表格样式"命令，弹出"表格样式管理器"对话框，单击"修改"按钮，弹出"修改表格样式：Standard"对话框。在该对话框中进行以下设置：在"基本"选项卡中设置"填充颜色"为"无"，"对齐"方式为"正中"，"水平"单元边距和"垂直"单元边距均为 1.5；在"文字"选项卡中设置"文字样式"为 Standard，"文字高度"为 5，"文字颜色"为"随块"；在"边框"选项卡中单击"特性"选项组"颜色"下拉按钮，设置"颜色"为"洋红"，单击"所有边框"按钮，设置表格方向为"向下"。设置好表格样式后，单击"确定"按钮，退出"表格样式管理器"对话框。

（2）单击"常用"选项卡"注释"面板中的"表格"按钮，弹出"插入表格"对话框，如图 6.122 所示。设置"插入方式"为"指定插入点"；行和列分别为 13 和 4，"列宽"为 16，"行高"为 1；将"第一行单元样式""第二行单元样式""所有其他行单元样式"都设置为"数据"。单击"确定"按钮后，在绘图区指定插入点插入表格，如图 6.123 所示。

（3）单击选中第一列某个表格，单击"标准"工具栏中的"特性"按钮，弹出"特性"选项板，设置第一列单元宽度为 26，第二列单元宽度为 48，第三列单元宽度为 24，第四列单元宽度为 30，结果如图 6.124 所示。双击单元格，重新打开多行文字编辑器，在各单元格中输入相应的文字或数据，并将多余的单元格合并，结果如图 6.125 所示。

（4）单击"常用"选项卡"注释"面板中的"多行文字"按钮，标注技术要求，如图 6.126 所示。

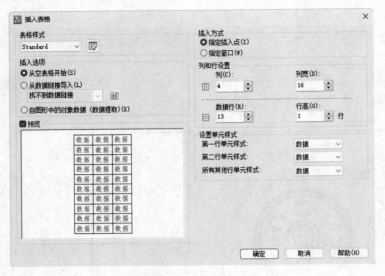

图 6.122 "插入表格"对话框

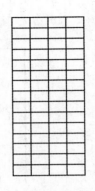

图 6.123 插入表格

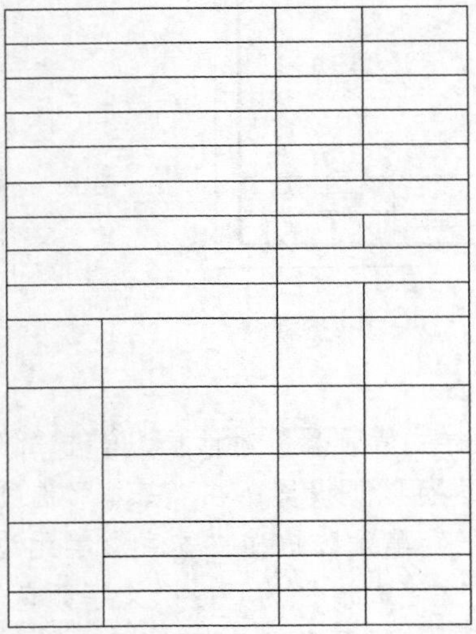

图 6.124 修改列宽

模数	m	2
齿数	Z	96
压力角	α	20°
齿顶高系数	ha*	1
顶系系数	C*	0.2500
精度等级	8-8-7HK	
全齿高	h	4.5000
中心距及其偏差	120±0.027	
配对齿轮	齿数	24
公差组	检验项目	代号	公差（极限偏差）
---	---	---	---
I	齿圈径向跳动公差	Fr	0.0630
	公法线长度变动公差	Fw	0.0500
II	齿距极限偏差	fpt	±0.016
	齿形公差	fr	0.0140
III	齿向公差	Fβ	0.0110

图 6.125 输入文字并合并单元格

技术要求

1.其余倒角为C1。

2.未注圆角半径R5。

3.调质处理HBS220~250。

图 6.126 标注技术要求

（5）单击"常用"选项卡"注释"面板中的"多行文字"按钮，填写相应的内容。至此，圆柱齿轮零件图绘制完毕，最终结果如图 6.91 所示。

第7章 零件图

内容简介

零件图是生产中指导制造和检验零件的主要图样，本章将结合前面学习过的平面图形的绘制、编辑命令及尺寸标注命令，详细介绍机械工程中零件图的绘制方法、步骤及零件图中技术要求的标注。

内容要点

- ➢ 完整零件图绘制方法
- ➢ 阀盖设计
- ➢ 阀体设计

案例效果

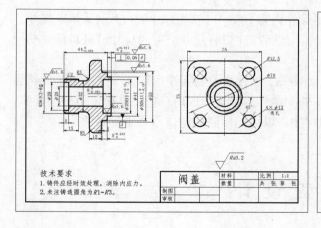

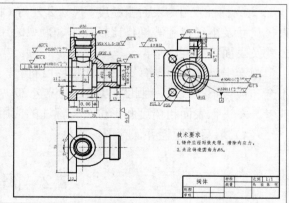

7.1 完整零件图绘制方法

零件图是反映设计者意图以及生产部门组织生产的重要技术文件，因此其不仅应将零件的材料和内外结构形状及大小表达清楚，而且还要对零件的加工、检验、测量提供必要的技术要求。

7.1.1 零件图内容

一张完整的零件图应包含下列内容。

（1）一组视图：包括视图、剖视图、剖面图、局部放大图等，用于表达零件的内外形状和结构。

（2）完整的尺寸：标出零件结构的大小、结构间的位置关系。

（3）技术要求：用于说明零件在制造和检验时应达到的技术要求，如表面粗糙度、尺寸公差、形状和位置公差以及表面处理和材料热处理等。

（4）标题栏：位于零件图的右下角，用于填写零件的名称、材料、比例、数量、图号以及设计、制图、校核人员签名等。

7.1.2 零件图绘制过程

在绘制零件图时，应根据零件的结构特点、用途及主要加工方法确定零件图的表达方案；还应对零件的结构形状进行分析，确定零件的视图表达方案。以下是零件图的一般绘制过程及制图过程中需要注意的问题。

（1）在绘制零件图前，应根据图纸幅面大小和版式的不同，分别建立符合机械制图国家标准的若干机械图样模板。模板中应包括图纸幅面、图层、使用文字的一般样式、尺寸标注的一般样式等，这样在绘制零件图时，就可以直接调用建立好的模板，有利于提高工作效率。

（2）使用绘图命令和编辑命令完成图形的绘制。在绘制过程中，应根据结构的对称性、重复性等特征，灵活运用镜像、阵列、多重复制等编辑操作，避免重复劳动，提高绘图效率。

（3）标注尺寸、表面粗糙度、尺寸公差等。将标注内容分类，可以先标注线性尺寸、角度尺寸、直径尺寸及半径尺寸等操作比较简单、直观的尺寸，然后标注带有尺寸公差的尺寸，最后标注形位公差及表面粗糙度。

由于中望 CAD 没有提供表面粗糙度符号，而且关于形位公差的标注也存在一些不足，如符号不全和代号不一致等，因此可以通过建立外部块、外部参照的方式积累用户自定义和使用的图形库，或者开发进行表面粗糙度和形位公差标注的应用程序，以达到标注这些技术要求的目的。

（4）填写标题栏并保存图形文件。

7.2 阀盖设计

阀盖是机械制图中常见的绘制内容，本节讲解绘图环境的设置、文字和尺寸标注样式的设置，充分使用了二维绘图和二维编辑命令，是使用中望 CAD 2024 二维绘图功能的综合实例。

阀盖的设计思路：首先，设置阀盖的绘图环境；其次，依次绘制阀盖的中心线、主视图和左视图；最后，标注阀盖的尺寸、几何公差和表面粗糙度并填写标题栏和技术要求。阀盖零件图如图 7.1 所示。

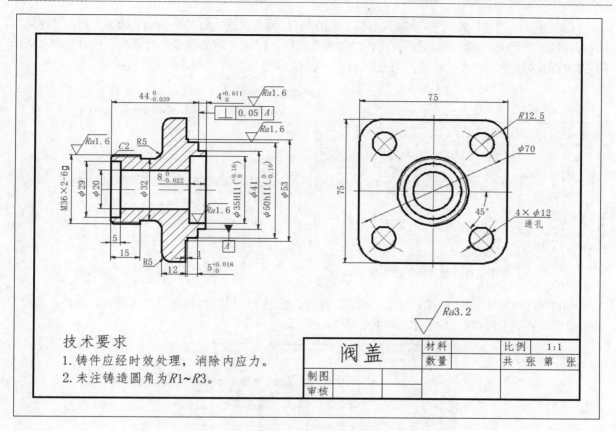

图 7.1　阀盖零件图

7.2.1　配置绘图环境

1．建立新文件

单击"标准"工具栏中的"新建"按钮，弹出"选择样板文件"对话框，选择已有的样板图建立新文件，本例选择"A4 横向样板图"，单击"打开"按钮，新建文件。

2．开启线宽功能

单击状态栏中的"显示/隐藏线宽"按钮，在绘制图形时显示线宽，命令行中会提示"命令：<线宽 开>"。

3．创建新图层

（1）单击"常用"选项卡"图层"面板中的"图层特性"按钮，弹出"图层特性管理器"选项板，如图 7.2 所示。

（2）选择"实线"层，单击"新建"按钮，输入名称"粗实线"，颜色、线型和线宽继承"实线"层的特性。

（3）选择 0 层，单击"新建"按钮，输入名称"尺寸线"，颜色设置为蓝色，线型和线宽继承 0 层的特性。

（4）选择"尺寸线"层，单击"新建"按钮，输入名称"剖面线"，颜色、线型和线宽继承"尺寸线"层的特性。

扫一扫，看视频

（5）单击"新建"按钮 ⟰，输入名称"中心线"，颜色设置为红色。单击"线型"列的"连续"按钮，弹出"线型管理器"对话框，单击"加载"按钮，弹出"添加线型"对话框，选择图 7.3 所示的 CENTER2 线型。单击"确定"按钮，返回"线型管理器"对话框。

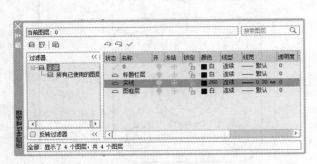

图 7.2 "图层特性管理器"选项板

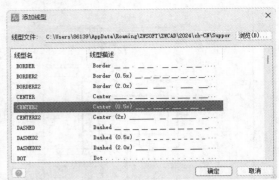

图 7.3 "添加线型"对话框

（6）选择 CENTER2 线型，单击"确定"按钮，返回"图层特性管理器"选项板，将"中心线"层的线型设置为 CENTER2 线型，结果如图 7.4 所示。

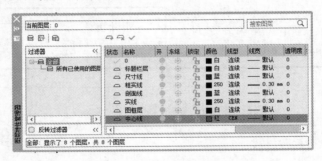

图 7.4 创建的图层

7.2.2 绘制左视图

1．绘制中心线

（1）将"中心线"层设置为当前层。单击"常用"选项卡"绘图"面板中的"直线"按钮 ⟍，绘制中心线，命令行提示和操作如下：

```
命令：_line
指定第一个点：（在绘图区任意指定一点）
指定下一个点或 [角度(A)/长度(L)/放弃(U)]：＜正交 开＞ @80,0✓
指定下一个点或 [角度(A)/长度(L)/放弃(U)]：*取消*
命令：_line
指定第一个点：_from（按住 Shift 键，右击，在弹出的快捷菜单中选择"自"命令）
基点：（捕捉中心线的中点作为基点）
＜偏移＞：@0,40
指定下一个点或 [角度(A)/长度(L)/放弃(U)]：@0,-80
指定下一个点或 [角度(A)/长度(L)/放弃(U)]：✓
```

（2）单击"常用"选项卡"绘图"面板中的"圆心，半径"按钮 ⟳，捕捉中心线的交点，绘制半径为 35 的圆。

（3）单击"常用"选项卡"绘图"面板中的"直线"按钮 ＼，从中心线的交点到坐标点((@45<45)绘制直线，结果如图7.5所示。

2．绘制轮廓线

（1）将"粗实线"层设置为当前层。单击"常用"选项卡"绘图"面板中的"正多边形"按钮 ⬠，设置边数为4，捕捉中心线的交点为正方形的中心点，设置外切圆的半径为37.5。

（2）单击"常用"选项卡"绘图"面板中的"圆角"按钮 ▱，对正方形进行倒圆角操作，圆角半径为12.5，结果如图7.6所示。

（3）单击"常用"选项卡"绘图"面板中的"圆心，半径"按钮 ⊙，捕捉中心线的交点，分别绘制半径为18、17、14.5和10的同心圆。将半径为17的圆放置在0层，利用"修剪"命令修剪该圆第三象限的圆弧，如图7.7所示。

（4）重复"圆心，半径"命令，捕捉中心线圆与斜中心线的交点，绘制半径为6的圆，结果如图7.8所示。

（5）单击"常用"选项卡"修改"面板中的"打断"按钮 ▯，对中心线圆和斜中心线进行打断，结果如图7.9所示。

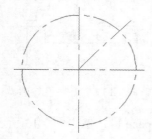

图7.5 绘制中心线及圆

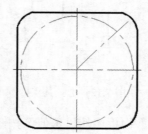

图7.6 绘制正方形并倒圆角

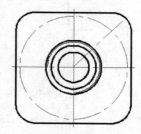

图7.7 绘制同心圆

（6）单击"常用"选项卡"修改"面板中的"环形阵列"按钮 ⚙，选择刚刚绘制的半径为6的圆、斜中心线和中心圆弧，将其进行环形阵列，填充角度为360°，数目为4，结果如图7.10所示。

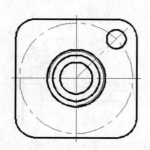

图7.8 绘制半径为6的圆

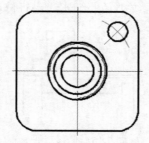

图7.9 打断结果

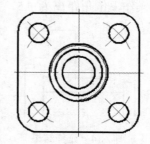

图7.10 环形阵列结果

7.2.3 绘制主视图

（1）将"中心线"层设置为当前层。单击"常用"选项卡"绘图"面板中的"直线"按钮 ＼，绘制主视图的中心线，长度为58。

（2）将"粗实线"层设置为当前层。单击"常用"选项卡"绘图"面板中的"直线"按钮 ＼，捕捉主视图水平中心线上一点，从该点起绘制轮廓线，坐标如下：@0,18→@15,0→@0,-2→@11,

扫一扫，看视频

0→@0,21.5→@12,0→@0,-11→@1,0→@0,-1.5→@5,0→@0,-4.5→@4,0→捕捉中心线的垂足，结果如图 7.11 所示。

（3）将"粗实线"层设置为当前层。单击"常用"选项卡"绘图"面板中的"直线"按钮，命令行提示和操作如下：

```
命令：_line
指定第一个点：_from（按住 Shift 键，右击，在弹出的快捷菜单中选择"自"命令）
基点：（捕捉图 7.12 所示的基点）
<偏移>：@0,14.5↙
指定下一点或 [角度(A)/长度(L)/放弃(U)]：@5<0↙
指定下一点或 [角度(A)/长度(L)/放弃(U)]：@0,-4.5↙
指定下一点或 [角度(A)/长度(L)/闭合(C)/放弃(U)]：@35<0↙
指定下一点或 [角度(A)/长度(L)/闭合(C)/放弃(U)]：@7.5<90↙
指定下一点或 [角度(A)/长度(L)/闭合(C)/放弃(U)]：@8<0↙
指定下一点或 [角度(A)/长度(L)/闭合(C)/放弃(U)]：↙
```

结果如图 7.13 所示。

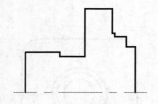

图 7.11　主视图外轮廓线

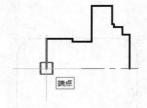

图 7.12　选择基点

图 7.13　绘制内孔轮廓

（4）单击"常用"选项卡"修改"面板中的"延伸"按钮，按 Space 键，单击图 7.13 所示的直线 1 和直线 2 的下端，将其延长到水平中心线，结果如图 7.14 所示。

（5）单击"常用"选项卡"修改"面板中的"偏移"按钮，选择阀盖主视图左端 M36 轴段的上边线，将其向下偏移 1，结果如图 7.15 所示。选择偏移后的直线，将其所在图层修改为 0 层。

（6）单击"常用"选项卡"修改"面板中的"倒角"按钮，对主视图 M36 轴段左端进行倒角操作，倒角距离为 1.5，并对 M36 螺纹小径的细实线进行修剪，结果如图 7.16 所示。

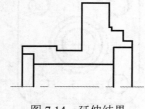

图 7.14　延伸结果

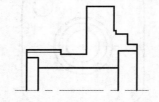

图 7.15　偏移直线

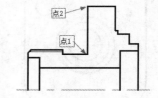

图 7.16　倒角并修剪细实线

（7）单击"常用"选项卡"修改"面板中的"圆角"按钮，对图 7.16 所示的点 1 和点 2 位置进行倒圆角操作，圆角半径为 5，结果如图 7.17 所示。

（8）单击"常用"选项卡"修改"面板中的"镜像"按钮，用窗口选择方式选择主视图的轮廓线，以主视图的水平中心线为对称轴进行镜像操作，结果如图 7.18 所示。

（9）将"剖面线"层设置为当前层。单击"常用"选项卡"绘图"面板中的"图案填充"按钮，打开"图案填充创建"选项卡，设置填充图案为 ANSI31，拾取填充区域内一点，按 Enter 键，绘制剖面线，如图7.19所示。

图7.17 倒圆角结果

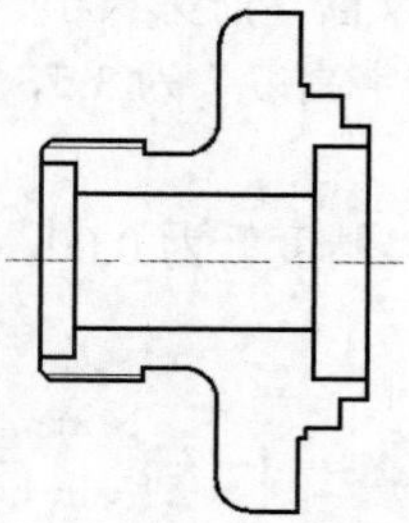

图7.18 镜像结果

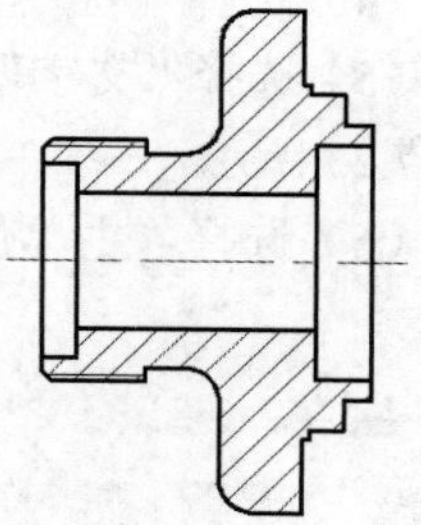

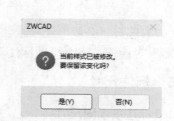

图7.19 绘制剖面线

扫一扫，看视频

7.2.4 设置尺寸标注样式

（1）将"尺寸线"层设置为当前层。选择菜单栏中的"格式"→"文字样式"命令，弹出"文字样式管理器"对话框，将"文本字体"中"名称"设置为"仿宋"，如图7.20所示。单击"确定"按钮，弹出ZWCAD对话框，如图7.21所示，单击"是"按钮。

图7.20 "文字样式管理器"对话框

图7.21 ZWCAD对话框

（2）选择菜单栏中的"格式"→"标注样式"命令，弹出"标注样式管理器"对话框，如图7.22所示。该对话框中显示了当前的标注样式，单击"新建"按钮，弹出"新建标注样式"对话框。

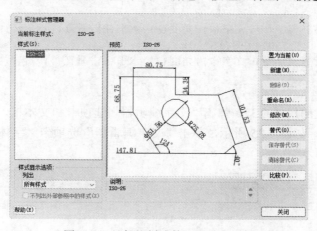

图7.22 "标注样式管理器"对话框

（3）设置名称为"机械标注"，单击"继续"按钮，弹出"新建标注样式：机械标注"对话框。

（4）选择"符号和箭头"选项卡，设置"箭头大小"为2.5。

（5）选择"文字"选项卡，设置"文字高度"为3.5，"在尺寸界线外"的文字方向为"水平"，如图 7.23 所示。

（6）选择"主单位"选项卡，设置"精度"为0.00，"小数分隔符"为"."（句点），如图 7.24 所示。

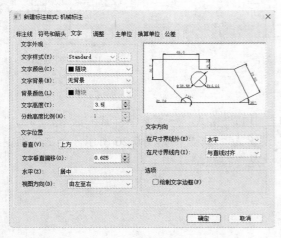

图 7.23　"文字"选项卡 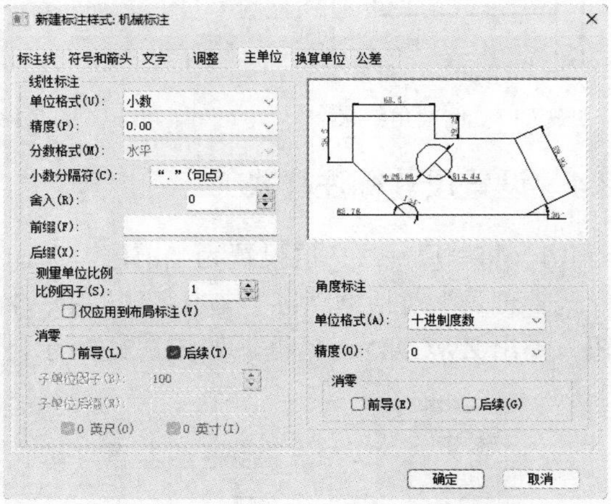　　　　　　　　　　　图 7.24　"主单位"选项卡

（7）选择"公差"选项卡，设置"垂直位置"为"中"。单击"确定"按钮，返回"标注样式管理器"对话框，将"机械标注"样式置为当前，关闭对话框。

7.2.5　标注尺寸

1. 标注主视图尺寸

（1）单击"注释"选项卡"标注"面板中的"线性"按钮 ⊢⊣，标注主视图中直径为 35 的孔的尺寸，命令行提示和操作如下：

```
命令: _dimlinear
指定第一条尺寸界线原点或 <选择对象>:
指定第二条尺寸界线原点:
指定尺寸线位置或 [多行文字(M)/文字(T)/角度(A)/水平(H)/垂直(V)/旋转(R)]: T
输入标注文字 <35>: %%c35H11(+0.16^ 0)
指定尺寸线位置或 [多行文字(M)/文字(T)/角度(A)/水平(H)/垂直(V)/旋转(R)]: （选择放置位置以放置尺寸）
标注注释文字 = 35
```

（2）双击刚刚创建的尺寸 φ35，弹出"文字编辑器"选项卡和文本框，将直径符号"φ"修改为斜体，选中偏差内容，如图 7.25 所示，单击"文字编辑器"选项卡"字体"面板中的"堆叠"按钮 ᵇ/ₐ，结果如图 7.26 所示。

$\phi35H11(+0.16\ 0)$　　　　　　　　　　　$\phi35H11\binom{+0.16}{0}$

图 7.25　选中偏差内容 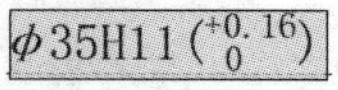　　　　　　　　　　　图 7.26　堆叠结果

使用同样的方法，标注阀盖主视图中其他竖直方向的线性尺寸，结果如图 7.27 所示。

（3）单击"注释"选项卡"标注"面板中的"线性"按钮，标注水平方向的线性尺寸，结果如图7.28所示。

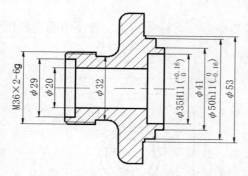

图 7.27 标注主视图竖直线性尺寸

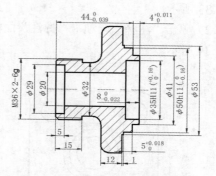

图 7.28 标注主视图水平线性尺寸

（4）单击"标注"工具栏中的"快速引线"按钮，在命令行输入 S，弹出"引线设置"对话框，如图7.29所示。在"注释"选项卡中设置"注释类型"为"无"；在"引线和箭头"选项卡中设置箭头为"无"，"点数"最大值为3，"第一段"角度约束为45°，"第二段"角度约束为"水平"，单击"确定"按钮，如图7.30所示。在倒角位置单击绘制引线。

图 7.29 "引线设置"对话框

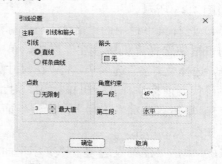

图 7.30 "引线和箭头"选项卡

（5）单击"注释"选项卡"文字"面板中的"多行文字"按钮，标注倒角尺寸 C2，结果如图7.31所示。

（6）单击"注释"选项卡"标注"面板中的"半径"按钮，标注主视图中的半径尺寸 R5，结果如图7.32所示。

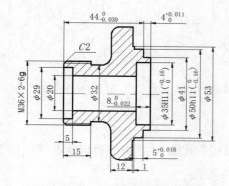

图 7.31 标注倒角尺寸 C2

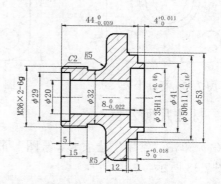

图 7.32 标注半径尺寸 R5

2．标注阀盖左视图

（1）单击"注释"选项卡"标注"面板中的"线性"按钮$\vdash\dashv$，标注阀盖左视图中的线性尺寸 75，如图 7.33 所示。

（2）单击"注释"选项卡"标注"面板中的"直径"按钮，标注阀盖左视图中的直径尺寸，如图 7.34 所示。

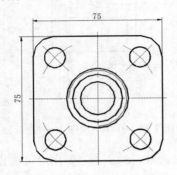

图 7.33　标注线性尺寸

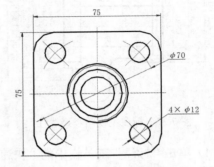

图 7.34　标注直径尺寸

（3）单击"注释"选项卡"标注"面板中的"直径"按钮，标注阀盖左视图中的半径尺寸，如图 7.35 所示。

（4）选择菜单栏中的"格式"→"标注样式"命令，弹出"标注样式管理器"对话框，在"样式"列表框中选择"机械标注"样式。单击"替代"按钮，弹出"替代当前标注样式：机械标注"对话框，选择"文字"选项卡，将"在尺寸界线内"的文字方向设置为"水平"。单击"确定"按钮，关闭"替代当前标注样式：机械标注"对话框。

（5）单击"注释"选项卡"标注"面板中的"角度"按钮，标注阀盖左视图中的角度尺寸 45°，如图 7.36 所示。

（6）单击"注释"选项卡"文字"面板中的"多行文字"按钮，在尺寸 $4 \times \phi12$ 的尺寸线下方标注文字"通孔"，结果如图 7.37 所示。

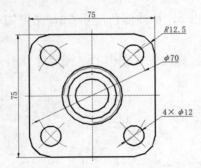

图 7.35　标注半径尺寸

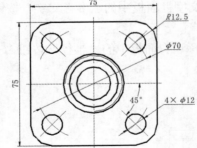

图 7.36　标注角度尺寸

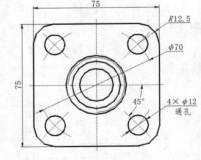

图 7.37　标注文字"通孔"

7.2.6　标注几何公差

（1）单击"常用"选项卡"绘图"面板中的"多段线"按钮，命令行提示和操作如下，结果如图 7.38 所示。

```
命令：_pline
```

指定多段线的起点或 <最后点>：（捕捉主视图中直径尺寸的下端箭头）
当前线宽是 0.0000
指定下一点或 [圆弧(A)/半宽(H)/长度(L)/撤销(U)/宽度(W)]：w
指定起始宽度 <0.0000>：4
指定终止宽度 <4.0000>：0
指定下一点或 [圆弧(A)/半宽(H)/长度(L)/撤销(U)/宽度(W)]：<正交 开> @0,-4
指定下一点或 [圆弧(A)/闭合(C)/半宽(H)/长度(L)/撤销(U)/宽度(W)]：@0,-4
指定下一点或 [圆弧(A)/闭合(C)/半宽(H)/长度(L)/撤销(U)/宽度(W)]：@3,0
指定下一点或 [圆弧(A)/闭合(C)/半宽(H)/长度(L)/撤销(U)/宽度(W)]：@0,-6
指定下一点或 [圆弧(A)/闭合(C)/半宽(H)/长度(L)/撤销(U)/宽度(W)]：@-6,0
指定下一点或 [圆弧(A)/闭合(C)/半宽(H)/长度(L)/撤销(U)/宽度(W)]：@0,6
指定下一点或 [圆弧(A)/闭合(C)/半宽(H)/长度(L)/撤销(U)/宽度(W)]：@3,0
指定下一点或 [圆弧(A)/闭合(C)/半宽(H)/长度(L)/撤销(U)/宽度(W)]：↙

（2）单击"注释"选项卡"文字"面板中的"多行文字"按钮，输入基准符号 A，如图 7.39 所示。

图 7.38　绘制基准符号

图 7.39　输入基准符号 A

（3）单击"标注"工具栏中的"快速引线"按钮，在命令行输入 S，弹出"引线设置"对话框。在"注释"选项卡中设置"注释类型"为"公差"；在"引线和箭头"选项卡中设置箭头为"实心闭合"，"点数"最大值为 2，单击"确定"按钮。

（4）在主视图尺寸 $4^{+0.011}_{0}$ 第一条尺寸界线的位置处单击绘制引线，弹出"几何公差"对话框，设置垂直度公差为 0.05，基准为 A，如图 7.40 所示。单击"确定"按钮，结果如图 7.41 所示。

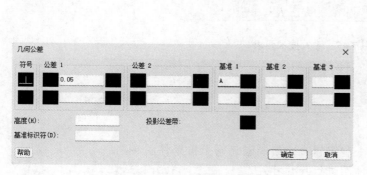

图 7.40　"几何公差"对话框

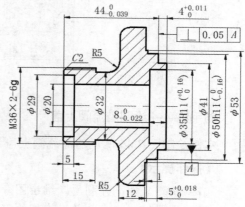

图 7.41　标注几何公差

7.2.7　标注表面粗糙度

（1）单击"常用"选项卡"块"面板中的"插入"按钮，弹出"插入图块"对话框，单击"浏览"按钮，弹出"插入块"对话框，选择"粗糙度"图块，单击"打开"按钮，系统返回"插入图块"对话框，设置缩放比例为 0.5，其他设置如图 7.42 所示。

（2）单击"插入"按钮，在绘图区空白处单击放置。

（3）单击"注释"选项卡"文字"面板中的"多行文字"按钮 ，输入粗糙度数值 1.6，结果如图 7.43 所示。

（4）通过拖动图 7.43 所示的粗糙度符号上定义的"旋转"属性标签，调整粗糙度符号的放置方向，再利用"旋转"命令调整多行文字的方向，最后的标注结果如图 7.44 所示。

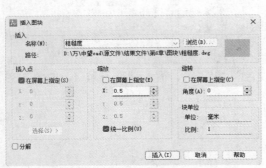

图 7.42　"插入图块"对话框　　　图 7.43　标注数值　　　图 7.44　标注粗糙度结果

7.2.8　标注技术要求

（1）将 0 层设置为当前层，单击"注释"选项卡"文字"面板中的"多行文字"按钮 ，指定插入位置后，打开"文字编辑器"选项卡，在下面的文本框中输入技术要求，如图 7.45 所示。

（2）使用同样的方法标注标题栏，最终结果如图 7.1 所示。

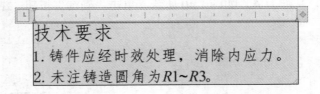

图 7.45　输入技术要求

扫一扫，看视频

动手练——绘制溢流阀上盖

本例绘制图 7.46 所示的溢流阀上盖。

【操作提示】

（1）新建文件，并利用二维绘图命令和编辑命令绘制溢流阀上盖零件图。

（2）设置标注样式，并对绘制的零件图进行尺寸标注。

（3）绘制 A4 图框及标题栏或直接插入 A4 样板图。标题栏尺寸如图 7.47 所示。

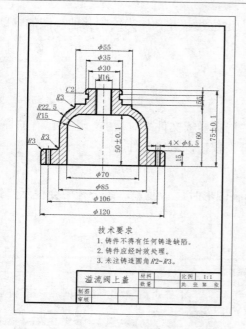

图 7.46 溢流阀上盖

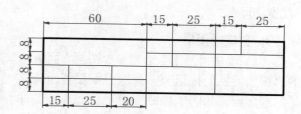

图 7.47 标题栏尺寸

7.3 阀 体 设 计

阀体（图 7.48）是复杂二维图形制作中比较典型的绘制实例。本节对绘制异形图形进行初步的叙述，主要是利用绘制圆弧线，以及利用修剪、圆角等命令实现。

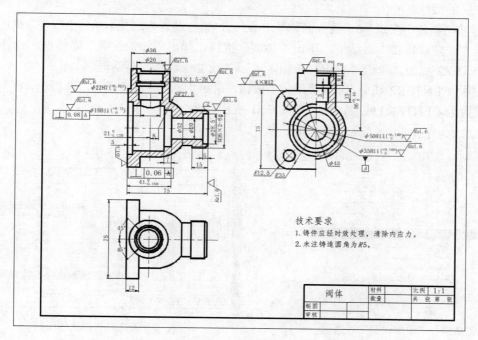

图 7.48 阀体零件图

阀体的设计思路：首先，绘制中心线和辅助线作为定位线，并且作为绘制其他视图的辅助线；其次，绘制主视图、俯视图以及左视图。

7.3.1 配置绘图环境

扫一扫，看视频

1．建立新文件

单击"标准"工具栏中的"新建"按钮，弹出"选择样板文件"对话框，选择已有的样板图建立新文件，本例选择"A3 横向样板图"，单击"打开"按钮，新建文件。

2．开启线宽功能

单击状态栏中的"显示/隐藏线宽"按钮，在绘制图形时显示线宽，命令行中会提示"命令:<线宽 开>"。

3．创建新图层

（1）单击"常用"选项卡"图层"面板中的"图层特性"按钮，弹出"图层特性管理器"选项板，如图 7.49 所示。

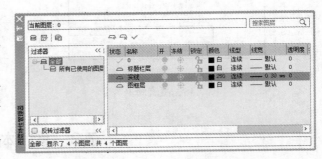

图 7.49 "图层特性管理器"选项板

（2）选择"实线"层，单击"新建"按钮，输入名称"粗实线"，颜色、线型和线宽继承"实线"层的特性。

（3）选择 0 层，单击"新建"按钮，输入名称"尺寸线"，颜色设置为蓝色，线型和线宽继承 0 层的特性。

（4）选择"尺寸线"层，单击"新建"按钮，输入名称"剖面线"，颜色、线型和线宽继承"尺寸线"层的特性。

（5）单击"新建"按钮，输入名称"中心线"，颜色设置为红色。单击"线型"列的"连续"按钮，弹出"线型管理器"对话框，单击"加载"按钮，弹出"添加线型"对话框，选择如图 7.50所示的 CENTER2 线型。单击"确定"按钮，返回"线型管理器"对话框。

（6）选择 CENTER2 线型，单击"确定"按钮，返回"图层特性管理器"选项板，将"中心线"层的线型设置为 CENTER2 线型，结果如图 7.51 所示。

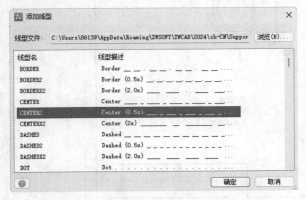

图 7.50 "添加线型"对话框

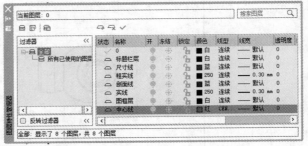

图 7.51 创建的图层

7.3.2 绘制主视图

1. 绘制中心线和辅助线

（1）将"中心线"层设置为当前层。

（2）单击"常用"选项卡"绘图"面板中的"直线"按钮 ↘，在绘图区适当位置绘制一条水平中心线，长度大约为350；再绘制一条竖直中心线，长度大约为250，结果如图7.52所示。

（3）单击"常用"选项卡"修改"面板中的"偏移"按钮 ⬕，将水平中心线向下偏移100；使用同样的方法，将竖直中心线向右偏移200，结果如图7.53所示。

（4）单击"常用"选项卡"绘图"面板中的"构造线"按钮 ↘，过图7.53所示的交点1，绘制一条与水平中心线夹角为135°的构造线，结果如图7.54所示。

图7.52　绘制中心线　　　　　图7.53　偏移结果　　　　　图7.54　绘制构造线

（5）单击"常用"选项卡"修改"面板中的"打断于点"按钮 □，将构造线在适当的位置打断，并删除多余的线段。

（6）单击"常用"选项卡"绘图"面板中的"直线"按钮 ↘，命令行提示和操作如下，结果如图7.55所示。

```
命令: _line
指定第一个点: _from（按住Shift键，右击，在弹出的快捷菜单中选择"自"命令）
基点:（捕捉图7.54所示的交点2）
<偏移>: @-21,0✓
指定下一点或 [角度(A)/长度(L)/放弃(U)]: @25<270✓
指定下一点或 [角度(A)/长度(L)/放弃(U)]: @5<0✓
指定下一点或 [角度(A)/长度(L)/闭合(C)/放弃(U)]: @3.5<90✓
指定下一点或 [角度(A)/长度(L)/闭合(C)/放弃(U)]: @29<0✓
指定下一点或 [角度(A)/长度(L)/闭合(C)/放弃(U)]: @4<90✓
指定下一点或 [角度(A)/长度(L)/闭合(C)/放弃(U)]: @7<0✓
指定下一点或 [角度(A)/长度(L)/闭合(C)/放弃(U)]: @7.5<90✓
指定下一点或 [角度(A)/长度(L)/闭合(C)/放弃(U)]: @29<0✓
指定下一点或 [角度(A)/长度(L)/闭合(C)/放弃(U)]: @4.25<270✓
指定下一点或 [角度(A)/长度(L)/闭合(C)/放弃(U)]: @5<0✓
指定下一点或 [角度(A)/长度(L)/闭合(C)/放弃(U)]: @14.25<90✓
指定下一点或 [角度(A)/长度(L)/闭合(C)/放弃(U)]: *取消*
```

（7）重复"直线"命令，命令行提示和操作如下，结果如图7.56所示。

```
命令: _line
指定第一个点:（捕捉图7.55所示的端点1）
指定下一点或 [角度(A)/长度(L)/放弃(U)]: @12.5<270✓
指定下一点或 [角度(A)/长度(L)/放弃(U)]: @12<0✓
```

```
指定下一点或 [角度(A)/长度(L)/闭合(C)/放弃(U)]：@10<90↙
指定下一点或 [角度(A)/长度(L)/闭合(C)/放弃(U)]：@22<0↙
指定下一点或 [角度(A)/长度(L)/闭合(C)/放弃(U)]：↙
命令：_line
指定第一个点：（捕捉图7.55所示的端点2）
指定下一点或 [角度(A)/长度(L)/放弃(U)]：@3.75<270↙
指定下一点或 [角度(A)/长度(L)/放弃(U)]：@15<180↙
指定下一点或 [角度(A)/长度(L)/闭合(C)/放弃(U)]：@2<90↙
指定下一点或 [角度(A)/长度(L)/闭合(C)/放弃(U)]：@10<180↙
指定下一点或 [角度(A)/长度(L)/闭合(C)/放弃(U)]：↙
```

（8）单击"常用"选项卡"修改"面板中的"偏移"按钮，选择图7.56所示的直线1，向上偏移1，并将偏移后的直线放置在0层，结果如图7.57所示。

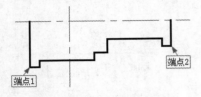

图7.55　绘制内孔轮廓线

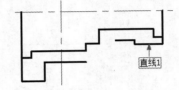

图7.56　绘制外轮廓线

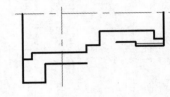

图7.57　偏移直线

（9）单击"常用"选项卡"绘图"面板中的"圆心，半径"按钮，命令行提示和操作如下，结果如图7.58所示。

```
命令：_circle
指定圆的圆心或 [三点(3P)/两点(2P)/切点、切点、半径(T)]：_from（按住Shift键，右击，在弹出
的快捷菜单中选择"自"命令）
基点：（捕捉中心线的交点）
<偏移>：@8,0↙
指定圆的半径或 [直径(D)]：27.5↙
```

（10）单击"常用"选项卡"修改"面板中的"修剪"按钮，对图形进行修剪，结果如图7.59所示。

（11）单击"常用"选项卡"修改"面板中的"倒角"按钮，设置倒角距离为2，选择图7.59所示的直线1和直线2进行倒角，并对细实线进行修剪，结果如图7.60所示。

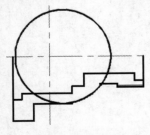

图7.58　绘制圆

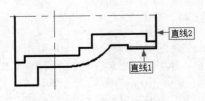

图7.59　修剪结果1

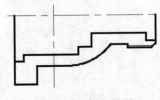

图7.60　倒角结果

（12）单击"常用"选项卡"修改"面板中的"镜像"按钮，选择图7.61所示的图形，以水平中心线上两点为镜像轴进行镜像，结果如图7.62所示。

（13）单击"常用"选项卡"修改"面板中的"延伸"按钮，选择图7.62所示的交线1进行延伸，结果如图7.63所示。

（14）同理，延伸其他部位交线，结果如图 7.64 所示。

（15）单击"常用"选项卡"修改"面板中的"偏移"按钮 ，将竖直中心线分别向两侧偏移 9、11、11.25、12、13、18，将水平中心线分别向上偏移 27、40、43、52、54、56，并将偏移后的直线放置在"粗实线"层，结果如图 7.65 所示。

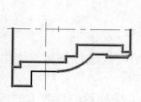

图 7.61 选择要镜像的图形

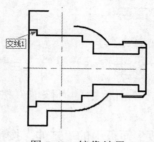

图 7.62 镜像结果

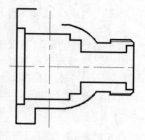

图 7.63 延伸交线 1

（16）单击"常用"选项卡"修改"面板中的"修剪"按钮 ，对偏移的图线进行修剪，并将偏移 12 的直线放置在 0 层，结果如图 7.66 所示。

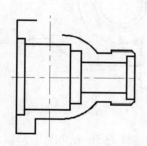

图 7.64 延伸其他部位交线

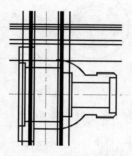

图 7.65 偏移直线

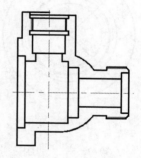

图 7.66 修剪结果 2

扫一扫，看视频

7.3.3 绘制俯视图

（1）将"粗实线"层设置为当前层。单击"常用"选项卡"修改"面板中的"复制"按钮 ，选择图 7.67 所示的轮廓线，以主视图两中心线的交点为基点，将其复制到俯视图两中心线的交点处，结果如图 7.68 所示。

（2）单击"常用"选项卡"绘图"面板中的"圆心，半径"按钮 ，以俯视图两中心线的交点为圆心，绘制半径为 18、13、12、11.25、11 和 9 的同心圆。将半径为 12 的圆放置在 0 层，并修剪该圆在第三象限的圆弧，结果如图 7.69 所示。

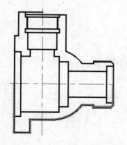

图 7.67 选择要复制的轮廓线

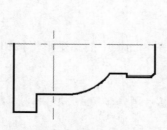

图 7.68 复制结果

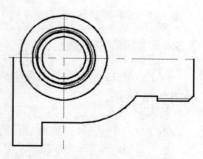

图 7.69 绘制同心圆并修剪

（3）单击"常用"选项卡"绘图"面板中的"直线"按钮＼，命令行提示和操作如下，结果如图 7.70 所示。

```
命令：_line
指定第一个点：（捕捉俯视图中心线交点）
指定下一点或 [角度(A)/长度(L)/放弃(U)]：@18<135
指定下一点或 [角度(A)/长度(L)/放弃(U)]：✓
命令：_line
指定第一个点：（捕捉俯视图中心线交点）
指定下一点或 [角度(A)/长度(L)/放弃(U)]：@18<225
指定下一点或 [角度(A)/长度(L)/放弃(U)]：✓
```

（4）单击"常用"选项卡"修改"面板中的"修剪"按钮┼，对角度线进行修剪，结果如图 7.71 所示。

（5）单击"常用"选项卡"修改"面板中的"延伸"按钮┤，将图 7.71 所示的直线 1 进行延伸，如图 7.72 所示。

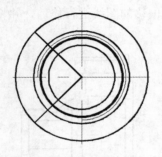
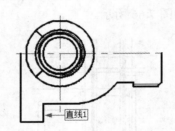
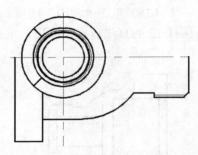

图 7.70　绘制角度线　　　　　图 7.71　修剪结果　　　　　图 7.72　延伸直线 1

（6）单击"常用"选项卡"修改"面板中的"镜像"按钮◢，选择图 7.73 所示的图形，以水平中心线上两点为镜像轴进行镜像，结果如图 7.74 所示。

（7）单击"常用"选项卡"绘图"面板中的"直线"按钮＼，绘制连接线，如图 7.75 所示。

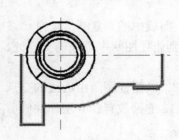
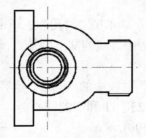
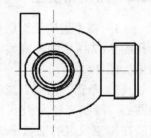

图 7.73　选择要镜像的图形　　　　图 7.74　镜像结果　　　　图 7.75　绘制连接线

7.3.4　绘制左视图

（1）单击"常用"选项卡"绘图"面板中的"矩形"按钮□，命令行提示和操作如下，结果如图 7.76 所示。

```
命令：_rectang
指定第一个角点或 [倒角(C)/标高(E)/圆角(F)/正方形(S)/厚度(T)/宽度(W)]：_from（按住 Shift
键，右击，在弹出的快捷菜单中选择"自"命令）
基点：（捕捉左视图中心线交点）
```

<偏移>: @37.5,37.5
指定其他的角点或 [面积(A)/尺寸(D)/旋转(R)]: @-75,-75

（2）单击"常用"选项卡"绘图"面板中的"圆心，半径"按钮，以左视图中心线交点为圆心绘制 5 个同心圆，半径分别为 27.5、25、21.5、17.5、10，结果如图 7.77 所示。

（3）单击"常用"选项卡"修改"面板中的"复制"按钮，选择图 7.78 所示的主视图中的轮廓线，以主视图两中心线的交点为基点，复制到左视图的中心线交点处，如图 7.79 所示。

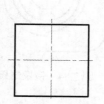

图 7.76　绘制矩形

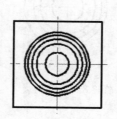

图 7.77　绘制同心圆

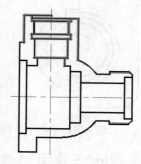

图 7.78　选择主视图轮廓线

（4）单击"常用"选项卡"修改"面板中的"修剪"按钮和"延伸"按钮，对图形进行修剪，结果如图 7.80 所示。

（5）单击"常用"选项卡"修改"面板中的"圆角"按钮，对矩形进行倒圆角，半径为 12.5，结果如图 7.81 所示。

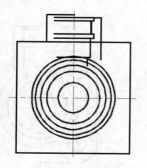

图 7.79　复制结果

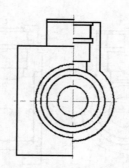

图 7.80　修剪结果

图 7.81　倒圆角

（6）将"中心线"层设置为当前层。单击"常用"选项卡"绘图"面板中的"圆心，半径"按钮，以两中心线交点为圆心绘制半径为 35 的圆。

（7）单击"常用"选项卡"绘图"面板中的"直线"按钮，命令行提示和操作如下，结果如图 7.82 所示。

命令：_line
指定第一个点：（捕捉左视图两中心线的交点）
指定下一点或 [角度(A)/长度(L)/放弃(U)]: @45<135
指定下一点或 [角度(A)/长度(L)/放弃(U)]: ↙

（8）将"粗实线"层设置为当前层。单击"常用"选项卡"绘图"面板中的"圆心，半径"按钮，以中心圆与斜中心线的交点为圆心，绘制半径为 6 和 5.375 的圆。修剪半径为 6 的圆在第三象限的圆弧，并将其放置在 0 层，结果如图 7.83 所示。

（9）单击"常用"选项卡"修改"面板中的"打断"按钮，对中心线和中心圆进行打断。

（10）单击"常用"选项卡"修改"面板中的"镜像"按钮，选中绘制圆及中心线，以水平中心线上两点为镜像轴进行镜像，结果如图 7.84 所示。

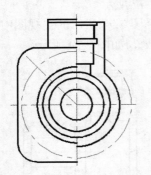
图 7.82　绘制中心圆和中心线

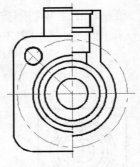
图 7.83　绘制圆

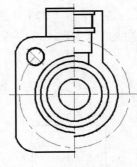
图 7.84　镜像结果

扫一扫，看视频

7.3.5　补绘三视图

（1）单击"常用"选项卡"绘图"面板中的"直线"按钮，由俯视图的交点 1 和交点 2 分别向主视图和左视图绘制投影线；再由左视图的交点 3 向主视图绘制投影线，如图 7.85 所示。

（2）单击"常用"选项卡"修改"面板中的"修剪"按钮，对主视图和左视图进行修剪。

（3）单击"常用"选项卡"绘图"面板中的"三点"圆弧按钮，删除多余的投影线，结果如图 7.86 所示。

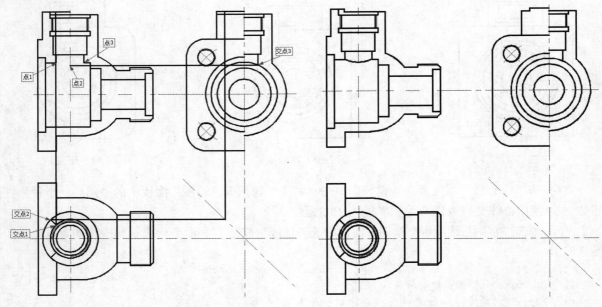

图 7.85　绘制主视图投影线　　　　　　　　　　图 7.86　三视图

（4）将"剖面线"层设置为当前层。单击"常用"选项卡"绘图"面板中的"图案填充"按钮，打开"图案填充创建"选项卡，选择 ANSI31 图案，设置填充比例为 1，选择主视图和左视图的填充区域进行填充，修改中心线并删除辅助线，结果如图 7.87 所示。

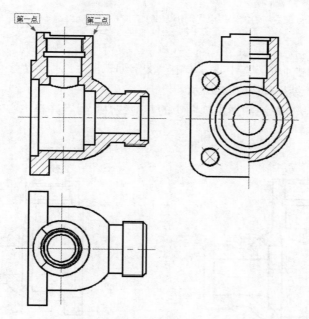

图 7.87　阀体三视图

7.3.6　设置尺寸标注样式

（1）将"尺寸线"层设置为当前层。选择菜单栏中的"格式"→"文字样式"命令，弹出"文字样式管理器"对话框，将"文本字体"中"名称"设置为仿宋。单击"确定"按钮，弹出 ZWCAD 对话框，单击"是"按钮。

（2）选择菜单栏中的"格式"→"标注样式"命令，弹出"标注样式管理器"对话框，该对话框中显示了当前的标注样式。单击"新建"按钮，弹出"新建标注样式"对话框。

（3）设置名称为"机械标注"，单击"继续"按钮，弹出"新建标注样式：机械标注"对话框。

（4）选择"符号和箭头"选项卡，设置"箭头大小"为3。

（5）选择"文字"选项卡，设置"文字高度"为4，"在尺寸界线外"的文字方向为"与直线对齐"。

（6）选择"主单位"选项卡，设置"精度"为0.00，"小数分隔符"为"."（句点）。

（7）选择"公差"选项卡，设置"垂直位置"为"中"。单击"确定"按钮，返回"标注样式管理器"对话框，将"机械标注"样式置为当前，关闭"标注样式管理器"对话框。

7.3.7　标注尺寸和尺寸公差

1. 标注尺寸

（1）将"尺寸线"层设置为当前层。单击"注释"选项卡"标注"面板中的"线性"按钮，标注线性尺寸，命令行提示和操作如下：

```
命令：_dimlinear
指定第一条尺寸界线原点或 <选择对象>：（捕捉图 7.87 所示的第一点）
指定第二条尺寸界线原点：（捕捉图 7.87 所示的第二点）
指定尺寸线位置或 [多行文字(M)/文字(T)/角度(A)/水平(H)/垂直(V)/旋转(R)]：t✓
输入标注文字 <36>:%%C36✓
```

扫一扫，看视频

237

指定尺寸线位置或 [多行文字(M)/文字(T)/角度(A)/水平(H)/垂直(V)/旋转(R)]：（在适当位置单击放置尺寸）
标注注释文字 = 36

（2）双击标注的尺寸φ36，选中φ，单击"文字编辑器"选项卡"字体"面板中的"斜体"按钮I，将其修改为斜体，结果如图 7.88 所示。

（3）使用同样的方法，标注阀体主视图中的其他线性尺寸，并将中心线在尺寸位置打断，结果如图 7.89 所示。

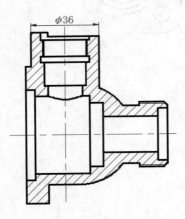

图 7.88　标注直径尺寸 36

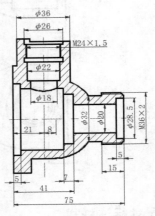

图 7.89　标注主视图线性尺寸

（4）单击"标注"工具栏中的"快速引线"按钮，在命令行输入 S，弹出"引线设置"对话框。在"注释"选项卡中设置"注释类型"为"无"；在"引线和箭头"选项卡中设置箭头为"无"，"点数"最大值为 3，"第一段"角度约束为 45°，"第二段"角度约束为"水平"，单击"确定"按钮。在倒角位置绘制引线。

（5）单击"注释"选项卡"文字"面板中的"多行文字"按钮，输入文字 C2。标注后的图形如图 7.90 所示。

（6）选择菜单栏中的"格式"→"标注样式"命令，弹出"标注样式管理器"对话框，单击"替代"按钮，设置"在尺寸界线外"的文字方向为"水平"。单击"确定"按钮，关闭"标注样式管理器"对话框。

（7）单击"注释"选项卡"标注"面板中的"半径"按钮，标注主视图圆弧半径尺寸，命令行提示和操作如下：

```
命令: _dimradius
选取弧或圆:
标注注释文字 = 27.5
指定尺寸线位置或 [角度(A)/多行文字(M)/文字(T)]: T↙
输入标注文字 <27.5>: SR27.5↙
指定尺寸线位置或 [角度(A)/多行文字(M)/文字(T)]:
```

（8）双击标注的尺寸 SR27.5，选中 SR，单击"文字编辑器"选项卡"字体"面板中的"斜体"按钮I，将其修改为斜体，结果如图 7.91 所示。

（9）使用同样的方法，标注主视图和俯视图的线型尺寸、半径尺寸和直径尺寸，如图 7.92 所示。

（10）选择菜单栏中的"格式"→"标注样式"命令，弹出"标注样式管理器"对话框，将"机械标注"样式置为当前，再单击"替代"按钮，设置"在尺寸界线内"的文字方向为"水平"。单击

"确定"按钮，关闭"标注样式管理器"对话框。

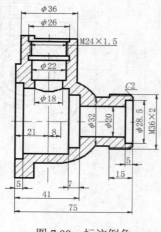

图 7.90 标注倒角

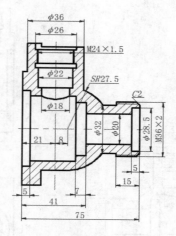

图 7.91 标注半径尺寸

（11）单击"注释"选项卡"标注"面板中的"角度"按钮◿，标注俯视图角度尺寸，如图 7.93 所示。

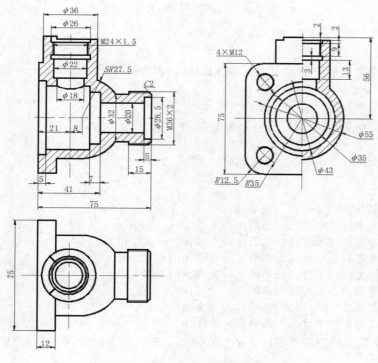

图 7.92 标注左视图和俯视图

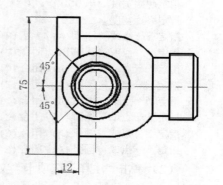

图 7.93 标注俯视图角度尺寸

2．标注尺寸公差

（1）双击主视图中的直径尺寸 22，弹出"文字编辑器"选项卡，输入公差"H7(+0.021^0)"，选中+0.021^0，单击"文字编辑器"选项卡"字体"面板中的"堆叠"按钮ᵇ/a，结果如图 7.94 所示。

（2）使用同样的方法，标注其他尺寸公差，如图 7.95 所示。

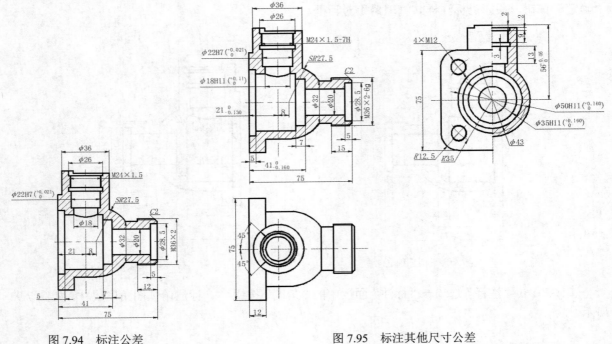

图 7.94　标注公差　　　　　　　　　　　　图 7.95　标注其他尺寸公差

7.3.8　标注几何公差

（1）单击"常用"选项卡"绘图"面板中的"多段线"按钮，命令行提示和操作如下，结果如图 7.96 所示。

```
命令：_pline
指定多段线的起点或 <最后点>：（在左视图尺寸 φ35H11(+0.160/0) 的尺寸线下方适当位置单击）
当前线宽是 0.0000
指定下一点或 [圆弧(A)/半宽(H)/长度(L)/撤销(U)/宽度(W)]：w
指定起始宽度 <0.0000>：4
指定终止宽度 <4.0000>：0
指定下一点或 [圆弧(A)/半宽(H)/长度(L)/撤销(U)/宽度(W)]：<正交 开> @0,-4
指定下一点或 [圆弧(A)/闭合(C)/半宽(H)/长度(L)/撤销(U)/宽度(W)]：@0,-4
指定下一点或 [圆弧(A)/闭合(C)/半宽(H)/长度(L)/撤销(U)/宽度(W)]：@3,0
指定下一点或 [圆弧(A)/闭合(C)/半宽(H)/长度(L)/撤销(U)/宽度(W)]：@0,-6
指定下一点或 [圆弧(A)/闭合(C)/半宽(H)/长度(L)/撤销(U)/宽度(W)]：@-6,0
指定下一点或 [圆弧(A)/闭合(C)/半宽(H)/长度(L)/撤销(U)/宽度(W)]：@0,6
指定下一点或 [圆弧(A)/闭合(C)/半宽(H)/长度(L)/撤销(U)/宽度(W)]：@3,0
指定下一点或 [圆弧(A)/闭合(C)/半宽(H)/长度(L)/撤销(U)/宽度(W)]：↵
```

（2）单击"注释"选项卡"文字"面板中的"多行文字"按钮，输入基准符号 A，如图 7.97 所示。

（3）单击"标注"工具栏中的"快速引线"按钮，在命令行中输入 S，弹出"引线设置"对话框。在"注释"选项卡中设置"注释类型"为"公差"；在"引线和箭头"选项卡中设置箭头为"实心闭合"，"点数"最大值为 2，单击"确定"按钮。

（4）在主视图尺寸 7 的右端尺寸界线处单击绘制引线，弹出"几何公差"对话框，设置垂直度公差为 0.06，基准为 A，如图 7.98 所示。单击"确定"按钮，结果如图 7.99 所示。

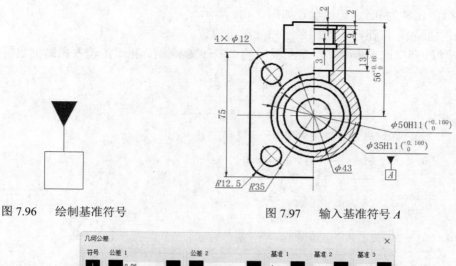

图 7.96　绘制基准符号　　　　　　　　图 7.97　输入基准符号 *A*

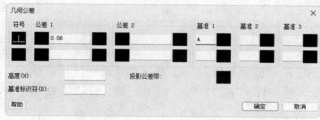

图 7.98　"几何公差"对话框

（5）单击"注释"选项卡"标注"面板中的"公差"按钮⊞1，弹出"几何公差"对话框，设置垂直度公差为 0.08，基准为 A。单击"确定"按钮，将其放置在直径 18 的尺寸线处，如图 7.100 所示。

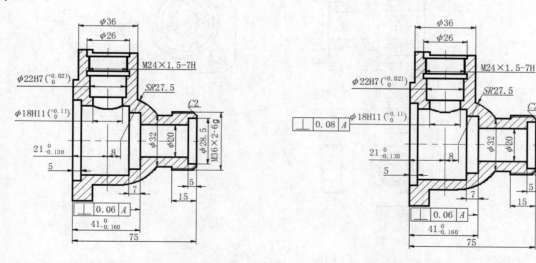

图 7.99　标注几何公差　　　　　　　　图 7.100　标注其他几何公差

7.3.9　标注表面粗糙度

（1）单击"常用"选项卡"块"面板中的"插入"按钮，弹出"插入图块"对话框，单击"浏览"按钮，弹出"插入块"对话框，选择"粗糙度"图块，单击"打开"按钮，返回"插入图块"

扫一扫，看视频

对话框，设置缩放比例为 0.5，其他设置如图 7.101 所示。

（2）单击"插入"按钮，在绘图区空白处单击放置。

（3）单击"注释"选项卡"文字"面板中的"多行文字"按钮，输入粗糙度数值 1.6，结果如图 7.102 所示。

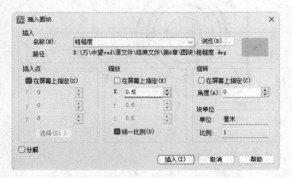

图 7.101 "插入图块"对话框

图 7.102 标注粗糙度数值

（4）通过拖动图 7.102 所示的粗糙度符号上定义的"旋转"属性标签，调整粗糙度符号的放置方向，利用"旋转"命令调整多行文字的方向，利用复制、移动等命令将其放置在适当的位置，标注结果如图 7.103 所示。

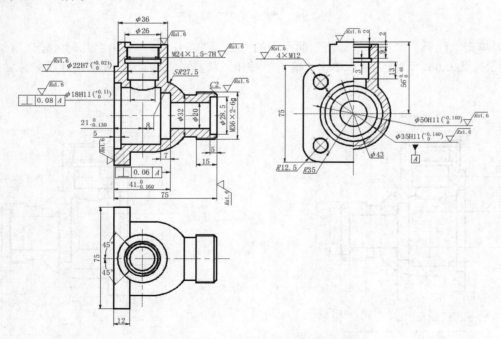

图 7.103 标注表面粗糙度

7.3.10 填写标题栏和技术要求

（1）将 0 层设置为当前层，单击"注释"选项卡"文字"面板中的"多行文字"按钮，指定插入位置后，打开"文字编辑器"选项卡，在下面的文本框中输入技术要求，如图 7.104 所示。

（2）使用同样的方法标注标题栏，最终结果如图 7.48 所示。

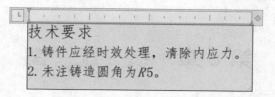

技术要求

1. 铸件应经时效处理，清除内应力。

2. 未注铸造圆角为$R5$。

图 7.104　输入技术要求

动手练——绘制阶梯轴零件图

本例绘制图 7.105 所示的阶梯轴零件图。

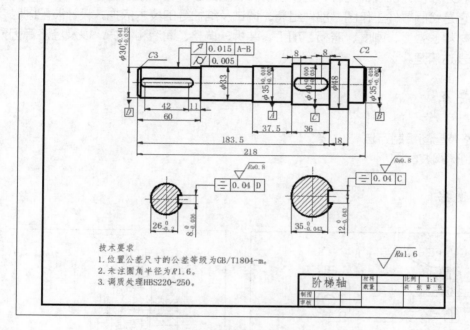

图 7.105　阶梯轴零件图

【操作提示】

（1）选择 A3 横向样板图新建文件，利用二维绘图命令和编辑命令绘制阶梯轴零件图。

（2）设置标注样式并标注尺寸。

（3）标注基准符号、几何公差和表面粗糙度。

（4）填写标题栏和技术要求。

第8章 装配图

内容简介

装配图表达了部件的设计构思、工作原理和装配关系，也表达了各零件间的相互位置、尺寸及结构形状。它是绘制零件工作图、部件组装、调试及维护等的技术依据。设计装配图时要综合考虑工作要求、材料、强度、刚度、磨损、加工、装拆、调整、润滑和维护，以及经济等因素，并要用足够的视图表达清楚。

内容要点

➢ 完整装配图绘制方法
➢ 绘制球阀装配图

案例效果

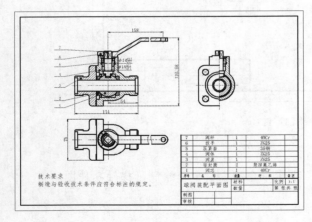

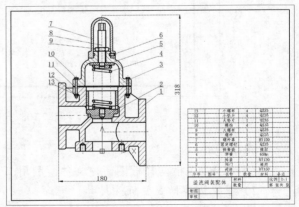

8.1 完整装配图绘制方法

装配图是用来表达部件或机器的工作原理、零件之间的装配关系和相互位置，以及装配、检验、安装需要的尺寸数据的技术文件。装配图的绘制集中体现了中望 CAD 辅助设计的优势。一般的装配图由多个零件组成，图形比较复杂，绘制过程中需要经常修改；另外，现在有很多装配图需要多人合作完成，这些问题对于手工制图来讲难度和工作量都非常大。在中望 CAD 中则可以将各个零件封装成图块，在装配图中使用插入块操作，可以方便地检验零件间的装配关系。

装配图的绘制是中望 CAD 的一种综合设计应用，在设计过程中需要运用前几章介绍的各种零件的绘制方法。同时，其又有新的内容，如在装配图中拼装零件，对装配图进行二次编辑以及在装配中对零件进行编号与填写明细表等。本节先讲述如何把装配图所需的零件封装成图块，再讲述如何在装配图中拼装和修剪这些零件图块。

8.1.1 装配图的内容

如图 8.1 所示，一幅完整的装配图应包括下列内容。

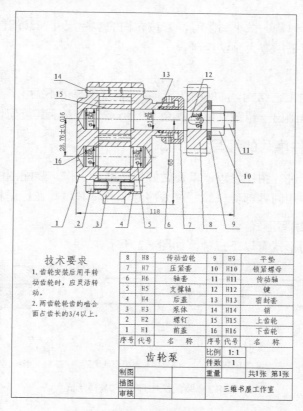

图 8.1　装配图

技术要求

1. 齿轮安装后用手转动齿轮时，应灵活转动。

2. 两齿轮齿的啮合面占齿长的3/4以上。

8	H8	传动齿轮	9	H9	平垫
7	H7	压紧套	10	H10	锁紧螺母
6	H6	轴套	11	H11	传动轴
5	H5	支撑轴	12	H12	键
4	H4	后盖	13	H13	密封套
3	H3	泵体	14	H14	销
2	H2	螺钉	15	H15	上齿轮
1	H1	前盖	16	H16	下齿轮
序号	代号	名　称	序号	代号	名　称

齿轮泵		比例	1:1
		件数	1
制图		重量	共1张　第1张
描图			
审核			三维书屋工作室

（1）一组图形：用一般表达方法和特殊表达方法，正确、完整、清晰和简便地表达装配体的工作原理，零件之间的装配关系、连接关系和零件的主要结构形状。

（2）必要的尺寸：在装配图上必须标注出表示装配体的性能、规格以及装配、检验、安装时所需的尺寸。

（3）技术要求：用文字或符号说明装配体的性能、装配、检验、调试、使用等方面的要求。

（4）标题栏、零件的序号和明细表：按一定的格式，将零件、部件进行编号，并填写标题栏和明细表，以便读图。

8.1.2 装配图的特殊表达方法

1. 沿结合面剖切或拆卸画法

在装配图中，为了表达部件或机器的内部结构，可以采用沿结合面剖切画法，即假想沿某些零件的结合面剖切。此时，在零件的结合面上不画剖面线，而被剖切的零件一般应画出剖面线。

在装配图中，为了表达被遮挡部分的装配关系或其他零件，可以采用拆卸画法，即假想拆去一个或几个零件，只画出所要表达部分的视图。

2. 假想画法

为了表示运动零件的极限位置，或与该部件有装配关系，但又不属于该部件的其他相邻零件（或部件），可以用双点画线画出其轮廓。

3. 夸大画法

对于薄片零件、细丝弹簧、微小间隙等，若按它们的实际尺寸在装配图中很难画出或难以明显表示时，均可不按比例而采用夸大画法绘制。

4. 简化画法

在装配图中，零件的工艺结构，如圆角、倒角、退刀槽等可不画出。对于若干相同的零件组，如螺栓连接等，可详细地画出一组或几组，其余只需用点画线表示其装配位置即可。

8.1.3 装配图中零部件序号的编写

为了便于读图，便于进行图样管理，以及做好生产准备工作，装配图中的所有零部件都必须编写序号，且同一装配图中相同零部件只编写一个序号，并将其填写在标题栏上方的明细栏中。

1. 装配图中序号的编写形式

装配图中序号的编写形式有以下三种，如图 8.2 所示。

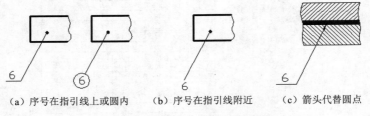

(a) 序号在指引线上或圆内　　(b) 序号在指引线附近　　(c) 箭头代替圆点

图 8.2　装配图中序号的编写形式

（1）在所指的零部件的可见轮廓内画一圆点，从圆点开始画指引线（细实线），在指引线的末端画一水平线或圆（均为细实线），在水平线上或圆内注写序号，序号的字高应比尺寸数字大两号，如图 8.2（a）所示。

（2）在指引线的末端也可以不画水平线或圆，直接注写序号，序号的字高应比尺寸数字大两号，如图 8.2（b）所示。

（3）对于很薄的零件或涂黑的剖面，可用箭头代替圆点，箭头指向该部分的轮廓，如图 8.2（c）所示。

2. 编写序号的注意事项

（1）指引线相互不能相交，不能与剖面线平行，必要时可以将指引线画成折线，但是只允许曲折一次，如图 8.3 所示。

（2）序号应按照水平或垂直方向顺时针（或逆时针）顺次排列整齐，并尽可能均匀分布；一组紧固件以及装配关系清楚的零件组可采用公共指引线，如图 8.4 所示。

（3）装配图中的标准化组件（如滚动轴承、电动机等）可看作一个整体，只编写一个序号；部件中的标准件可以与非标准件同样地编写序号，也可以不编写序号，而将标准件的数量与规格直接用指引线标明在图中。

图 8.3　指引线为折线　　　　　　　　　　　图 8.4　零件组的编号形式

8.1.4　装配图的绘制过程

装配图的绘制过程与零件图比较相似，但又具有自身的特点。下面简单介绍装配图的一般绘制过程。

（1）在绘制装配图之前，同样需要根据图纸幅面大小和版式的不同，分别建立符合机械制图国家标准的若干机械图样模板。模板中包括图纸幅面、图层、使用文字的一般样式、尺寸标注的一般样式等，这样在绘制装配图时，就可以直接调用建立好的模板进行绘图，有利于提高工作效率。

（2）使用绘制装配图的方法绘制完成装配图，这些方法将在 8.15 小节进行详细的介绍。

（3）对装配图进行尺寸标注。

（4）编写零部件序号。在命令行中输入 QLEADER 命令，绘制编写序号的指引线及注写序号。

（5）绘制明细栏（也可以将明细栏的单元格创建为图块，用到时直接插入即可），填写标题栏及明细栏，注写技术要求。

（6）保存图形文件。

8.1.5　装配图的绘制方法

利用中望 CAD 绘制装配图可以采用以下几种方法：零件图块插入法、图形文件插入法、直接绘制及利用设计中心拼画装配图等。

1．零件图块插入法

零件图块插入法，即将组成部件或机器的各个零件的图形先创建为图块，然后按零件间的相对位置关系将零件图块逐个插入，拼画成装配图的一种方法。

2．图形文件插入法

由于在中望 CAD 2024 中，图形文件可以用插入块命令 INSERT 在不同的图形中直接插入，因此可以用直接插入零件图形文件的方法拼画装配图。该方法与零件图块插入法极其相似，不同的是此时插入基点为零件图形的左下角坐标(0,0)，这样在拼画装配图时，就无法准确地确定零件图形在装配图中的位置。因此为了使图形插入时能准确地放到需要的位置，在绘制完零件图形后，应首先用定义基点命令 BASE 设置插入基点，然后保存文件，这样在用插入块命令 INSERT 将该图形文件插入时，即可以定义的基点为插入点进行插入，从而完成装配图的拼画。

3．直接绘制

对于一些比较简单的装配图，可以直接利用中望 CAD 的二维绘图及编辑命令，按照装配图的绘图步骤将其绘制出来。在绘制过程中，还要用到对象捕捉及正交等绘图辅助工具帮助用户进行精确绘图，并通过对象追踪保证视图之间的投影关系。

4．利用设计中心拼画装配图

在中望 CAD 设计中心中可以直接插入其他图形中定义的图块，但是一次只能插入一个图块。图块被插入图形中后，如果原来的图块被修改，则插入图形中的图块也随之改变。

8.2 绘制球阀装配图

球阀装配图由阀体、阀盖、密封圈、阀芯、压紧套、阀杆和扳手等零件图组成，如图 8.5 所示。装配图是零部件加工和装配过程中的重要技术文件，在设计过程中要用到剖视以及放大等表达方式，还要标注装配尺寸，绘制和填写明细表等。因此，通过绘制球阀装配图，可以提高用户的综合设计能力。

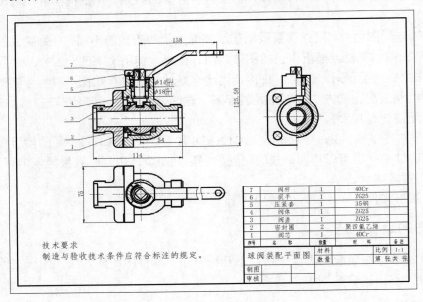

图 8.5 球阀装配图

球阀装配图的设计思路：修改零件图的视图，将其制作成块，将这些块插入装配图中。制作块的步骤本节不再介绍，用户可以参考相应的介绍。

8.2.1 配置绘图环境

扫一扫，看视频

1．建立新文件

选择菜单栏中的"文件"→"新建"命令，弹出"选择样板文件"对话框，选择"A2 横向样板图"文件作为模板。

2．创建新图层

单击"常用"选项卡"图层"面板中的"图层特性"按钮，弹出"图层特性管理器"选项板，新建并设置每一个图层，如图 8.6 所示。

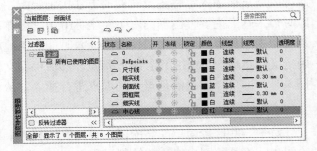

图 8.6 "图层特性管理器"选项板

8.2.2　组装装配图

在绘制零件图时，用户可以为了装配的需要，将零件的主视图以及其他视图分别定义成图块。但是，在定义的图块中不包括零件的尺寸标注和定位中心线，块的基点应选择在与其零件有装配关系或定位关系的关键点上。本例球阀装配图中所有的装配零件图在附赠资源的"球阀"中，并且已定义好块，用户可以直接应用，具体尺寸参考各零件的立体图。

1. 插入阀体平面图

（1）选择菜单栏中的"工具"→"选项板"→"设计中心"命令，弹出"设计中心"选项板。

（2）在设计中心中选择"文件夹"选项卡，则计算机中所有的文件都会显示在其中。找出并双击"球阀"文件夹，则图形中所有的块都会出现在右边的图框中，如图 8.7 所示。右击"阀体主视图"块，在弹出的快捷菜单中选择"插入为块"命令，如图 8.8 所示，弹出"插入图块"对话框，如图 8.9 所示。

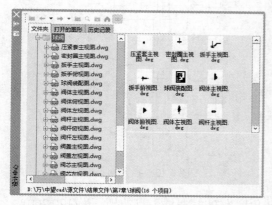

图 8.7　"设计中心"选项板

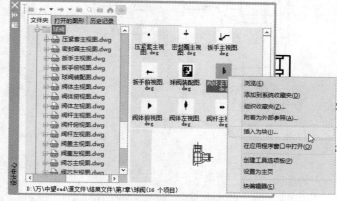

图 8.8　选择"插入为块"命令

（3）插入的图形比例为 1：1，旋转角度为 0°，单击"插入"按钮，此时命令行的提示如下：

指定块的插入点或 [基点(B)/比例(S)/旋转(R)]：

在命令行中输入"100,200"，则"阀体主视图"块会插入"球阀装配图"中，且插入后中心线交点处的坐标为(100,200)，结果如图 8.10 所示。

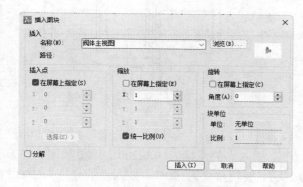

图 8.9　"插入图块"对话框

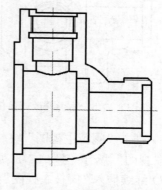

图 8.10　阀体主视图

在"设计中心"选项板中继续插入"阀体俯视图"块，比例为 1∶1，旋转角度为 0°，插入点的坐标为(100,100)；继续插入"阀体左视图"块，比例为 1∶1，旋转角度为 0°，插入点的坐标为(300,200)，结果如图 8.11 所示。

（4）插入"阀盖主视图"块，比例为 1∶1，旋转角度为 0°，插入点的坐标为(88,200)。由于阀盖的外形轮廓与阀体左视图的外形轮廓相同，因此"阀盖左视图"块不需要插入。因为阀盖是一个对称结构，其主视图与俯视图相同，所以把"阀盖主视图"块插入"阀体装配图"的俯视图中即可，插入点的坐标为(88,100)，结果如图 8.12 所示。分解并修改俯视图中的"阀盖主视图"块，如图 8.13 所示。

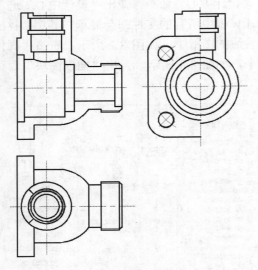

图 8.11　阀体三视图

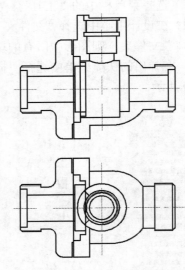

图 8.12　插入阀盖

（5）插入"密封圈主视图"块，比例为 1∶1，旋转角度为 90°，插入点的坐标为(120,200)。由于该装配图中有两个密封圈，因此需再插入一个比例为 1∶1，旋转角度为-90°，插入点的坐标为(80,200)，结果如图 8.14 所示。

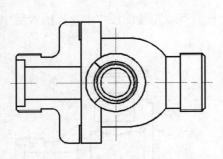

图 8.13　分解并修改阀盖俯视图

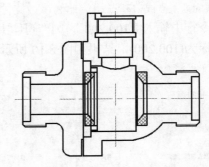

图 8.14　插入密封圈主视图

（6）插入"阀芯主视图"块，比例为 1∶1，旋转角度为 0°，插入点的坐标为(100,200)；插入"阀芯左视图"块，比例为 1∶1，旋转角度为 0°，插入点的坐标为(300,200)，结果如图 8.15 所示。

（7）继续插入"阀杆主视图"块，比例为 1∶1，旋转角度为-90°，插入点的坐标为(100,227)；插入"阀杆俯视图"块，比例为 1∶1，旋转角度为 0°，插入点的坐标为(100,100)；插入"阀杆左视图"块到左视图，比例为 1∶1，旋转角度为-90°，插入点的坐标为(300,227)，并对左视图中的图块进行分解整理，结果如图 8.16 所示。

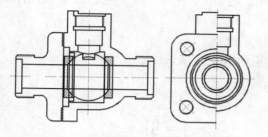

图 8.15　插入阀芯主视图和左视图

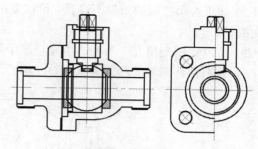

图 8.16　插入阀杆

（8）插入"压紧套主视图"块，比例为 1∶1，旋转角度为 0°，插入点的坐标为(100,236)；插入"压紧套左视图"块，比例为 1∶1，旋转角度为 0°，插入点的坐标为(300,236)，结果如图 8.17 所示。对主视图和左视图中的压紧套图块进行分解并修改，结果如图 8.18 所示。

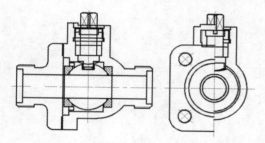

图 8.17　插入压紧套主视图和左视图

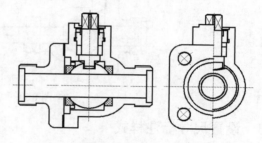

图 8.18　分解并修改后的主视图和左视图

（9）插入"扳手主视图"块，比例为 1∶1，旋转角度为 0°，插入点的坐标为(100,254)；插入"扳手俯视图"块，比例为 1∶1，旋转角度为 0°，插入点的坐标为(100,100)，结果如图 8.19 所示。对主视图和俯视图中的扳手图块进行分解并修改，结果如图 8.20 所示。

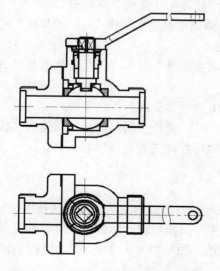

图 8.19　插入扳手主视图和俯视图

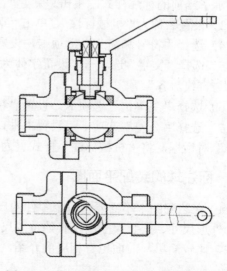

图 8.20　分解并修改后的主视图和俯视图

2．填充剖面线

（1）利用"图案填充"命令，选择需要的剖面线样式，进行剖面线的填充。

（2）如果对填充后的效果不满意，可以双击图形中的剖面线，弹出"图案填充编辑"对话框进行二次编辑。

（3）重复"图案填充"命令，填充视图中需要填充的区域。

（4）修剪挡住图块的相关图线，补绘中心线，结果如图 8.21 所示。

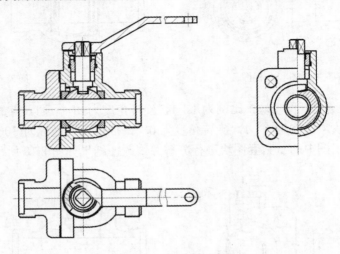

图 8.21　填充后的图形

8.2.3　设置尺寸标注样式

扫一扫，看视频

（1）将"尺寸线"层设置为当前层。选择菜单栏中的"格式"→"文字样式"命令，弹出"文字样式管理器"对话框，将"文本字体"中"名称"设置为"仿宋"。单击"确定"按钮，弹出 ZWCAD 对话框，单击"是"按钮。

（2）选择菜单栏中的"格式"→"标注样式"命令，弹出"标注样式管理器"对话框，该对话框中显示了当前的标注样式。单击"新建"按钮，弹出"新建标注样式"对话框。

（3）设置名称为"机械标注"，单击"继续"按钮，弹出"新建标注样式：机械标注"对话框。

（4）选择"符号和箭头"选项卡，设置箭头大小为4。

（5）选择"文字"选项卡，设置字体为"仿宋"，"文字高度"为5，"在尺寸界线外"的文字方向为"与直线对齐"。

（6）选择"主单位"选项卡，设置"精度"为 0.00，"小数分隔符"为句点。

（7）选择"公差"选项卡，设置"垂直位置"为"中"。单击"确定"按钮，返回"标注样式管理器"对话框，将"机械标注"样式置为当前，关闭"标注样式管理器"对话框。

8.2.4　标注球阀装配平面图

（1）在装配图中不需要将每个零件的尺寸全部标注出来，需要标注的尺寸包括规格尺寸、装配尺寸、外形尺寸、安装尺寸以及其他重要尺寸。在本例中，只需标注一些装配尺寸，而且其都为线性标注，比较简单，前面也有相应的介绍，这里不再赘述。图 8.22 所示为标注尺寸后的装配图。

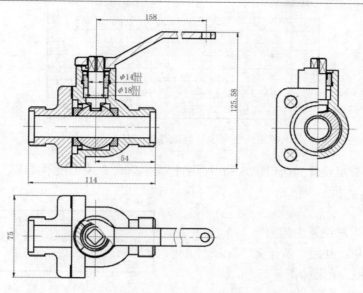

图 8.22 标注尺寸后的装配图

（2）单击"标注"工具栏中的"快速引线"按钮，在命令行输入 S，弹出"引线设置"对话框。在"注释"选项卡中设置"注释类型"为"无"；在"引线和箭头"选项卡中将箭头设置为"点"，单击"确定"按钮，在适当的位置标注引线。

（3）单击"常用"选项卡"注释"面板中的"多行文字"按钮，标注零件序号，并在左视图上方标注"去扳手"三个字，表示左视图上省略了扳手零件部分轮廓线，如图 8.23 所示。

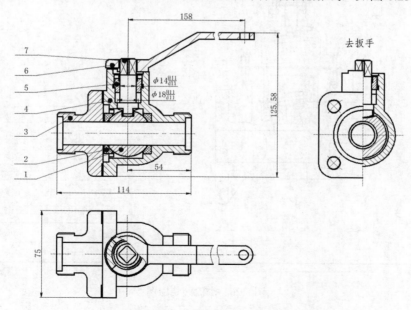

图 8.23 标注零件序号后的装配图

（4）选择菜单栏中的"工具"→"选项板"→"设计中心"命令，将"明细表"图块插入装配图中，插入点选择在标题栏右上角处。也可以利用二维绘图和修改命令绘制明细表，并利用"多行文字"命令填写明细表，结果如图 8.24 所示。

7	阀杆	1	40Cr	
6	扳手	1	ZG25	
5	压紧套	1	35钢	
4	阀体	1	ZG25	
3	阀盖	1	ZG25	
2	密封圈	2	聚四氟乙烯	
1	阀芯	1	40Cr	
序号	名　称	数量	材　料	备注

图 8.24　装配图明细表

（5）将"文字"层设置为当前层，利用"多行文字"命令填写技术要求。

8.2.5　填写标题栏

（1）将"文字"层设置为当前层。

（2）填写标题栏：利用"多行文字"命令填写标题栏中相应的项目，结果如图 8.25 所示。

球阀装配平面图		材料		比例	1:1
		数量		第 张共 张	
制图					
审核					

图 8.25　填写标题栏结果

动手练——绘制溢流阀装配图

绘制图 8.26 所示的溢流阀装配图。

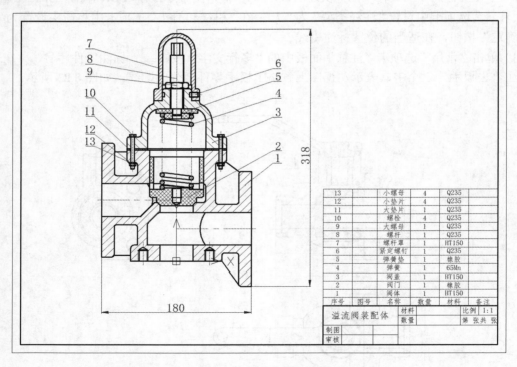

13		小螺母	4	Q235	
12		小垫片	4	Q235	
11		大垫片	1	Q235	
10		螺栓	4	Q235	
9		大螺母	1	Q235	
8		螺杆	1	Q235	
7		螺杆罩	1	HT150	
6		紧定螺钉	1	Q235	
5		弹簧垫	1	橡胶	
4		弹簧	1	65Mn	
3		阀盖	1	HT150	
2		阀门	1	橡胶	
1		阀体	1	HT150	
序号	图号	名称	数量	材料	备注

溢流阀装配体		材料		比例	1:1
		数量		第 张共 张	
制图					
审核					

图 8.26　溢流阀装配图

【操作提示】

（1）选择 A2 横向样板图新建文件，插入溢流阀图块并进行编辑。

（2）设置标注样式并标注尺寸。

（3）标注图号，绘制并填写明细栏和标题栏。

第9章　三维造型基础知识

内容简介

　　虽然在工程设计中通常使用二维图形描述三维实体，但是由于三维图形具有逼真效果，因此可以通过三维立体图直接得到透视图或平面效果图。因此，计算机三维设计越来越受到工程技术人员的青睐。

　　本章主要介绍三维坐标系统、动态观察、显示形式、渲染实体等知识。

内容要点

> ➢ 三维坐标系统
> ➢ 动态观察
> ➢ 显示形式
> ➢ 渲染实体

案例效果

9.1　三维坐标系统

　　直角坐标系有两种类型，一种是世界坐标系（World Coordinate System，WCS）；另一种是用户坐标系（UCS）。绘制二维图形时，常用的坐标系即 WCS，由系统默认提供。WCS 又称通用坐标系或绝对坐标系，对于二维绘图来说，WCS 足以满足要求。为了方便创建三维模型，中望 CAD 允许用户根据自己的需要设定坐标系，即 UCS。合理创建 UCS，可以方便地创建三维模型。

　　中望 CAD 有两种视图显示形式：模型空间和布局空间。模型空间使用单一视图显示，通常中望 CAD 使用的是这种显示方式；布局空间能够在绘图区创建图形的多视图，用户可以对其中每一个视图进行单独操作。默认情况下，当前 UCS 与 WCS 重合。图 9.1（a）为模型空间下的 UCS 坐标系图标，通常放在绘图区左下角；也可以将其放在当前 UCS 的实际坐标原点位置，如图 9.1（b）所示；图 9.1（c）为布局空间下的坐标系图标。

（a）模型空间下的 UCS 坐标系图标　　　（b）实际坐标原点位置的 UCS 坐标系图标　　　（c）布局空间下的坐标系图标

图 9.1　坐标系图标

9.1.1　右手法则与坐标系

在中望 CAD 中，通过右手法则即可确定直角坐标系 Z 轴的正方向和绕轴线旋转的正方向，用户只需简单地使用右手即可确定所需的坐标信息。

在中望 CAD 中输入坐标时采用绝对坐标和相对坐标两种形式，格式如下。

➢ 绝对坐标形式：X,Y,Z。

➢ 相对坐标形式：@X,Y,Z。

中望 CAD 可以用柱面坐标系统和球面坐标系统定义点的位置。

（1）柱面坐标系统中，柱面坐标的输入类似于二维极坐标，由该点在 XY 平面的投影点到 Z 轴的距离、该点与坐标原点的连线在 XY 平面内的投影与 X 轴的夹角以及该点沿 Z 轴的距离定义，格式如下。

➢ 绝对坐标形式：XY 距离 < 角度,Z 距离。

➢ 相对坐标形式：@ XY 距离 < 角度,Z 距离。

例如，绝对坐标"10<60,20"表示该点在 XY 平面的投影点距离 Z 轴 10 个单位，该投影点与原点在 XY 平面的连线相对于 X 轴的夹角为 60°，沿 Z 轴离原点 20 个单位，如图 9.2 所示。

（2）球面坐标系统中，三维球面坐标的输入也类似于二维极坐标。球面坐标系统由坐标点到原点的距离、该点与坐标原点的连线在 XY 平面内的投影与 X 轴的夹角以及该点与坐标原点的连线与 XY 平面的夹角定义，格式如下。

➢ 绝对坐标形式：XYZ 距离 <XY 平面内投影角度 < 与 XY 平面夹角。

➢ 相对坐标形式：@ XYZ 距离 <XY 平面内投影角度 < 与 XY 平面夹角。

例如，绝对坐标"10<60<15"表示该点距离原点为 10 个单位，与原点连线的投影在 XY 平面内与 X 轴成 60° 夹角，连线与 XY 平面成 15° 夹角，如图 9.3 所示。

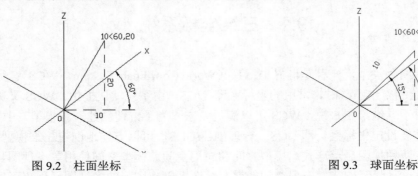

图 9.2　柱面坐标　　　　　　　　　　图 9.3　球面坐标

9.1.2 建立坐标系

UCS 是用于建立 XY 工作平面和 Z 轴方向的一种可移动的坐标系统。

默认情况下，绘制图形都是在 XY 平面上进行的。若旋转 UCS，使 Z 轴位于平行于观察平面的平面上，此时 XY 平面对于用户来说显示为一条边，很难确定该图形对象的位置。这种情况下，将把该对象定位在与观察平面平行的包含 UCS 原点的平面上。

【执行方式】

➢ 命令行：UCS。

➢ 菜单栏："工具"→"新建 UCS"。

➢ 工具栏：UCS→UCS 按钮┗。

➢ 功能区："视图"→"坐标"→UCS 按钮┗。

【操作步骤】

命令：UCS✓
当前在世界 UCS。
指定 UCS 的原点或 ［?/面(F)/3 点(3)/删除(D)/对象(OB)/原点(O)/上一个(P)/还原(R)/保存(S)/视图(V)/X/Y/Z/Z 轴(ZA)/世界(W)］ <世界>：

【选项说明】

（1）指定 UCS 的原点：通过指定一点、两点或三点定义一个新的 UCS。若指定第一点，则当前 UCS 的原点将移动，而 X、Y 和 Z 轴的方向保持不变；若指定第二点，则 UCS 进行旋转以将正 X 轴通过该点；若指定第三点，则 UCS 绕新的 X 轴旋转以定义正 Y 轴。

选择该选项，命令行提示和操作如下，结果如图 9.4 所示。

指定 X 轴上的点或 <接受>：（继续指定 X 轴通过的点 2 或直接按 Enter 键，接受原坐标系 X 轴为新坐标系的 X 轴）
指定 XY 平面上的点或 <接受>：（继续指定 XY 平面通过的点 3 以确定 Y 轴或直接按 Enter 键，接受原坐标系 XY 平面为新坐标系的 XY 平面。根据右手法则，相应的 Z 轴也同时确定）

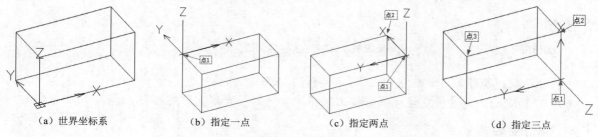

（a）世界坐标系　　　　（b）指定一点　　　　（c）指定两点　　　　（d）指定三点

图 9.4　指定原点

（2）?：列出指定名称的 UCS 定义的详细信息。输入星号（*），列出所有已保存的 UCS 名称及定义。若含有自定义但未命名的 UCS，则以"未命名"列出。

（3）面(F)：将 UCS 与三维实体的选定面对齐。要选择一个面，在此面的边界内或面的边上单击，被选中的面将高亮显示，UCS 的 X 轴将与找到的第一个面上最近的边对齐。选择该选项，命令行提示和操作如下：

选择实体面、曲面或网格：（选择面）

输入选项 [下一个(N)/X 轴反向(X)/Y 轴反向(Y)] <接受>: ✓（结果如图 9.5 所示）

1）下一个(N)：在相邻的面上定位 UCS。

2）X 轴反向(X)：将当前显示的 UCS 围绕 X 轴旋转 180°。

3）Y 轴反向(Y)：将当前显示的 UCS 围绕 Y 轴旋转 180°。

4）接受：接受当前 UCS 的定位。

（4）3 点(3)：通过指定三个点定义新的 UCS，这三个点分别是新 UCS 的原点、X 轴正方向上的一点以及 XY 平面内 Y 轴正方向上的一点。

（5）对象(OB)：根据选定三维对象定义新的坐标系，如图 9.6 所示。新建 UCS 的 Z 轴正方向与选定对象的相同。选择该选项，命令行提示和操作如下：

选择对齐 UCS 的对象：（选择对象）

图 9.5　选择面确定坐标系

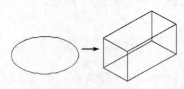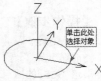

图 9.6　选择对象确定坐标系

对于大多数对象，新 UCS 的原点位于离选择对象最近的顶点处，并且 X 轴与一条边对齐或相切；对于平面对象，UCS 的 XY 平面与该对象所在的平面对齐；对于复杂对象，将重新定位原点，但是轴的当前方向保持不变。

（6）视图(V)：以平行于屏幕的平面为 XY 平面创建新的坐标系，UCS 原点保持不变，如图 9.7 所示。

（7）世界(W)：将当前 UCS 设置为 WCS。WCS 是所有 UCS 的基准，不能被重新定义。

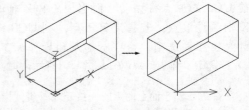

图 9.7　创建视图坐标系

✍ **技巧：**

> 该选项不能用于下列对象：三维多段线、三维网格和构造线。

（8）X/Y/Z：绕指定轴旋转当前 UCS 定义新的 UCS。

（9）Z 轴(ZA)：通过指定坐标原点和 Z 轴正半轴上的一点建立新的 UCS。

9.1.3　设置坐标系

可以通过"命名 UCS"命令对坐标系进行设置，具体方法如下。

【执行方式】

➢ 命令行：UCSMAN（UC）。

➢ 菜单栏："工具"→"命名 UCS"。

➢ 工具栏：UCS Ⅱ→"命名 UCS" ⬚/UCS→"命名 UCS" ⬚。

➢ 功能区："视图"→"坐标"→"命名 UCS" ⬚。

【操作步骤】

执行上述操作,系统弹出图 9.8 所示的"用户坐标系"对话框。该对话框用于修改系统的 UCS 设置。

【选项说明】

(1)"命名 UCS"选项卡:显示已有的 UCS 及设置当前坐标系,如图 9.8 所示。在"命名 UCS"选项卡中,用户可以将 WCS、上一次使用的 UCS 或某一命名的 UCS 设置为当前坐标。其具体方法如下:从列表框中选择某一坐标系,单击"置为当前"按钮。还可以通过"详细信息"按钮了解指定坐标系相对于某一坐标系的详细信息。其具体方法如下:单击"详细信息"按钮,系统打开如图 9.9 所示的"UCS 详细信息"对话框,该对话框中详细说明了用户所选坐标系的原点及 X、Y 和 Z 轴的方向。

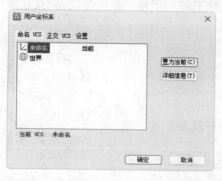

图 9.8 "用户坐标系"对话框

图 9.9 "UCS 详细信息"对话框

(2)"正交 UCS"选项卡:将 UCS 设置成某一正交模式,如图 9.10 所示。其中,"深度"列用来定义 UCS XY 平面上的正投影与通过 UCS 原点的平行平面之间的距离。

(3)"设置"选项卡:设置 UCS 图标的显示形式、应用范围等,如图 9.11 所示。

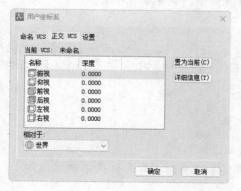

图 9.10 "正交 UCS"选项卡

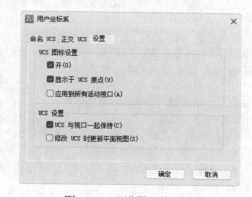

图 9.11 "设置"选项卡

9.1.4 动态 UCS

单击状态栏中的"动态 UCS"按钮 ⤴,即可打开动态 UCS 功能。

(1)可以使用动态 UCS 在三维实体的平整面上创建对象,而无须手动更改 UCS 方向。在执行命令的过程中,当将十字光标移动到面上方时,动态 UCS 会临时将 UCS 的 XY 平面与三维实体的平整面对齐,如图 9.12 所示。

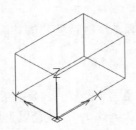

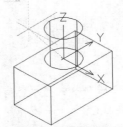

（a）原坐标系　　　　（b）绘制圆柱体时的动态坐标系

图 9.12　动态 UCS

（2）动态 UCS 激活后，指定的点和绘图工具（如极轴追踪和栅格）都将与动态 UCS 建立的临时 UCS 相关联。

扫一扫，看视频

动手学——绘制法兰盘

本例绘制图 9.13 所示的法兰盘。

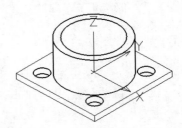

图 9.13　法兰盘

【操作步骤】

（1）单击"视图"选项卡"视图"面板中的"西南等轴测"按钮 ，将当前视图切换为西南等轴测。

（2）单击"实体"选项卡"图元"面板中的"长方体"按钮 ，命令行提示和操作如下，结果如图 9.14 所示。

```
命令：_box
指定长方体的第一个角点或 [中心(C)]：（在绘图区单击一点，确定长方体的第一个角点）
指定另一个角点或 [立方体(C)/长度(L)]：@150,150
指定高度或 [两点(2P)]:10
```

（3）在命令行中输入 UCS 命令，命令行提示和操作如下，结果如图 9.15 所示。

```
命令：UCS
当前在世界 UCS。
指定 UCS 的原点或 [?/面(F)/3 点(3)/删除(D)/对象(OB)/原点(O)/上一个(P)/还原(R)/保存(S)/视
图(V)/X/Y/Z/Z 轴(ZA)/世界(W)] <世界>：_from（按住 Shift 键，右击，在弹出的快捷菜单中选择
"自"命令）
基点：（选择图 9.14 所示的点 1）
<偏移>：@75,-75
指定 X 轴上的点或 <接受>：（选择图 9.14 所示的边 1 的中点）
指定 XY 平面上的点或 <接受>：（选择图 9.14 所示的边 2 的中点）
```

（4）单击"实体"选项卡"图元"面板中的"圆柱体"按钮 ，命令行提示和操作如下，结果如图 9.16 所示。

```
命令：_cylinder
指定底面的中心点或 [三点(3P)/两点(2P)/切点、切点、半径(T)/椭圆(E)]： <动态 UCS 关> <正交
开> 0,0（输入原点坐标）
指定圆的半径或 [直径(D)]:56
指定高度或 [两点(2P)/中心轴(A)]:60
```

（5）单击"实体"选项卡"布尔运算"面板中的"并集"按钮 ，将圆柱体与长方体进行并集运算。

（6）单击状态栏中的"动态 UCS"按钮 ，打开动态 UCS 功能。

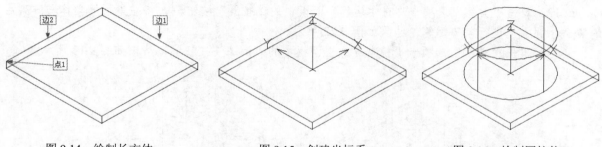

图 9.14 绘制长方体　　　　图 9.15 创建坐标系　　　　图 9.16 绘制圆柱体 1

（7）单击"实体"选项卡"图元"面板中的"圆柱体"按钮🛢，以圆柱体 1 的上表面圆心为中心，绘制半径为 45，高度为-70 的圆柱体 2，如图 9.17 所示。

（8）单击"实体"选项卡"布尔运算"面板中的"差集"按钮◧，将并集结果与圆柱体 2 进行差集运算，结果如图 9.18 所示。

（9）单击"实体"选项卡"图元"面板中的"圆柱体"按钮🛢，命令行提示和操作如下：

```
命令: _cylinder
指定底面的中心点或 [三点(3P)/两点(2P)/切点、切点、半径(T)/椭圆(E)]: 50,50,-10
指定圆的半径或 [直径(D)] <10.0000>:12
指定高度或 [两点(2P)/中心轴(A)] <20.0000>:20
```

（10）单击"视图"选项卡"视图"面板中的"东南等轴测"按钮◈，将当前视图设为东南等轴测，结果如图 9.19 所示。

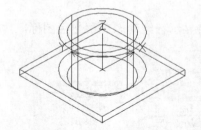　　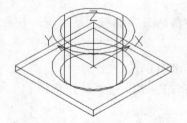　　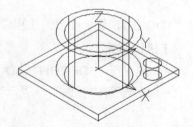

图 9.17 绘制圆柱体 2　　　　图 9.18 差集结果　　　　图 9.19 设置当前视图为东南等轴测

（11）单击"常用"选项卡"修改"面板中的"经典阵列"按钮▦，弹出"阵列"对话框，选择阵列类型为"矩形阵列"，行数和列数均设置为 2，行偏移和列偏移均设置为-100，如图 9.20 所示。选择直径为 12 的圆柱体，单击"确定"按钮，结果如图 9.21 所示。

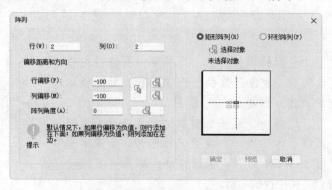

图 9.20 "阵列"对话框

（12）单击"实体"选项卡"布尔运算"面板中的"差集"按钮，将差集后的实体与阵列后的 4 个小圆柱体进行差集运算，结果如图 9.22 所示。

（13）单击"视图"选项卡"视觉样式"面板中的"消隐"按钮，结果如图 9.13 所示。

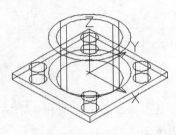

图 9.21　阵列结果

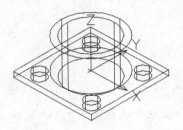

图 9.22　差集结果

9.2　动　态　观　察

中望 CAD 提供了具有交互控制功能的三维动态观测器。利用三维动态观测器，用户可以实时地控制和改变当前视口中创建的三维视图，以得到期望的效果。动态观察分为三类，分别是受约束的动态观察、自由动态观察和连续动态观察，具体介绍如下。

9.2.1　受约束的动态观察

3DORBIT 命令可在当前视口中激活三维动态观察视图，并且将显示三维动态观察光标图标。

【执行方式】

➢ 命令行：3DORBIT（3DO/ORBIT）。

➢ 菜单栏："视图"→"三维动态观察"→"受约束的动态观察"。

➢ 工具栏："三维导航"→"动态观察"。

➢ 功能区："实体"→"导航"→"动态观察"→"动态观察"。

➢ 快捷菜单：启用交互式三维视图后，在视口中右击，在弹出的快捷菜单中选择"其他模式"→"受约束的动态观察"命令，如图 9.23 所示。

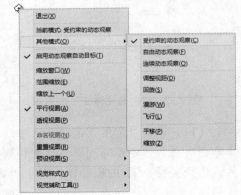

图 9.23　右键快捷菜单

【操作步骤】

执行上述操作，视图的目标将保持静止，而视点将围绕目标移动。但是，从用户的视点来看，就像三维模型正在随着光标的移动而旋转，用户可以以此方式指定模型的任意视图。

在启动命令之前，可以选择一个或多个对象进行动态观察。进入三维动态观察模式，系统显示三维动态观察光标图标。如果水平拖动鼠标，相机将沿平行于 WCS 的 XY 平面移动；如果垂直拖动鼠标，相机将沿 Z 轴移动，如图 9.24 所示。

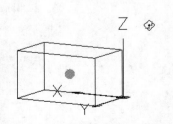

图 9.24　受约束的三维动态观察

✎ 技巧：

3DORBIT 命令处于活动状态时，无法编辑对象。

9.2.2 自由动态观察

3DFORBIT 命令可在当前视口中激活三维自由动态观察视图。

【执行方式】

➢ 命令行：3DFORBIT。

➢ 菜单栏："视图"→"三维动态观察"→"自由动态观察"。

➢ 工具栏："三维导航"→"自由动态观察" ⊕。

➢ 功能区："实体"→"导航"→"动态观察"→"自由动态观察" ⊕。

➢ 快捷菜单：启用交互式三维视图后，在视口中右击，在弹出的快捷菜单中选择"其他模式"→
"自由动态观察"命令。

【操作步骤】

执行上述操作，在当前视口出现一个大圆，大圆上有 4 个小
圆，如图 9.25 所示，此时拖动鼠标就可以对视图进行旋转观察。

在三维动态观测器中，查看目标的点被固定，用户可以利用
鼠标绕观察对象控制相机位置得到动态的观测效果。当光标在绿
色大圆的不同位置拖动时，光标的表现形式是不同的，视图的旋
转方向也不同。视图的旋转由光标的表现形式和其位置决定，光
标在不同位置有 ⊙、⊕、⊕、⊕ 几种表现形式，可分别对对象进
行不同形式的旋转。

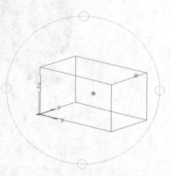

图 9.25　自由动态观察

9.2.3 连续动态观察

连续动态观察可在三维空间中连续旋转视图。

【执行方式】

➢ 命令行：3DCORBIT。

➢ 菜单栏："视图"→"三维动态观察"→"连续动态观察"。

➢ 工具栏："三维导航"→"连续动态观察" ⊘。

➢ 功能区："实体"→"导航"→"动态观察"→"连续动态观察" ⊕。

➢ 快捷菜单：启用交互式三维视图后，在视口中右击，在弹出的快捷菜单中选择"其他模式"→
"连续动态观察"命令。

【操作步骤】

执行上述操作，绘图区出现动态观察图标，按住鼠标左键拖动，图形将按鼠标拖动的方向进行
旋转，旋转速度为鼠标拖动的速度。

中望 CAD 还提供了一些其他的观察工具，如漫游、飞行和相机等，读者可以自行尝试操作使
用，这里不再赘述。

动手学——动态观察齿轮泵

本例动态观察图 9.26 所示的齿轮泵。

【操作步骤】

（1）打开源文件：源文件\原始文件\第 9 章\齿轮泵，打开齿轮泵文件，如图 9.26 所示。

（2）单击"实体"选项卡"导航"面板中的"动态观察"按钮，按住鼠标左键左右移动光标，旋转齿轮泵，结果如图 9.27 所示。

（3）按住鼠标左键上下移动光标旋转齿轮泵，结果如图 9.28 所示。

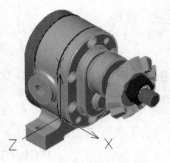

图 9.26 齿轮泵文件

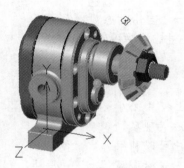

图 9.27 左右移动光标

图 9.28 上下移动光标

（4）单击"实体"选项卡"导航"面板中的"自由动态观察"按钮，此时绘图区如图 9.29 所示。

（5）当将光标放置在圆圈内部时，按住鼠标左键，可任意方向移动光标，齿轮泵可在任意方向旋转，如图 9.30 所示。

（6）当将光标放置在圆圈外部时，按住鼠标左键，移动光标，齿轮泵只能沿顺时针或逆时针旋转，如图 9.31 所示。

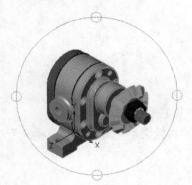

图 9.29 自由动态观察状态

图 9.30 光标在圈内

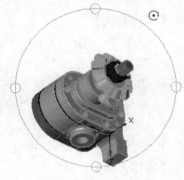

图 9.31 光标在圈外

（7）当将光标放置在左/右小圆处时，按住鼠标左键，此时只能左右移动光标旋转齿轮泵，如图 9.32 所示。

（8）当将光标放置在上/下小圆处时，按住鼠标左键，此时只能上下移动光标旋转齿轮泵，如图 9.33 所示。

（9）单击"实体"选项卡"导航"面板中的"连续动态观察"按钮⊕，按住鼠标左键，移动光标，此时齿轮泵自动旋转，旋转的速度和方向取决于移动光标的速度和方向，如图 9.34 所示。

图 9.32　光标在左/右小圆处　　　　图 9.33　光标在上/下小圆处　　　　图 9.34　自由动态观察

9.3　显　示　形　式

在中望 CAD 中，三维实体有多种显示形式，包括二维线框、三维线框、消隐、平面着色、体着色、带边框平面着色、带边框体着色等。

9.3.1　视觉样式

零件的不同视觉样式可呈现出不同的显示形式。如果要形象地展示模型效果，可以切换为概念样式；如果要表达模型的内部结构，可以切换为线框样式。

【执行方式】
➤ 命令行：SHADEMODE（SHA）。
➤ 菜单栏："视图"→"着色"。
➤ 工具栏："着色"。
➤ 功能区："视图"→"视觉样式"。

【操作步骤】

命令：SHADEMODE✓
输入选项 [二维线框(2D)/三维线框(3D)/消隐(H)/平面着色(F)/体着色(G)/带边框平面着色(L)/带边框体着色(O)] <三维线框>：

【选项说明】

（1）二维线框(2D)：显示用直线和曲线表示对象的边界，光栅和 OLE（Object Linking and Embedding，对象连接与嵌入）对象、线型和线宽都是可见的。图 9.35 所示为吊耳二维线框图。

（2）三维线框(3D)：显示用直线和曲线表示对象的边界，将显示应用到对象的材质颜色。图 9.36 所示为吊耳三维线框图。

（3）消隐(H)：显示用三维线框表示的对象并隐藏表示后向面的直线。图 9.37 所示为吊耳消隐图。

（4）平面着色(F)：在多边形面之间着色对象。此对象比体着色的对象平淡和粗糙。当对象进行平面着色时，将显示应用到对象的材质。图 9.38 所示为吊耳平面着色图。

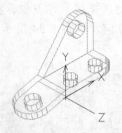
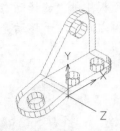
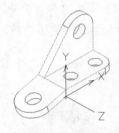

图 9.35　吊耳二维线框图　　　　图 9.36　吊耳三维线框图　　　　图 9.37　吊耳消隐图

（5）体着色(G)：着色多边形平面间的对象，并使对象的边平滑化。着色的对象外观较平滑和真实。当对象进行体着色时，将显示应用到对象的材质。图 9.39 所示为吊耳体着色图。

（6）带边框平面着色(L)：结合"平面着色"和"线框"选项，对象被平面着色，同时显示线框。图 9.40 所示为吊耳带边框平面着色图。

（7）带边框体着色(O)：结合"体着色"和"线框"选项，对象被体着色，同时显示线框。图 9.41 所示为吊耳带边框体着色图。

图 9.38　吊耳平面着色图　　图 9.39　吊耳体着色图　　图 9.40　吊耳带边框平面着色图　　图 9.41　吊耳带边框体着色图

🔊 **注意：**

> 更改视觉样式，当前视口中的所有对象显示形式都将发生变化。

扫一扫，看视频

动手学——更改涡轮的显示形式

本例将更改涡轮的显示形式，如图 9.42 所示。

【操作步骤】

（1）打开源文件：源文件\原始文件\第 9 章\涡轮，打开涡轮文件，如图 9.43 所示，此时涡轮的显示形式为二维线框。

（2）单击"视图"选项卡"视觉样式"面板"视觉样式"下拉菜单中的"带边框体着色"按钮🔺，结果如图 9.44 所示。

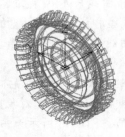

图 9.42　更改涡轮的显示形式　　　　图 9.43　涡轮文件　　　　图 9.44　带边框体着色

（3）单击"常用"选项卡"图层特性"面板的"图层特性"按钮，弹出"图层特性管理器"选项板，修改涡轮放置层的颜色为 8 号，结果如图 9.42 所示。

9.3.2 曲线的显示分辨率

【执行方式】

➤ 命令行：VIEWRES。

➤ 菜单栏："工具"→"选项"→"显示"→"圆弧和圆的平滑度"。

➤ 功能区："视图"→"视觉样式"→"圆弧/圆的平滑度"⬚。

【操作步骤】

命令：VIEWRES✓
是否需要快速缩放 <是(Y)>：
输入圆的缩放百分比 (1-20000) <1000>：

【选项说明】

将圆、圆弧、圆弧多段线等对象以短矢量显示，使用线段近似表示曲线外观。

短线段的数目影响曲线的分辨率，数目越多，分辨率越高，曲线越平滑；数目越少，分辨率越低，曲线越粗糙。曲线的显示分辨率的取值范围为 1～20000 的整数，设置分辨率值后，曲线对象会重新生成。高分辨率显示的曲线对象效果更好，但重新生成的时间更长。因此，在绘图时常将该值设置得较小。

📢 **提示：**

> 对于三维对象的曲面轮廓，也可以设置分辨率控制其显示效果。
>
> 若首次使用布局空间中的视口，则该初始视口的显示分辨率将与"模型"选项卡视口的显示分辨率相同。
>
> 使用 VIEWRES 命令设置的值保存在图形中。若要更改新图形的默认值，可修改新图形基于的样板文件中的 VIEWRES 设置。

动手学——绘制垫圈

本例绘制垫圈，并更改曲线的分辨率。

扫一扫，看视频

【操作步骤】

（1）单击"标准"工具栏中的"新建"按钮🗋，弹出"选择样板文件"对话框，单击"打开"按钮后面的下拉按钮，选择"无样板打开——公制(M)"，新建文件。

（2）在"视图"选项卡"视觉样式"面板中的"圆/圆弧的平滑度"按钮⬚后面的文本框中输入 10，修改分辨率为 10，如图 9.45 所示。

（3）单击"常用"选项卡"绘图"面板中的"圆心，半径"按钮⊙，绘制半径为 35 和 25 的同心圆，结果如图 9.46 所示。

（4）再次修改分辨率为 1000，修改分辨率后的图形如图 9.47 所示。

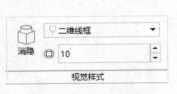

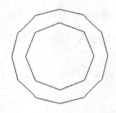

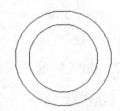

图 9.45　修改分辨率　　　　图 9.46　绘制同心圆　　　　图 9.47　修改分辨率后的图形

9.4　渲 染 实 体

渲染是对三维图形对象加上颜色和材质因素，或灯光、背景、场景等因素的操作，能够更真实地表达图形的外观和纹理。渲染是输出图形前的关键步骤，尤其在效果图的设计中。

9.4.1　光源

为模型添加光源可以增强场景的清晰度和三维性，从而提供更加真实的外观效果。

场景中没有光源时，将使用默认光源对场景进行着色或渲染。来回移动模型时，默认光源来自视点后边的两个平行光源，模型中所有的面均被照亮，以使模型可见。

【执行方式】

➢ 命令行：LIGHT。

➢ 菜单栏："视图"→"渲染"→"光源"。

➢ 工具栏："渲染"→"光源"💡。

➢ 功能区："实体"→"渲染"→"光源"💡。

【操作步骤】

执行上述命令，系统弹出"放置灯"对话框，如图 9.48 所示。

【选项说明】

（1）光源类型。光源类型有全向灯和聚光灯两种。选择类型为"聚光灯"时，将激活右侧的"光束角""视场角"和"半径"文本框。

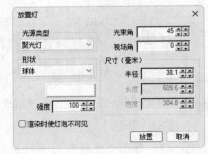

图 9.48　"放置灯"对话框

（2）形状。光源的形状有球体、磁盘和矩形三种。选择形状为"矩形"时，将激活右侧的"长度"和"宽度"文本框。

（3）▭（颜色）按钮：单击该按钮，弹出"选择颜色"对话框，修改光源的颜色。

（4）强度：设置光源的强度。其后的微调按钮，前面一组以 10 为单位进行调整，后面一组以 1 为单位进行调整。

9.4.2　材质

【执行方式】

➢ 命令行：MATERIAL。

➢ 菜单栏："视图"→"渲染"→"材质"。

> 工具栏: "渲染" → "材质" 🎨。
> 功能区: "实体" → "渲染" → "材质" 🎨。

【操作步骤】

执行上述命令,系统弹出"图层材质设置"对话框,如图 9.49 所示。该对话框可为每个图层定义以下参数: 反射、清晰度、金属、透明度、IOR、照明和颜色。

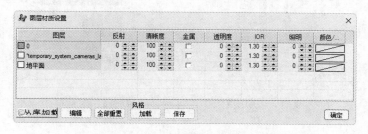

图 9.49 "图层材质设置"对话框

【选项说明】

1. 颜色

单击"颜色"按钮 ▭,弹出"图层的材质设置"对话框,如图 9.50 所示。在该对话框中可以选择颜色或纹理的来源。

(1)单击"纹理图像"后的"浏览"按钮,弹出"纹理图像"对话框,如图 9.51 所示。用户可以选择适合的图像,单击"打开"按钮,该图像即可加载到"图层的材质设置"对话框中,在该对话框中可对纹理图像进行设置。

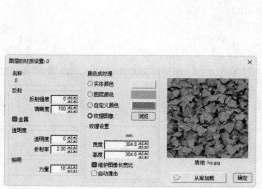

图 9.50 "图层的材质设置"对话框

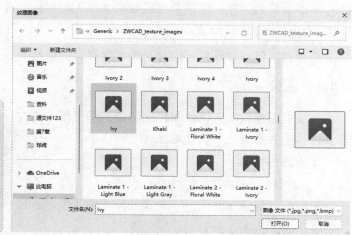

图 9.51 "纹理图像"对话框

(2)单击"从库加载"按钮,弹出"中望 CAD 渲染-选择图层材质"对话框,如图 9.52 所示。在左侧的数据库中可选择材质类别,在其右侧列表框中列出了该类别下的各种材质,选择一种材质,在右侧的"缩略图"选项卡中将显示缩略图。单击"应用"按钮,即可将该种材质添加到"图层材质设置"对话框中,单击"确定"按钮,即可为该图层选定材质。

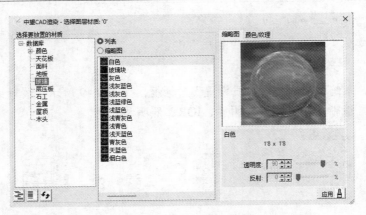

图 9.52　"中望 CAD 渲染-选择图层材质"对话框

2．从库加载

单击"图层材质设置"对话框中的"从库加载"按钮，弹出"中望 CAD 渲染-选择图层材质"对话框，用户可直接选择材质，方法同上。

3．编辑

单击该按钮，弹出"图层的材质设置"对话框，对已选定的材质进行编辑或重新选择材质。

4．全部重置

单击该按钮，所有设置全部恢复到系统默认状态。

5．加载

单击该按钮，弹出"图层材质样式文件"对话框，选择.mst 文件并打开。

6．保存

单击该按钮，对已定义的材质进行保存，文件格式为.mst。

9.4.3　渲染

与线框图像或着色图像相比，渲染的图像使人更容易想象三维对象的形状和大小。渲染对象也使设计者更容易表达其设计思想。

【执行方式】

➢　命令行：RENDER（RR）。

➢　功能区："实体"→"渲染"→"渲染"🫖。

扫一扫，看视频

动手学——渲染吊耳

本例为吊耳设置光源并添加材质，然后进行渲染，渲染后的图形如图 9.53 所示。

【操作步骤】

（1）打开源文件：源文件\原始文件\第 9 章\吊耳，打开吊耳文件，如图 9.54 所示。

（2）单击"实体"选项卡"渲染"面板中的"光源"按钮💡，弹出"放置灯"对话框，❶"光源类型"选择"聚光灯"，❷"形状"选择"球体"，❸"颜色"设置为白色，❹"强度"设置为 200，❺"光束角"设置为 60，❻"视场角"设置为 0，❼"半径"设置为 20，如图 9.55 所示。

（3）⑧单击"放置"按钮，输入坐标(-35,140)，结果如图 9.56 所示。

（4）单击"实体"选项卡"渲染"面板中的"材质"按钮，弹出"图层材质设置"对话框，①选中 0 层，②参数设置如图 9.57 所示。

图 9.53 渲染后的图形

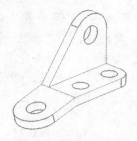

图 9.54 吊耳文件

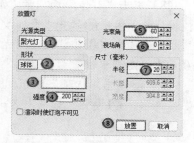

图 9.55 设置聚光灯参数

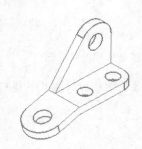

图 9.56 放置光源

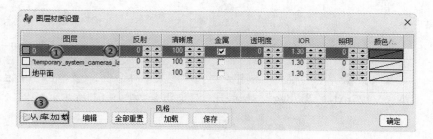

图 9.57 "图层材质设置"对话框

（5）③单击"从库加载"按钮，弹出"中望 CAD 渲染-选择图层材质：'0'"对话框，在数据库中④选择材料为"金属"，⑤在列表框中选择"铜-拉丝"材质，如图 9.58 所示。⑥单击"应用"按钮，为 0 层添加"铜-拉丝"材质。

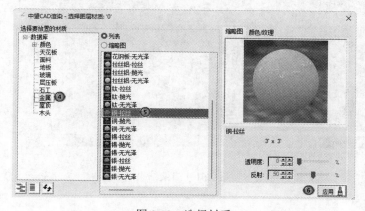

图 9.58 选择材质

（6）使用同样的方法，为"地平面"层添加材质。在数据库中选择"地板"，在列表框中选择"混凝土毛面-无光泽"，单击"应用"按钮，为"地平面"层添加"混凝土毛面-无光泽"材质。

（7）单击"确定"按钮，材质添加完成。

（8）单击"实体"选项卡"渲染"面板中的"渲染"按钮 🫖，弹出"渲染"对话框，在"照明预设"选项组中①选中"室内没有阳光"单选按钮，②设置"渲染图像大小"为"视图"；在"渲染质量"选项组中③取消勾选"无限制-渲染直到停止"复选框，④设置"通过"为20，⑤"分钟"为0，⑥"图纸单位"为"毫米"，⑦勾选"使用当前视图比率"复选框，如图9.59所示。

（9）⑧单击"选项"按钮，弹出"渲染选项"对话框，⑨设置"光平衡"为80，⑩勾选"启用"复选框，⑪设置"标高"为-13mm，其他采用默认设置，如图9.60所示。

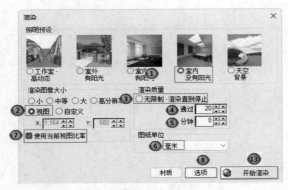

图 9.59　"渲染"对话框

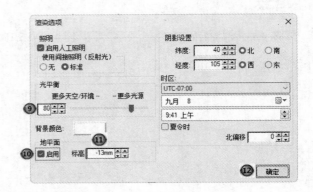

图 9.60　"渲染选项"对话框

（10）⑫单击"确定"按钮，返回"渲染"对话框，⑬单击"开始渲染"按钮，弹出"中望CAD渲染：V127nxt-吊耳.dwg"对话框，渲染结果如图9.61所示。

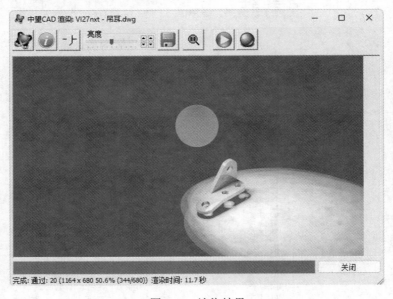

图 9.61　渲染结果

第 10 章　简单三维造型

内容简介

实体建模是中望 CAD 三维建模中比较重要的一部分。实体模型是能够完整描述对象的三维模型，比三维线框、三维曲面更能表达实物。本章主要介绍创建基本三维实体、由二维图形生成三维实体等知识。

内容要点

- ➤ 创建基本三维实体
- ➤ 由二维图形生成三维实体
- ➤ 综合实例——绘制手压阀阀体

案例效果

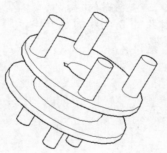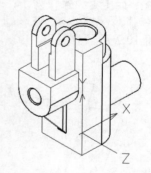

10.1　创建基本三维实体

复杂的三维实体都是由最基本的实体单元，如长方体、圆柱体等通过各种方式组合而成的。本节将简要讲述这些基本实体单元的创建方法。

10.1.1　创建长方体

"长方体"命令可通过指定长方体角点、中心点等方式创建三维长方体对象。

【执行方式】

- ➤ 命令行：BOX。
- ➤ 菜单栏："绘图"→"实体"→"长方体"。

> ➢ 工具栏："实体" → "长方体" 🔲。
> ➢ 功能区："实体" → "图元" → "长方体" 🔲。

【操作步骤】

命令：_box
指定长方体的第一个角点或 [中心(C)]:
指定另一个角点或 [立方体(C)/长度(L)]:
指定高度或 [两点(2P)] <10.0000>:

【选项说明】

（1）长方体的第一个角点：指定长方体的第一个角点。

（2）另一个角点：指定长方体的另一个角点。如果指定点为三维点，则与指定的第一点一起定义长方体的长、宽、高；如果指定点与指定的第一点位于同一 XY 平面，则与第一点一起定义长方体的长和宽。

当第二个角点与第一个角点位于同一 XY 平面时，将提示用户指定长方体的高度。图 10.1 所示为利用"另一个角点"命令创建的长方体。

（3）高度：指定长方体的高度。可以直接输入长方体的高度值，或在绘图区指定一点，该点到长方体底面的距离即为长方体的高。

（4）两点(2P)：以指定两点间的距离作为长方体的高度。

（5）立方体(C)：指定长方体的长、宽、高都为相同长度。若输入的长度为正值，则以当前 UCS 坐标的 X、Y、Z 轴的正向创建立方体；若为负值，则以 X、Y、Z 轴的负向创建立方体。选择该选项，命令行提示和操作如下：

指定长度 <140.6374>: <正交 开> （输入长度值）

图 10.2 所示为利用"立方体"命令创建的长方体。

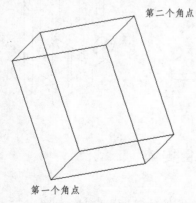

图 10.1 利用"另一个角点"命令创建的长方体

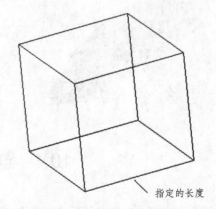

图 10.2 利用"立方体"命令创建的长方体

（6）长度(L)：通过指定长方体的长、宽、高创建长方体。选择该选项，命令行提示和操作如下：

指定长度 <150.0000>: （输入长度值）
指定宽度 <30.9753>: （输入宽度值）
指定高度或 [两点(2P)] <72.0607>: （输入高度值）

图 10.3 所示为利用"长度"命令创建的长方体。

长度、宽度、高度分别与 X 轴、Y 轴、Z 轴对应。若输入的距离为正值，则以当前 UCS 坐标的

X、Y、Z 轴的正向绘制长、宽、高；若为负值，则以 X、Y、Z 轴的负向绘制长、宽、高。

（7）中心(C)：通过指定长方体的中心点绘制长方体。选择该选项，命令行提示和操作如下：

```
指定中心点：
指定角点或 [立方体(C)/长度(L)]：
指定高度或 [两点(2P)] <80.0000>：
```

图 10.4 所示为利用"中心"命令创建的长方体。

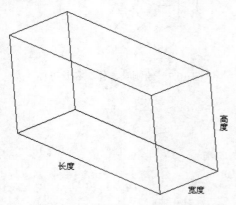

图 10.3　利用"长度"命令创建的长方体

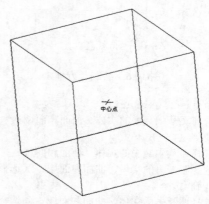

图 10.4　利用"中心"命令创建的长方体

1）角点：指定长方体的角点。

2）立方体(C)：指定长方体的长、宽、高都为相同长度。若输入的长度为正值，则以当前 UCS 坐标的 X、Y、Z 轴的正向创建立方体；若为负值，则以 X、Y、Z 轴的负向创建立方体。

3）长度(L)：通过指定长方体的长、宽、高创建长方体。

动手学——绘制导轨

本例绘制图 10.5 所示的导轨。

【操作步骤】

（1）单击"视图"选项卡"视图"面板中的"西南等轴测"按钮，将当前视图切换为西南等轴测。

（2）单击"实体"选项卡"图元"面板中的"长方体"按钮，命令行提示和操作如下，结果如图 10.6 所示。

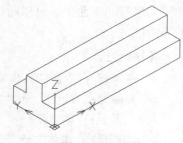

图 10.5　导轨

```
命令：_box
指定长方体的第一个角点或 [中心(C)]：0,0（输入第一个角点坐标①）
指定另一个角点或 [立方体(C)/长度(L)]：@240,80（输入第二个角点坐标②）
指定高度或 [两点(2P)] <80.0000>:60（输入高度③）
```

（3）单击状态栏中的"动态 UCS"按钮，打开动态 UCS 功能。

（4）重复"长方体"命令，以图 10.7 所示的点 1 为第一个角点，绘制长度为 240，宽度为 25，高度为 30 的长方体 2。

（5）使用同样的方法和尺寸，以图 10.7 所示的点 2 为第一个角点绘制长方体 3，如图 10.7 所示。

（6）单击"实体"选项卡"布尔运算"面板中的"差集"按钮，将长方体 1 与长方体 2 和长方体 3 进行差集运算。其命令行提示和操作如下，消隐后的结果如图 10.5 所示。

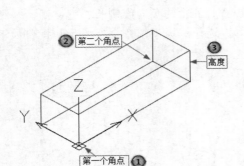

图 10.6　绘制长方体 1

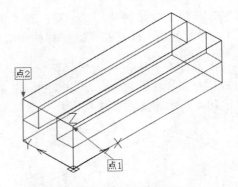

图 10.7　绘制长方体 2 和长方体 3

```
命令：_subtract
选择要从中减去的实体、曲面和面域：（选择长方体 1）
找到 1 个
选择要从中减去的实体、曲面和面域：✓
选择要减去的实体、曲面和面域：（选择长方体 2）
找到 1 个
选择要减去的实体、曲面和面域：（选择长方体 3）
找到 1 个，总计 2 个
选择要减去的实体、曲面和面域：✓
```

10.1.2　创建圆柱体

　　"圆柱体"命令可创建底面和顶面为圆或椭圆的三维圆柱体对象。圆柱体的底面始终位于与工作平面平行的平面上。可以通过 FACETRES 系统变量控制着色或隐藏视觉样式的曲线式三维实体的平滑度。

【执行方式】

- ➢ 命令行：CYLINDER（CYL）。
- ➢ 菜单栏："绘图"→"实体"→"圆柱体"。
- ➢ 工具栏："实体"→"圆柱体"　。
- ➢ 功能区："实体"→"图元"→"圆柱体"　。

【操作步骤】

```
命令：_cylinder
指定底面的中心点或 [三点(3P)/两点(2P)/切点、切点、半径(T)/椭圆(E)]：
指定圆的半径或 [直径(D)] <45.0000>：
指定高度或 [两点(2P)/中心轴(A)] <-70.0000>：
```

【选项说明】

　　（1）指定底面的中心点：指定圆柱体底面圆的圆心创建圆柱体对象。

　　1）半径：指定圆柱体底面圆的半径。

- ➢ 高度：指定圆柱体的高度。
- ➢ 两点(2P)：通过指定两点之间的距离定义圆柱体的高度。
- ➢ 中心轴(A)：通过指定中心轴的长度和方向控制圆柱体的高和方向。

　　2）直径：指定圆柱体底面圆的直径。

（2）三点(3P)：通过指定三个点定义圆柱体的圆周。

（3）两点(2P)：通过指定两个点定义圆柱体的圆周。

（4）切点、切点、半径(T)：指定圆柱体半径以及与圆柱体相切的两个对象，切点将投影到当前 UCS。

（5）椭圆(E)：创建一个底面为椭圆的三维圆柱体对象。选择该选项，命令行提示和操作如下：

```
指定椭圆轴的第一端点或 [中心(C)]:
椭圆轴线第二端点:
另一个轴:
指定高度或 [两点(2P)/中心轴(A)] <221.5990>:
```

1）椭圆轴的第一端点：指定圆柱体底面椭圆的第一端点。

2）椭圆轴线第二端点：指定圆柱体底面椭圆轴线上的第二端点。通过指定椭圆的第一端点和第二端点定义椭圆的第一条轴。

3）另一个轴：以第一条轴的中点拖曳选择第三点定义椭圆的另一条轴。

4）中心(C)：指定圆柱体底面椭圆的圆心。选择该选项，命令行提示和操作如下：

```
椭圆中心:
轴的终点:
另一个轴:
指定高度或 [两点(2P)/中心轴(A)] <-93.2937>:
```

轴的终点：指定圆柱体底面椭圆轴线的终点。通过指定椭圆的圆心和轴的终点定义椭圆的第一条轴。

动手学——绘制汽车变速拨叉

本例绘制图 10.8 所示的汽车变速拨叉。

扫一扫，看视频

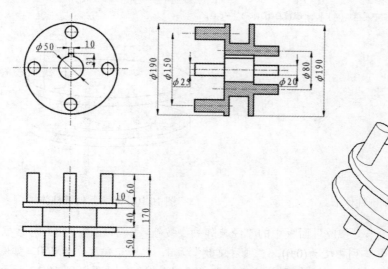

图 10.8　汽车变速拨叉

【操作步骤】

（1）单击"视图"选项卡"视图"面板中的"西南等轴测"按钮，将当前视图设为西南等轴测。

（2）单击"实体"选项卡"图元"面板中的"圆柱体"按钮，绘制圆柱体，命令行提示与操作如下，结果如图 10.9 所示。

```
命令: _cylinder
指定底面的中心点或 [三点(3P)/两点(2P)/切点、切点、半径(T)/椭圆(E)]: 0,0,0✓
指定底面半径或 [直径(D)] <25.0000>: D✓
指定直径 <50.0000>: 190✓
指定高度或 [两点(2P)/ 中心轴(A)] <60.0000>: 10✓
```

（3）重复"圆柱体"命令，绘制其他圆柱体，命令行提示和操作如下，消隐后的结果如图10.10所示。

```
命令: _cylinder
指定底面的中心点或 [三点(3P)/两点(2P)/切点、切点、半径(T)/椭圆(E)]: 0,0,10✓
指定圆的半径或 [直径(D)] <95.0000>: D✓
指定圆的直径 <190.0000>: 110✓
指定高度或 [两点(2P)/ 中心轴(A)] <10.0000>: 40✓
命令: _cylinder
指定底面的中心点或 [三点(3P)/两点(2P)/切点、切点、半径(T)/椭圆(E)]: 0,0,50✓
指定底面半径或 [直径(D)] <55.0000>: D✓
指定直径 <110.0000>: 190✓
指定高度或 [两点(2P)/ 中心轴(A)] <40.0000>: 10✓
命令: _cylinder
指定底面的中心点或 [三点(3P)/两点(2P)/切点、切点、半径(T)/椭圆(E)]: 75,0,60✓
指定底面半径或 [直径(D)] <95.0000>: D✓
指定直径 <190.0000>: 25✓
指定高度或 [两点(2P)/ 中心轴(A)] <10.0000>: 60✓
命令: _cylinder
指定底面的中心点或 [三点(3P)/两点(2P)/切点、切点、半径(T)/椭圆(E)]: 40,0,0✓
指定底面半径或 [直径(D)] <12.5000>: D✓
指定直径 <25.0000>: 20✓
指定高度或 [两点(2P)/ 中心轴(A)] <60.0000>: -50✓
```

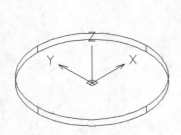

图 10.9　绘制圆柱体 1

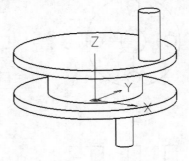

图 10.10　绘制其他圆柱体

（4）单击"常用"选项卡"修改"面板中的"经典阵列"按钮，弹出"阵列"对话框，选择阵列类型为"环形阵列"，设置阵列中心为(0,0)，"项目总数"为4，"填充角度"为360，如图10.11所示。选择直径为25的圆柱体和直径为20的圆柱体，单击"确定"按钮，结果如图10.12所示。

（5）单击"实体"选项卡"布尔运算"面板中的"并集"按钮，将图中所有的圆柱体进行并集运算。

（6）单击"实体"选项卡"图元"面板中的"圆柱体"按钮，命令行提示和操作如下，结果如图10.13所示。

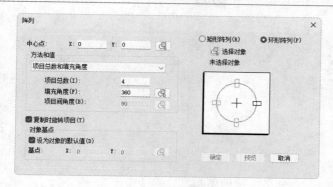

图 10.11　"阵列"对话框

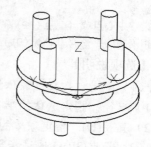

图 10.12　环形阵列结果

```
命令: _cylinder
指定底面的中心点或 [三点(3P)/两点(2P)/切点、切点、半径(T)/椭圆(E)]: 0,0,0✓
指定底面半径或 [直径(D)] <25.0000>: D✓
指定直径 <50.0000>: 50✓
指定高度或 [两点(2P)/ 中心轴(A)] <60.0000>: 60✓
```

（7）单击"实体"选项卡"图元"面板中的"长方体"按钮，绘制长方体，命令行提示和操作如下，绘制结果如图 10.14 所示。

```
命令: _box
指定长方体的第一个角点或 [中心(C)]: -5,0,0✓
指定另一个角点或 [立方体(C)/长度(L)]: 5,31,0✓
指定高度或 [两点(2P)] <30.0000>:60✓
```

（8）单击"实体"选项卡"布尔运算"面板中的"差集"按钮，将主体结构与圆柱体和长方体进行差集运算，结果如图 10.15 所示。

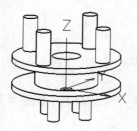

图 10.13　绘制圆柱体 2

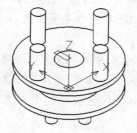

图 10.14　绘制长方体

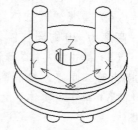

图 10.15　差集结果

（9）单击"实体"选项卡"导航"面板中的"自由动态观察"按钮，将图形旋转到一个适当的角度，消隐后的结果如图 10.8 所示。

10.1.3　创建球体

"球体"命令可创建球体。

【执行方式】

➢　命令行：SPHERE。

➢　菜单栏："绘图"→"实体"→"球体"。

➢　工具栏："实体"→"球体"。

➢　功能区："实体"→"图元"→"球体"。

【操作步骤】

> 命令：_sphere
> 指定中心点或 [三点(3P)/两点(2P)/切点、切点、半径(T)]：
> 指定圆的半径或 [直径(D)] <25.0000>：

【选项说明】

（1）中心点：指定球体的中心。

1）半径：指定球体的半径。

2）直径(D)：指定球体的直径。

（2）三点(3P)：通过指定三维空间的三点定义球体的圆周。

（3）两点(2P)：通过指定三维空间的两点定义球体的圆周。指定的两点定义了圆周的直径。

（4）切点、切点、半径(T)：指定球体半径以及与球体相切的两个对象，切点将投影到当前UCS。

扫一扫，看视频

动手学——绘制球瓦

本例绘制图 10.16 所示的球瓦。

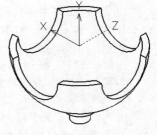

图 10.16　球瓦

【操作步骤】

（1）单击"视图"选项卡"视图"面板中的"西南等轴测"按钮◈，将当前视图设为西南等轴测。

（2）单击"实体"选项卡"图元"面板中的"球体"按钮●，以原点为球心，绘制半径为 100 和 90 的球体。

（3）单击"实体"选项卡"图元"面板中的"圆柱体"按钮▉，以原点为底面中心点，绘制半径为 25，高度为-110 的圆柱体 1。

（4）重复"圆柱体"命令，以(0,0,-110)为底面中心，绘制半径为15，高度为-20 的圆柱体 2。

（5）单击"实体"选项卡"图元"面板中的"长方体"按钮▉，以(100,100)为第一角点，(@-200,-200)为第二角点，绘制高度为 100 的矩形，结果如图 10.17 所示。

（6）单击"实体"选项卡"布尔运算"面板中的"并集"按钮▉，将大球体与两个圆柱体进行并集。

（7）单击"实体"选项卡"布尔运算"面板中的"差集"按钮▉，将并集结果与小球和长方体进行差集，消隐后的结果如图 10.18 所示。

（8）在命令行中输入 UCS 命令，将坐标系统 X 轴旋转 90°。

（9）单击"实体"选项卡"图元"面板中的"圆柱体"按钮▉，以(0,0,-100)为底面中心，绘制半径为 45，高度为 200 的圆柱体 3。

（10）在命令行输入 UCS 命令，将坐标系统 Y 轴旋转 90°。

（11）单击"实体"选项卡"图元"面板中的"圆柱体"按钮▉，以(0,0,-100)为底面中心，绘制半径为 45，高度为 200 的圆柱体 3，如图 10.19 所示。

（12）单击"实体"选项卡"布尔运算"面板中的"差集"按钮▉，将差集结果与圆柱体 3 和圆柱体 4 进行差集，消隐后的结果如图 10.16 所示。

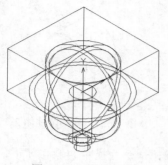

图 10.17 绘制实体

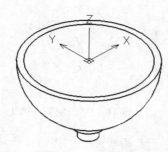

图 10.18 差集结果

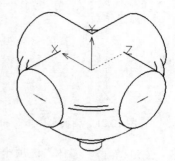

图 10.19 绘制圆柱体

10.1.4 创建圆锥体

"圆锥体"命令可创建底面为圆或椭圆的三维圆锥体对象。

【执行方式】

- ➤ 命令行：CONE。
- ➤ 菜单栏："绘图"→"实体"→"圆锥体"。
- ➤ 工具栏："实体"→"圆锥体" ◢ 。
- ➤ 功能区："实体"→"图元"→"圆锥体" ◢ 。

【操作步骤】

```
命令：_cone
指定底面的中心点或 [三点(3P)/两点(2P)/切点、切点、半径(T)/椭圆(E)]：
指定圆的半径或 [直径(D)] <100.0000>：
指定高度或 [两点(2P)/中心轴(A)/顶面半径(T)] <8.0000>：
```

【选项说明】

顶面半径(T)：通过指定顶面半径绘制圆台的顶面。

动手学——绘制锥心轴

本例绘制图 10.20 所示的锥心轴。

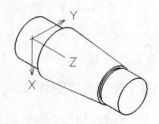

图 10.20 锥心轴

【操作步骤】

（1）单击"视图"选项卡"视图"面板中的"东南等轴测"按钮 ◈ ，将当前视图设为东南等轴测。

（2）在命令行中输入 UCS，命令行提示和操作如下，旋转后的坐标系如图 10.21 所示。

```
命令：UCS✓
当前在世界 UCS。
指定 UCS 的原点或 [?/面(F)/3 点(3)/删除(D)/对象(OB)/原点(O)/上一个(P)/还原(R)/保存(S)/视
图(V)/X/Y/Z/Z 轴(ZA)/世界(W)] <世界>：y✓
输入绕 Y 轴的旋转角度 <90>：90✓
```

（3）单击"实体"选项卡"图元"面板中的"圆柱体"按钮 ◻ ，以(0,0,0)为中心绘制半径为 50，高度为 70 的圆柱体 1，消隐后的结果如图 10.22 所示。

（4）重复"圆柱体"命令，以(0,0,70)为中心绘制半径为 48，高度为 6 的圆柱体 2，如图 10.23 所示。

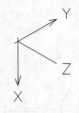
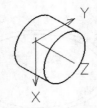
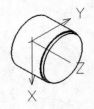

图 10.21　旋转坐标系　　　图 10.22　绘制圆柱体 1　　　图 10.23　绘制圆柱体 2

（5）单击"实体"选项卡"图元"面板中的"圆锥体"按钮◭，命令行提示和操作如下，结果如图 10.24 所示。

```
命令：_cone
指定底面的中心点或 [三点(3P)/两点(2P)/切点、切点、半径(T)/椭圆(E)]：0,0,76↙
指定圆的半径或 [直径(D)] <48.0000>:60↙
指定高度或 [两点(2P)/中心轴(A)/顶面半径(T)] <6.0000>:t↙
指定顶面半径 <0.0000>:45↙
指定高度或 [两点(2P)/中心轴(A)/顶面半径(T)] <6.0000>:160↙
```

（6）单击"实体"选项卡"图元"面板中的"圆柱体"按钮🛢，以(0,0,236)为中心绘制半径为40，高度为6的圆柱体3，如图 10.25 所示。

（7）重复"圆柱体"命令，以(0,0,242)为中心绘制半径为42，高度为50的圆柱体4，如图 10.26 所示。

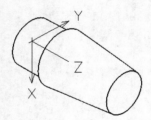
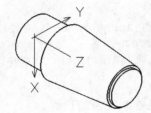
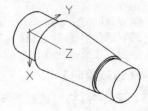

图 10.24　绘制圆锥体　　　图 10.25　绘制圆柱体 3　　　图 10.26　绘制圆柱体 4

（8）单击"实体"选项卡"布尔运算"面板中的"并集"按钮▦，将所有实体进行并集运算，结果如图 10.20 所示。

10.1.5　创建圆环体

"圆环体"命令可创建三维圆环体对象。

圆环体由两个半径定义：一个是圆管的半径；另一个是圆环体中心到圆管中心之间的距离。默认情况下，圆环体平行于当前 UCS 的 XY 平面，并被该平面平分。

若圆管半径大于圆环体半径，则将绘制无中心孔的圆环体，即自身相交的圆环体。

【执行方式】

➤ 命令行：TORUS（TOR）。
➤ 菜单栏："绘图"→"实体"→"圆环体"。
➤ 工具栏："实体"→"圆环体"◎。
➤ 功能区："实体"→"图元"→"圆环体"◎。

【操作步骤】

命令：_torus
指定中心点或 [三点(3P)/两点(2P)/切点、切点、半径(T)]：
指定圆的半径或 [直径(D)] <42.0000>：
指定圆环半径或 [两点(2P)/直径(D)]：

【选项说明】

（1）中心点：指定圆环体的中心。

（2）半径：指定圆环体的半径，即圆环体中心到圆管中心之间的距离。

1）半径：指定圆管的半径。

2）直径：指定圆管的直径。

（3）直径(D)：指定圆环体的直径。

（4）三点(3P)：通过指定三个点定义圆环体的圆周。

（5）两点(2P)：通过指定两个点定义圆环体的圆周。

（6）切点、切点、半径(T)：指定圆环体半径以及与圆环体相切的两个对象，切点将投影到当前 UCS。

动手学——绘制深沟球轴承

扫一扫，看视频

本例绘制图 10.27 所示的深沟球轴承。

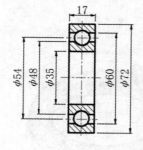
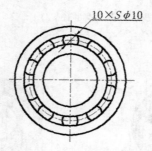
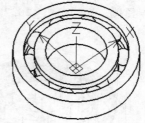

图 10.27　深沟球轴承

【操作步骤】

（1）在命令行中输入 ISOLINES 命令，设置线框密度为 10。

（2）单击"视图"选项卡"视图"面板中的"西南等轴测"按钮，将当前视图设为西南等轴测。

（3）单击"实体"选项卡"图元"面板中的"圆柱体"按钮，创建底面中心点为(0,0,0)，底面半径分别为 36 和 30，高度为 17 的两个圆柱体。

（4）单击"实体"选项卡"布尔运算"面板中的"差集"按钮，将创建的两个圆柱体进行差集运算，进行消隐处理后的图形如图 10.28 所示。

（5）单击"实体"选项卡"图元"面板中的"圆柱体"按钮，以坐标原点为圆心，创建高度为 17，半径分别为 24 和 17.5 的两个圆柱体。

（6）单击"实体"选项卡"布尔运算"面板中的"差集"按钮，对其进行差集运算，创建轴承的内圈圆柱体，结果如图 10.29 所示。

（7）单击"实体"选项卡"布尔运算"面板中的"并集"按钮，将创建的轴承外圈与内圈圆柱体进行并集运算。

（8）单击"实体"选项卡"图元"面板中的"圆环体"按钮◎，命令行提示和操作如下，结果如图 10.30 所示。

```
命令：_torus
指定中心点或 [三点(3P)/两点(2P)/切点、切点、半径(T)]：0,0,8.5✓
指定圆的半径或 [直径(D)] <17.5000>:26.75✓
指定圆环半径或 [两点(2P)/直径(D)]:5✓
```

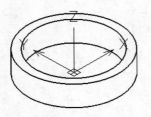
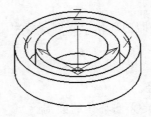
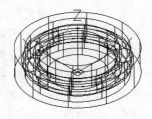

图 10.28　差集结果 1　　　　图 10.29　差集结果 2　　　　图 10.30　绘制圆环体

（9）单击"实体"选项卡"布尔运算"面板中的"差集"按钮▣，将创建的圆环与轴承的内外圈进行差集运算，结果如图 10.31 所示。

（10）单击"实体"选项卡"图元"面板中的"球体"按钮●，命令行提示和操作如下，结果如图 10.32 所示。

```
命令：_sphere
指定中心点或 [三点(3P)/两点(2P)/切点、切点、半径(T)]：26.75,0,8.5✓
指定圆的半径或 [直径(D)] <26.7500>:5 ✓
```

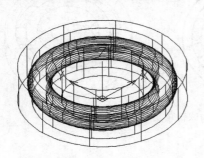
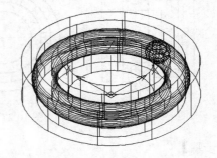

图 10.31　差集结果 3　　　　　　　　图 10.32　绘制球体

（11）单击"常用"选项卡"修改"面板中的"经典阵列"按钮▦，弹出"阵列"对话框，选择阵列类型为"环形阵列"，设置阵列中心为坐标原点，"项目总数"为 10，"填充角度"为 360，如图 10.33 所示。单击"选择对象"按钮◨，在绘图区选择球体，单击"确定"按钮，阵列结果如图 10.34 所示。

（12）单击"实体"选项卡"布尔运算"面板中的"并集"按钮▣，将阵列的滚动体与轴承的内外圈进行并集运算，消隐后的结果如图 10.27 所示。

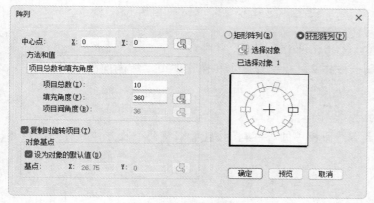

图 10.33 "阵列"对话框

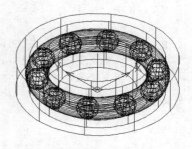

图 10.34 阵列结果

10.1.6 创建楔体

"楔体"命令可通过指定楔体的角点或中心点创建三维楔体对象。

【执行方式】

➢ 命令行：WEDGE（WE）。

➢ 菜单栏："绘图"→"实体"→"楔体"。

➢ 工具栏："实体"→"楔体" ◣。

➢ 功能区："实体"→"图元"→"楔体" ◣。

【操作步骤】

```
命令：_wedge
指定长方体的第一个角点或 [中心(C)]：
指定另一个角点或 [立方体(C)/长度(L)]：
指定高度或 [两点(2P)] <60.0000>：
```

【选项说明】

（1）指定长方体的第一个角点：指定楔体的第一个角点。

（2）另一个角点：指定楔体的另一个角点，确定对边的位置。

（3）立方体(C)：创建各条边都相等的楔体。

（4）长度(L)：分别指定楔体的长度和宽度。

（5）高度：指定楔体的高度。

（6）两点(2P)：通过指定两点之间的距离定义楔体的高度。

（7）中心(C)：指定楔体的中心点。

动手学——绘制底座

本例绘制图 10.35 所示的底座。

【操作步骤】

（1）单击"视图"选项卡"视图"面板中的"东南等轴测"按钮 ◈，将当前视图设为东南等轴测。

（2）单击"实体"选项卡"图元"面板中的"长方体"按钮 ▮，绘制长方体 1，命令行提示和操作如下，结果如图 10.36 所示。

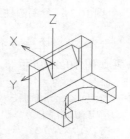

扫一扫，看视频

图 10.35 底座

```
命令：_box
指定长方体的第一个角点或 [中心(C)]：0,0,0✓
指定另一个角点或 [立方体(C)/长度(L)]：40,60,12✓
```

（3）重复"长方体"命令，绘制长方体 2，命令行提示和操作如下，结果如图 10.37 所示。

```
命令：_box
指定长方体的第一个角点或 [中心(C)]：0,0,12✓
指定另一个角点或 [立方体(C)/长度(L)]：@12,60,32✓
```

（4）单击"实体"选项卡"布尔运算"面板中的"并集"按钮 ，将两个长方体进行并集运算，结果如图 10.38 所示。

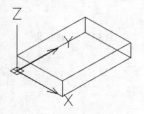
图 10.36　绘制长方体 1

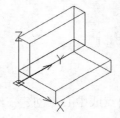
图 10.37　绘制长方体 2

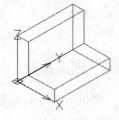
图 10.38　并集结果

（5）单击"实体"选项卡"图元"面板中的"圆柱体"按钮 ，以(40,30,0)为中心绘制半径为 20，高度为 20 的圆柱体，如图 10.39 所示。

（6）单击"实体"选项卡"布尔运算"面板中的"差集"按钮 ，将并集结果与圆柱体 2 进行差集运算，结果如图 10.40 所示。

（7）在命令行中输入 UCS 命令，命令行提示和操作如下，结果如图 10.41 所示。

```
命令：UCS
当前在世界 UCS。
指定 UCS 的原点或 [?/面(F)/3 点(3)/删除(D)/对象(OB)/原点(O)/上一个(P)/还原(R)/保存(S)/视图(V)/X/Y/Z/Z 轴(ZA)/世界(W)] <世界>：12,15,44✓
指定 X 轴上的点或 <接受>：✓
```

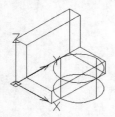
图 10.39　绘制圆柱体

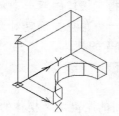
图 10.40　差集结果

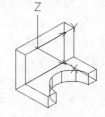
图 10.41　创建坐标系

（8）再次在命令行中输入 UCS 命令，将坐标系统绕 Z 轴旋转 180°，命令行提示和操作如下，结果如图 10.42 所示。

```
命令：UCS
当前 UCS 未命名。
指定 UCS 的原点或 [?/面(F)/3 点(3)/删除(D)/对象(OB)/原点(O)/上一个(P)/还原(R)/保存(S)/视图(V)/X/Y/Z/Z 轴(ZA)/世界(W)] <世界>：z✓
输入绕 Z 轴的旋转角度 <90>：180✓
```

（9）单击"实体"选项卡"图元"面板中的"楔体"按钮 ，命令行提示和操作如下：

命令：_wedge
指定长方体的第一个角点或 [中心(C)]：0,0,0↙（指定第一个角点，如图 10.43 所示①）
指定另一个角点或 [立方体(C)/长度(L)]：@8,-30↙（指定第二个角点，如图 10.44 所示②）
指定高度或 [两点(2P)] <16.0000>:-16↙（输入高度，如图 10.45 所示③）

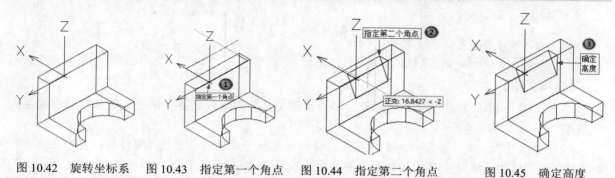

图 10.42　旋转坐标系　　图 10.43　指定第一个角点　　图 10.44　指定第二个角点　　图 10.45　确定高度

（10）单击"实体"选项卡"布尔运算"面板中的"差集"按钮，将并集结果与圆柱体 2 进行差集运算，结果如图 10.35 所示。

10.2　由二维图形生成三维实体

与三维网格的生成原理一样，也可以通过二维图形生成三维实体。中望 CAD 提供了五种方法实现该功能，具体如下所述。

10.2.1　拉伸

"拉伸"命令以指定的路径、高度值或倾斜角度拉伸选定的对象创建三维实体或曲面。拉伸封闭区域的对象，可以创建三维实体；拉伸具有开口的对象，可以创建三维曲面，如图 10.46 所示。

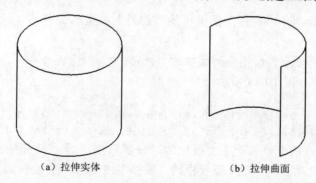

（a）拉伸实体　　　　　　　　　　（b）拉伸曲面

图 10.46　拉伸

【执行方式】

➤ 命令行：EXTRUDE（EXT）。
➤ 菜单栏："绘图"→"实体"→"拉伸"。
➤ 工具栏："实体"→"拉伸"。

➢ 功能区："实体" → "实体" → "拉伸" 📦。

【操作步骤】

```
命令：_extrude
当前线框密度： ISOLINES=4，闭合轮廓创建模式=实体
选择对象或 [模式(MO)]：
找到 1 个
选择对象或 [模式(MO)]：
指定拉伸高度或 [方向(D)/路径(P)/倾斜角(T)]：
```

【选项说明】

（1）ISOLINES：系统变量，为对象上每个曲面指定轮廓素线数目，该变量的有效取值范围为0～2047。

（2）选择对象：选择要拉伸的对象。可拉伸的对象有平面图形、面域、实体等，包含在块中的对象不能进行拉伸，同样也不能拉伸具有相交或自交线段的多段线。

（3）模式(MO)：设置拉伸对象为实体或曲面。

（4）指定拉伸高度：为选择对象指定拉伸的高度。若输入的高度值为正数，则以当前 UCS 的 Z 轴正方向拉伸对象；若为负数，则以 Z 轴负方向拉伸对象。

（5）方向(D)：通过指定两点确认拉伸的长度和方向。

（6）路径(P)：为选择对象指定拉伸的路径。在指定路径后，沿着选定路径拉伸对象创建实体。

（7）倾斜角(T)：倾斜角可为-90°～90°的任何角度值。若输入为正角度值，则从基准对象逐渐变细地拉伸；若输入为负角度值，则从基准对象逐渐变粗地拉伸。当角度为 0°时，表示在拉伸对象时对象的粗细不发生变化，而且是在其所在平面垂直的方向上进行拉伸。只有顶部连续的环才可进行锥状拉伸。

扫一扫，看视频

动手学——绘制轴承座

本例绘制图 10.47 所示的轴承座。

图 10.47　轴承座

【操作步骤】

（1）单击"视图"选项卡"视图"面板中的"前视"按钮 📦，将当前视图设为前视图。

（2）单击"常用"选项卡"绘图"面板中的"矩形"按钮 □，命令行提示和操作如下，结果如图 10.48 所示。

```
命令：_rectang
指定第一个角点或 [倒角(C)/标高(E)/圆角(F)/正方形(S)/厚度(T)/宽度(W)]：0,0,0↙
指定其他的角点或 [面积(A)/尺寸(D)/旋转(R)]：@108,15↙
```

（3）单击"常用"选项卡"修改"面板中的"分解"按钮 🎇，选择矩形，将其分解。

（4）单击"常用"选项卡"修改"面板中的"偏移"按钮 ⬚，将左侧的竖直线向右偏移15，右侧的竖直线向左偏移25，下方的水平线向上偏移7，结果如图10.49所示。

（5）单击"常用"选项卡"修改"面板中的"修剪"按钮 —，修剪多余的直线，结果如图10.50所示。

图 10.48　绘制矩形　　　　　图 10.49　偏移结果　　　　　图 10.50　修剪直线

（6）单击"常用"选项卡"绘图"面板中的"面域"按钮▣，框选所有图素创建面域。

（7）单击"视图"选项卡"视图"面板中的"西南等轴测"按钮◈，将当前视图设为西南等轴测。

（8）单击"实体"选项卡"实体"面板中的"拉伸"按钮📦，命令行提示和操作如下：

```
命令：_extrude
当前线框密度：ISOLINES=4，闭合轮廓创建模式=实体
选择对象或 [模式(MO)]：（选择图 10.51 所示的面域①）
找到 1 个
选择对象或 [模式(MO)]：✓
指定拉伸高度或 [方向(D)/路径(P)/倾斜角(T)] <65.0000>:68✓（输入拉伸高度，如图 10.52 所
示②）
```

结果如图 10.53 所示。

 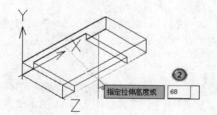 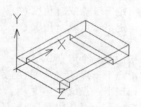

图 10.51　选择面域　　　　　图 10.52　输入拉伸高度　　　　　图 10.53　拉伸结果 1

（9）在命令行中输入 UCS 命令，将当前坐标系修改为用户坐标系，命令行提示和操作如下：

```
命令：UCS✓
当前 UCS 名称：　前视
指定 UCS 的原点或 [?/面(F)/3 点(3)/删除(D)/对象(OB)/原点(O)/上一个(P)/还原(R)/保存(S)/视
图(V)/X/Y/Z/Z 轴(ZA)/世界(W)] <世界>:✓
```

（10）单击"实体"选项卡"图元"面板中的"圆柱体"按钮🛢，以图 10.54 所示的边的中点
为圆心，绘制半径为 30，高度为 20 的圆柱体，如图 10.55 所示。

（11）单击"实体"选项卡"布尔运算"面板中的"差集"按钮◻，将拉伸实体与圆柱体进行
差集运算，结果如图 10.56 所示。

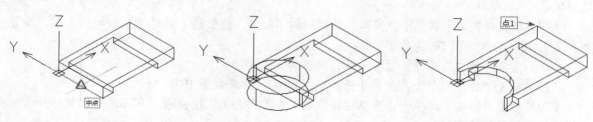

图 10.54　选择中点 1　　　　　图 10.55　绘制圆柱体　　　　　图 10.56　差集结果 1

（12）单击"视图"选项卡"视图"面板中的"左视"按钮🔲，将当前视图设为左视图；再单

击"视图"选项卡"视图"面板中的"西南等轴测"按钮⚙，将当前视图设为西南等轴测。

（13）在命令行中输入 UCS 命令，创建坐标系，命令行提示和操作如下，结果如图 10.57 所示。

命令：UCS✓
当前在世界 UCS。
指定 UCS 的原点或 [?/面(F)/3 点(3)/删除(D)/对象(OB)/原点(O)/上一个(P)/还原(R)/保存(S)/视
图(V)/X/Y/Z/Z 轴(ZA)/世界(W)] <世界>：（选择图 10.56 所示的点 1）
指定 X 轴上的点或 <接受>：✓

（14）单击"常用"选项卡"绘图"面板中的"圆心，半径"按钮⊙，命令行提示和操作如下，
结果如图 10.58 所示。

命令：_circle
指定圆的圆心或 [三点(3P)/两点(2P)/切点、切点、半径(T)]：34,46✓
指定圆的半径或 [直径(D)]：11✓
命令：_circle
指定圆的圆心或 [三点(3P)/两点(2P)/切点、切点、半径(T)]：34,46✓
指定圆的半径或 [直径(D)] <11.0000>：22✓

（15）单击"常用"选项卡"绘图"面板中的"直线"按钮＼，命令行提示和操作如下：

命令：_line
指定第一个点：0,0,0✓
指定下一点或 [角度(A)/长度(L)/放弃(U)]：@68,0✓
指定下一点或 [角度(A)/长度(L)/放弃(U)]：（捕捉图 10.59 所示的切点）
指定下一点或 [角度(A)/长度(L)/闭合(C)/放弃(U)]：<正交 开>✓
命令：_line
指定第一个点：0,0,0✓
指定下一点或 [角度(A)/长度(L)/放弃(U)]：（捕捉图 10.60 所示的切点）
指定下一点或 [角度(A)/长度(L)/放弃(U)]：（捕捉图 10.61 所示的直线端点）
指定下一点或 [角度(A)/长度(L)/闭合(C)/放弃(U)]：✓

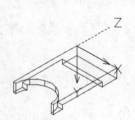
图 10.57 创建坐标系

图 10.58 绘制圆

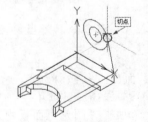
图 10.59 捕捉右侧切点

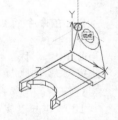
图 10.60 捕捉左侧切点

（16）单击"常用"选项卡"绘图"面板中的"面域"按钮回，选择图 10.62 所示的图素，创
建面域。

（17）单击"实体"选项卡"实体"面板中的"拉伸"按钮🗐，选择刚刚创建的面域，设置拉
伸高度为 18，结果如图 10.63 所示。

（18）重复"拉伸"命令，拉伸大圆，高度为 52。

（19）重复"拉伸"命令，拉伸小圆，高度为 60，结果如图 10.64 所示。

（20）单击"实体"选项卡"布尔运算"面板中的"并集"按钮🗗，选择除小圆柱体外的所有
拉伸实体进行并集运算。

（21）单击"实体"选项卡"布尔运算"面板中的"差集"按钮🗗，将并集结果与小圆柱体进
行差集运算，消隐后的结果如图 10.65 所示。

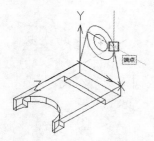

图 10.61　捕捉直线端点

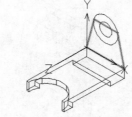

图 10.62　创建面域 1

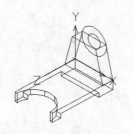

图 10.63　拉伸结果 2

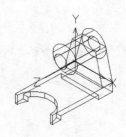

图 10.64　拉伸圆

（22）单击"视图"选项卡"视图"面板中的"前视"按钮，将当前视图设为前视图；再单击"视图"选项卡"视图"面板中的"西南等轴测"按钮，将当前视图设为西南等轴测。

（23）单击"常用"选项卡"绘图"面板中的"直线"按钮，命令行提示和操作如下：

```
命令：_line
指定第一个点：（选择图 10.66 所示的中点）
指定下一点或 [角度(A)/长度(L)/放弃(U)]：@54<180↙
指定下一点或 [角度(A)/长度(L)/放弃(U)]：↙
命令：_line
指定第一个点：（选择图 10.66 所示的中点）
指定下一点或 [角度(A)/长度(L)/放弃(U)]：@30<90↙
指定下一点或 [角度(A)/长度(L)/放弃(U)]：@11.5<180↙
指定下一点或 [角度(A)/长度(L)/闭合(C)/放弃(U)]：（捕捉图 10.67 所示的端点）
指定下一点或 [角度(A)/长度(L)/闭合(C)/放弃(U)]：↙
```

结果如图 10.67 所示。

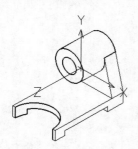

图 10.65　差集结果 2

图 10.66　选择中点 2

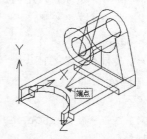

图 10.67　捕捉端点 1

（24）单击"常用"选项卡"绘图"面板中的"面域"按钮，选择图 10.68 所示的图素，创建面域。

（25）单击"常用"选项卡"修改"面板中的"移动"按钮，命令行提示和操作如下：

```
命令：_move
选择对象：（选择刚刚创建的面域）
找到 1 个
选择对象：↙
指定基点或 [位移(D)] <位移>：（捕捉图 10.69 所示的端点）
指定第二点的位移或者 <使用第一点当作位移>：@0,0,-8↙
```

结果如图 10.70 所示。

（26）单击"实体"选项卡"实体"面板中的"拉伸"按钮，选择移动后的面域，设置拉伸高度为 16，结果如图 10.71 所示。

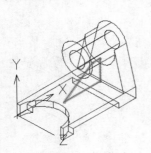
图 10.68 创建面域 2

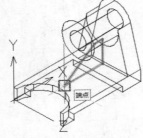
图 10.69 捕捉端点 2

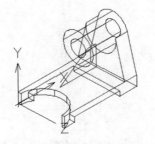
图 10.70 移动结果

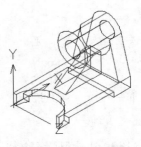
图 10.71 拉伸结果 3

（27）单击"实体"选项卡"布尔运算"面板中的"并集"按钮，选择所有拉伸实体进行并集运算，消隐后的结果如图 10.47 所示。

10.2.2 旋转

"旋转"命令可将选择的对象以指定的旋转轴旋转，形成三维实体或曲面。通过绕轴旋转开放对象，可以创建曲面；旋转闭合对象可以创建三维实体或曲面，如图 10.72 所示。通过"模式"选项可以控制创建的实体类型为三维实体或曲面。对象绕轴旋转的正方向遵循右手法则。包含在块中的对象或旋转后要自交的对象不能选为旋转对象。

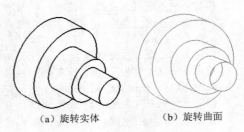
（a）旋转实体   （b）旋转曲面
图 10.72 旋转

【执行方式】

➢ 命令行：REVOLVE（REV）。
➢ 菜单栏："绘图"→"实体"→"旋转"。
➢ 工具栏："实体"→"旋转" 🗝。
➢ 功能区："实体"→"实体"→"旋转" 🗝。

【操作步骤】

```
命令：_revolve
当前线框密度： ISOLINES=4，闭合轮廓创建模式=实体
选择对象或 [模式(MO)]：
选择对象或 [模式(MO)]：
指定旋转轴的起始点或通过选项定义轴 [对象(O)/X轴(X)/Y轴(Y)/Z轴(Z)] <对象>：
指定轴的端点：
指定旋转角度或 [起始角度(ST)] <360.0000>：
```

【选项说明】

（1）旋转轴的起始点：通过指定起始点和端点确定旋转轴。起始点指向端点的方向为旋转轴的正方向。

（2）轴的端点：指定一个点作为旋转轴的端点。

（3）旋转角度：指定选择对象绕旋转轴旋转的距离。输入正值按逆时针旋转，输入负值按顺时针旋转。

（4）起始角度(ST)：以选择对象所在平面为起始位置绕旋转轴旋转指定偏移角度。

（5）对象(O)：选择直线或多段线作为旋转轴对象。使用对象作为旋转轴，则旋转轴的方向沿

对象的绘制方向。

（6）X 轴(X)/Y 轴(Y)/Z 轴(Z)：以当前 UCS 的 X/Y/Z 轴为旋转轴，旋转轴的正方向与 X/Y/Z 轴正方向一致。

动手学——绘制活塞

本例绘制图 10.73 所示的活塞。

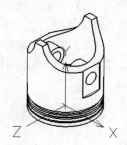

【操作步骤】

1. 创建主体

（1）单击"视图"选项卡"视图"面板中的"西南等轴测"按钮 ，将当前视图设为西南等轴测。

（2）单击"实体"选项卡"图元"面板中的"圆柱体"按钮 ，以(0,0,0)点为中心绘制半径为 80，高度为 200 的圆柱体，如图 10.74 所示。

图 10.73　活塞

2. 创建凹坑

（1）单击"视图"选项卡"视图"面板中的"前视"按钮 ，将当前视图设为前视图。

（2）单击"常用"选项卡"绘图"面板中的"圆心，半径"按钮 ，以(20,20)点为圆心绘制半径为 17 的圆。

（3）重复"圆心，半径"命令，以(0,20)点为圆心绘制半径为 3 的圆，结果如图 10.75 所示。

（4）单击"常用"选项卡"绘图"面板中的"直线"按钮 ，命令行提示和操作如下，结果如图 10.76 所示。

```
命令: _line
指定第一个点: （选择大圆右侧象限点）
指定下一点或 [角度(A)/长度(L)/放弃(U)]: @20<270↙
指定下一点或 [角度(A)/长度(L)/放弃(U)]: @37<180↙
指定下一点或 [角度(A)/长度(L)/闭合(C)/放弃(U)]: （选择小圆下方象限点）
指定下一点或 [角度(A)/长度(L)/闭合(C)/放弃(U)]: ↙
```

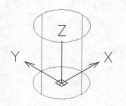

图 10.74　绘制圆柱体 1

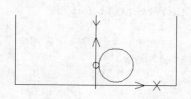

图 10.75　绘制圆

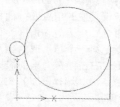

图 10.76　绘制直线

（5）单击"常用"选项卡"修改"面板中的"修剪"按钮 ，修剪多余的圆弧，结果如图 10.77 所示。

（6）单击"常用"选项卡"绘图"面板中的"面域"按钮 ，框选图 10.77 所示的所有图素，创建面域。

（7）单击"实体"选项卡"实体"面板中的"旋转"按钮 ，命令行提示和操作如下：

```
命令: _revolve
当前线框密度: ISOLINES=4，闭合轮廓创建模式=实体
选择对象或 [模式(MO)]: （选择图 10.78 所示的面域①）
```

找到 1 个

选择对象或 [模式(MO)]：↙

指定旋转轴的起始点或通过选项定义轴 [对象(O)/X轴(X)/Y轴(Y)/Z轴(Z)] <对象>：Y（选择图 10.78 所示的 Y 轴）↙ ②

指定旋转角度或 [起始角度(ST)] <360.0000>：↙

（8）单击"视图"选项卡"视图"面板中的"西南等轴测"按钮💠，将当前视图设为西南等轴测，结果如图 10.79 所示。

（9）单击"实体"选项卡"布尔运算"面板中的"差集"按钮🗖，将圆柱体与旋转实体进行差集运算，结果如图 10.80 所示。

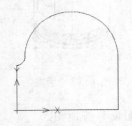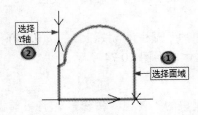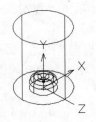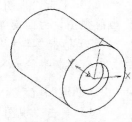

图 10.77　修剪图形　　　图 10.78　选择面域　　　图 10.79　旋转实体 1　　图 10.80　差集结果 1

3．创建槽

（1）单击"视图"选项卡"视图"面板中的"前视"按钮🗔，将当前视图设为前视图。

（2）单击"视图"选项卡"视觉样式"面板中的"二维线框"按钮🖵。

（3）单击"常用"选项卡"绘图"面板中的"矩形"按钮▢，命令行提示和操作如下，结果如图 10.81 所示。

命令：_rectang

指定第一个角点或 [倒角(C)/标高(E)/圆角(F)/正方形(S)/厚度(T)/宽度(W)]：_from（按住 Shift 键，右击，在弹出的快捷菜单中选择"自"命令）

基点：（选择图 10.81 所示的点 1）

<偏移>：@0,10↙

指定其他的角点或 [面积(A)/尺寸(D)/旋转(R)]：@-5,3↙

命令：_rectang

指定第一个角点或 [倒角(C)/标高(E)/圆角(F)/正方形(S)/厚度(T)/宽度(W)]：_from（按住 Shift 键，右击，在弹出的快捷菜单中选择"自"命令）

基点：（选择图 10.81 所示的点 1）

<偏移>：@0,20↙

指定其他的角点或 [面积(A)/尺寸(D)/旋转(R)]：@-5,5↙

命令：_rectang

指定第一个角点或 [倒角(C)/标高(E)/圆角(F)/正方形(S)/厚度(T)/宽度(W)]：_from（按住 Shift 键，右击，在弹出的快捷菜单中选择"自"命令）

基点：（选择图 10.81 所示的点 1）

<偏移>：@0,30↙

指定其他的角点或 [面积(A)/尺寸(D)/旋转(R)]：@-5,8↙

（4）单击"实体"选项卡"实体"面板中的"旋转"按钮🗟，选择第（3）步绘制的三个矩形，选择 Y 轴作为旋转轴，结果如图 10.82 所示。

（5）单击"实体"选项卡"布尔运算"面板中的"差集"按钮🗖，将图 10.80 所示的差集结果与第（4）步创建的旋转实体进行差集运算，消隐后的结果如图 10.83 所示。

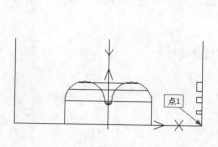

图 10.81 绘制矩形

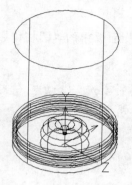

图 10.82 旋转实体 2

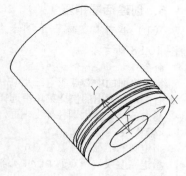

图 10.83 差集结果 2

4. 创建内部孔

（1）单击"常用"选项卡"绘图"面板中的"直线"按钮\，命令行提示和操作如下，结果如图 10.84 所示。

```
命令：_line
指定第一个点：（选择图 10.84 所示的圆心点）
指定下一点或 [角度(A)/长度(L)/放弃(U)]：@0,-150✓
指定下一点或 [角度(A)/长度(L)/放弃(U)]：@55,0✓
指定下一点或 [角度(A)/长度(L)/闭合(C)/放弃(U)]：✓
命令：_line
指定第一个点：（选择图 10.84 所示的圆心点）
指定下一点或 [角度(A)/长度(L)/放弃(U)]：@65,0✓
指定下一点或 [角度(A)/长度(L)/闭合(C)/放弃(U)]：（捕捉图 10.84 所示的端点）
指定下一点或 [角度(A)/长度(L)/闭合(C)/放弃(U)]：✓
```

（2）单击"常用"选项卡"修改"面板中的"圆角"按钮🔲，设置圆角半径为 20，对端点处进行圆角，如图 10.85 所示。

（3）单击"常用"选项卡"绘图"面板中的"面域"按钮◎，选择图 10.85 绘制的图线创建面域。

（4）单击"实体"选项卡"实体"面板中的"旋转"按钮🍃，选择第（3）步创建的面域，选择 Y 轴作为旋转轴，旋转角度为 360°，结果如图 10.86 所示。

（5）单击"实体"选项卡"布尔运算"面板中的"差集"按钮🔲，将图 10.83 所示的差集结果与第（4）步创建的旋转实体进行差集运算，消隐后的结果如图 10.87 所示。

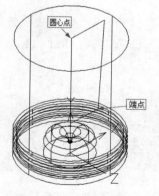

图 10.84 绘制旋转截面

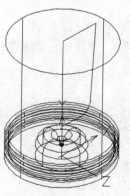

图 10.85 圆角处理

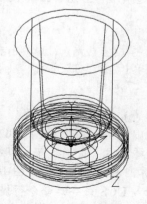

图 10.86 旋转实体

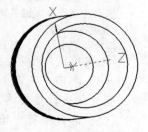

图 10.87 差集结果 3

5. 创建活塞销座

（1）单击"实体"选项卡"图元"面板中的"圆柱体"按钮🛢️，命令行提示和操作如下，结果如图 10.88 所示。

```
命令：_cylinder
指定底面的中心点或 [三点(3P)/两点(2P)/切点、切点、半径(T)/椭圆(E)]：_from（按住 Shift 键，
右击，在弹出的快捷菜单中选择"自"命令）
基点：（选择大圆柱体上端面圆心）
<偏移>：@0,-90,30✓
指定圆的半径或 [直径(D)] <25.0000>:25✓
指定高度或 [两点(2P)/中心轴(A)] <45.0000>:43✓
命令：_cylinder
指定底面的中心点或 [三点(3P)/两点(2P)/切点、切点、半径(T)/椭圆(E)]：_from（按住 Shift 键，
右击，在弹出的快捷菜单中选择"自"命令）
基点：（选择大圆柱体上端面圆心）
<偏移>：@0,-90,-30✓
指定圆的半径或 [直径(D)] <25.0000>:25✓
指定高度或 [两点(2P)/中心轴(A)] <43.0000>:-43✓
```

（2）单击"实体"选项卡"布尔运算"面板中的"并集"按钮🔲，将所有实体进行并集运算，结果如图 10.89 所示。

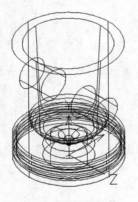
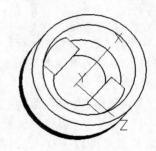

图 10.88 绘制圆柱体 2　　　　　　图 10.89 并集结果

（3）单击"实体"选项卡"图元"面板中的"圆柱体"按钮🛢️，命令行提示和操作如下，结果如图 10.90 所示。

```
命令：_cylinder
指定底面的中心点或 [三点(3P)/两点(2P)/切点、切点、半径(T)/椭圆(E)]：_from（按住 Shift 键，
右击，在弹出的快捷菜单中选择"自"命令）
基点：（选择大圆柱体上端面圆心）
<偏移>：@0,-90,100✓
指定圆的半径或 [直径(D)] <25.0000>:15✓
指定高度或 [两点(2P)/中心轴(A)] <-43.0000>:-200✓
```

（4）单击"实体"选项卡"布尔运算"面板中的"差集"按钮🔲，将并集结果与第（3）步创建的圆柱体进行差集运算，消隐后的结果如图 10.91 所示。

（5）在命令行中输入 UCS 命令，命令行提示和操作如下：

```
命令：UCS
```

> 当前 UCS 名称：　前视
> 指定 UCS 的原点或 [?/面(F)/3 点(3)/删除(D)/对象(OB)/原点(O)/上一个(P)/还原(R)/保存(S)/视图(V)/X/Y/Z/Z 轴(ZA)/世界(W)] <世界>：_from（按住 Shift 键，右击，在弹出的快捷菜单中选择 "自" 命令）
> 基点：（选择大圆柱体上端面圆心）
> <偏移>：@0,-90,80✓
> 指定 X 轴上的点或 <接受>：✓

（6）单击 "实体" 选项卡 "图元" 面板中的 "长方体" 按钮，命令行提示和操作如下，结果如图 10.92 所示。

> 命令：_box
> 指定长方体的第一个角点或 [中心(C)]：25,40✓
> 指定另一个角点或 [立方体(C)/长度(L)]：@-50,-80,-5✓

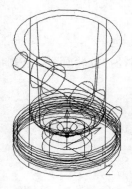
图 10.90　绘制圆柱体 3

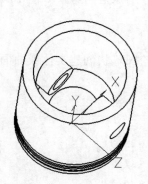
图 10.91　差集结果 4

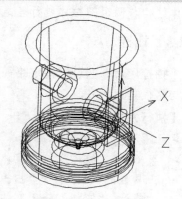
图 10.92　绘制长方体

（7）单击 "视图" 选项卡 "视图" 面板中的 "左视" 按钮，将当前视图设为左视图。

（8）单击 "常用" 选项卡 "修改" 面板中的 "镜像" 按钮，选择图 10.93 所示的长方体，并选择点 1 和点 2 作为镜像轴进行镜像，结果如图 10.94 所示。

（9）单击 "实体" 选项卡 "布尔运算" 面板中的 "差集" 按钮，将实体结构与两个长方体进行差集运算，消隐后的结果如图 10.95 所示。

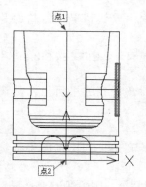
图 10.93　选择长方体

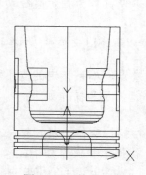
图 10.94　镜像结果

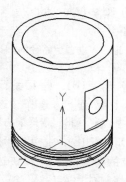
图 10.95　差集结果 5

6．切割活塞裙部

（1）单击 "实体" 选项卡 "图元" 面板中的 "圆柱体" 按钮，命令行提示和操作如下，结果如图 10.96 所示。

```
命令：_cylinder
指定底面的中心点或 [三点(3P)/两点(2P)/切点、切点、半径(T)/椭
圆(E)]：80,210,100✓
指定圆的半径或 [直径(D)] <15.0000>:70✓
指定高度或 [两点(2P)/中心轴(A)] <-200.0000>:-200✓
命令：_cylinder
指定底面的中心点或 [三点(3P)/两点(2P)/切点、切点、半径(T)/椭
圆(E)]：-80,210,100✓
指定圆的半径或 [直径(D)] <70.0000>:✓
指定高度或 [两点(2P)/中心轴(A)] <-200.0000>:-200✓
```

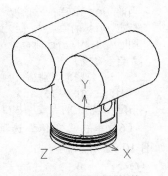

图 10.96　绘制圆柱体

（2）单击"实体"选项卡"布尔运算"面板中的"差集"按钮，将实体结构与两个圆柱体进行差集运算，消隐后的结果如图 10.73 所示。

10.2.3　扫掠

"扫掠"命令通过沿指定路径延伸轮廓形状创建实体或曲面。沿路径扫掠轮廓时，轮廓将被移动并与路径垂直对齐。

【执行方式】

➢　命令行：SWEEP。

➢　菜单栏："绘图"→"实体"→"扫掠"。

➢　工具栏："实体"→"扫掠"。

➢　功能区："实体"→"实体"→"扫掠"。

【操作步骤】

```
命令：_sweep
当前线框密度：ISOLINES=4，闭合轮廓创建模式=实体
选择要扫掠的对象或 [模式(MO)]：
选择要扫掠的对象或 [模式(MO)]：✓
选择扫掠路径或 [对齐(A)/基点(B)/比例(S)/扭曲(T)]：
```

【选项说明】

（1）对齐(A)：指定是否对齐轮廓以使其作为扫掠路径切向的法向。默认情况下，轮廓是对齐的。选择该选项，命令行提示和操作如下：

扫掠前对齐垂直于路径的扫掠对象[是(Y)/否(N)] <是>：（输入 N，指定轮廓无须对齐；按 Enter 键，指定轮廓将对齐）

（2）基点(B)：指定要扫掠对象的基点。如果指定的点不在选定对象所在的平面上，则该点将被投影到该平面上。选择该选项，命令行提示和操作如下：

指定基点：（指定选择集的基点）

（3）比例(S)：指定比例因子以进行扫掠操作。从扫掠路径的开始到结束，比例因子将统一应用到扫掠的对象上。选择该选项，命令行提示和操作如下：

输入比例因子或 [参照(R)/表达式(E)] <1.0000>：（指定比例因子，输入 R，调用参照选项；按 Enter 键，选择默认值）

1）参照(R)：通过拾取点或输入值以根据参照的长度缩放选定的对象。

2）表达式(E)：通过表达式缩放选择的对象。

（4）扭曲(T)：设置正被扫掠对象的扭曲角度。扭曲角度指定沿扫掠路径全部长度的旋转量。选择该选项，命令行提示和操作如下：

> 输入扭曲角度或允许非平面扫掠路径倾斜 ［倾斜(B)/表达式(EX)］ <0.0000>：（指定小于 360° 的角度值，输入 B，打开倾斜；按 Enter 键，选择默认角度值）

1）倾斜(B)：指定被扫掠的曲线是否沿三维扫掠路径（三维多线段、三维样条曲线或螺旋线）自然倾斜（旋转）。

2）表达式(EX)：扫掠扭曲角度根据表达式确定。

图 10.97 所示为扭曲扫掠。

图 10.97　扭曲扫掠

动手学——绘制弹簧

本例绘制图 10.98 所示的弹簧。

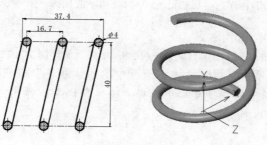

图 10.98　弹簧

【操作步骤】

（1）单击"视图"选项卡"视图"面板中的"俯视"按钮，将当前视图设为俯视图。

（2）单击"实体"选项卡"图元"面板中的"螺旋"按钮，命令行提示和操作如下，结果如图 10.99 所示。

> 命令：_helix
> 圈数 = 3.0000　　扭曲=逆时针
> 指定底面的圆心：0,0
> 指定底面半径或 ［直径(D)］ <20.0000>:20✓
> 指定顶面半径或 ［直径(D)］ <20.0000>:20✓
> 指定螺旋高度或 ［轴端点(A)/圈数(T)/圈高(H)/扭曲(W)］ <37.4000>:h✓
> 指定圈间距 <0.2500>:16.7✓
> 指定螺旋高度或 ［轴端点(A)/圈数(T)/圈高(H)/扭曲(W)］ <37.4000>:37.4✓

（3）在命令行中输入 UCS 命令，将坐标系绕 X 轴旋转 90°，命令行提示和操作如下，结果如图 10.100 所示。

> 命令：UCS✓
> 当前 UCS 名称：　俯视

指定 UCS 的原点或 [?/面(F)/3 点(3)/删除(D)/对象(OB)/原点(O)/上一个(P)/还原(R)/保存(S)/视图(V)/X/Y/Z/Z 轴(ZA)/世界(W)] <世界>：X✓

输入绕 X 轴的旋转角度 <90>：✓

（4）单击"常用"选项卡"绘图"面板中的"圆心，半径"按钮⊖，以螺旋线的下端点为圆心，绘制半径为 2 的圆，如图 10.101 所示。

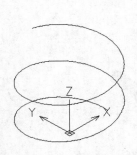
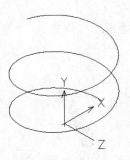
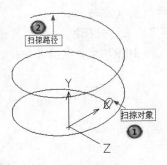

图 10.99　绘制螺旋线　　　　图 10.100　旋转坐标系　　　　图 10.101　绘制圆

（5）单击"实体"选项卡"实体"面板中的"扫掠"按钮，命令行提示和操作如下：

命令：_sweep
当前线框密度：ISOLINES=4，闭合轮廓创建模式=实体
选择要扫掠的对象或 [模式(MO)]：（选择图 10.101 所示的扫掠对象①）
找到 1 个
选择要扫掠的对象或 [模式(MO)]：✓
选择扫掠路径或 [对齐(A)/基点(B)/比例(S)/扭曲(T)]：（选择图 10.101 所示的扫掠路径②）

（6）单击"视图"选项卡"视觉样式"面板中的"体着色"按钮，对弹簧进行着色。选中着色后的弹簧，右击，在弹出的快捷菜单中选择"特性"命令，弹出"特性"选项板，修改弹簧的颜色为绿色，结果如图 10.98 所示。

10.2.4　放样

利用"放样"命令，可以通过指定一系列横截面创建三维实体或曲面，需至少指定两个截面。横截面定义了三维实体或曲面的形状。

【执行方式】

➢ 命令行：LOFT。
➢ 菜单栏："绘图"→"实体"→"放样"。
➢ 工具栏："实体"→"放样"。
➢ 功能区："实体"→"实体"→"放样"。

【操作步骤】

命令：_loft
当前线框密度：ISOLINES=4，闭合轮廓创建模式=实体
按放样次序选择横截面或 [模式(MO)]：（依次选择图 10.102 所示的三个截面）
按放样次序选择横截面或 [模式(MO)]：✓
输入选项 [导向(G)/路径(P)/仅横截面(C)/设置(S)] <仅横截面>：

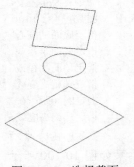

图 10.102　选择截面

【选项说明】

（1）导向(G)：指定控制放样实体或曲面形状的导向曲线。导向曲线是直线或曲线，可通过将其他线框信息添加至对象进一步定义实体或曲面的形状，如图 10.103 所示。选择该选项，命令行提示和操作如下：

> 选择导向曲线：（选择放样实体或曲面的导向曲线，按 Enter 键）

（2）路径(P)：指定放样实体或曲面的单一路径，如图 10.104 所示。选择该选项，命令行提示和操作如下：

> 选择路径轮廓：（指定放样实体或曲面的单一路径）

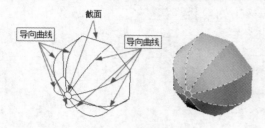

图 10.103　导向放样

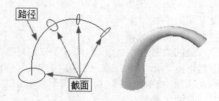

图 10.104　路径放样

✍ **技巧：**

> 路径曲线必须与横截面的所有平面相交。

（3）仅横截面(C)：根据选取的横截面形状创建放样实体。

（4）设置(S)：选择该选项，弹出"放样设置"对话框，如图 10.105 所示。该对话框中有 4 个单选按钮，图 10.106（a）所示为选中"直纹"单选按钮的放样结果；图 10.106（b）所示为选中"平滑拟合"单选按钮的放样结果；图 10.106（c）所示为选中"法线指向"单选按钮并选择"所有横截面"选项的放样结果；图 10.106（d）所示为选中"拔模斜度"单选按钮并设置"起点角度"为 45°、"起点幅度"为 10、"端点角度"为 60°、"端点幅值"为 10 的放样结果。

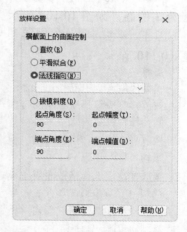

图 10.105　"放样设置"对话框

(a) 选中"直纹"单选按钮

(b) 选中"平滑拟合"单选按钮

(c) 选中"法线指向"单选按钮

(d) 选中"拔模斜度"单选按钮

图 10.106　放样结果

动手学——绘制雨伞

本例绘制图 10.107 所示的雨伞。

扫一扫，看视频

图 10.107　雨伞

【操作步骤】

1. 创建伞面

（1）单击"视图"选项卡"视图"面板中的"西南等轴测"按钮，将当前视图设为西南等轴测。

（2）单击"常用"选项卡"绘图"面板中的"正多边形"按钮，命令行提示和操作如下，结果如图 10.108 所示。

```
命令：_polygon
输入边的数目 <12> 或 [多个(M)/线宽(W)]：12✓
指定正多边形的中心点或 [边(E)]：0,0,0✓
输入选项 [内接于圆(I)/外切于圆(C)] <外切于圆>：✓
指定圆的半径：240✓
命令：_polygon
输入边的数目 <12> 或 [多个(M)/线宽(W)]：12✓
指定正多边形的中心点或 [边(E)]：0,0,30✓
输入选项 [内接于圆(I)/外切于圆(C)] <外切于圆>：✓
指定圆的半径：180
```

（3）单击"常用"选项卡"绘图"面板中的"圆心，半径"按钮，以(0,0,65)为圆心绘制半径为 3 的圆，如图 10.109 所示。

（4）单击"实体"选项卡"实体"面板中的"放样"按钮，命令行提示和操作如下，结果如图 10.110 所示。

```
命令：_loft
当前线框密度：ISOLINES=4，闭合轮廓创建模式=曲面
按放样次序选择横截面或 [模式(MO)]：MO✓
闭合轮廓创建模式 [实体(SO)/曲面(SU)] <实体>：SU✓
按放样次序选择横截面或 [模式(MO)]：（选择图 10.109 所示的大正十二边形①）
找到 1 个
按放样次序选择横截面或 [模式(MO)]：（选择图 10.109 所示的小正十二边形②）
找到 1 个，总计 2 个
按放样次序选择横截面或 [模式(MO)]：（选择图 10.109 所示的圆③）
找到 1 个，总计 3 个
按放样次序选择横截面或 [模式(MO)]：✓
输入选项 [导向(G)/路径(P)/仅横截面(C)/设置(S)] <仅横截面>：✓
```

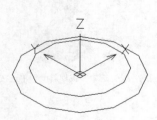

图 10.108　绘制正十二边形

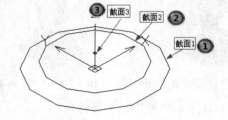

图 10.109　绘制圆

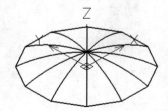

图 10.110　放样实体

2. 创建伞柄

（1）单击"视图"选项卡"视图"面板中的"前视"按钮，将当前视图设为前视图。

（2）单击"常用"选项卡"绘图"面板中的"直线"按钮，命令行提示和操作如下：

```
命令: _line
指定第一个点: 0,85↙
指定下一点或 [角度(A)/长度(L)/放弃(U)]: @20<270↙
指定下一点或 [角度(A)/长度(L)/放弃(U)]: @65<270↙
指定下一点或 [角度(A)/长度(L)/闭合(C)/放弃(U)]: @120<270↙
指定下一点或 [角度(A)/长度(L)/闭合(C)/放弃(U)]: @94<270↙
指定下一点或 [角度(A)/长度(L)/闭合(C)/放弃(U)]: @16<270↙
指定下一点或 [角度(A)/长度(L)/闭合(C)/放弃(U)]: ↙
```

（3）选择菜单栏中的"视图"→"显示"→"UCS 图标"→"开"命令，关闭坐标系的显示，结果如图 10.111 所示。

（4）单击"常用"选项卡"修改"面板中的"偏移"按钮，选中第（2）步绘制的直线将其向右偏移 3，结果如图 10.112 所示。

（5）单击"常用"选项卡"绘图"面板中的"圆心，半径"按钮，以(0,83.5)为圆心绘制半径为 1.5 的圆，如图 10.113 所示。

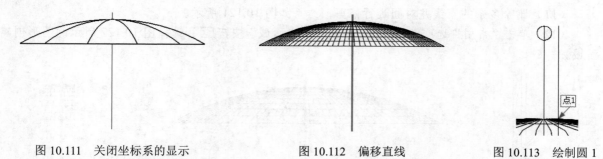

图 10.111　关闭坐标系的显示　　　　图 10.112　偏移直线　　　　图 10.113　绘制圆 1

（6）单击"常用"选项卡"绘图"面板中的"直线"按钮，以图 10.113 所示的点 1 为起点绘制圆的切线，修剪多余的圆弧并删除多余直线，结果如图 10.114 所示。

（7）单击"常用"选项卡"修改"面板中的"偏移"按钮，选择图 10.115 所示的直线，将其向右偏移 8，结果如图 10.116 所示。

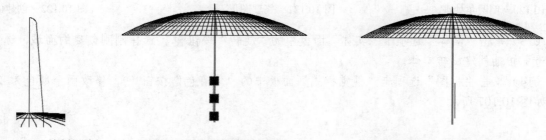

图 10.114　绘制切线　　　　图 10.115　选择偏移直线　　　　图 10.116　偏移直线结果

（8）单击"常用"选项卡"绘图"面板中的"三点"圆弧按钮，捕捉图 10.117 所示的点 1、中点和点 2，绘制圆弧。

（9）单击"常用"选项卡"绘图"面板中的"圆心，半径"按钮，捕捉图 10.118 所示的中点为圆心，绘制半径为 8 的圆，结果如图 10.119 所示。

（10）单击"常用"选项卡"修改"面板中的"圆角"按钮，对图 10.118 绘制的圆弧和图 10.119 绘制的圆进行倒圆角处理，设置圆角半径为 10，结果如图 10.120 所示。

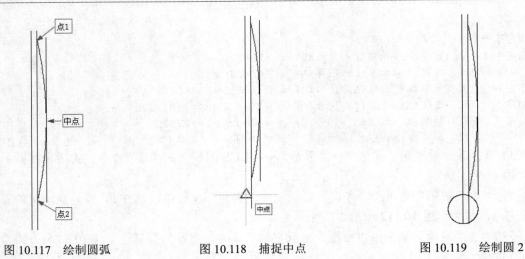

图 10.117　绘制圆弧　　　　　图 10.118　捕捉中点　　　　　图 10.119　绘制圆 2

（11）删除多余的直线并对圆进行修剪，结果如图 10.121 所示。

（12）单击"常用"选项卡"绘图"面板中的"面域"按钮◎，选择图 10.122 所示的图形创建面域。

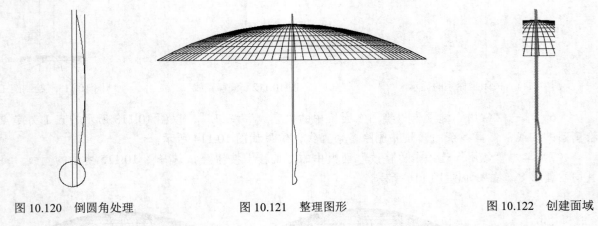

图 10.120　倒圆角处理　　　　　图 10.121　整理图形　　　　　图 10.122　创建面域

（13）单击"实体"选项卡"实体"面板中的"旋转"按钮，选择刚刚创建的面域，选择 Y 轴作为旋转轴创建旋转实体。

（14）单击"视图"选项卡"视觉样式"面板中的"体着色"按钮，修改雨伞颜色为 211，结果如图 10.107 所示。

扫一扫，看视频

10.3　综合实例——绘制手压阀阀体

本综合实例绘制图 10.123 所示的手压阀阀体。

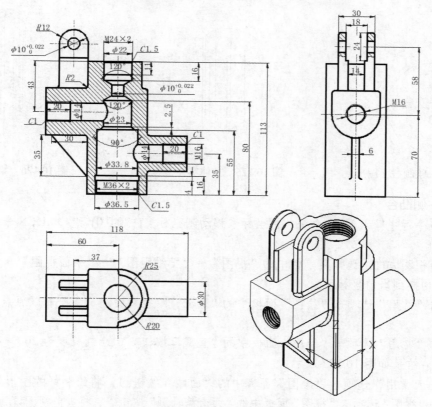

图 10.123　手压阀阀体

【操作步骤】

1. 创建主体

（1）单击"常用"选项卡"绘图"面板中的"圆心，半径"按钮⊙，在坐标原点处绘制半径为 25 的圆。

（2）单击"常用"选项卡"绘图"面板中的"直线"按钮╲，绘制长度为 25 和 50 的直线，对圆进行修剪，结果如图 10.124 所示。

（3）单击"常用"选项卡"绘图"面板中的"面域"按钮回，将绘制好的图形创建成面域。

（4）单击"视图"选项卡"视图"面板中的"西南等轴测"按钮◈，将当前视图设为西南等轴测。

（5）单击"实体"选项卡"实体"面板中的"拉伸"按钮🗊，对第（3）步创建的面域进行拉伸处理，拉伸距离为 113，结果如图 10.125 所示。

2. 创建右侧圆柱凸台

（1）单击"视图"选项卡"视图"面板中的"东北等轴测"按钮◈，将视图切换到东北等轴测。

（2）在命令行中输入 UCS 命令，将坐标系绕 Y 轴旋转 90°。

（3）单击"实体"选项卡"图元"面板中的"圆柱体"按钮🗍，以坐标点(-35,0,0)为原点，绘制半径为 15，高为 58 的圆柱体，结果如图 10.126 所示。

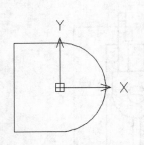

图 10.124　绘制截面图形

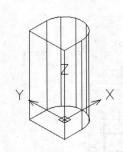

图 10.125　拉伸实体 1

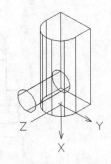

图 10.126　绘制圆柱体 1

3．创建左侧凸台

（1）在命令行中输入 UCS 命令，将坐标系移动到坐标点(-70,0,0)。重复 UCS 命令，将坐标系绕 Z 轴旋转 90°。

（2）切换视图方向。选择菜单栏中的"视图"→"三维视图"→"平面视图"→"当前 UCS"命令，将视图切换到当前坐标系。

（3）单击"常用"选项卡"绘图"面板中的"圆心，半径"按钮⊙，绘制以原点为圆心，半径为 20 的圆。

（4）单击"常用"选项卡"绘图"面板中的"直线"按钮＼，绘制长度为 20 和 40 的直线，修剪多余的圆弧，结果如图 10.127 所示。

（5）单击"常用"选项卡"绘图"面板中的"面域"按钮◎，将绘制好的图形创建成面域。

（6）单击"视图"选项卡"视图"面板中的"西南等轴测"按钮◈，将当前视图设为西南等轴测。

（7）单击"实体"选项卡"实体"面板中的"拉伸"按钮📕，对第（5）步创建的面域进行拉伸处理，拉伸距离为-60，结果如图 10.128 所示。

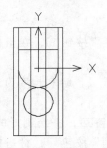

图 10.127　绘制截面

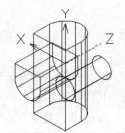

图 10.128　拉伸结果

4．创建支撑

（1）在命令行中输入 UCS 命令，将坐标系绕 Y 轴旋转 180°。重复 UCS 命令，将坐标系移动到坐标(0,20,25)处。

（2）单击"实体"选项卡"图元"面板中的"长方体"按钮📦，绘制角点坐标为(-15,0,0)，长度为 30，宽度为 38，高度为 24 的长方体，消隐后的结果如图 10.129 所示。

（3）在命令行中输入 UCS 命令，将坐标系绕 Y 轴旋转 90°。

（4）单击"实体"选项卡"图元"面板中的"圆柱体"按钮🛢，以坐标点(-12,38,-15)为起点，绘制半径为 12，高度为 30 的圆柱体，结果如图 10.130 所示。

（5）单击"实体"选项卡"布尔运算"面板中的"并集"按钮📑，将视图中的所有实体进行并集操作,消隐后的结果如图 10.131 所示。

（6）单击"实体"选项卡"图元"面板中的"长方体"按钮█,绘制角点坐标为(0,0,7),长度为-24,宽度为 50,高度为-14 的长方体,结果如图 10.132 所示。

（7）单击"实体"选项卡"布尔运算"面板中的"差集"按钮█,在实体中减去长方体,消隐后的结果如图 10.133 所示。

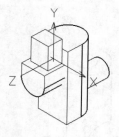 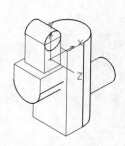 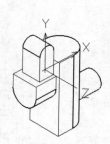 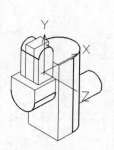 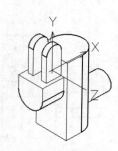

图 10.129　绘制长　　　图 10.130　绘制圆　　　图 10.131　并集结果　　　图 10.132　绘制　　　图 10.133　差集
　　　方体 1　　　　　　　　柱体 2　　　　　　　　　　　　　　　　　　　　　长方体 2　　　　　　　结果 1

（8）单击"实体"选项卡"图元"面板中的"圆柱体"按钮█,以坐标点(-12,38,-15)为起点,绘制半径为 5,高度为 30 的圆柱体,消隐后的结果如图 10.134 所示。

（9）单击"实体"选项卡"布尔运算"面板中的"差集"按钮█,在视图中减去圆柱体,消隐后的结果如图 10.135 所示。

（10）单击"实体"选项卡"图元"面板中的"长方体"按钮█,绘制角点坐标为(0,26,9),长度为-24,宽度为 24,高度为-18 的长方体,结果如图 10.136 所示。

（11）单击"实体"选项卡"布尔运算"面板中的"差集"按钮█,在视图中减去长方体,消隐后的结果如图 10.137 所示。

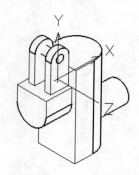 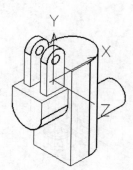 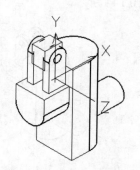 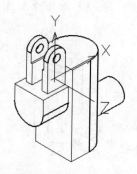

图 10.134　绘制圆柱体 3　　　图 10.135　差集结果 2　　　图 10.136　绘制长方体 3　　　图 10.137　差集结果 3

5. 创建内部结构

（1）在命令行中输入 UCS 命令,将坐标系恢复到世界坐标系。

（2）单击"视图"选项卡"视图"面板中的"前视"按钮█,将当前视图设为前视图。

（3）单击"常用"选项卡"绘图"面板中的"直线"按钮\、"修改"面板中的"偏移"按钮█ 和"修剪"按钮╱,绘制旋转截面,结果如图 10.138 所示。

（4）单击"常用"选项卡"绘图"面板中的"面域"按钮█,将绘制好的图形创建成面域。

（5）单击"视图"选项卡"视图"面板中的"东北等轴测"按钮█,将视图切换到东北等轴测。

（6）单击"实体"选项卡"实体"面板中的"旋转"按钮，将第（4）步创建的面域绕 Y 轴进行旋转，结果如图 10.139 所示。

（7）单击"实体"选项卡"布尔运算"面板中的"差集"按钮，将旋转体进行差集运算，消隐后的结果如图 10.140 所示。

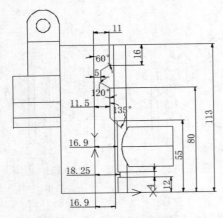

图 10.138　绘制旋转截面

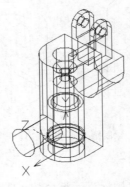

图 10.139　旋转面域

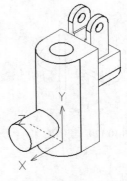

图 10.140　差集结果 4

6. 创建两侧凸台上的孔

（1）在命令行中输入 UCS 命令，将坐标系移动到图 10.141 所示的位置，绕 Y 轴旋转 90°，结果如图 10.142 所示。

（2）单击"实体"选项卡"图元"面板中的"圆柱体"按钮，以原点为圆心绘制半径为 7，高度为-60 的圆柱体，结果如图 10.143 所示。

（3）单击"实体"选项卡"布尔运算"面板中的"差集"按钮，将实体与圆柱体进行差集运算，消隐后的结果如图 10.144 所示。

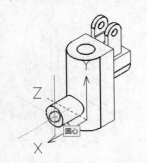

图 10.141　移动坐标系 1

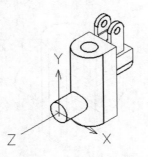

图 10.142　旋转坐标系

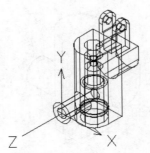

图 10.143　绘制圆柱体 4

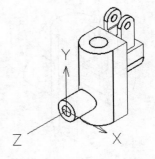

图 10.144　差集结果 5

（4）单击"视图"选项卡"视图"面板中的"西南等轴测"按钮，将当前视图设为西南等轴测。

（5）在命令行中输入 UCS 命令，将坐标系移动到图 10.145 所示的位置。

（6）单击"实体"选项卡"图元"面板中的"圆柱体"按钮，以原点为圆心绘制半径为 7，高度为 60 的圆柱体，结果如图 10.146 所示。

（7）单击"实体"选项卡"布尔运算"面板中的"差集"按钮，将实体与圆柱体进行差集运算，消隐后的结果如图 10.147 所示。

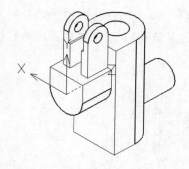
图 10.145　移动坐标系 2

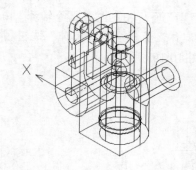
图 10.146　绘制圆柱体 5

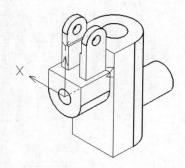
图 10.147　差集结果 6

7．切割主体

（1）在命令行中输入 UCS 命令，将坐标系恢复到世界坐标系。

（2）在命令行中输入 UCS 命令，将坐标系移动到坐标(0,0,113)处。

（3）单击"常用"选项卡"绘图"面板中的"圆心，半径"按钮⊙，在坐标原点处绘制半径为 20 和 25 的圆。

（4）单击"常用"选项卡"绘图"面板中的"直线"按钮＼，绘制两圆象限点间的连线，如图 10.148 所示。

（5）单击"常用"选项卡"修改"面板中的"修剪"按钮＋，修剪多余的线段，如图 10.149 所示。

（6）单击"常用"选项卡"绘图"面板中的"面域"按钮◎，将绘制的图形创建成面域。

（7）单击"实体"选项卡"实体"面板中的"拉伸"按钮▥，对第（6）步创建的面域进行拉伸处理，拉伸距离为-23，消隐后的结果如图 10.150 所示。

（8）单击"实体"选项卡"布尔运算"面板中的"差集"按钮▢，在实体中减去拉伸体，消隐后的结果如图 10.151 所示。

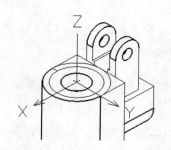
图 10.148　绘制连接

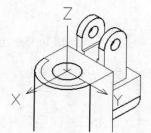
图 10.149　修剪多余的线段

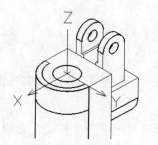
图 10.150　拉伸实体 2

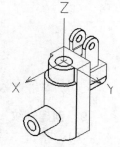
图 10.151　差集结果 7

8．创建加强筋

（1）在命令行中输入 UCS 命令，将坐标系恢复到世界坐标系。

（2）单击"视图"选项卡"视图"面板中的"前视"按钮▤，将当前视图切换到前视图。

（3）单击"常用"选项卡"绘图"面板中的"直线"按钮＼、"修改"面板中的"延伸"按钮━／和"修剪"按钮＋，绘制线段，结果如图 10.152 所示。

（4）单击"常用"选项卡"绘图"面板中的"面域"按钮◎，将绘制的图形创建成面域。

（5）单击"视图"选项卡"视图"面板中的"西北等轴测"按钮，将视图切换到西北等轴测。

（6）单击"实体"选项卡"实体"面板中的"拉伸"按钮，对第（4）步创建的面域进行拉伸处理，拉伸高度为3，结果如图10.153所示。

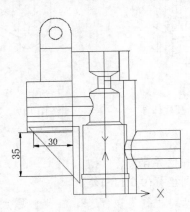

图 10.152　绘制线段

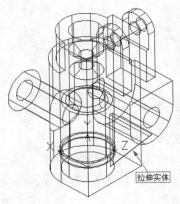

图 10.153　拉伸实体 3

（7）在命令行中输入 UCS 命令，将坐标系绕 Y 轴旋转-90°。

（8）单击"常用"选项卡"修改"面板中的"镜像"按钮，将拉伸的实体进行镜像，分别选择图10.154所示的第一点、第二点作为镜像线的两个点，消隐后的结果如图10.155所示。

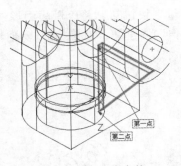

图 10.154　镜像实体

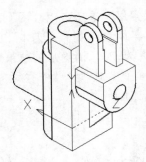

图 10.155　镜像结果

（9）单击"实体"选项卡"布尔运算"面板中的"并集"按钮，将所有实体进行并集运算。

9. 创建螺纹

（1）单击"常用"选项卡"修改"面板中的"倒角"按钮，将实体孔处倒角，倒角半径为1.5 和 1，结果如图10.156所示。

（2）在命令行中输入 UCS 命令，将坐标系恢复到世界坐标系。

（3）单击"实体"选项卡"图元"面板中的"螺旋"按钮，创建螺旋线。指定螺旋线底面中心点坐标为(0,0,-2.5)，底面和顶面半径都为16.5，圈高为2，螺旋高度为16，结果如图10.157所示。

（4）单击"视图"选项卡"视图"面板中的"前视"按钮，将视图切换到前视图。

（5）单击"常用"选项卡"绘图"面板中的"直线"按钮，捕捉螺旋线的端点，绘制边长为2的等边三角形，过三角形顶点绘制一条水平辅助线，如图10.158所示。

（6）选择菜单栏中的"格式"→"点样式"命令，弹出"点样式"对话框，选择图10.159所示的点样式。单击"确定"按钮，关闭"点样式"对话框。

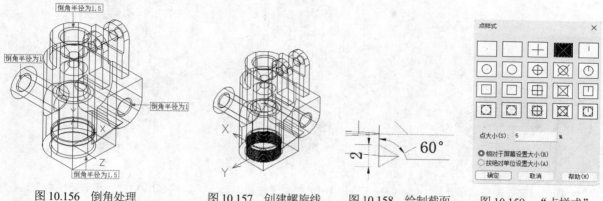

图 10.156　倒角处理　　　　图 10.157　创建螺旋线　　图 10.158　绘制截面　　　图 10.159　"点样式"
对话框

（7）单击"常用"选项卡"绘图"面板中的"定数等分"按钮，选中绘制的辅助线，将其等分为 8 份，如图 10.160 所示。

（8）单击"常用"选项卡"绘图"面板中的"直线"按钮，过右端第一个等分点绘制直线，修剪、删除后结果如图 10.161 所示。

（9）单击"常用"选项卡"绘图"面板中的"面域"按钮，将绘制的三角形创建成面域。

（10）单击"实体"选项卡"实体"面板中的"扫掠"按钮，选择三角形作为扫掠对象，螺旋线为扫掠路径，结果如图 10.162 所示。

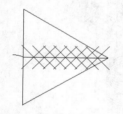　　　　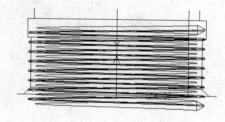

图 10.160　绘制等分点　　　图 10.161　绘制直线并整理图形　　　图 10.162　扫掠结果

（11）单击"视图"选项卡"视图"面板中的"西南等轴测"按钮，将当前视图设为西南等轴测。

（12）单击"实体"选项卡"布尔运算"面板中的"差集"按钮，将拉伸实体与扫掠实体进行差集运算，消隐后的结果如图 10.163 所示。

（13）在命令行中输入 UCS 命令，将坐标系恢复到世界坐标系。

（14）使用同样的方法，绘制顶部 M24×2 的螺纹，螺旋线底面中心为(0,0,115)，半径为 10.5，圈高为 2，高度为−13，截面三角形边长为 2。

（15）在命令行中输入 UCS 命令，将坐标系恢复到世界坐标系。

（16）在命令行中输入 UCS 命令，将坐标系移动到图 10.164 所示的位置。

（17）重复 UCS 命令，将坐标系绕 Y 轴旋转 90°。绘制 M16 的螺纹，螺旋线底面中心为(0,0,−2)，半径为 6.5，圈高为 2，高度为 22，截面三角形边长为 2。

（18）在命令行中输入 UCS 命令，将坐标系移动到图 10.165 所示的位置。

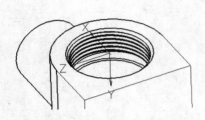

图 10.163　差集结果 8

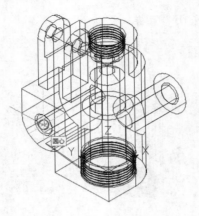

图 10.164　移动坐标系 1

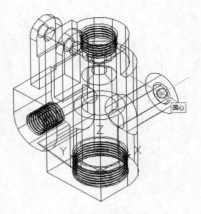

图 10.165　移动坐标系 2

（19）重复 UCS 命令，将坐标系绕 Y 轴旋转 90°。绘制 M16 的螺纹，螺旋线底面中心为 (0,0,2)，半径为 6.5，圈高为 2，高度为-22，截面三角形边长为 2，最终结果如图 10.166 所示。

（20）单击"常用"选项卡"修改"面板中的"圆角"按钮，将实体部分边线进行倒圆角，半径为 2，结果如图 10.167 所示。

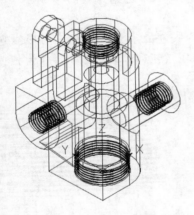

图 10.166　创建的螺纹

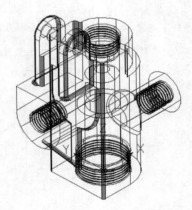

图 10.167　倒圆角处理

第 11 章　复杂三维造型

内容简介

第 10 章讲述了一些简单的三维实体建模的基本方法，但在实际使用中，有一些实体结构相对复杂，故中望 CAD 相应提供了一些复杂三维实体建模工具。利用这些工具，可以创建复杂的三维造型。本章主要介绍三维操作功能、剖切功能等知识。

内容要点

- ➢ 三维操作功能
- ➢ 剖切功能
- ➢ 综合实例——绘制减速器箱体

案例效果

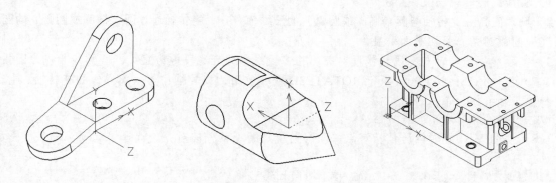

11.1　三维操作功能

三维操作主要是对三维实体进行操作，包括三维旋转、三维阵列和三维镜像。

11.1.1　三维旋转

使用"三维旋转"命令可以使三维实体模型围绕指定的轴在空间中进行旋转。

【执行方式】

- ➢ 命令行：ROTATE3D。
- ➢ 菜单栏："修改"→"三维操作"→"三维旋转"。
- ➢ 功能区："实体"→"三维操作"→"三维旋转" 🔁。

【操作步骤】

```
命令：_rotate3d
当前正向角度：ANGDIR=逆时针  ANGBASE=0
选择对象：（选择实体模型）
选择对象：↙
指定旋转轴的起始点或通过选项定义轴 [对象(O)/上一次(L)/视图(V)/X轴(X)/Y轴(Y)/Z轴(Z)/两点
(2)]：（指定起始点）
指定轴的终止点：（指定终止点）
指定旋转角度或 [参考角度(R)]：（输入旋转角度）
```

【选项说明】

（1）选择对象：选择要旋转的对象。

（2）起始点：指定旋转轴的第一点。

（3）终止点：指定旋转轴的第二点。

（4）旋转角度：将选择对象从初始位置围绕旋转轴旋转一定的角度。

（5）参考角度(R)：分别指定参考角度和新角度。新角度减去参考角度得到的角度就是需要旋转的角度（旋转角度 = 新角度 − 参考角度）。

（6）对象(O)：选择与对象对齐的旋转轴。可以选择的对象包括直线、圆、椭圆、圆弧或二维多段线上的一段。此时，命令行提示和操作如下：

```
选择一条直线、圆、圆弧或二维多段线的一段：（选择二维图素）
指定旋转角度或 [参考角度(R)]：（输入角度）
```

1）直线：旋转轴与直线对齐。

2）圆、圆弧：旋转轴与圆（椭圆或圆弧）的三维轴对齐。旋转轴通过圆（椭圆或圆弧）的圆心，与圆（椭圆或圆弧）所在平面垂直。

3）多段线：旋转轴与多段线线段对齐。将多段线中的直线段视为直线，圆弧线段视为圆弧。

（7）上一次(L)：以上一次执行 ROTATE3D 命令使用的旋转轴作为本次操作的旋转轴。此时，命令行提示和操作如下：

```
指定旋转角度或 [参考角度(R)]：
```

（8）视图(V)：旋转轴通过指定点并与当前视口的观察方向对齐。选择该选项，命令行提示和操作如下：

```
指定视图方向上一点 <0,0,0>：（输入实体方向上的点）
指定旋转角度或 [参考角度(R)]：
```

（9）X（Y、Z）轴：将旋转轴与指定点所在 UCS 的 X(Y、Z)轴对齐。选择该选项，命令行提示和操作如下：

```
指定 X 轴上一点 <0,0,0>：（指定 X 轴上的点）
指定旋转角度或 [参考角度(R)]：
```

（10）两点(2)：通过指定两个点定义旋转轴。

扫一扫，看视频

动手学——绘制吊耳

本例绘制图 11.1 所示的吊耳。

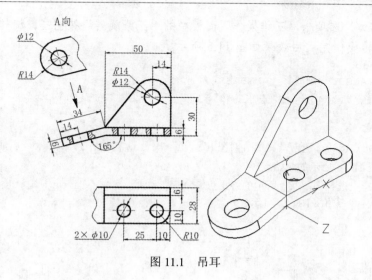

图 11.1　吊耳

【操作步骤】

1．绘制底板

（1）设置线框密度，命令行提示和操作如下：

```
命令：ISOLINES↙
输入 ISOLINES 的新值 <4>：10↙
```

（2）单击"视图"选项卡"视图"面板中的"西南等轴测"按钮 ，将当前视图设为西南等轴测。

（3）单击"实体"选项卡"图元"面板中的"长方体"按钮 ，绘制角点坐标分别为(0,0,0)和(50,28,0)，高度为 6 的长方体。

（4）重复"长方体"命令，绘制角点坐标分别为(0,0,0)和(-34,28,0)，高度为 6 的长方体，结果如图 11.2 所示。

（5）单击"常用"选项卡"修改"面板中的"圆角"按钮 ，绘制圆角。在图 11.2 所示的边线 1 和边线 2 处绘制半径为 14 的圆角，在边线 3 处绘制半径为 10 的圆角，结果如图 11.3 所示。

（6）单击"实体"选项卡"图元"面板中的"圆柱体"按钮 ，绘制中心点坐标为(-20,14,0)，半径为 6，高度为 6 的圆柱体。

（7）重复"圆柱体"命令，绘制底面中心点坐标分别为(15,10,0)和(40,10,0)，半径为 5，高度为 6 的圆柱体。

（8）单击"实体"选项卡"布尔运算"面板中的"差集"按钮 ，对图形进行差集运算，在左侧长方体中减去半径为 6 的圆柱体，在右侧长方体中减去两个半径为 5 的圆柱体，结果如图 11.4 所示。

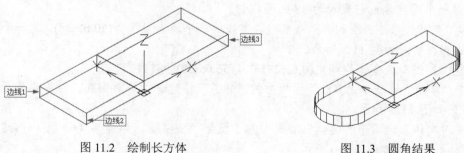

图 11.2　绘制长方体　　　　　　　　　　　　　图 11.3　圆角结果

315

（9）单击"实体"选项卡"三维操作"面板中的"三维旋转"按钮，旋转长方体，命令行提示和操作如下，旋转操作完成后效果如图 11.5 所示。

```
命令：_rotate3d
当前正向角度：ANGDIR=逆时针  ANGBASE=0
选择对象：（选择图11.4所示的左侧长方体①）
找到 1 个
选择对象：↙
指定旋转轴的起始点或通过选项定义轴 [对象(O)/上一次(L)/视图(V)/X轴(X)/Y轴(Y)/Z轴(Z)/两点
(2)]：（选择图11.4所示的起始点②）
指定轴的终止点：（选择图11.4所示的终止点③）
指定旋转角度或 [参考角度(R)]：15↙
```

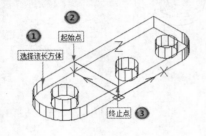

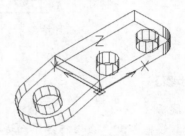

图 11.4　差集结果　　　　　　　　　　图 11.5　旋转操作

2. 绘制侧板

（1）在命令行中输入 UCS 命令，将坐标系绕 X 轴旋转 90°，结果如图 11.6 所示。

（2）单击"常用"选项卡"绘图"面板中的"圆心，半径"按钮，绘制圆心坐标为(36,30,-28)，半径分别为 14 和 6 的两个圆，结果如图 11.7 所示。

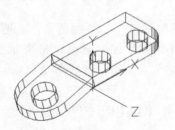

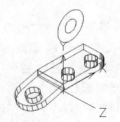

图 11.6　旋转坐标系　　　　　　　　　图 11.7　绘制圆

（3）单击"常用"选项卡"绘图"面板中的"直线"按钮，绘制直线，直线的一个端点坐标为(0,6,-28)，另一个端点坐标与直径为 28 的圆相切。

（4）重复"直线"命令，绘制另一条直线，直线的一个端点坐标为(50,6,-28)，另一个端点坐标与直径为 28 的圆相切，如图 11.8 所示。

（5）重复"直线"命令，绘制点(0,6,-28)与点(50,6,-28)的连线。

（6）单击"常用"选项卡"修改"面板中的"修剪"按钮，修剪圆弧，并将修剪后的图形创建为面域，结果如图 11.9 所示。

（7）单击"实体"选项卡"实体"面板中的"拉伸"按钮，拉伸第（6）步中创建的两个面域，拉伸高度为 6，结果如图 11.10 所示。

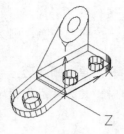

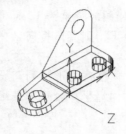

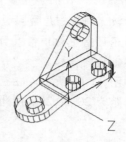

图 11.8　绘制直线　　　　图 11.9　修剪并将其创建为面域　　　　图 11.10　拉伸结果

（8）单击"实体"选项卡"布尔运算"面板中的"差集"按钮，将拉伸后的两个实体进行差集运算。

（9）单击"实体"选项卡"布尔运算"面板中的"并集"按钮，将图中所有的实体进行并集运算，消隐后的结果如图 11.1 所示。

11.1.2　三维阵列

三维阵列是指在三维空间中将选定实体按照一定的规律偏移或旋转获得一系列的实体集合，使用 3DARRAY 命令可以指定实体在三维空间中创建三维阵列。可以创建矩形阵列或环形阵列，根据阵列类型的不同，创建过程中需要指定的要素也不同。

【执行方式】

➢ 命令行：3DARRAY。

➢ 菜单栏："修改" → "三维操作" → "三维阵列"。

➢ 功能区："实体" → "三维操作" → "三维阵列"。

【操作步骤】

```
命令：_3darray
选择对象：（选择要阵列的实体模型）
选择对象：↙
输入阵列类型 [矩形(R)/环形(P)] <矩形>：（选择阵列类型）
```

【选项说明】

（1）矩形(R)：选择该选项，命令行提示和操作如下：

```
输入行数 (---) <1>：（指定行数）
输入列数 (||||) <1>：（指定列数）
输入层数 (...) <1>：（指定层数）
指定行间距 (---)：（指定行间距）
指定列间距 (||||)：（指定列间距）
指定层间距 (...)：（指定层间距）
```

1）行数：实体在 Y 轴上偏移的个数。

2）列数：实体在 X 轴上偏移的个数。

3）层数：实体在 Z 轴上偏移的个数。

4）行间距：偏移后各实体间的水平距离。

5）列间距：偏移后各实体间的垂直距离。

6）层间距：偏移后各实体间的距离。

行数、列数与层数预设值为 1，但不能同时设置为 1，即不能创建单元素阵列。行间距、列间距和层间距可指定为正值或负值，若间距为正，则实体将向坐标轴正向偏移；若间距为负，则实体将向坐标轴负向偏移。

如图 11.11 所示，在空间中选择长方体创建矩形阵列，设置行数、列数、层数均为 2，分别指定各间距为 20 和-20。间距为正时，长方体沿坐标轴正向偏移；间距为负时，长方体沿坐标轴负向偏移。

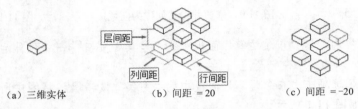

  （a）三维实体   （b）间距 = 20   （c）间距 = -20

图 11.11 矩形阵列

（2）环形(P)：选择该选项，命令行提示和操作如下：

```
输入阵列中的项目数目：（指定项目数）
指定要填充的角度 (+=逆时针，-=顺时针) <360>：（指定填充角度）
是否旋转阵列中的对象？[是(Y)/否(N)] <是>：（输入 N/Y）
指定阵列的圆心：（选择阵列中心）
指定旋转轴上的第二点：（选择第二点）
```

1）项目数目：环形阵列中的实体数目。

2）填充的角度：阵列中第一个实体到最后一个实体之间的角度。填充的角度默认为 360°，设置正值和负值时旋转方向相反。若设置旋转角度大于 360°，则将对 360° 取余作为旋转角度。旋转轴方向为圆心指向轴上第二点的矢量方向，旋转正方向与旋转轴方向有关。当系统变量 ANGDIR 值为 0 时，其关系符合右手法则，大拇指方向为旋转轴方向，其余四指指示旋转方向。

3）是否旋转：可以控制生成阵列中各实体自身是否旋转。

4）阵列的圆心与旋转轴上的第二点：两组共同定义旋转轴。

如图 11.12 所示，在空间中选择长方体创建环形阵列，设置项目数目为 5，填充的角度为 60°和 -60°。填充的角度相同，旋转轴指定顺序相反时，阵列排布方向相反；旋转轴指定顺序相同，填充的角度相反时，阵列排布方向也相反。

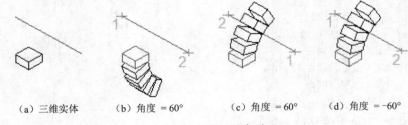

 （a）三维实体   （b）角度 = 60°   （c）角度 = 60°   （d）角度 = -60°

图 11.12 环形阵列

扫一扫，看视频

动手学——绘制花键套立体图

本例绘制图 11.13 所示的花键套立体图。

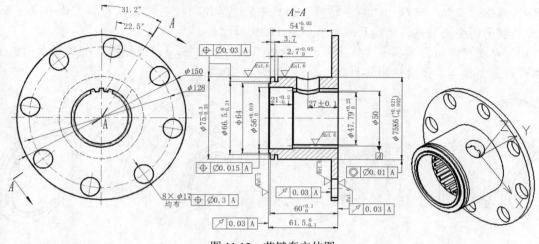

图 11.13　花键套立体图

【操作步骤】

1．绘制主体结构

（1）在命令行中输入 ISOLINES 命令，设置线框密度为 10。

（2）单击"视图"选项卡"视图"面板中的"俯视"按钮，将当前视图设为俯视图。

（3）单击"常用"选项卡"绘图"面板中的"多段线"按钮，依次在命令行中输入坐标点 (0,0)、(@0,75)、(@-6,0)、(@0,-37.5)、(@-47.6,0)、(@0, -4.25)、(@-2.7,0)、(@0,4.25)、(@-3.7,0)、(@0,-5.5)、(@-1.5,0)、(@0,-32)、C，绘制截面轮廓，结果如图 11.14 所示。

（4）单击"实体"选项卡"实体"面板中的"旋转"按钮，选择第（3）步绘制的截面轮廓作为旋转草图，绕 X 轴旋转 360°，结果如图 11.15 所示。

（5）单击"视图"选项卡"视图"面板中的"西南等轴测"按钮，将当前视图设为西南等轴测，消隐后的结果如图 11.16 所示。

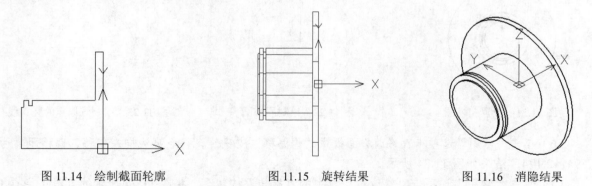

图 11.14　绘制截面轮廓　　　　　图 11.15　旋转结果　　　　　图 11.16　消隐结果

（6）在命令行中输入 UCS 命令，将坐标系绕 Y 轴旋转 90°，结果如图 11.17 所示。

（7）单击"实体"选项卡"图元"面板中的"圆柱体"按钮，绘制圆心坐标为(0,0, -61.5)，直径为 56，高度为 21 的圆柱体 1。

（8）重复"圆柱体"命令，绘制圆心坐标为(0,0,0)，直径为 47.79，高度为-40.5 的圆柱体 2，结果如图 11.18 所示。

（9）单击"实体"选项卡"布尔运算"面板中的"差集"按钮，从旋转实体中减去第（7）（8）步绘制的两个圆柱体，消隐后的结果如图 11.19 所示。

（10）单击"常用"选项卡"修改"面板中的"倒角"按钮，选择图 11.19 所示的倒角边，对实体进行倒角操作，倒角的距离为 0.7，结果如图 11.20 所示。

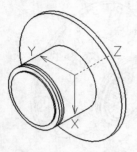 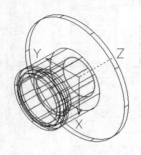 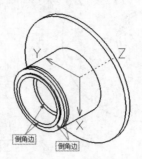 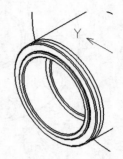

图 11.17　旋转坐标系 1　　图 11.18　绘制圆柱体 1　　图 11.19　差集结果 1　　图 11.20　倒角结果

2. 绘制花键

（1）在命令行中输入 UCS 命令，将坐标系恢复到世界坐标系。

（2）单击"视图"选项卡"视图"面板中的"左视"按钮，将当前视图设为左视图，结果如图 11.21 所示。

（3）单击"常用"选项卡"图层"面板中的"图层特性"按钮，新建"图层 1"，并将其置为当前层。

（4）将实体所在的 0 层关闭，单击"常用"选项卡"绘图"面板中的"圆心，直径"按钮，分别绘制直径为 47.79、50、53.75，圆心在原点的同心圆，结果如图 11.22 所示。

（5）单击"常用"选项卡"绘图"面板中的"直线"按钮，绘制过原点的竖直线，如图 11.23 所示。

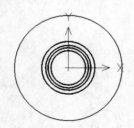 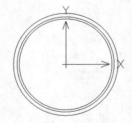 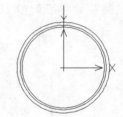

图 11.21　设置左视图　　　　图 11.22　绘制同心圆　　　　图 11.23　绘制过原点的竖直线

（6）单击"常用"选项卡"修改"面板中的"偏移"按钮，将竖直线向左偏移，偏移距离为 1.594、2.174，结果如图 11.24 所示。

（7）单击"常用"选项卡"修改"面板中的"旋转"按钮，将图 11.24 所示的直线 1 绕点 1 旋转复制，旋转角度为−15°，结果如图 11.25 所示。

（8）单击"常用"选项卡"绘图"面板中的"三点"圆弧按钮，绘制齿形轮廓，结果如图 11.26 所示。

（9）单击"常用"选项卡"修改"面板中的"镜像"按钮，镜像左侧齿形，结果如图 11.27 所示。

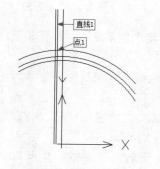
图 11.24　偏移直线

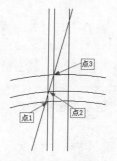
图 11.25　旋转复制直线

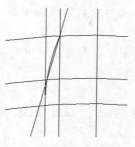
图 11.26　绘制齿形轮廓

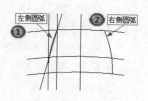
图 11.27　镜像左侧齿形

（10）单击"实体"选项卡"三维操作"面板中的"三维阵列"按钮，命令行提示和操作如下，结果如图 11.28 所示。

```
命令: _3darray
选择对象:（选择图 11.27 所示的左侧圆弧①）
找到 1 个
选择对象:（选择图 11.27 所示的右侧圆弧②）
找到 1 个, 总计 2 个
选择对象:↙
输入阵列类型 [矩形(R)/环形(P)] <矩形>: p↙
输入阵列中的项目数目: 20↙
指定要填充的角度 (+=逆时针, -=顺时针) <360>: ↙
是否旋转阵列中的对象? [是(Y)/否(N)] <是>: ↙
指定阵列的圆心: 0,0,0↙
指定旋转轴上的第二点: 0,0,10↙
```

（11）单击"常用"选项卡"修改"面板中的"删除"按钮和"修剪"按钮，修剪草图，结果如图 11.29 所示。

（12）单击"常用"选项卡"绘图"面板中的"面域"按钮，将第（11）步绘制的图形创建成面域。

（13）单击"实体"选项卡"实体"面板中的"拉伸"按钮，拉伸第（12）步创建的面域，高度为 40.5，结果如图 11.30 所示。

（14）打开实体所在的 0 层，单击"实体"选项卡"布尔运算"面板中的"差集"按钮，从实体中减去第（13）步创建的拉伸实体，结果如图 11.31 所示。

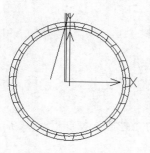
图 11.28　阵列齿形

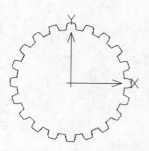
图 11.29　修剪草图

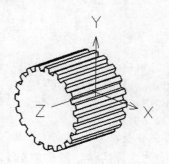
图 11.30　拉伸实体

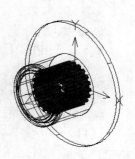
图 11.31　差集结果 2

3. 绘制安装孔

（1）单击"常用"选项卡"图层"面板中的"图层特性"按钮 🖳，新建"图层 2"，并将其置为当前层。

（2）单击"视图"选项卡"视图"面板中的"左视"按钮 🖾，将当前视图设为左视图，结果如图 11.32 所示。

（3）关闭实体所在的 0 层，单击"常用"选项卡"绘图"面板中的"圆心，直径"按钮 🖉，以原点为圆心，绘制直径为 128 的圆，如图 11.33 所示。

（4）单击"常用"选项卡"绘图"面板中的"直线"按钮 ＼，以原点为起点，绘制长度为 80 的竖直线。

（5）单击"常用"选项卡"修改"面板中的"旋转"按钮 ⟳，以原点为基点，旋转角度为-8.7°，旋转第（4）步绘制的直线，结果如图 11.34 所示。

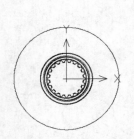

图 11.32 设置左视图

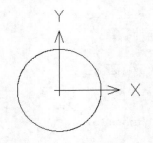

图 11.33 绘制圆 1

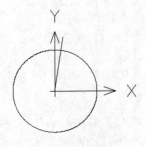

图 11.34 旋转直线

（6）单击"常用"选项卡"绘图"面板中的"圆心，直径"按钮 🖉，捕捉直线与直径为 128 的大圆的交点，绘制直径为 17 的圆，结果如图 11.35 所示。

（7）单击"视图"选项卡"视图"面板中的"西南等轴测"按钮 ◈，将当前视图设为西南等轴测。

（8）单击"常用"选项卡"修改"面板中的"删除"按钮 ◇，删除辅助线。

（9）单击"实体"选项卡"实体"面板中的"拉伸"按钮 🗔，拉伸第（6）步绘制的圆，拉伸高度为 10，结果如图 11.36 所示。

（10）单击"实体"选项卡"三维操作"面板中的"三维阵列"按钮 ▦，命令行提示和操作如下，结果如图 11.37 所示。

```
命令: _3darray
选择对象: （选择图 11.36 所示的拉伸实体）
找到 1 个
选择对象: ↙
输入阵列类型 [矩形(R)/环形(P)] <矩形>: p↙
输入阵列中的项目数目: 8↙
指定要填充的角度 (+=逆时针, -=顺时针) <360>: ↙
是否旋转阵列中的对象? [是(Y)/否(N)] <是>: ↙
指定阵列的圆心: 0,0,0↙
指定旋转轴上的第二点: 0,0,10↙
```

（11）打开实体所在 0 层，单击"实体"选项卡"布尔运算"面板中的"差集"按钮 ◻，从实体中减去第（9）步创建的拉伸实体，结果如图 11.38 所示。

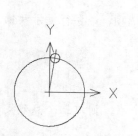
图 11.35 绘制圆 2

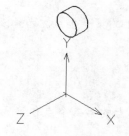
图 11.36 拉伸实体结果

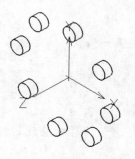
图 11.37 阵列结果

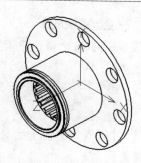
图 11.38 差集结果 3

4. 绘制孔

（1）在命令行中输入 UCS 命令，绕 X 轴旋转-90°，绕 Y 轴旋转 31.2°，结果如图 11.39 所示。

（2）单击"实体"选项卡"图元"面板中的"圆柱体"按钮🛢，绘制底面圆心在(0,-27,0)，半径为 10，轴端点为(@0,0, 50)的圆柱体，结果如图 11.40 所示。

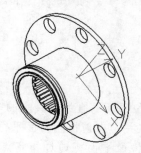
图 11.39 旋转坐标系 2

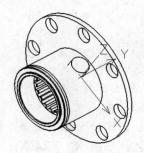
图 11.40 绘制圆柱体 2

（3）单击"实体"选项卡"布尔运算"面板中的"差集"按钮🗔，从实体中减去第（2）步绘制的圆柱体，消隐后的结果如图 11.13 所示。

11.1.3 三维镜像

使用"三维镜像"命令可以以任意空间平面为镜像面，创建指定对象的镜像副本，源对象与镜像副本相对于镜像面彼此对称。其中，镜像平面可以是与当前 UCS 的 XY、YZ 或 XZ 平面平行的平面或由三个指定点定义的任意平面。

【执行方式】

➢ 命令行：MIRROR3D。
➢ 菜单栏："修改" → "三维操作" → "三维镜像"。
➢ 功能区："实体" → "三维操作" → "三维镜像" ◫◫。

【操作步骤】

```
命令：_mirror3d
选择对象：（选择要进行镜像的对象）
选择对象：✓
指定镜像平面上的第一个点(三点)或 [对象(O)/上一次(L)/Z 轴(Z)/视图(V)/XY 平面(XY)/YZ 平面
(YZ)/ZX 平面(ZX)/三点(3)] <三点>：
```

【选项说明】

（1）指定镜像平面上的第一个点：确定镜像平面上的第一个点。选择该选项，命令行提示和操作如下：

> 指定平面上的第二个点：
> 指定平面上的第三个点：
> 删除源实体？［是(Y)/否(N)］<否>：

1）指定平面上的第二/三个点：依次指定镜像平面上的第二个点和第三个点，通过三个点确定镜像平面。

2）删除源实体？：指定是否删除源对象。

（2）对象(O)：以选择对象所在的平面作为镜像平面。可选择的对象包括圆、椭圆、圆弧、样条曲线和二维多段线。选择该选项，命令行提示和操作如下：

> 选择一个圆、椭圆、圆弧、样条曲线或二维多段线：

（3）上一次(L)：以上一次创建镜像对象时指定的镜像平面作为当前操作的镜像平面。

（4）Z 轴(Z)：以平面上的一点和平面法线（Z 轴）上的一点确定镜像平面。选择该选项，命令行提示和操作如下：

> 指定平面上的点：
> 指定以 Z 轴(法向)确定的平面上的点：
> 删除源实体？［是(Y)/否(N)］<否>：

1）指定平面上的点：指定镜像平面上的一个点。

2）指定以 Z 轴(法向)确定的平面上的点：指定与镜像平面垂直的直线上的一个点。

（5）视图(V)：指定一个点，镜像平面将通过指定点并与当前视图平面平行。

（6）XY/YZ/ZX 平面(XY/YZ/ZX)：指定一个点，镜像平面将通过指定点并与当前坐标系的 XY/YZ/ZX 平面平行。

扫一扫，看视频

动手学——绘制脚踏座

本例绘制图 11.41 所示的脚踏座。

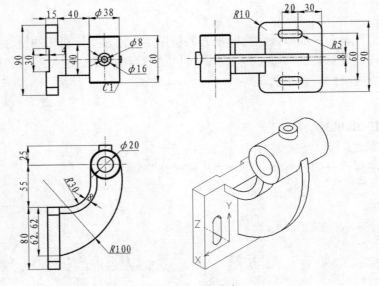

图 11.41 脚踏座

【操作步骤】

1．绘制底座

（1）在命令行中输入 ISOLINES 命令，设置线框密度为 10。

（2）单击"视图"选项卡"视图"面板中的"俯视"按钮□，将当前视图设为俯视图。

（3）单击"常用"选项卡"绘图"面板中的"矩形"按钮□，以(0,−45)为第一角点，绘制长度为 15，宽度为 90 的矩形，如图 11.42 所示。

（4）重复"矩形"命令，以(0,−15)为第一角点，绘制长度为 4，宽度为 30 的小矩形，如图 11.43 所示。

（5）单击"常用"选项卡"修改"面板中的"修剪"按钮⼑，对图形进行修剪，结果如图 11.44 所示。

（6）单击"视图"选项卡"视图"面板中的"东南等轴测"按钮◈，将当前视图设为东南等轴测。

（7）单击"常用"选项卡"绘图"面板中的"面域"按钮◎，选择所有图形创建面域。

（8）单击"实体"选项卡"实体"面板中的"拉伸"按钮💼，选择第（7）步创建的面域，设置拉伸高度为 80，结果如图 11.45 所示。

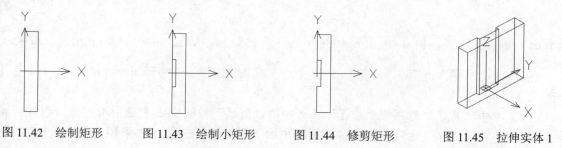

图 11.42　绘制矩形　　　图 11.43　绘制小矩形　　　图 11.44　修剪矩形　　　图 11.45　拉伸实体 1

2．绘制支撑结构

（1）在命令行中输入 UCS 命令，将坐标系绕 X 轴旋转 90°，如图 11.46 所示。

（2）单击"实体"选项卡"图元"面板中的"圆柱体"按钮🛢，以(74,135,0)为中心，绘制半径为 19，高度为 30 的圆柱体，如图 11.47 所示。

（3）在命令行中输入 UCS 命令，将坐标系还原为世界坐标系。重复 UCS 命令，将坐标系绕 X 轴旋转 90°。

（4）单击"视图"选项卡"视图"面板中的"西南等轴测"按钮◈，将当前视图设为西南等轴测。

（5）单击"常用"选项卡"绘图"面板中的"直线"按钮＼，捕捉图 11.48 所示的象限点，绘制一条长度为 55 的直线。

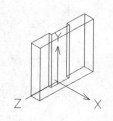　　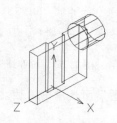　　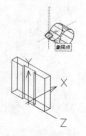

图 11.46　旋转坐标系　　　　图 11.47　绘制圆柱体　　　　图 11.48　捕捉象限点

（6）重复"直线"命令，捕捉图 11.49 所示的中点，绘制一条长度为 55 的水平线，结果如图 11.50 所示。

（7）单击"常用"选项卡"修改"面板中的"圆角"按钮 ▱，设置圆角半径为 30，将两条直线进行圆角，结果如图 11.51 所示。

（8）单击"常用"选项卡"修改"面板中的"偏移"按钮 ▱，选中直线和圆弧，向下偏移 8，结果如图 11.52 所示。

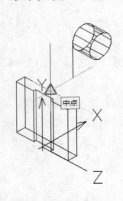 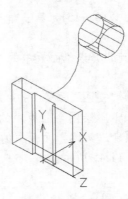 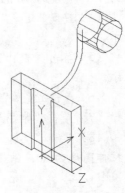

图 11.49　捕捉中点　　　图 11.50　绘制水平线　　　图 11.51　圆角结果　　　图 11.52　偏移直线

（9）单击"常用"选项卡"绘图"面板中的"直线"按钮 ＼，绘制两端的端点连接线，如图 11.53 所示。

（10）单击"常用"选项卡"绘图"面板中的"面域"按钮 ▣，框选所有图素，创建面域。

（11）单击"实体"选项卡"实体"面板中的"拉伸"按钮 ，选择第（10）步创建的面域，设置拉伸高度为 20，结果如图 11.54 所示。

（12）单击"实体"选项卡"实体编辑"面板中的"复制边"按钮 ，选中图 11.55 所示的边，进行原位置复制。

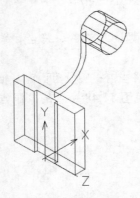 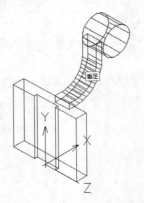 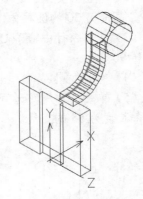

图 11.53　绘制端点连接线　　　图 11.54　拉伸结果　　　图 11.55　复制边

（13）单击"视图"选项卡"视图"面板中的"西北等轴测"按钮 ，将当前视图设为西北等轴测。

（14）单击"常用"选项卡"绘图"面板中的"起点，端点，半径"按钮 ，绘制圆弧，命令行提示和操作如下：

命令：_arc
指定圆弧的起点或 [圆心(C)]：_from（按住 Shift 键，右击，在弹出的快捷菜单中选择"自"命令）
基点：（捕捉图 11.56 所示的端点）
<偏移>：@0,-62.62
指定圆弧的第二个点或 [圆心(C)/端点(E)]：E
指定圆弧的端点：（捕捉图 11.57 所示的象限点）
指定圆弧的圆心(按住 Ctrl 键以切换方向)或 [角度(A)/方向(D)/半径(R)]：R↙
指定圆弧的半径(按住 Ctrl 键以切换方向)：100↙

结果如图 11.58 所示。

（15）单击"常用"选项卡"绘图"面板中的"直线"按钮 ，绘制图 11.59 所示的连接线。

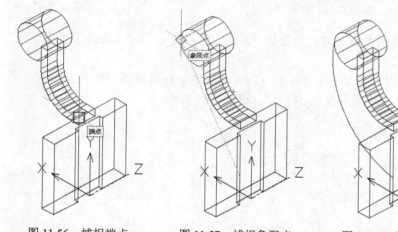 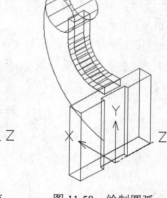 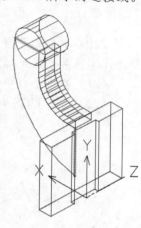

图 11.56　捕捉端点　　　图 11.57　捕捉象限点　　　图 11.58　绘制圆弧　　　图 11.59　绘制连接线

（16）单击"常用"选项卡"绘图"面板中的"面域"按钮 ，选择图 11.60 所示的图素，创建面域。

（17）单击"实体"选项卡"实体"面板中的"拉伸"按钮 ，选择第（16）步创建的面域，设置拉伸高度为 4，结果如图 11.61 所示。

（18）单击"实体"选项卡"三维操作"面板中的"三维镜像"按钮 ，命令行提示和操作如下，结果如图 11.62 所示。

命令：_mirror3d
选择对象：（选择图 11.61 所示的圆柱体❶）
找到 1 个
选择对象：（选择图 11.61 所示的拉伸实体 1❷）
找到 1 个，总计 2 个
选择对象：（选择图 11.61 所示的拉伸实体 2❸）
找到 1 个，总计 3 个
选择对象：↙
指定镜像平面上的第一个点(三点)或 [对象(O)/上一次(L)/Z 轴(Z)/视图(V)/XY 平面(XY)/YZ 平面(YZ)/ZX 平面(ZX)/三点(3)] <三点>：XY↙
指定 XY 平面上的点 <0,0,0>：↙
删除源实体？[是(Y)/否(N)] <否>：↙

（19）单击"实体"选项卡"布尔运算"面板中的"并集"按钮 ，将视图中的所有实体进行并集操作。

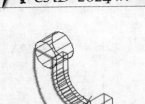

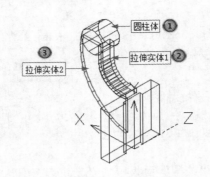

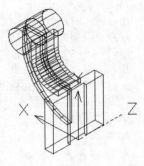

图 11.60　创建面域　　　　　　　图 11.61　拉伸实体 2　　　　　　图 11.62　镜像结果

（20）单击"视图"选项卡"视图"面板中的"西南等轴测"按钮，将当前视图设为西南等轴测，消隐后的结果如图 11.63 所示。

（21）在命令行中输入 UCS 命令，移动坐标系到图 11.64 所示的圆柱体的圆心位置。

（22）重复 UCS 命令，将坐标系绕 X 轴旋转-90°，如图 11.65 所示。

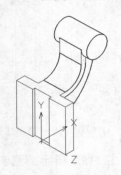

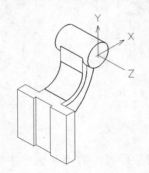

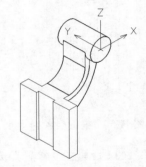

图 11.63　并集结果　　　　　　　图 11.64　移动坐标系　　　　　　图 11.65　旋转坐标系 2

（23）单击"实体"选项卡"图元"面板中的"圆柱体"按钮，以(0,30,0)为中心点，绘制半径为 8，高度为 25 的圆柱体。

（24）单击"实体"选项卡"布尔运算"面板中的"并集"按钮，对视图中的所有实体进行并集操作。

（25）单击"实体"选项卡"图元"面板中的"圆柱体"按钮，以(0,30,0)为中心点，绘制半径为 4，高度为 30 的圆柱体，结果如图 11.66 所示。

（26）单击"实体"选项卡"布尔运算"面板中的"差集"按钮，从并集结果中减去半径为 4 的圆柱体，消隐后的结果如图 11.67 所示。

（27）在命令行中输入 UCS 命令，将坐标系绕 X 轴旋转 90°，如图 11.68 所示。

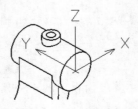

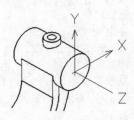

图 11.66　绘制圆柱体 1　　　　　图 11.67　差集结果 1　　　　　　图 11.68　旋转坐标系 3

（28）单击"实体"选项卡"图元"面板中的"圆柱体"按钮 ，以原点为圆心，绘制半径为10，高度为-80 的圆柱体，如图 11.69 所示。

（29）单击"实体"选项卡"布尔运算"面板中的"差集"按钮 ，将实体与第（28）步绘制的圆柱体进行差集运算，结果如图 11.70 所示。

（30）在命令行中输入 UCS 命令，将坐标系还原为世界坐标系。

（31）单击"视图"选项卡"视图"面板中的"左视"按钮 ，将当前视图设为左视图。

（32）单击"常用"选项卡"绘图"面板中的"矩形"按钮 ，绘制以(25,25)为第一角点，以(@10,20)为第二角点的矩形，如图 11.71 所示。

（33）单击"常用"选项卡"绘图"面板中的"圆心，半径"按钮 ，以矩形的上下短边中点为圆心，绘制 2 个半径为 5 的圆，如图 11.72 所示。

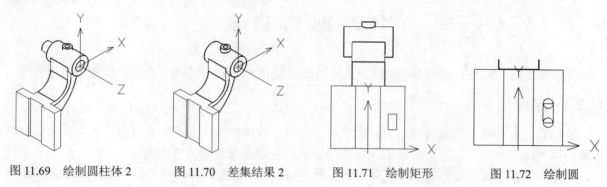

图 11.69　绘制圆柱体 2　　　图 11.70　差集结果 2　　　图 11.71　绘制矩形　　　图 11.72　绘制圆

（34）单击"常用"选项卡"修改"面板中的"修剪"按钮 ，对图形进行修剪，结果如图 11.73所示。

（35）单击"视图"选项卡"视图"面板中的"西南等轴测"按钮 ，将当前视图设为西南等轴测。

（36）单击"常用"选项卡"绘图"面板中的"面域"按钮 ，选择修剪后的图形创建面域。

（37）单击"实体"选项卡"实体"面板中的"拉伸"按钮 ，选择刚刚创建的面域进行拉伸，设置拉伸高度为-15，如图 11.74 所示。

（38）单击"实体"选项卡"三维操作"面板中的"三维镜像"按钮 ，命令行提示和操作如下，结果如图 11.75 所示。

```
命令：_mirror3d
选择对象：（选择拉伸实体）
找到 1 个
选择对象：✓
指定镜像平面上的第一个点(三点) 或 [对象(O)/上一次(L)/Z 轴(Z)/视图(V)/XY 平面(XY)/YZ 平面
(YZ)/ZX 平面(ZX)/三点(3)] <三点>：（选择图 11.74 所示的中点 1）
指定平面上的第二个点：（选择图 11.74 所示的中点 2）
指定平面上的第三个点：0,0,0（输入原点坐标）
删除源实体？[是(Y)/否(N)] <否>：✓
```

（39）单击"实体"选项卡"布尔运算"面板中的"差集"按钮 ，从图 11.75 所示的拉伸实体 1 中减去拉伸实体和镜像实体，结果如图 11.76 所示。

（40）单击"视图"选项卡"视图"面板中的"东南等轴测"按钮 ，将当前视图设为东南等轴测，结果如图 11.41 所示。

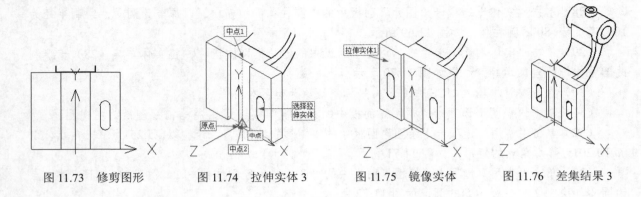

图 11.73　修剪图形　　　　图 11.74　拉伸实体 3　　　　图 11.75　镜像实体　　　　图 11.76　差集结果 3

11.2　剖切功能

在中望 CAD 中，可以利用剖切功能对三维造型进行剖切处理，便于用户观察三维造型内部结构。

11.2.1　剖切

"剖切"命令通过指定的剪切平面剖切指定对象，形成新的三维实体或曲面。可选择保留剖切对象的两侧或指定一侧。剖切对象的颜色和图层特性将保留源对象的特性设置。

平面和曲面均可用于剖切三维实体对象，但只可以使用指定平面剖切曲面对象，不能直接剖切网格或将网格用作剖切曲面。

【执行方式】

➢　命令行：SLICE（SL）。

➢　菜单栏："绘图"→"实体"→"剖切"。

➢　工具栏："实体"→"剖切" ✐。

➢　功能区："实体"→"实体编辑"→"剖切" ✐。

【操作步骤】

```
命令：_slice
选择要剖切的对象：
找到 1 个
选择要剖切的对象：
指定剖切平面起点或 [平面对象(O)/曲面(S)/Z 轴(Z)/视图(V)/XY/YZ/ZX/三点(3)] <三点>：
```

【选项说明】

（1）要剖切的对象：选择要剖切的对象，可以是三维实体或曲面。

（2）指定剖切平面起点：指定用于定义剖切平面的第一点。选择该选项，命令行提示和操作如下：

```
指定平面上的第二个点：
在需求平面的一侧拾取一点或 [保留两侧(B)] <两侧>：
```

1）指定平面上的第二个点：继续指定用于定义剖切平面的第二点。

2）在需求平面的一侧拾取一点：通过指定一点确定保留剖切对象的哪一侧。指定点不可在剖切平面上。

3）保留两侧(B)：保留剖切对象的两侧。

（3）平面对象(O)：以选择对象所在平面作为剖切平面。选择该选项，命令行提示和操作如下：
选择一个圆、椭圆、圆弧、样条曲线或二维多段线：
可选择的对象包括圆、椭圆、圆弧、样条曲线和二维多段线。

（4）曲面(S)：选择曲面作为剖切面。

（5）Z 轴(Z)：通过指定剖切平面上的一点及在平面法线（Z 轴）上的一点定义剖切平面。

（6）视图(V)：指定剖切平面与当前视图平面对齐。

（7）XY/YZ/ZX：将剖切平面与 XY/YZ/ZX 平面平行，并指定一点确定平面的位置。

（8）三点(3)：通过指定三点确定剖切平面。

动手学——绘制顶针

本例绘制图 11.77 所示的顶针。

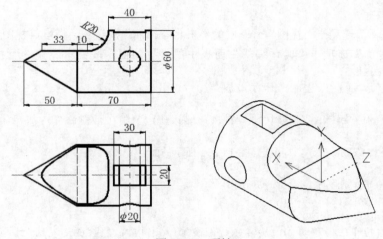

图 11.77　顶针

【操作步骤】

（1）单击"视图"选项卡"视图"面板中的"西南等轴测"按钮 ⟡ ，将当前视图设为西南等轴测。

（2）在命令行中输入 UCS 命令，将坐标系绕 X 轴旋转 90°。

（3）单击"实体"选项卡"图元"面板中的"圆锥体"按钮 ◮ ，以坐标原点为圆锥底面中心，绘制半径为 30，高为 -50 的圆锥体，如图 11.78 所示。

（4）单击"实体"选项卡"图元"面板中的"圆柱体"按钮 ▤ ，以坐标原点为圆心，绘制半径为 30，高为 70 的圆柱体，如图 11.79 所示。

（5）单击"实体"选项卡"实体编辑"面板中的"剖切"按钮 ✂ ，命令行提示和操作如下，结果如图 11.80 所示。

```
命令：_slice
选择要剖切的对象：（选择图 11.79 所示的圆锥体①）
找到 1 个
选择要剖切的对象：✓
指定剖切平面起点或 [平面对象(O)/曲面(S)/Z 轴(Z)/视图(V)/XY/YZ/ZX/三点(3)] <三点>：ZX✓
指定 ZX 平面上的点 <0,0,0>：0,10✓
```

在需求平面的一侧拾取一点或 ［保留两侧(B)］ <两侧>：（在原点处单击②）

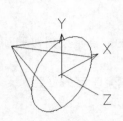

图 11.78　绘制圆锥体

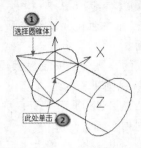

图 11.79　绘制圆柱体 1

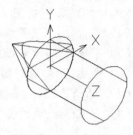

图 11.80　剖切圆锥体

（6）单击"实体"选项卡"布尔运算"面板中的"并集"按钮，将视图中的圆锥体与圆柱体进行并集操作。

（7）单击"视图"选项卡"视图"面板中的"东北等轴测"按钮，将当前视图设为东北等轴测。

（8）单击"实体"选项卡"实体编辑"面板中的"拉伸面"按钮，命令行提示和操作如下：

```
命令：_solidedit
输入实体编辑选项 [面(F)/边(E)/体(B)/放弃(U)/退出(X)] <退出>：_face
输入面编辑选项
[拉伸(E)/移动(M)/旋转(R)/偏移(O)/倾斜(T)/删除(D)/复制(C)/颜色(L)/放弃(U)/退
出>：_extrude
选择面或 [放弃(U)/删除(R)]：（选择图 11.81 所示的面）
 找到 1 个面。
选择面或 [放弃(U)/删除(R)/全部(ALL)]：✓
指定拉伸高度或 [路径(P)]：-10✓
指定拉伸的倾斜角度 <0.0000>：✓
输入面编辑选项[拉伸(E)/移动(M)/旋转(R)/偏移(O)/倾斜(T)/删除(D)/复制(C)/颜色(L)/放弃(U)/
退出(X)] <退出>：✓
输入实体编辑选项 [面(F)/边(E)/体(B)/放弃(U)/退出(X)] <退出>：✓
```

结果如图 11.82 所示。

（9）单击"视图"选项卡"视图"面板中的"左视"按钮，将当前视图设为左视图。

（10）单击"实体"选项卡"图元"面板中的"圆柱体"按钮，以(10,30,-30)为圆心，绘制半径为 20，高为 60 的圆柱体。

（11）重复"圆柱体"命令，以(50,0,-30)为圆心，绘制半径为 10，高为 60 的圆柱体。

（12）单击"视图"选项卡"视图"面板中的"东北等轴测"按钮，将当前视图设为东北等轴测，消隐后的结果如图 11.83 所示。

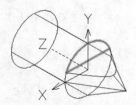

图 11.81　选择要拉伸的面

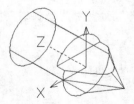

图 11.82　拉伸面结果

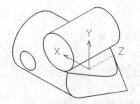

图 11.83　绘制圆柱体 2

（13）单击"实体"选项卡"布尔运算"面板中的"差集"按钮，将实体与两个圆柱体进行差集运算，结果如图 11.84 所示。

（14）单击"实体"选项卡"图元"面板中的"长方体"按钮 ▣，命令行提示与操作如下，结果如图 11.85 所示。

```
命令：_box
指定长方体的第一个角点或 [中心(C)]: 35,0,-10✓
指定另一个角点或 [立方体(C)/长度(L)]: @30,30✓
指定高度或 [两点(2P)] <20.0000>:20✓
```

（15）单击"实体"选项卡"布尔运算"面板中的"差集"按钮 ▣，将实体与长方体进行差集运算，消隐后的结果如图 11.86 所示。

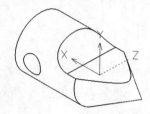
图 11.84　差集结果 1

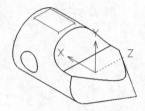
图 11.85　绘制长方体

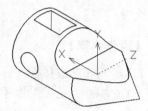
图 11.86　差集结果 2

11.2.2　剖切截面

SECTION 命令用于使用平面或三维实体、曲面或网格的交点创建二维面域对象。

【执行方式】

命令行：SECTION（SEC）。

【操作步骤】

```
命令：SECTION✓
选择对象：（选择要剖切的实体）
指定截面上的第一个点，通过 [对象(O)/Z 轴(Z)/视图(V)/XY/YZ/ZX/三点(3)] <三点>:
```

【选项说明】

（1）选择对象：选择实体对象。若选择了多个实体，则将为每个实体创建独立的面域。

（2）三点(3)：通过指定三点确定截面平面。

（3）对象(O)：以选择对象所在的平面作为截面平面。可选择的对象包括圆、椭圆、圆弧、样条曲线、二维多段线。

（4）Z 轴(Z)：以平面上的一点和平面法线（Z 轴）上的一点确定截面平面。选择该选项，命令行提示和操作如下：

```
指定平面上的点：
指定以 Z 轴(法向)确定的平面上的点：
```

1）指定平面上的点：指定截面平面上的一个点。

2）指定以 Z 轴(法向)确定的平面上的点：指定与截面平面垂直的直线上的一个点。

（5）视图(V)：指定一个点，截面平面将通过指定点并与当前视图平面平行。

（6）XY/YZ/ZX：指定一个点，截面平面将通过指定点并与当前坐标系的 XY/YZ/ZX 平面平行。

动手学——绘制阀芯

本例绘制图 11.87 所示的阀芯立体图，并由立体图绘制二维视图。

扫一扫，看视频

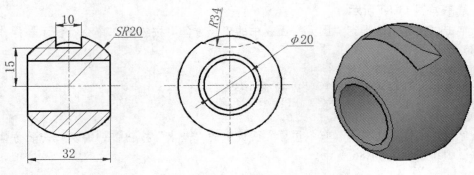

图 11.87　阀芯

【操作步骤】

1．绘制阀芯立体图

（1）单击"视图"选项卡"视图"面板中的"西南等轴测"按钮，将当前视图设为西南等轴测。

（2）单击"实体"选项卡"图元"面板中的"球体"按钮，以(0,0,0)为球心，绘制半径为20的球体，如图 11.88 所示。

（3）单击"实体"选项卡"实体编辑"面板中的"剖切"按钮，选择球体，以 YZ 平面作为剖切平面进行剖切，指定 YZ 平面上的点为(16,0,0)，选择球体的左侧进行保留，如图 11.89 所示。

（4）重复"剖切"命令，选择第（3）步剖切后的球体，以 YZ 平面作为剖切平面进行剖切，指定 YZ 平面上的点为(-16,0,0)，选择球体的右侧进行保留，消隐后的结果如图 11.90 所示。

<table>
<tr>
<td></td>
<td>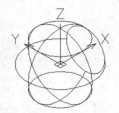</td>
<td></td>
</tr>
<tr>
<td>图 11.88　绘制球体</td>
<td>图 11.89　球体第一次剖切</td>
<td>图 11.90　球体第二次剖切</td>
</tr>
</table>

（5）在命令行中输入 UCS 命令，将坐标系绕 Y 轴旋转 90°。

（6）单击"实体"选项卡"图元"面板中的"圆柱体"按钮，以(0,0,-16)为底面中心点，绘制半径为 10，高度为 32 的圆柱体 1，如图 11.91 所示。

（7）重复"圆柱体"命令，以(-48,0,-5)为底面中心点，绘制半径为 34，高度为 10 的圆柱体 2，如图 11.92 所示。

（8）单击"实体"选项卡"布尔运算"面板中的"差集"按钮，从球体中减去两个圆柱体，消隐后的结果如图 11.93 所示。

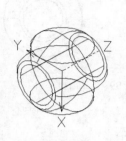

图 11.91 绘制圆柱体 1

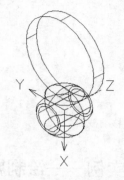

图 11.92 绘制圆柱体 2

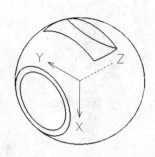

图 11.93 差集结果

2. 绘制二维视图

（1）在命令行中输入 SECTION 命令，命令行提示和操作如下，生成截面 1，如图 11.94 所示。

```
命令：SECTION↙
选择对象：（选择实体）
找到 1 个
选择对象：↙
指定截面上的第一个点，通过 [对象(O)/Z 轴(Z)/视图(V)/XY/YZ/ZX/三点(3)] <三点>:ZX↙
指定 YZ 平面上的点 <0,0,0>:↙
```

（2）单击"常用"选项卡"修改"面板中的"移动"按钮 ✛，选择图 11.94 所示的截面 1，以原点为基点，将其向右移动到适当位置，如图 11.95 所示。

（3）在命令行中输入 SECTION 命令，以 XY 面作为剖切面对球体进行剖切，生成截面 2，结果如图 11.96 所示。

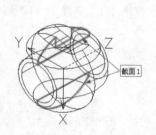

图 11.94 截面 1

图 11.95 移动截面 1

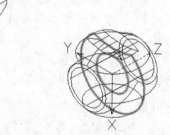

图 11.96 截面 2

（4）单击"实体"选项卡"三维操作"面板中的"三维旋转"按钮 🔲，选择图 11.96 所示的截面，将其绕 X 轴旋转 90°，结果如图 11.97 所示。

（5）单击"常用"选项卡"修改"面板中的"移动"按钮 ✛，选择图 11.97 所示的截面 2，将其向右移动到适当位置，如图 11.98 所示。

（6）单击"视图"选项卡"视图"面板中的"前视"按钮 🔲，将当前视图设为前视图。

（7）单击"常用"选项卡"修改"面板中的"分解"按钮 ●，对截面 1 和截面 2 进行分解。

（8）利用圆心、半径、直线、修剪等二维绘图和编辑命令将图形补充完整，结果如图 11.99 所示。

图 11.97　旋转截面 2　　　　图 11.98　移动截面 2　　　　图 11.99　二维视图

扫一扫，看视频

11.3　综合实例——绘制减速器箱体

本综合实例绘制图 11.100 所示的减速器箱体。减速器箱体的绘制过程是三维图形制作中比较经典的实例，从绘图环境的设置、多种三维实体绘制命令、用户坐标系的建立到剖切实体都得到了充分的使用，是系统使用中望 CAD 2024 三维绘图功能的综合实例。

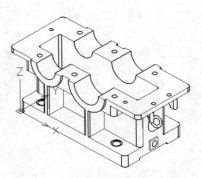

图 11.100　减速器箱体

【操作步骤】

1．绘制箱体主体

（1）单击"视图"选项卡"视图"面板中的"西南等轴测"按钮，将当前视图设为西南等轴测。

（2）单击"实体"选项卡"图元"面板中的"长方体"按钮，以(0,0,0)为角点，绘制长度为 310，宽度为 170，高度为 30 的底板，命令行提示和操作如下。

```
命令：_box
指定长方体的第一个角点或 [中心(C)]：0,0,0↙
指定另一个角点或 [立方体(C)/长度(L)]：@310,170,30↙
```

（3）重复"长方体"命令，以(0,45,30)为角点，绘制长度为 310，宽度为 80，高度为 110 的中间膛体。

（4）重复"长方体"命令，以(-35,5,140)为角点，绘制长度为 380，宽度为 160，高度为 12 的顶板，结果如图 11.101 所示。

🔊 注意：

　　在绘制三维实体造型时，如果使用视图的切换功能，如使用俯视图和东南等轴测视图等，视图的切换也可能导致空间三维坐标系的暂时旋转，即使用户没有执行 UCS 命令。长方体的长、宽、高分别对应 X、Y、Z 方向上的长度，所以坐标系的不同会导致长方体的形状大不相同。因此，若采用角点和长、宽、高模式绘制长方体，一定要注意观察当前提示的坐标系。

2．绘制轴承支座

（1）单击"实体"选项卡"图元"面板中的"圆柱体"按钮，绘制圆柱体 1，命令行提示和操作如下：

```
命令：_cylinder
指定底面的中心点或 [三点(3P)/两点(2P)/切点、切点、半径(T)/椭圆(E)]：77,0,152↙
指定圆的半径或 [直径(D)] <79.6149>:45↙
```

指定高度或 [两点(2P)/中心轴(A)] <-40.0000>:a↙
轴的终点：77,170,152↙

（2）重复"圆柱体"命令，以(197,0,152)为底面中心点，绘制半径为53.5，轴的终点为(197,170,152)的圆柱体2，结果如图11.102所示。

（3）单击"实体"选项卡"图元"面板中的"长方体"按钮🔲，以(10,5,114)为角点，绘制长度为264，宽度为160，高度为38的长方体1。

（4）重复"长方体"命令，以(70,0,30)为角点，绘制长度为14，宽度为160，高度为80的长方体2。

（5）重复"长方体"命令，以(190,0,30)为角点，绘制长度为14，宽度为160，高度为80的长方体3，结果如图11.103所示。

（6）单击"实体"选项卡"布尔运算"面板中的"并集"按钮🔲，将现有的所有实体合并，使之成为一个三维实体，消隐后的结果如图11.104所示。

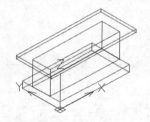
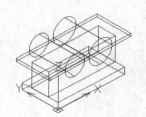
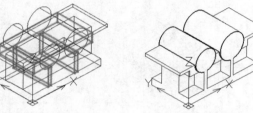

图11.101　绘制底板、　　　图11.102　绘制圆柱体1　图11.103　绘制长方体1、2、3　图11.104　并集结果
中间膛体和顶板　　　　　和圆柱体2

（7）单击"实体"选项卡"图元"面板中的"长方体"按钮🔲，以(8,47.5,20)为角点，绘制长度为294，宽度为65，高度为152的长方体4，如图11.105所示。

（8）单击"实体"选项卡"图元"面板中的"圆柱体"按钮🔲，以(77,0,152)为底面中心点，绘制半径为27.5，轴的终点为(77,170,152)的圆柱体3。

（9）重复"圆柱体"命令，以(197,0,152)为底面中心点，绘制半径为36，轴的终点为(197,170,152)的圆柱体4，如图11.106所示。

（10）单击"实体"选项卡"布尔运算"面板中的"差集"按钮🔲，从箱体主体中减去长方体和两个圆柱体，消隐后的结果如图11.107所示。

（11）单击"实体"选项卡"实体编辑"面板中的"剖切"按钮🔲，从箱体主体中剖切顶面多余的实体，选择"三点"选项，沿点(0,0,152)(100,0,152)(0,100,152)组成的平面将图形剖切开，保留箱体下方，消隐后的结果如图11.108所示。

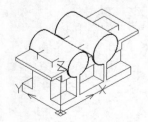
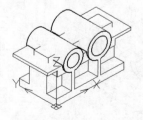
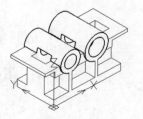
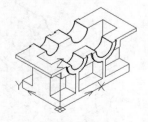

图11.105　绘制长方体4　　图11.106　绘制圆柱体3　图11.107　差集结果　　图11.108　剖切实体图
和圆柱体4

3. 绘制箱体孔系

（1）单击"实体"选项卡"图元"面板中的"圆柱体"按钮🛢️，以(40,25,0)为底面中心点，绘制半径为 8.5，高度为 40 的圆柱体 1。

（2）使用同样的方法，绘制圆柱体 2，底面中心点为(40,25,28.4)，半径为 12，高度为 10，如图 11.109 所示。

（3）单击"实体"选项卡"三维操作"面板中的"三维阵列"按钮🖧，将第（1）步和第（2）步绘制的两个圆柱体进行矩形阵列，行数为 2，列数为 2，行间距为 120，列间距为 221，结果如图 11.110 所示。

（4）单击"实体"选项卡"图元"面板中的"圆柱体"按钮🛢️，以(34.5,25,100)为底面中心点，绘制半径为 5.5，高度为 80 的圆柱体 3。

（5）重复"圆柱体"命令，以(34.5,25,110)为底面中心点，绘制半径为 9，高度为 5 的圆柱体 4，消隐后的结果如图 11.111 所示。

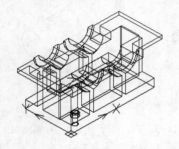

图 11.109　绘制圆柱体 1 和圆柱体 2

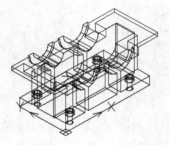

图 11.110　阵列 1

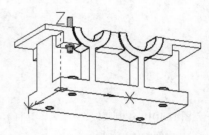

图 11.111　绘制圆柱体 3 和圆柱体 4

（6）单击"实体"选项卡"三维操作"面板中的"三维阵列"按钮🖧，将第（4）步和第（5）步绘制的两个圆柱体进行矩形阵列，行数为 2，列数为 2，行间距为 120，列间距为 103，消隐后的结果如图 11.112 所示。

（7）单击"实体"选项卡"三维操作"面板中的"三维镜像"按钮📖，对第（6）步中创建的中间 4 个圆柱体进行镜像处理，镜像的平面为由点(197,0,152)(197,100,152)(197,50,50)组成的平面，三维镜像结果如图 11.113 所示。

（8）单击"实体"选项卡"图元"面板中的"圆柱体"按钮🛢️，以(335,62,120)为底面中心点，绘制半径为 4.5，高度为 40 的圆柱体 5。

（9）重复"圆柱体"命令，以(335,62,130)为底面中心点，绘制半径为 7.5，高度为 11 的圆柱体 6，结果如图 11.114 所示。

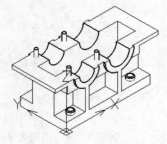

图 11.112　阵列 2

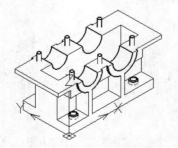

图 11.113　三维镜像结果 1

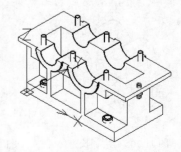

图 11.114　绘制圆柱体 5 和圆柱体 6

（10）单击"实体"选项卡"三维操作"面板中的"三维镜像"按钮，选择圆柱体 5 和圆柱体 6，镜像平面上 3 点是(0,85,0)(100,85,0)(0,85,100)。将当前视图设为东南等轴测，三维镜像结果如图 11.115 所示。

（11）单击"实体"选项卡"图元"面板中的"圆柱体"按钮，以(288,25,130)为底面中心点，绘制半径为 4，高度为 30 的圆柱体 7。

（12）重复"圆柱体"命令，以(-17,112,130)为底面中心点，绘制半径为 4，高度为 30 的圆柱体 8，结果如图 11.116 所示。

（13）单击"实体"选项卡"布尔运算"面板中的"差集"按钮，从箱体主体中减去所有圆柱体，形成箱体孔系，如图 11.117 所示。

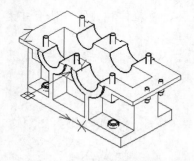 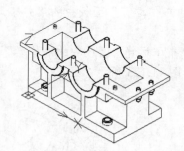 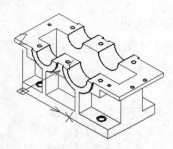

图 11.115　三维镜像结果 2　　　图 11.116　绘制圆柱体 7 和圆柱体 8　　　图 11.117　差集结果

4．绘制耳片

（1）单击"实体"选项卡"图元"面板中的"长方体"按钮，以(-35,45,113)为角点，绘制长度为 35，宽度为 10，高度为 27 的长方体 1。

（2）重复"长方体"命令，以(310,45,113)为角点，绘制长度为 35，宽度为 10，高度为 27 的长方体 2，如图 11.118 所示。

（3）单击"实体"选项卡"图元"面板中的"圆柱体"按钮，以(-11,45,113)为底面中心点，绘制半径为 11，顶圆圆心为(-11,55,113)的圆柱体 1。

（4）重复"圆柱体"命令，以(321,45,113)为底面中心点，绘制半径为 11，顶圆圆心为(321,55,113)的圆柱体 2，如图 11.119 所示。

（5）单击"实体"选项卡"布尔运算"面板中的"差集"按钮，从左右两个长方体中减去圆柱体，形成耳片，如图 11.120 所示。

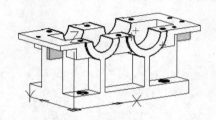  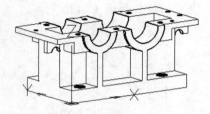

图 11.118　绘制长方体 1 和长方体 2　　图 11.119　绘制圆柱体 1 和圆柱体 2　　　图 11.120　差集结果

（6）单击"实体"选项卡"三维操作"面板中的"三维镜像"按钮，对第（5）步的差集结果进行镜像，镜像的平面是由(0,85,0)(0,85,152)(310,85,152)组成的平面，结果如图 11.121 所示。

（7）单击"实体"选项卡"布尔运算"面板中的"并集"按钮🔳，对箱体和 4 个耳片进行并集处理。

5. 绘制油标孔

（1）在命令行中输入 UCS 命令，将当前坐标系绕 X 轴旋转 90°。

（2）单击"实体"选项卡"图元"面板中的"圆柱体"按钮🔲，以(320,85,-85)为底面中心点，绘制半径为 14，顶圆圆心为(@-50<45)的圆柱体 1。

（3）重复"圆柱体"命令，以(320,85,-85)为底面中心点，绘制半径为 8，顶圆圆心为(@-50<45)的圆柱体 2，结果如图 11.122 所示。

（4）在命令行中输入 UCS 命令，将坐标系恢复到世界坐标系。

（5）单击"实体"选项卡"布尔运算"面板中的"并集"按钮🔳，将箱体和大圆柱体合并为一个整体。

（6）单击"实体"选项卡"布尔运算"面板中的"差集"按钮🔳，从箱体中减去小圆柱体，形成油标尺插孔，消隐后的结果如图 11.123 所示。

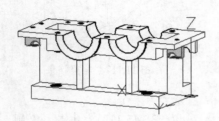
图 11.121　镜像结果

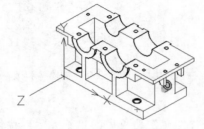
图 11.122　绘制圆柱体 1 和圆柱体 2

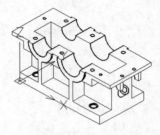
图 11.123　绘制油标孔

6. 绘制放油孔

（1）单击"实体"选项卡"图元"面板中的"圆柱体"按钮🔲，以(302,85,24)为底面中心点，绘制半径为 7，顶圆圆心为(330,85,24)的圆柱体，如图 11.124 所示。

（2）单击"实体"选项卡"图元"面板中的"长方体"按钮🔲，以(310,72.5,13)为角点，绘制长度为 4，宽度为 23，高度为 23 的长方体，消隐后的结果如图 11.125 所示。

（3）单击"实体"选项卡"布尔运算"面板中的"并集"按钮🔳，将箱体和长方体合并为一个整体。

（4）单击"实体"选项卡"布尔运算"面板中的"差集"按钮🔳，从箱体中减去小圆柱体，消隐后的结果如图 11.126 所示。

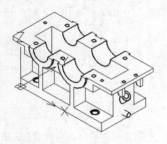
图 11.124　绘制圆柱体

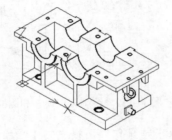
图 11.125　绘制长方体

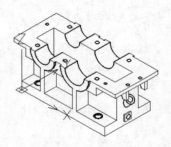
图 11.126　绘制放油孔

7. 绘制凹槽

（1）单击"实体"选项卡"图元"面板中的"长方体"按钮■，以(0,43,0)为角点，绘制长度为 310，宽度为 84，高度为 5 的长方体，如图 11.127 所示。

（2）单击"实体"选项卡"布尔运算"面板中的"差集"按钮，从箱体中减去长方体，结果如图 11.128 所示。

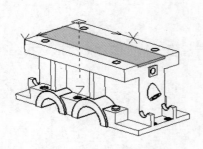

图 11.127　绘制长方体

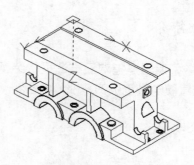

图 11.128　差集结果

8. 箱体倒圆角

（1）单击"常用"选项卡"修改"面板中的"圆角"按钮，对箱体底板、中间膛体和顶板的各自 4 个直角外沿倒圆角，圆角半径为 10。

（2）使用同样的方法，对箱体顶板下方的螺栓筋板的直角边沿倒圆角，圆角半径为 10。

（3）使用同样的方法，对箱体膛体 4 个直角内沿倒圆角，圆角半径为 5。

（4）使用同样的方法，对箱体左右 4 个耳片直角边沿倒圆角，圆角半径为 5。

（5）使用同样的方法，对箱体前后肋板的各自直角边沿倒圆角，圆角半径为 3，结果如图 11.129 所示。

（6）使用同样的方法，对凹槽的直角内沿倒圆角，圆角半径为 5，如图 11.130 所示。最终效果如图 11.100 所示。

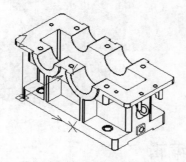

图 11.129　箱体倒圆角

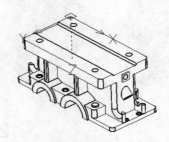

图 11.130　底板凹槽倒圆角

第 12 章　三维造型编辑

内容简介

三维造型编辑是指对三维造型的结构单元本身进行编辑，从而改变造型形状和结构，是中望 CAD 三维建模中最复杂的一部分内容。

内容要点

➤ 实体边编辑
➤ 实体面编辑
➤ 实体编辑
➤ 夹点编辑
➤ 干涉检查
➤ 综合实例——绘制壳体立体图

案例效果

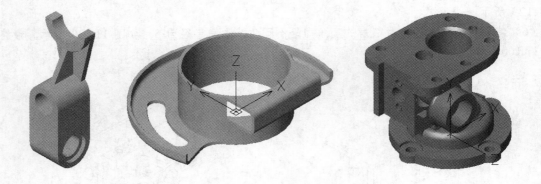

12.1　实体边编辑

尽管在实际建模过程中对实体边的应用相对较少，但其对实体编辑操作来说也是不可或缺的一部分。实体边编辑的常用命令包括着色边和复制边。

12.1.1　着色边

"着色边"命令可以修改选择的边的颜色。执行该命令，选定边后，将弹出"选择颜色"对话框。

【执行方式】

- ➢ 命令行：SOLIDEDIT。
- ➢ 菜单栏："修改" → "实体编辑" → "着色边"。
- ➢ 工具栏："实体编辑" → "着色边" ⬚。
- ➢ 功能区："实体" → "实体编辑" → "着色边" ⬚。

【操作步骤】

```
命令: _solidedit
输入实体编辑选项 [面(F)/边(E)/体(B)/放弃(U)/退出(X)]
<退出>: _edge
输入边编辑选项[复制(C)/着色(L)/放弃(U)/退出(X)] <退
出>: _color
选择边或 [放弃(U)/删除(R)]：  (选择要着色的边)
选择边或 [放弃(U)/删除(R)/全部(ALL)]: ✓
```

选择好边后，中望 CAD 将弹出图 12.1 所示的"选择颜色"对话框，根据需要选择合适的颜色作为要着色边的颜色。单击"确定"按钮，命令行提示和操作如下：

```
输入边编辑选项[复制(C)/着色(L)/放弃(U)/退出(X)] <退
出>: ✓
输入实体编辑选项 [面(F)/边(E)/体(B)/放弃(U)/退出(X)]
<退出>: ✓
```

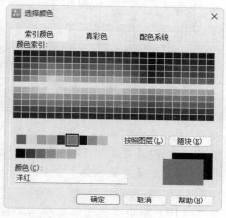

图 12.1   "选择颜色"对话框 1

动手学——绘制端盖

本例绘制图 12.2 所示的端盖。

扫一扫，看视频

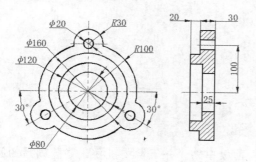
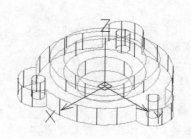

图 12.2   端盖

【操作步骤】

（1）单击"视图"选项卡"视图"面板中的"东北等轴测"按钮◈，将当前视图设为东北等轴测。

（2）单击"实体"选项卡"图元"面板中的"圆柱体"按钮🛢，以坐标原点(0,0,0)为底面中心点，绘制半径为 100，高度为 30 的圆柱体 1。

（3）重复"圆柱体"命令，以坐标原点(0,0,0)为底面中心点，绘制半径为 80，高度为 50 的圆柱体 2，如图 12.3 所示。

（4）单击"实体"选项卡"布尔运算"面板中的"并集"按钮🔳，将圆柱体 1 和圆柱体 2 进行并集运算。

（5）重复"圆柱体"命令，以坐标原点(0,0,0)为底面中心点，绘制半径为 40，高度为 25 的圆柱体3。

（6）重复"圆柱体"命令，以坐标原点(0,0,0)为底面中心点，绘制半径为60，高度为25的圆柱体4，如图12.4所示。

（7）单击"实体"选项卡"布尔运算"面板中的"差集"按钮，从实体中减去圆柱体3和圆柱体4，消隐后的结果如图12.5所示。

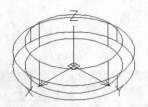 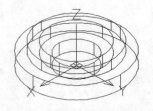 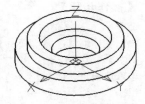

图12.3　绘制圆柱体1和圆柱体2　　　图12.4　绘制圆柱体3和圆柱体4　　　图12.5　差集结果

（8）单击"实体"选项卡"图元"面板中的"圆柱体"按钮，以(0,100,0)为底面中心点，绘制半径为30，高度为30的圆柱体5。

（9）重复"圆柱体"命令，以(0,100,0)为底面中心点，绘制半径为10，高度为30的圆柱体6，如图12.6所示。

（10）单击"视图"选项卡"视图"面板中的"俯视"按钮，将当前视图设为俯视。

（11）单击"实体"选项卡"三维操作"面板中的"三维阵列"按钮，命令行提示和操作如下，结果如图12.7所示。

```
命令：_3darray
选择对象：（选择图12.6所示的圆柱体5和圆柱体6）
指定对角点：（框选两个圆柱体）
找到 2 个
选择对象：✓
输入阵列类型 [矩形(R)/环形(P)] <矩形>：p✓
输入阵列中的项目数目：3✓
指定要填充的角度 (+=逆时针，-=顺时针) <360>：✓
是否旋转阵列中的对象？[是(Y)/否(N)] <是>：n✓
指定阵列的圆心：0,0,0✓
指定旋转轴上的第二点：0,0,10✓
```

（12）单击"实体"选项卡"布尔运算"面板中的"并集"按钮，将阵列后的圆柱体5和实体进行并集运算。

（13）单击"实体"选项卡"布尔运算"面板中的"差集"按钮，从实体中减去圆柱体6，结果如图12.8所示。

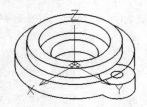 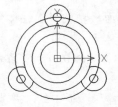 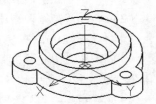

图12.6　绘制圆柱体5和圆柱体6　　　图12.7　阵列结果　　　图12.8　并集和差集结果

（14）单击"实体"选项卡"实体编辑"面板中的"着色边"按钮 ，对图形边线进行着色处理，命令行提示和操作如下：

```
命令：_solidedit
输入实体编辑选项 [面(F)/边(E)/体(B)/放弃(U)/退出(X)] <退出>：_edge
输入边编辑选项
[复制(C)/着色(L)/放弃(U)/退出(X)] <退出>：_color
选择边或 [放弃(U)/删除(R)]：（选择图12.9所示的实体上的一条边①）
没有发现三维实体。
选择边或 [放弃(U)/删除(R)]： 找到 1 条边。
选择边或 [放弃(U)/删除(R)/全部(ALL)]：all✓
 找到 29 条边。
选择边或 [放弃(U)/删除(R)/全部(ALL)]：✓
```

此时弹出"选择颜色"对话框，②选择颜色为绿色，如图12.10所示。③单击"确定"按钮，关闭"选择颜色"对话框。

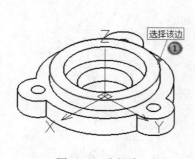

图12.9　选择边

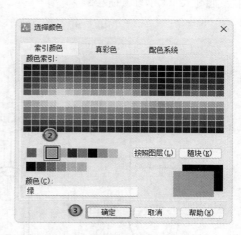

图12.10　"选择颜色"对话框2

（15）单击"视图"选项卡"视觉样式"面板中的"二维线框"按钮 ，将显示样式设置为线框，如图12.2所示。

12.1.2　复制边

"复制边"命令可以复制选择的边到指定的位置，被复制的边的副本都将变为单一的直线、弧、圆、椭圆或样条曲线，而且原来的边具有的特性（如颜色），在复制后也将变为系统默认的颜色值。

【执行方式】

➢ 命令行：SOLIDEDIT。
➢ 菜单栏："修改"→"实体编辑"→"复制边"。
➢ 工具栏："实体编辑"→"复制边" 。
➢ 功能区："实体"→"实体编辑"→"复制边" 。

【操作步骤】

```
命令：_solidedit
输入实体编辑选项 [面(F)/边(E)/体(B)/放弃(U)/退出(X)] <退出>：_edge
```

输入边编辑选项[复制(C)/着色(L)/放弃(U)/退出(X)] <退出>：_copy
选择边或 [放弃(U)/删除(R)]：（选择要复制的边）
选择边或 [放弃(U)/删除(R)/全部(ALL)]：✓
指定方向的起点：（指定基点）
指定方向的端点：（指定终点）
输入边编辑选项[复制(C)/着色(L)/放弃(U)/退出(X)] <退出>：✓
输入实体编辑选项 [面(F)/边(E)/体(B)/放弃(U)/退出(X)] <退出>：✓

【选项说明】

（1）选择边：选择要复制的边。

（2）指定方向的起点：依次指定两点，以确定复制边的放置位置。

（3）着色(L)：修改选择的边的颜色。选择边后，将弹出"选择颜色"对话框。

动手学——绘制插架

本例绘制图 12.11 所示的插架。

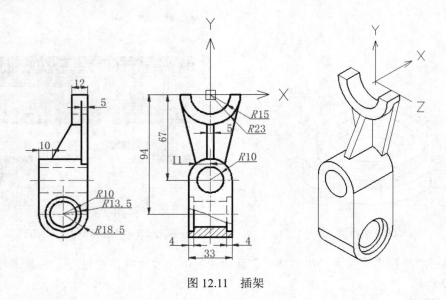

图 12.11 插架

【操作步骤】

（1）单击"视图"选项卡"视图"面板中的"西南等轴测"按钮，将当前视图设为西南等轴测。

（2）在命令行中输入 UCS 命令，将坐标系绕 Y 轴旋转-90°，如图 12.12 所示。

（3）单击"实体"选项卡"图元"面板中的"圆柱体"按钮，以坐标原点(0,0,0)为底面中心点，绘制半径为 23，高度为 12 的圆柱体 1。

（4）重复"圆柱体"命令，以坐标原点(0,0,0)为底面中心点，绘制半径为 15，高度为 20 的圆柱体 2，如图 12.13 所示。

（5）单击"实体"选项卡"布尔运算"面板中的"差集"按钮，从圆柱体 1 中减去圆柱体 2，消隐后的结果如图 12.14 所示。

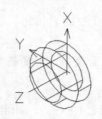

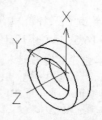

图 12.12 旋转坐标系　　　图 12.13 绘制圆柱体 1 和圆柱体 2　　　图 12.14 差集结果 1

（6）单击"实体"选项卡"图元"面板中的"长方体"按钮▣，以(23,23,0)和(0,-23,12)为角点绘制长方体，如图 12.15 所示。

（7）单击"实体"选项卡"布尔运算"面板中的"差集"按钮▢，从实体中减去长方体，消隐后的结果如图 12.16 所示。

（8）单击"实体"选项卡"图元"面板中的"圆柱体"按钮▮，以(-67,0,0)为底面中心点，绘制半径为 10 和半径为 16.5，高度为 37 的圆柱体 3 和圆柱体 4，如图 12.17 所示。

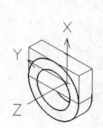

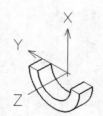

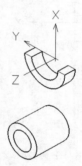

图 12.15 绘制长方体　　　图 12.16 差集结果 2　　　图 12.17 绘制圆柱体 3 和圆柱体 4

（9）在命令行中输入 UCS 命令，将坐标系恢复为世界坐标系。

（10）单击"视图"选项卡"视图"面板中的"前视"按钮▣，将当前视图设为前视图。

（11）单击"常用"选项卡"绘图"面板中的"多段线"按钮⌇，命令行提示和操作如下，结果如图 12.18 所示。

```
命令: _pline
指定多段线的起点或 <最后点>: -37,-67,0↙
当前线宽是 0.0000
指定下一点或 [圆弧(A)/半宽(H)/长度(L)/撤销(U)/宽度(W)]: @45.5<270↙
指定下一点或 [圆弧(A)/闭合(C)/半宽(H)/长度(L)/撤销(U)/宽度(W)]: A↙
指定圆弧的端点(按住 Ctrl 键以切换方向)或
 [角度(A)/圆心(CE)/闭合(CL)/方向(D)/半宽(H)/直线(L)/半径(R)/第二个点(S)/宽度(W)/撤销
(U)]: 37,0↙
指定圆弧的端点(按住 Ctrl 键以切换方向)或
 [角度(A)/圆心(CE)/闭合(CL)/方向(D)/半宽(H)/直线(L)/半径(R)/第二个点(S)/宽度(W)/撤销
(U)]: L↙
指定下一点或 [圆弧(A)/闭合(C)/半宽(H)/长度(L)/撤销(U)/宽度(W)]: @45.5<90↙
指定下一点或 [圆弧(A)/闭合(C)/半宽(H)/长度(L)/撤销(U)/宽度(W)]: C↙
```

（12）单击"视图"选项卡"视图"面板中的"西南等轴测"按钮◈，将当前视图设为西南等轴测。

（13）单击"实体"选项卡"实体"面板中的"拉伸"按钮，选择刚刚绘制的多段线，设置拉伸高度为-16.5，如图 12.19 所示。

（14）单击"实体"选项卡"实体编辑"面板中的"复制边"按钮，命令行提示和操作如下：

```
命令: _solidedit
输入实体编辑选项 [面(F)/边(E)/体(B)/放弃(U)/退出(X)] <退出>: _edge
输入边编辑选项[复制(C)/着色(L)/放弃(U)/退出(X)] <退出>: _copy
选择边或 [放弃(U)/删除(R)]:（选择图 12.20 所示的边①）
选择边或 [放弃(U)/删除(R)/全部(ALL)]: ↙
指定方向的起点:（选择图 12.21 所示的起点②）
指定方向的端点:（选择图 12.21 所示的端点③）
输入边编辑选项[复制(C)/着色(L)/放弃(U)/退出(X)] <退出>: ↙
输入实体编辑选项 [面(F)/边(E)/体(B)/放弃(U)/退出(X)] <退出>:↙
```

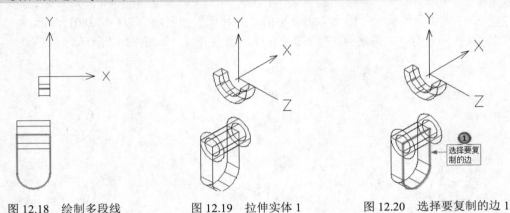

图 12.18　绘制多段线　　　　图 12.19　拉伸实体 1　　　　图 12.20　选择要复制的边 1

（15）单击"常用"选项卡"绘图"面板中的"面域"按钮，将第（14）步复制的边创建成面域，结果如图 12.22 所示。

（16）单击"实体"选项卡"实体"面板中的"拉伸"按钮，选择面域进行拉伸，设置拉伸高度为 16.5，如图 12.23 所示。

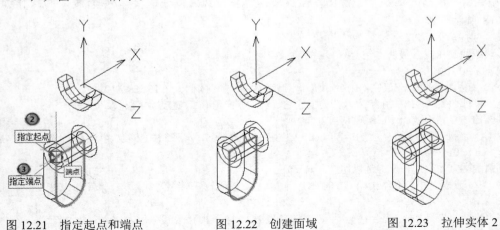

图 12.21　指定起点和端点　　　　图 12.22　创建面域　　　　图 12.23　拉伸实体 2

（17）单击"实体"选项卡"布尔运算"面板中的"并集"按钮，将两个拉伸实体和图 12.17 所示的圆柱体 3 进行并集运算。

（18）单击"实体"选项卡"布尔运算"面板中的"差集"按钮，从并集结果中减去圆柱体4，结果如图 12.24 所示。

（19）单击"实体"选项卡"图元"面板中的"圆柱体"按钮，捕捉图 12.25 所示的圆心为底面中心点，绘制半径为 13.5，高度为 4 的圆柱体 5。

（20）重复"圆柱体"命令，再以圆柱体 5 的右侧端面圆心为底面中心点，绘制半径为 10，高度为 25 的圆柱体 6。

（21）重复"圆柱体"命令，再以圆柱体 6 的右侧端面圆心为底面中心点，绘制半径为 13.5，高度为 4 的圆柱体 7，如图 12.26 所示。

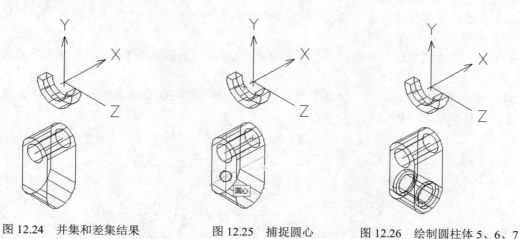

图 12.24　并集和差集结果　　　　图 12.25　捕捉圆心　　　　图 12.26　绘制圆柱体 5、6、7

（22）单击"实体"选项卡"布尔运算"面板中的"差集"按钮，从实体中减去圆柱体 5、6、7，消隐后的结果如图 12.27 所示。

（23）在命令行中输入 UCS 命令，将坐标系恢复为世界坐标系。

（24）重复 UCS 命令，将坐标系绕 Y 轴旋转-90°。

（25）单击"实体"选项卡"实体编辑"面板中的"复制边"按钮，选择图 12.28 所示的边进行复制，方向的起点和端点均选择圆心。

（26）单击"实体"选项卡"实体编辑"面板中的"复制边"按钮，选择图 12.29 所示的边进行复制，方向的起点和端点均选择圆心。

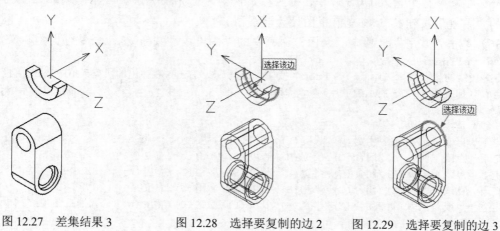

图 12.27　差集结果 3　　　　图 12.28　选择要复制的边 2　　　　图 12.29　选择要复制的边 3

（27）单击"常用"选项卡"绘图"面板中的"直线"按钮＼，以(0,0,0)为起点，绘制一条长度为 67 的竖直线，如图 12.30 所示。

（28）在命令行中输入 UCS 命令，将坐标系恢复为世界坐标系。

（29）单击"视图"选项卡"视图"面板中的"左视"按钮▤，将当前视图设为左视图。

（30）单击"常用"选项卡"修改"面板中的"偏移"按钮▤，将竖直线向两侧偏移 11，如图 12.31 所示。

（31）单击"常用"选项卡"绘图"面板中的"直线"按钮＼，以偏移直线与下端圆弧的交点为起点，绘制上端圆弧的切线，结果如图 12.32 所示。

（32）单击"常用"选项卡"修改"面板中的"修剪"按钮⟋和"删除"按钮✑，对图形进行整理，结果如图 12.33 所示。

（33）单击"常用"选项卡"绘图"面板中的"面域"按钮▣，选择图 12.33 所示的图形创建面域。

（34）单击"实体"选项卡"实体"面板中的"拉伸"按钮▥，选择面域进行拉伸，设置拉伸高度为 5，结果如图 12.34 所示。

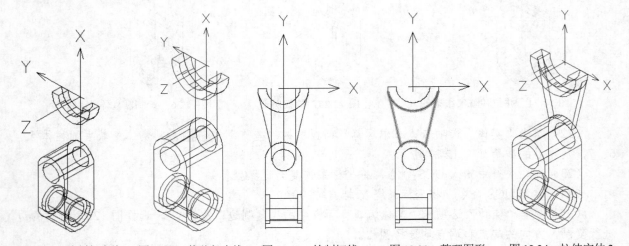

图 12.30 绘制竖直线 　 图 12.31 偏移竖直线 　 图 12.32 绘制切线 　 图 12.33 整理图形 　 图 12.34 拉伸实体 3

（35）在命令行中输入 UCS 命令，将坐标系恢复为世界坐标系。单击"视图"选项卡"视图"面板中的"前视"按钮▤，将当前视图设为前视图。

（36）单击"常用"选项卡"绘图"面板中的"多段线"按钮⌒，命令行提示和操作如下：

```
命令：_pline
指定多段线的起点或 <最后点>：_from（按住 Shift 键，右击，在弹出的快捷菜单中选择"自"命令）
基点：（捕捉图 12.35 所示的中点）
<偏移>：@10<0✓
当前线宽是 0.0000
指定下一点或 [圆弧(A)/半宽(H)/长度(L)/撤销(U)/宽度(W)]：@5<270✓
指定下一点或 [圆弧(A)/闭合(C)/半宽(H)/长度(L)/撤销(U)/宽度(W)]：@22<0✓
指定下一点或 [圆弧(A)/闭合(C)/半宽(H)/长度(L)/撤销(U)/宽度(W)]：@38<90✓
指定下一点或 [圆弧(A)/闭合(C)/半宽(H)/长度(L)/撤销(U)/宽度(W)]：@7<180✓
指定下一点或 [圆弧(A)/闭合(C)/半宽(H)/长度(L)/撤销(U)/宽度(W)]：（捕捉图 12.36 所示的中点）
```

指定下一点或 [圆弧(A)/闭合(C)/半宽(H)/长度(L)/撤销(U)/宽度(W)]：（捕捉图 12.37 所示的端点）

指定下一点或 [圆弧(A)/闭合(C)/半宽(H)/长度(L)/撤销(U)/宽度(W)]：✓

结果如图 12.38 所示。

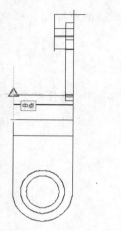 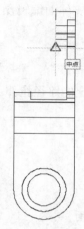 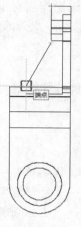 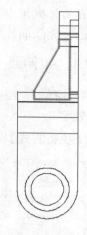

图 12.35　捕捉中点 1　　　图 12.36　捕捉中点 2　　　图 12.37　捕捉端点　　　图 12.38　绘制的二维图形

（37）单击"实体"选项卡"实体"面板中的"拉伸"按钮▇，选择图 12.38 所示的图形进行拉伸，设置拉伸高度为-2.5，结果如图 12.39 所示。

（38）单击"实体"选项卡"实体编辑"面板中的"复制边"按钮▇，选择图 12.40 所示的边进行复制，以图 12.41 所示的圆心为起点和端点。

（39）单击"常用"选项卡"绘图"面板中的"面域"按钮▇，选择复制边创建面域。

（40）单击"实体"选项卡"实体"面板中的"拉伸"按钮▇，选择图 12.38 所示的图形进行拉伸，设置拉伸高度为 2.5，结果如图 12.42 所示。

（41）单击"实体"选项卡"布尔运算"面板中的"并集"按钮▇，将所有实体进行并集运算，消隐后的结果如图 12.43 所示。

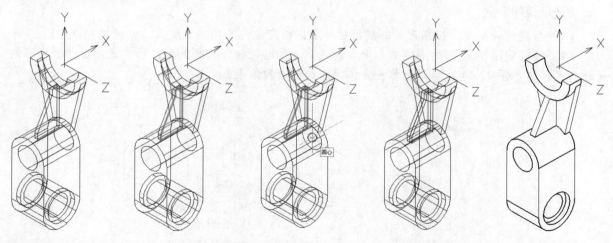

图 12.39　拉伸实体 4　　图 12.40　选择要　　图 12.41　选择圆心作　　图 12.42　拉伸实体 5　　图 12.43　并集结果
　　　　　　　　　　　　复制的边 4　　　　　为起点和端点

12.2 实体面编辑

在实体编辑中，对面的编辑操作占有重要的部分。实体面编辑操作主要包括拉伸面、移动面、偏移面、删除面、旋转面、倾斜面、复制面及着色面等。

12.2.1 拉伸面

将选择的三维实体对象的面拉伸指定的高度或按指定的路径拉伸。用户可同时选择多个面进行拉伸处理。

【执行方式】

➢ 命令行：SOLIDEDIT。

➢ 菜单栏："修改"→"实体编辑"→"拉伸面"。

➢ 工具栏："实体编辑"→"拉伸面" 🔳 。

➢ 功能区："三维工具"→"实体编辑"→"拉伸面" 🔳 。

【操作步骤】

```
命令: _solidedit
输入实体编辑选项 [面(F)/边(E)/体(B)/放弃(U)/退出(X)] <退出>: _face
输入面编辑选项
[拉伸(E)/移动(M)/旋转(R)/偏移(O)/倾斜(T)/删除(D)/复制(C)/颜色(L)/放弃(U)/退出(X)] <退
出>: _extrude
选择面或 [放弃(U)/删除(R)]: （选择要拉伸的面）
选择面或 [放弃(U)/删除(R)/全部(ALL)]: ✓
指定拉伸高度或 [路径(P)]: （输入拉伸高度）
指定拉伸的倾斜角度 <0.0000>: （输入角度）
输入面编辑选项[拉伸(E)/移动(M)/旋转(R)/偏移(O)/倾斜(T)/删除(D)/复制(C)/颜色(L)/放弃(U)/
退出(X)] <退出>: ✓
输入实体编辑选项 [面(F)/边(E)/体(B)/放弃(U)/退出(X)] <退出>: ✓
```

【选项说明】

（1）指定拉伸高度：按指定的高度值拉伸面。指定拉伸的倾斜角度后，完成拉伸操作。

（2）路径(P)：以指定的直线或非闭合曲线对象为路径拉伸选择的面，所有选定面的剖面将沿所选路径拉伸。图 12.44 所示为拉伸长方体顶面和侧面的结果。

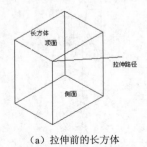
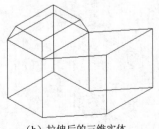

（a）拉伸前的长方体　　　　　　　　　　　　（b）拉伸后的三维实体

图 12.44　拉伸长方体顶面和侧面的结果

拉伸路径的对象可以是直线、圆弧、椭圆弧、样条曲线、二维和三维多段线。拉伸路径和选择面必须在不同平面。

（3）倾斜角度：指定拉伸的倾斜角度。当使用默认角度 0°时，垂直拉伸平面。若指定的倾斜角度为正，则向内倾斜选定面；若指定的倾斜角度为负，则向外倾斜选定面。

动手学——绘制 U 形叉

本例绘制图 12.45 所示的 U 形叉。

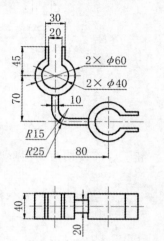

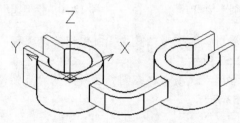

图 12.45　U 形叉

【操作步骤】

（1）单击"视图"选项卡"视图"面板中的"俯视"按钮 ⬚，将当前视图设为俯视图。

（2）单击"常用"选项卡"绘图"面板中的"圆心，半径"按钮 ⊙，绘制圆心坐标为(0,0)，半径分别为 30 和 20 的两个同心圆，如图 12.46 所示。

（3）单击"常用"选项卡"绘图"面板中的"直线"按钮 ＼，端点坐标分别为(0,0)和(0,45)，绘制直线，如图 12.47 所示。

（4）单击"常用"选项卡"修改"面板中的"偏移"按钮 ⬒，将竖直线分别向两侧偏移，偏移距离为 10 和 15，结果如图 12.48 所示。

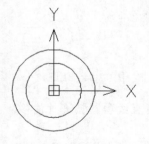

图 12.46　绘制同心圆

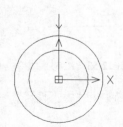

图 12.47　绘制直线 1

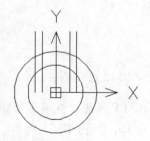

图 12.48　偏移竖直线

（5）单击"常用"选项卡"绘图"面板中的"直线"按钮 ＼，分别绘制两条直线端点连接线，如图 12.49 所示。

（6）单击"常用"选项卡"修改"面板中的"修剪"按钮 ⚡，对图形进行修剪，结果如图 12.50

所示。

（7）单击"常用"选项卡"修改"面板中的"复制"按钮⊞，选择图 12.50 所示的图形，以原点为基点，将其复制到(80,-70)的位置，如图 12.51 所示。

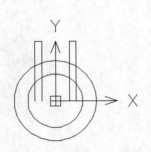

图 12.49 绘制连接线 1

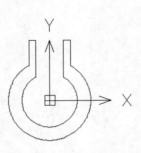

图 12.50 修剪图形

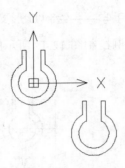

图 12.51 移动图形

（8）单击"常用"选项卡"修改"面板中的"旋转"按钮↻，将复制后的图形以圆心为基点旋转-90°，如图 12.52 所示。

（9）单击"常用"选项卡"绘图"面板中的"直线"按钮╲，绘制直线，命令行提示和操作如下，结果如图 12.53 所示。

```
命令：_line
指定第一个点：-5,-25
指定下一点或 [角度(A)/长度(L)/放弃(U)]：@50<270
指定下一点或 [角度(A)/长度(L)/放弃(U)]：@60<0
指定下一点或 [角度(A)/长度(L)/闭合(C)/放弃(U)]：*取消*
```

（10）单击"常用"选项卡"修改"面板中的"圆角"按钮◻，设置圆角半径为30，将两条直线进行圆角，结果如图 12.54 所示。

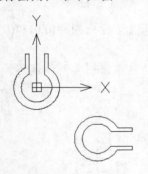

图 12.52 旋转图形

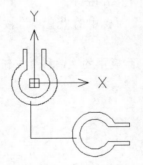

图 12.53 绘制直线 2

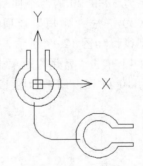

图 12.54 倒圆角

（11）单击"常用"选项卡"修改"面板中的"偏移"按钮⊜，将直线和圆弧进行偏移，偏移距离为 10，如图 12.55 所示。

（12）单击"常用"选项卡"绘图"面板中的"直线"按钮╲，绘制直线端点的连接线，如图 12.56 所示。

（13）单击"常用"选项卡"绘图"面板中的"面域"按钮◙，分别选择三个图形创建面域，结果如图 12.57 所示。

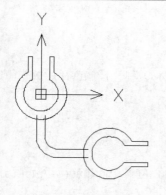

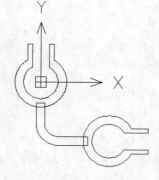

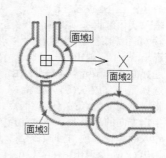

图 12.55 偏移结果   图 12.56 绘制连接线 2   图 12.57 创建面域

（14）单击"视图"选项卡"视图"面板中的"西南等轴测"按钮，将当前视图设为西南等轴测。

（15）单击"实体"选项卡"实体"面板中的"拉伸"按钮，选择图 12.57 所示的面域 1 和面域 2 进行拉伸，拉伸高度为-20。

（16）重复"拉伸"命令，选择图 12.57 所示的面域 3 进行拉伸，拉伸高度为-10，消隐后的结果如图 12.58 所示。

（17）单击"实体"选项卡"实体编辑"面板中的"拉伸面"按钮，选择图 12.58 所示的面 1，设置拉伸距离为 20。

（18）重复"拉伸面"命令，选择图 12.58 所示的面 2，设置拉伸距离为 20。

（19）重复"拉伸面"命令，选择图 12.58 所示的面 3，设置拉伸距离为 10，如图 12.59 所示。

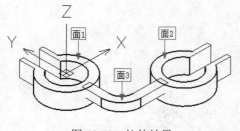

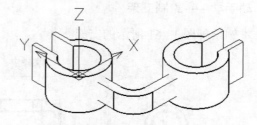

图 12.58 拉伸结果   图 12.59 拉伸面

（20）单击"实体"选项卡"布尔运算"面板中的"并集"按钮，将视图中的所有实体进行并集操作，结果如图 12.45 所示。

12.2.2 移动面

"移动面"命令用于沿指定的高度或距离移动选定的三维实体对象的面，一次可以选择多个面。

【执行方式】
- ➢ 命令行：SOLIDEDIT。
- ➢ 菜单栏："修改"→"实体编辑"→"移动面"。
- ➢ 工具栏："实体编辑"→"移动面"。
- ➢ 功能区："实体"→"实体编辑"→"移动面"。

【操作步骤】

```
命令: _solidedit
输入实体编辑选项 [面(F)/边(E)/体(B)/放弃(U)/退出(X)] <退出>: _face
输入面编辑选项[拉伸(E)/移动(M)/旋转(R)/偏移(O)/倾斜(T)/删除(D)/复制(C)/颜色(L)/放弃(U)/
退出(X)] <退出>: _move
选择面或 [放弃(U)/删除(R)]: （选择要移动的面）
选择面或 [放弃(U)/删除(R)/全部(ALL)]: ✓
指定方向的起点: （指定起点）
指定方向的端点: （指定端点）
输入面编辑选项[拉伸(E)/移动(M)/旋转(R)/偏移(O)/倾斜(T)/删除(D)/复制(C)/颜色(L)/放弃(U)/
退出(X)] <退出>: ✓
输入实体编辑选项 [面(F)/边(E)/体(B)/放弃(U)/退出(X)] <退出>: ✓
```

上述各选项的含义在前面介绍的命令中都有涉及，如有问题，可查询相关命令（如"拉伸面"）。
图 12.60 所示为移动三维实体面的结果。

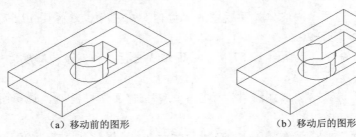

（a）移动前的图形　　　　　　　（b）移动后的图形

图 12.60　移动三维实体面的结果

扫一扫，看视频

动手学——绘制支架

本例绘制图 12.61 所示的支架。

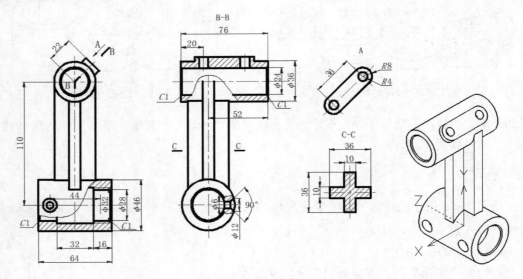

图 12.61　支架

【操作步骤】

1. 绘制下端支撑孔

（1）单击"视图"选项卡"视图"面板中的"东北等轴测"按钮，将当前视图设为东北等轴测。

（2）在命令行中输入 UCS 命令，将坐标系绕 X 轴旋转 90°。

（3）单击"实体"选项卡"图元"面板中的"圆柱体"按钮，以坐标原点(0,0,0)为底面中心，绘制半径为 23，高度为 32 的圆柱体 1，如图 12.62 所示。

（4）单击"实体"选项卡"实体编辑"面板中的"移动面"按钮，❶选择图 12.63 所示的面，❷选择图 12.63 所示的圆心作为移动的起点，在命令行中输入端点坐标(0,0,−32)，结果如图 12.64 所示。

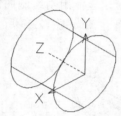
图 12.62　绘制圆柱体 1

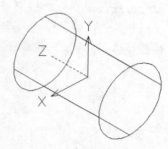
图 12.63　选择要移动的面和起点

图 12.64　移动结果

（5）单击"实体"选项卡"图元"面板中的"圆柱体"按钮，以图 12.64 所示的圆柱体右端面圆心为底面中心点，绘制半径为 14，高度为 16 的圆柱体 2，如图 12.65 所示。

（6）重复"圆柱体"命令，以图 12.65 所示的圆柱体 2 左端面圆心为底面中心点，绘制半径为 16，高度为 32 的圆柱体 3，如图 12.66 所示。

（7）重复"圆柱体"命令，以图 12.66 所示的圆柱体 3 左端面圆心为底面中心点，绘制半径为 14，高度为 16 的圆柱体 4，如图 12.67 所示。

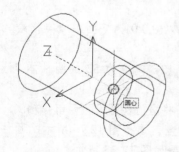
图 12.65　绘制圆柱体 2

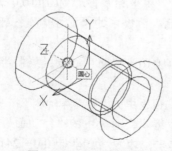
图 12.66　绘制圆柱体 3

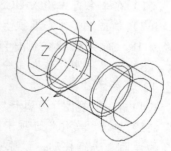
图 12.67　绘制圆柱体 4

（8）单击"实体"选项卡"布尔运算"面板中的"差集"按钮，从圆柱体 1 中减去三个圆柱体，消隐后的结果如图 12.68 所示。

（9）单击"常用"选项卡"修改"面板中的"倒角"按钮，选择两端孔边线进行倒角，设置倒角距离为 1，结果如图 12.69 所示。

（10）在命令行中输入 UCS 命令，将坐标系绕 Y 轴旋转 90°，消隐后的结果如图 12.70 所示。

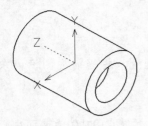

图 12.68　差集结果 1

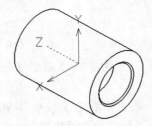

图 12.69　倒角结果

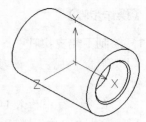

图 12.70　旋转坐标系

（11）单击"实体"选项卡"图元"面板中的"圆柱体"按钮，以(22,0,0)为底面中心点，绘制半径为 3，高度为 17 的圆柱体 5，如图 12.71 所示。

（12）单击"实体"选项卡"图元"面板中的"圆锥体"按钮，以图 12.71 所示的圆柱体 5 的端面圆心为底面中心点，绘制底面半径为 3，顶面半径为 6，高度为 6 的圆锥体，如图 12.72 所示。

（13）单击"实体"选项卡"三维操作"面板中的"三维镜像"按钮，选择刚刚绘制的圆柱体 5 和圆锥体，依次输入镜像平面上的三个点坐标(0,0,0)(0,30,0)(0,0,10)，镜像结果如图 12.73 所示。

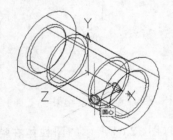

图 12.71　绘制圆柱体 5

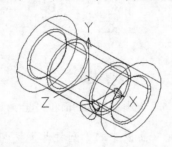

图 12.72　绘制圆锥体

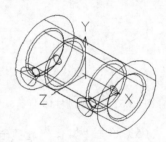

图 12.73　镜像结果

（14）单击"实体"选项卡"布尔运算"面板中的"差集"按钮，从实体中减去两个圆柱体和两个圆锥体，消隐后的结果如图 12.74 所示。

2．绘制上端支撑孔

（1）在命令行中输入 UCS 命令，将坐标系移动到(0,110,0)。

（2）单击"实体"选项卡"图元"面板中的"圆柱体"按钮，以(0,0,0)为底面中心点，绘制半径为 18，高度为 52 的圆柱体 6。

（3）重复"圆柱体"命令，以(0,0,0)为底面中心点，绘制半径为 12，高度为 52 的圆柱体 7，如图 12.75 所示。

（4）单击"视图"选项卡"视图"面板中的"西南等轴测"按钮，将当前视图设为西南等轴测。

（5）单击"实体"选项卡"实体编辑"面板中的"移动面"按钮，选择图 12.76 所示的圆柱体 7 的端面 2 进行移动，以原点为起点，输入端点坐标(0,0,-24)，结果如图 12.77 所示。

（6）重复"移动面"命令，选择图 12.76 所示的端面 1 进行移动，以原点为起点，输入端点坐标(0,0,-24)，结果如图 12.78 所示。

（7）单击"视图"选项卡"视图"面板中的"东北等轴测"按钮，将当前视图设为东北等轴测。

（8）在命令行中输入 UCS 命令，将坐标系绕 X 轴旋转-90°。

（9）重复 UCS 命令，将坐标系绕 Y 轴旋转 45°，如图 12.79 所示。

（10）单击"常用"选项卡"绘图"面板中的"圆心，半径"按钮，以点(0,4,22)为圆心，绘制半径为 8 和 4 的圆。

（11）重复"圆心，半径"命令，再以点(0,-32,22)为圆心，绘制半径为 8 和 4 的圆，如图 12.80 所示。

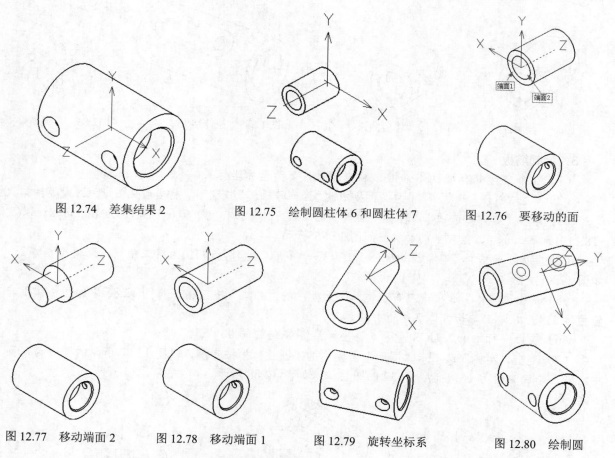

图 12.74　差集结果 2　　　　图 12.75　绘制圆柱体 6 和圆柱体 7　　　　图 12.76　要移动的面

图 12.77　移动端面 2　　　　图 12.78　移动端面 1　　　　图 12.79　旋转坐标系　　　　图 12.80　绘制圆

（12）单击"常用"选项卡"绘图"面板中的"直线"按钮 ＼，绘制大圆象限点连线，如图 12.81 所示。

（13）单击"常用"选项卡"修改"面板中的"修剪"按钮 ┴，修剪多余圆弧，结果如图 12.82 所示。

（14）单击"常用"选项卡"绘图"面板中的"面域"按钮 ◎，将第（10）～（13）步绘制的图形创建成三个面域。

（15）单击"实体"选项卡"实体"面板中的"拉伸"按钮 ，选择第（14）步创建的三个面域，设置拉伸高度为-22，结果如图 12.83 所示。

（16）单击"实体"选项卡"布尔运算"面板中的"并集"按钮 ，将图 12.83 所示的圆柱体 1 和拉伸体 2 进行合并。

（17）单击"实体"选项卡"布尔运算"面板中的"差集"按钮 ，从第（16）步的并集结果中减去拉伸体 1 和拉伸体 3，结果如图 12.84 所示。

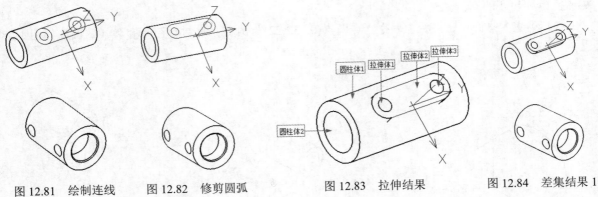

图 12.81　绘制连线　　　图 12.82　修剪圆弧　　　图 12.83　拉伸结果　　　图 12.84　差集结果 1

3．绘制筋板

（1）在命令行中输入 UCS 命令，将坐标系恢复为世界坐标系。

（2）单击"视图"选项卡"视图"面板中的"西南等轴测"按钮◈，将当前视图设为西南等轴测。

（3）单击"实体"选项卡"图元"面板中的"长方体"按钮▥，以(-5,18,18)为第一角点，以(5,-18,110)为第二角点，绘制长方体 1，如图 12.85 所示。

（4）重复"长方体"命令，以(-18,5,0)为第一角点，以(18,-5,110)为第二角点，绘制长方体 2，如图 12.86 所示。

（5）单击"实体"选项卡"布尔运算"面板中的"并集"按钮▦，将图 12.86 中的圆柱体 1 与圆柱体 2、长方体 1 与长方体 2 进行并集运算。

（6）在命令行中输入 UCS 命令，将坐标系绕 X 轴旋转 90°。

（7）单击"实体"选项卡"图元"面板中的"圆柱体"按钮▯，以图 12.87 所示的圆心为底面中心点，绘制半径为 16，高度为-32 的圆柱体，如图 12.88 所示。

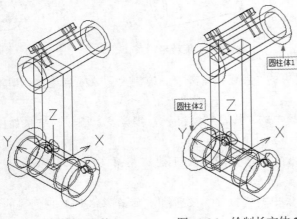
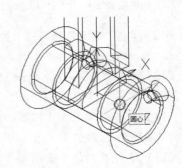

图 12.85　绘制长方体 1　　　图 12.86　绘制长方体 2　　　图 12.87　捕捉圆心

（8）单击"实体"选项卡"布尔运算"面板中的"差集"按钮▢，从实体中减去图 12.89 所示的圆柱体 1 和圆柱体 2，消隐后切换到东北等轴测视角的结果如图 12.90 所示。

（9）单击"常用"选项卡"修改"面板中的"倒角"按钮◺，选择上端支撑孔的孔口进行倒角，设置距离为 1，结果如图 12.61 所示。

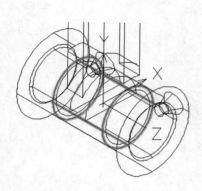

图 12.88 绘制圆柱体

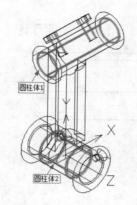

图 12.89 要减去的圆柱体

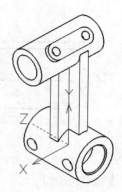

图 12.90 差集结果 2

12.2.3 偏移面

"偏移面"命令将选择的面以指定的距离偏移，偏移值为正时实体的体积增大，偏移值为负时实体的体积减小。

【执行方式】

➢ 命令行：SOLIDEDIT。

➢ 菜单栏："修改"→"实体编辑"→"偏移面"。

➢ 工具栏："实体编辑"→"偏移面"⬚。

➢ 功能区："实体"→"实体编辑"→"偏移面"⬚。

【操作步骤】

```
命令：_solidedit
输入实体编辑选项 [面(F)/边(E)/体(B)/放弃(U)/退出(X)] <退出>：_face
输入面编辑选项
[拉伸(E)/移动(M)/旋转(R)/偏移(O)/倾斜(T)/删除(D)/复制(C)/颜色(L)/放弃(U)/退出(X)] <退
出>：_offset
选择面或 [放弃(U)/删除(R)]：  （选择要偏移的面）
选择面或 [放弃(U)/删除(R)/全部(ALL)]：✓
指定偏移距离：（输入偏移距离）
输入面编辑选项
[拉伸(E)/移动(M)/旋转(R)/偏移(O)/倾斜(T)/删除(D)/复制(C)/颜色(L)/放弃(U)/退出(X)] <退
出>：✓
输入实体编辑选项 [面(F)/边(E)/体(B)/放弃(U)/退出(X)] <退出>：✓
```

【选项说明】

（1）选择面：选择要偏移的面。

（2）指定偏移距离：直接输入偏移值或通过指定两点确定偏移值。

动手学——绘制六角扳手

本例绘制图 12.91 所示的六角扳手。

扫一扫，看视频

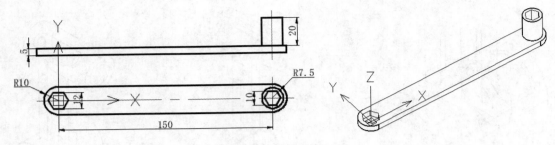

图 12.91　六角扳手

【操作步骤】

（1）单击"常用"选项卡"绘图"面板中的"圆心，半径"按钮⊙，以原点为圆心，绘制半径为 10 的圆。

（2）重复"圆心，半径"命令，以(150,0)为圆心，绘制半径为 10 的圆，如图 12.92 所示。

（3）单击"常用"选项卡"绘图"面板中的"直线"按钮╲，绘制两圆的切线，如图 12.93 所示。

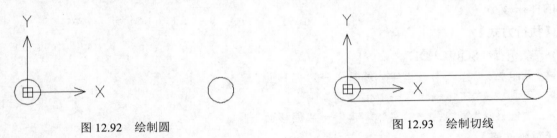

图 12.92　绘制圆

图 12.93　绘制切线

（4）单击"常用"选项卡"修改"面板中的"修剪"按钮╱，对圆弧进行修剪，结果如图 12.94 所示。

（5）单击"常用"选项卡"绘图"面板中的"面域"按钮⊙，选择图 12.94 所示的图形创建面域。

（6）单击"常用"选项卡"绘图"面板中的"正多边形"按钮⬠，命令行提示和操作如下，结果如图 12.95 所示。

```
命令：_polygon
输入边的数目 <4> 或 [多个(M)/线宽(W)]：6✓
指定正多边形的中心点或 [边(E)]：0,0✓
输入选项 [内接于圆(I)/外切于圆(C)] <外切于圆>：c✓
指定圆的半径：6✓
```

图 12.94　修剪结果

图 12.95　绘制正六边形

（7）单击"视图"选项卡"视图"面板中的"西南等轴测"按钮◈，将当前视图设为西南等轴测。

（8）单击"实体"选项卡"实体"面板中的"拉伸"按钮▯，选择创建的面域和正六边形进行拉伸，设置拉伸高度为 5，如图 12.96 所示。

（9）单击"常用"选项卡"修改"面板中的"复制"按钮⊞，选择图 12.96 所示的拉伸体进行复制，选择原点为基点，第二个点坐标为(150,0)，结果如图 12.97 所示。

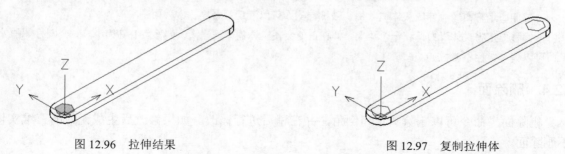

图 12.96 拉伸结果   图 12.97 复制拉伸体

（10）单击"实体"选项卡"实体编辑"面板中的"移动面"按钮▥，选择图 12.98 所示的面，捕捉图 12.99 所示的圆心为起点，指定方向的端点输入坐标(@0,0,20)，结果如图 12.100 所示。

图 12.98 选择面   图 12.99 捕捉圆心   图 12.100 移动面结果

（11）单击"实体"选项卡"实体编辑"面板中的"偏移面"按钮▤，选中六棱柱的 6 个侧面，输入偏移距离-1，结果如图 12.101 所示。

（12）单击"实体"选项卡"图元"面板中的"圆柱体"按钮▤，以(150,0,5)为底面中心点，绘制半径为 7.5，高度为 20 的圆柱体，结果如图 12.102 所示。

（13）单击"实体"选项卡"布尔运算"面板中的"并集"按钮▣，将图 12.102 所示的圆柱体与拉伸体 1 进行并集操作。

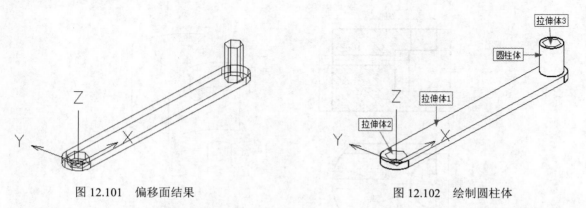

图 12.101 偏移面结果   图 12.102 绘制圆柱体

（14）单击"实体"选项卡"布尔运算"面板中的"差集"按钮▤，从并集结果中减去拉伸体 2 和拉伸体 3，结果如图 12.91 所示。

> 🔊 **注意：**
>
> 拉伸面和偏移面的区别如下。
>
> 拉伸面是将面域拉伸成实体的效果，被拉伸的面可以设定倾斜度，偏移面则不能。
>
> 偏移面是将实体表面偏移一个距离，偏移正值会使实体的体积增大，偏移负值则缩小。一个圆柱体的外圆面可以偏移，但不能拉伸。

12.2.4 删除面

"删除面"命令可以删除圆角和倒角，并在稍后进行修改。如果修改后生成无效的三维实体，将不删除面。

【执行方式】

> ➤ 命令行：SOLIDEDIT。
> ➤ 菜单栏："修改"→"实体编辑"→"删除面"。
> ➤ 工具栏："实体编辑"→"删除面" 🔲。
> ➤ 功能区："实体"→"实体编辑"→"删除面" 🔲。

【操作步骤】

```
命令: _solidedit
输入实体编辑选项 [面(F)/边(E)/体(B)/放弃(U)/退出(X)] <退出>: _face
输入面编辑选项
[拉伸(E)/移动(M)/旋转(R)/偏移(O)/倾斜(T)/删除(D)/复制(C)/颜色(L)/放弃(U)/退出(X)] <退
出>: _delete
选择面或 [放弃(U)/删除(R)]:   （选择要删除的面）
选择面或 [放弃(U)/删除(R)/全部(ALL)]: ✓
输入面编辑选项
[拉伸(E)/移动(M)/旋转(R)/偏移(O)/倾斜(T)/删除(D)/复制(C)/颜色(L)/放弃(U)/退出(X)] <退出>: ✓
输入实体编辑选项 [面(F)/边(E)/体(B)/放弃(U)/退出(X)] <退出>: ✓
```

动手学——绘制镶块

本例绘制图 12.103 所示的镶块。

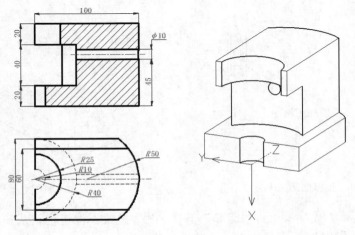

图 12.103　镶块

【操作步骤】

（1）单击"常用"选项卡"绘图"面板中的"圆心，半径"按钮⊙，以原点为圆心，绘制半径为 10 的圆，如图 12.104 所示。

（2）单击"常用"选项卡"绘图"面板中的"矩形"按钮▢，以(0,40)为第一角点，(100,-40)为第二角点，绘制矩形，如图 12.105 所示。

（3）单击"常用"选项卡"绘图"面板中的"圆心，半径"按钮⊙，以(50,0)为圆心，绘制半径为 50 的圆，如图 12.106 所示。

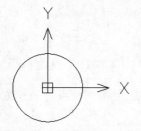
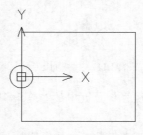
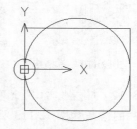

图 12.104　绘制半径为 10 的圆　　　　图 12.105　绘制矩形　　　　图 12.106　绘制半径为 50 的圆

（4）单击"常用"选项卡"修改"面板中的"修剪"按钮↗，对图形进行修剪，结果如图 12.107 所示。

（5）单击"常用"选项卡"绘图"面板中的"面域"按钮◎，将第（1）～（4）步绘制的图形创建成面域。

（6）单击"视图"选项卡"视图"面板中的"西南等轴测"按钮◈，将当前视图设为西南等轴测。

（7）单击"实体"选项卡"实体"面板中的"拉伸"按钮▥，对创建的面域进行拉伸，拉伸高度为 80，结果如图 12.108 所示。

（8）单击"实体"选项卡"图元"面板中的"圆柱体"按钮▮，以(0,0,20)为底面中心点，绘制半径为 40，高度为 40 的圆柱体，如图 12.109 所示。

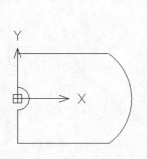
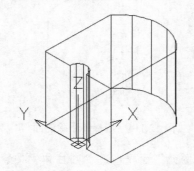
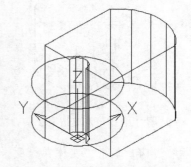

图 12.107　修剪结果　　　　图 12.108　拉伸结果　　　　图 12.109　绘制圆柱体

（9）单击"实体"选项卡"布尔运算"面板中的"差集"按钮▢，从实体中减去圆柱体，结果如图 12.110 所示。

（10）单击"实体"选项卡"图元"面板中的"长方体"按钮▰，以(0,30,20)为第一角点，(@120,40,60)为第二角点，绘制长方体，结果如图 12.111 所示。

（11）单击"实体"选项卡"三维操作"面板中的"三维镜像"按钮⨍，以 ZX 平面为镜像平面，镜像长方体，结果如图 12.112 所示。

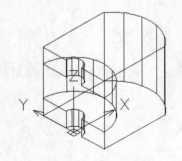
图 12.110　差集结果 1

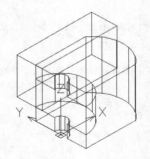
图 12.111　绘制长方体

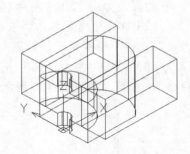
图 12.112　镜像结果

（12）单击"实体"选项卡"布尔运算"面板中的"差集"按钮⬚，从实体中减去两个长方体，消隐后的结果如图 12.113 所示。

（13）单击"实体"选项卡"实体编辑"面板中的"删除面"按钮⬚，命令行提示和操作如下：

```
命令: _solidedit
输入实体编辑选项 [面(F)/边(E)/体(B)/放弃(U)/退出(X)] <退出>: _face
输入面编辑选项
[拉伸(E)/移动(M)/旋转(R)/偏移(O)/倾斜(T)/删除(D)/复制(C)/颜色(L)/放弃(U)/退出(X)] <退出>: _delete
选择面或 [放弃(U)/删除(R)]: （选择图 12.114 所示的面）
选择面或 [放弃(U)/删除(R)/全部(ALL)]: ✓
输入面编辑选项
[拉伸(E)/移动(M)/旋转(R)/偏移(O)/倾斜(T)/删除(D)/复制(C)/颜色(L)/放弃(U)/退出(X)] <退出>: ✓
输入实体编辑选项 [面(F)/边(E)/体(B)/放弃(U)/退出(X)] <退出>: ✓
```

结果如图 12.115 所示。

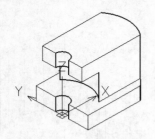
图 12.113　差集结果 2

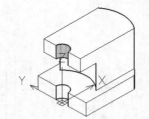
图 12.114　选择要删除的面

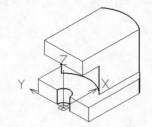
图 12.115　删除结果

（14）单击"实体"选项卡"图元"面板中的"圆柱体"按钮⬚，以(0,0,60)为底面中心点，绘制半径为 25，高度为 20 的圆柱体 1，如图 12.116 所示。

（15）在命令行中输入 UCS 命令，将坐标系绕 Y 轴旋转 90°。

（16）单击"实体"选项卡"图元"面板中的"圆柱体"按钮⬚，以(-50,0,0)为底面中心点，绘制半径为 5，高度为 100 的圆柱体 2，如图 12.117 所示。

（17）单击"实体"选项卡"布尔运算"面板中的"差集"按钮⬚，从实体中减去两个圆柱体，消隐后的结果如图 12.118 所示。

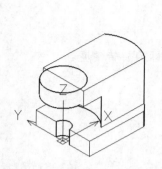

图 12.116 绘制圆柱体 1

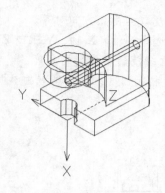

图 12.117 绘制圆柱体 2

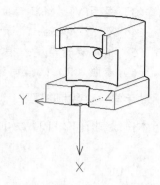

图 12.118 差集结果 3

12.2.5 旋转面

"旋转面"命令用于绕指定的轴旋转一个或多个面或实体的某些部分，可以通过旋转面更改对象的形状。

【执行方式】

➢ 命令行：SOLIDEDIT。

➢ 菜单栏："修改"→"实体编辑"→"旋转面"。

➢ 工具栏："实体编辑"→"旋转面" 🔲。

➢ 功能区："实体"→"实体编辑"→"旋转面" 🔲。

【操作步骤】

```
命令：_solidedit
输入实体编辑选项 [面(F)/边(E)/体(B)/放弃(U)/退出(X)] <退出>：_face
输入面编辑选项
[拉伸(E)/移动(M)/旋转(R)/偏移(O)/倾斜(T)/删除(D)/复制(C)/颜色(L)/放弃(U)/退出(X)] <退
出>：_rotate
选择面或 [放弃(U)/删除(R)]：（选择要旋转的面）
选择面或 [放弃(U)/删除(R)/全部(ALL)]：✓
指定轴点或 [经过对象的轴(A)/视图(V)/X 轴(X)/Y 轴(Y)/Z 轴(Z)] <两点>：（选择旋转轴上第一点）
在旋转轴上指定第二个点：（选择旋转轴上第二点）
指定旋转角度或 [参照(R)]：（输入旋转角度）
输入面编辑选项
[拉伸(E)/移动(M)/旋转(R)/偏移(O)/倾斜(T)/删除(D)/复制(C)/颜色(L)/放弃(U)/退出(X)] <退出>：✓
输入实体编辑选项 [面(F)/边(E)/体(B)/放弃(U)/退出(X)] <退出>：✓
```

【选项说明】

（1）指定轴点：通过指定起点和端点定义旋转轴。

（2）经过对象的轴(A)：将旋转轴与选择对象对齐。选择该选项，命令行提示和操作如下：

```
选择一条直线、圆、圆弧、多段线或 2D 多段线其中一段来定义旋转轴：
指定旋转角度或 [参照(R)]：
```

1）直线：将旋转轴与选择直线对齐。

2）圆、圆弧：旋转轴经过圆、圆弧的圆心，且垂直于圆、圆弧所在的平面。

3）2D 多段线其中一段：将旋转轴与选择二维多段线的直线段对齐。

（3）视图(V)：将旋转轴与当前视口的视点方向对齐。

（4）X（Y/Z）轴：将旋转轴与选择的轴（X 轴、Y 轴或 Z 轴）对齐。

（5）指定旋转角度：指定选择面绕旋转轴旋转的角度。

（6）参照（R）：指定参照角度和新角度，新角度减去参照角度即为旋转角度。

动手学——绘制机座

本例绘制图 12.119 所示的机座。

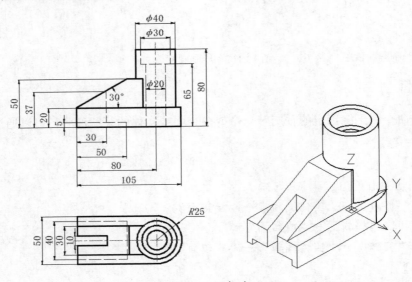

图 12.119　机座

【操作步骤】

（1）单击"视图"选项卡"视图"面板中的"东南等轴测"按钮 ，将当前视图设为东南等轴测。

（2）单击"实体"选项卡"图元"面板中的"长方体"按钮 ，以(25,0,0)为第一角点，(-28,-80,20)为第二角点，绘制长方体 1，如图 12.120 所示。

（3）重复"长方体"命令，以(20,-80,0)为第一角点，(@-40,50,5)为第二角点，绘制长方体 2，如图 12.121 所示。

（4）重复"长方体"命令，以(15,0,20)为第一角点，(@-30,-80,30)为第二角点，绘制长方体 3，如图 12.122 所示。

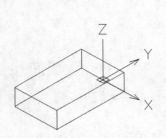

图 12.120　绘制长方体 1

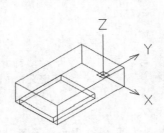

图 12.121　绘制长方体 2

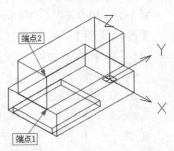

图 12.122　绘制长方体 3

（5）单击"视图"选项卡"视图"面板中的"东南等轴测"按钮⬡，将当前视图设为东南等轴测。

（6）单击"常用"选项卡"绘图"面板中的"直线"按钮＼，以图 12.122 所示的端点 1 为起点，(@100<30)为终点，绘制直线 1，如图 12.123 所示。

（7）重复"直线"命令，再以图 12.122 所示的端点 2 为起点，以(@100<0)为终点，绘制直线 2，如图 12.124 所示。

（8）重复"直线"命令，捕捉两直线的交点作为起点，以(@30<270)为终点，绘制直线 3，如图 12.125 所示。

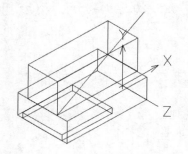

图 12.123　绘制直线 1

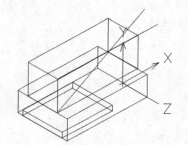

图 12.124　绘制直线 2

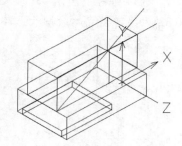

图 12.125　绘制直线 3

（9）重复"直线"命令，捕捉两直线的交点作为起点，以图 12.126 所示的垂足为终点，绘制直线 4，如图 12.127 所示。

（10）单击"实体"选项卡"实体编辑"面板中的"剖切"按钮⬠，选择长方体 3 作为要剖切的对象，选择图 12.127 所示的点 1、点 2 和点 3 作为剖切平面上的三个点进行剖切，保留两侧，结果如图 12.128 所示。

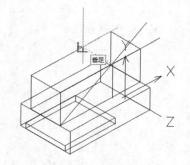

图 12.126　捕捉垂足

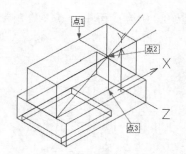

图 12.127　绘制直线 4

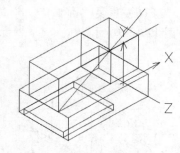

图 12.128　剖切结果

（11）单击"实体"选项卡"实体编辑"面板中的"旋转面"按钮⬡，命令行提示和操作如下：

```
命令：_solidedit
输入实体编辑选项 [面(F)/边(E)/体(B)/放弃(U)/退出(X)] <退出>：_face
输入面编辑选项
[拉伸(E)/移动(M)/旋转(R)/偏移(O)/倾斜(T)/删除(D)/复制(C)/颜色(L)/放弃(U)/退出(X)] <退
出>：_rotate
选择面或 [放弃(U)/删除(R)]：（选择图 12.129 所示的要旋转的面❶）
选择面或 [放弃(U)/删除(R)/全部(ALL)]：✓
指定轴点或 [经过对象的轴(A)/视图(V)/X 轴(X)/Y 轴(Y)/Z 轴(Z)] <两点>：（捕捉图 12.129 所示
的点 1❷）
```

在旋转轴上指定第二个点：（捕捉图 12.129 所示的点 2 ③）
指定旋转角度或 [参照(R)]: 30✓
输入面编辑选项
[拉伸(E)/移动(M)/旋转(R)/偏移(O)/倾斜(T)/删除(D)/复制(C)/颜色(L)/放弃(U)/退出(X)] <退出>: ✓
输入实体编辑选项 [面(F)/边(E)/体(B)/放弃(U)/退出(X)] <退出>:✓

删除所有辅助线后的结果如图 12.130 所示。

（12）在命令行中输入 UCS 命令，将坐标系恢复为世界坐标系。

（13）单击"实体"选项卡"图元"面板中的"长方体"按钮▣，以(5,-80,5)为第一角点，(@-10,30,32)为第二角点，绘制长方体 4，如图 12.131 所示。

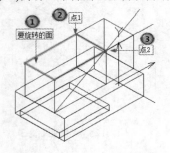
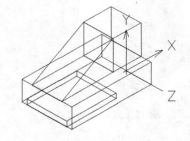
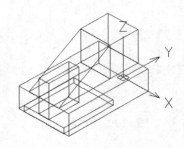

图 12.129　选择要旋转的面　　　图 12.130　旋转面结果　　　图 12.131　绘制长方体 4

（14）单击"实体"选项卡"图元"面板中的"圆柱体"按钮▣，以(0,0,0)为底面中心点，绘制半径为 25，高度为 20 的圆柱体 1，如图 12.132 所示。

（15）重复"圆柱体"命令，以(0,0,20)为底面中心点，绘制半径为 20，高度为 60 的圆柱体 2，如图 12.133 所示。

（16）重复"圆柱体"命令，以(0,0,0)为底面中心点，绘制半径为 10，高度为 65 的圆柱体 3，如图 12.134 所示。

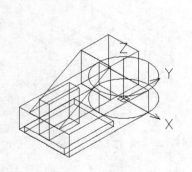
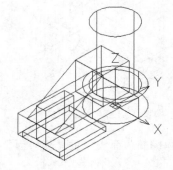
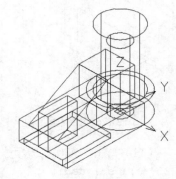

图 12.132　绘制圆柱体 1　　　图 12.133　绘制圆柱体 2　　　图 12.134　绘制圆柱体 3

（17）重复"圆柱体"命令，以(0,0,65)为底面中心点，绘制半径为 15，高度为 15 的圆柱体 4，如图 12.135 所示。

（18）单击"实体"选项卡"布尔运算"面板中的"并集"按钮▣，将图 12.136 所示的实体 1、2、3、4、5 进行并集操作，结果如图 12.137 所示。

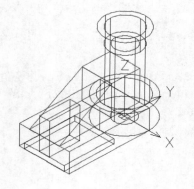

图 12.135 绘制圆柱体 4

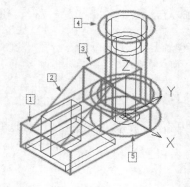

图 12.136 选择要进行并集的实体

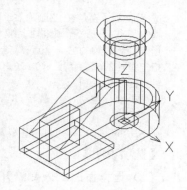

图 12.137 并集结果

（19）单击"实体"选项卡"布尔运算"面板中的"差集"按钮，从并集结果中减去图 12.138 所示的实体 1、2、3、4，消隐后的结果如图 12.139 所示。

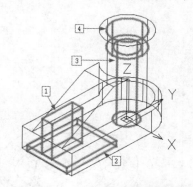

图 12.138 选择要进行差集的实体

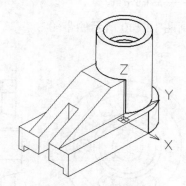

图 12.139 差集结果

12.2.6 倾斜面

使用"倾斜面"命令可以一条轴为基准，将选择的面倾斜一定的角度。倾斜角度的旋转方向由选择基点和第二点（沿选定矢量）的顺序决定。当倾斜角度为正值时向实体内侧倾斜；当倾斜角度为负值时向实体外侧倾斜。

【执行方式】

- ➢ 命令行：SOLIDEDIT。
- ➢ 菜单栏："修改" → "实体编辑" → "倾斜面"。
- ➢ 工具栏："实体编辑" → "倾斜面"。
- ➢ 功能区："实体" → "实体编辑" → "倾斜面"。

【操作步骤】

```
命令：_solidedit
输入实体编辑选项 [面(F)/边(E)/体(B)/放弃(U)/退出(X)] <退出>：_face
输入面编辑选项
[拉伸(E)/移动(M)/旋转(R)/偏移(O)/倾斜(T)/删除(D)/复制(C)/颜色(L)/放弃(U)/退出(X)] <退出>：_taper
选择面或 [放弃(U)/删除(R)]：找到 1 个面。
```

选择面或 [放弃(U)/删除(R)/全部(ALL)]：✓
指定基点：（选择倾斜轴上第一点）
指定沿倾斜轴的另一个点：（选择倾斜轴上第二点）
指定拉伸的倾斜角度 <0.0000>：（输入倾斜角度）
输入面编辑选项
[拉伸(E)/移动(M)/旋转(R)/偏移(O)/倾斜(T)/删除(D)/复制(C)/颜色(L)/放弃(U)/退出(X)] <退出>：✓
输入实体编辑选项 [面(F)/边(E)/体(B)/放弃(U)/退出(X)] <退出>：✓

【选项说明】

（1）选择面：选择要倾斜的面。

（2）基点：指定倾斜轴的第一点，该点也确定了倾斜的基点。

（3）沿倾斜轴的另一个点：指定倾斜轴的第二点，以确定倾斜方向。

（4）拉伸的倾斜角度：指定-90°～90°的角度，以确定面的倾斜角度。

扫一扫，看视频

动手学——绘制带轮

本例绘制图 12.140 所示的带轮。

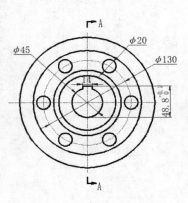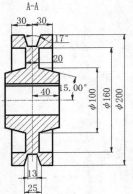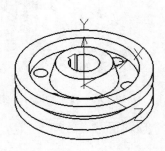

图 12.140 带轮

【操作步骤】

（1）单击"视图"选项卡"视图"面板中的"西南等轴测"按钮🧊，将当前视图设为西南等轴测。

（2）单击"实体"选项卡"图元"面板中的"圆柱体"按钮🛢，以(0,0,-30)为底面中心点，绘制半径为 100，高度为 60 的圆柱体 1，如图 12.141 所示。

（3）重复"圆柱体"命令，以(0,0,10)为底面中心点，绘制半径为 50，高度为 30 的圆柱体 2，如图 12.142 所示。

（4）单击"实体"选项卡"实体编辑"面板中的"倾斜面"按钮，命令行提示和操作如下：

命令：_solidedit
输入实体编辑选项 [面(F)/边(E)/体(B)/放弃(U)/退出(X)] <退出>：_face
输入面编辑选项
[拉伸(E)/移动(M)/旋转(R)/偏移(O)/倾斜(T)/删除(D)/复制(C)/颜色(L)/放弃(U)/退出(X)] <退出>：_taper
选择面或 [放弃(U)/删除(R)]：（选择图 12.143 所示的面①）
选择面或 [放弃(U)/删除(R)/全部(ALL)]：✓

指定基点：（选择图 12.143 所示的基点②）
指定沿倾斜轴的另一个点：（选择图 12.143 所示的圆心点③）
指定拉伸的倾斜角度 <15.0000>:15✓
输入面编辑选项
[拉伸(E)/移动(M)/旋转(R)/偏移(O)/倾斜(T)/删除(D)/复制(C)/颜色(L)/放弃(U)/退出(X)] <退出>：✓
输入实体编辑选项 [面(F)/边(E)/体(B)/放弃(U)/退出(X)] <退出>：✓

结果如图 12.144 所示。

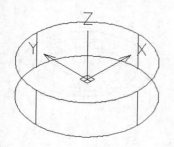

图 12.141　绘制圆柱体 1

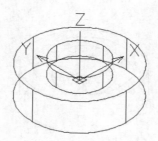

图 12.142　绘制圆柱体 2

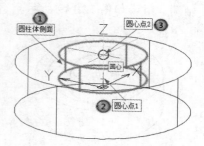

图 12.143　选择要倾斜的面

（5）单击"实体"选项卡"图元"面板中的"圆柱体"按钮📎，以(0,0,10)为底面中心点，绘制半径为 80，高度为 20 的圆柱体 3，如图 12.145 所示。

（6）单击"实体"选项卡"三维操作"面板中的"三维镜像"按钮⬛，选择图 12.145 所示的圆柱和圆台，以 XY 面为镜像平面，指定 XY 面上的点为(0,0,0)，结果如图 12.146 所示。

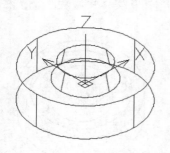

图 12.144　倾斜面结果

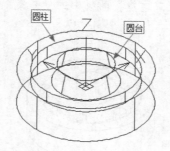

图 12.145　绘制圆柱体 3

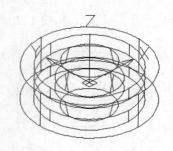

图 12.146　镜像结果 1

（7）单击"实体"选项卡"布尔运算"面板中的"差集"按钮🔲，从大圆柱体中减去两个小圆柱体。

（8）单击"实体"选项卡"布尔运算"面板中的"并集"按钮🔳，将图中所有的实体进行并集运算，消隐后的结果如图 12.147 所示。

（9）单击"实体"选项卡"图元"面板中的"圆柱体"按钮🛢，以（65,0,-10）为底面中心点，绘制半径为 10，高度为 40 的圆柱体 4，如图 12.148 所示。

（10）单击"视图"选项卡"视图"面板中的"俯视"按钮🔲，将当前视图设为俯视图。

（11）单击"实体"选项卡"三维操作"面板中的"三维阵列"按钮🔳，命令行提示和操作如下：

命令：_3darray
选择对象：（选择图 12.148 绘制的圆柱体）

```
选择对象：↙
输入阵列类型 [矩形(R)/环形(P)] <矩形>：p↙
输入阵列中的项目数目：6↙
指定要填充的角度 (+=逆时针，-=顺时针) <360>：↙
是否旋转阵列中的对象？[是(Y)/否(N)] <是>：N↙
指定阵列的圆心：0,0,0
指定旋转轴上的第二点：0,0,10↙
```

（12）单击"视图"选项卡"视图"面板中的"西南等轴测"按钮，将当前视图设为西南等轴测，结果如图 12.149 所示。

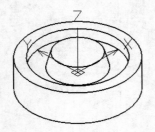

图 12.147　差集和并集结果

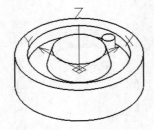

图 12.148　绘制圆柱体 4

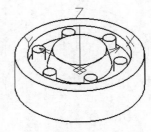

图 12.149　三维阵列结果

（13）单击"实体"选项卡"图元"面板中的"圆柱体"按钮，以(0,0,-40)为底面中心点，绘制半径为 22.5，高度为 100 的圆柱体 5，如图 12.150 所示。

（14）单击"实体"选项卡"图元"面板中的"长方体"按钮，以(-7,0,-40)为第一角点，(@14,26.3,100)为第二角点，绘制长方体，如图 12.151 所示。

（15）单击"实体"选项卡"布尔运算"面板中的"差集"按钮，从实体中减去 7 个圆柱体和长方体，结果如图 12.152 所示。

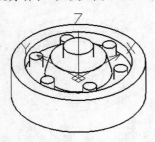

图 12.150　绘制圆柱体 5

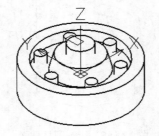

图 12.151　绘制长方体

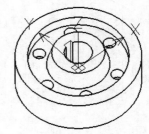

图 12.152　差集结果 1

（16）单击"视图"选项卡"视图"面板中的"前视"按钮，将当前视图设为前视图。单击"常用"选项卡"绘图"面板中的"直线"按钮，以(100,0)为起点，(75,0)为终点，绘制直线，如图 12.153 所示。

（17）单击"常用"选项卡"修改"面板中的"偏移"按钮，将第（16）步绘制的直线向下偏移，偏移距离为 12.5 和 6.5，结果如图 12.154 所示。

（18）单击"常用"选项卡"修改"面板中的"旋转"按钮，选择图 12.154 所示的直线 3，以端点 1 为基点，旋转-17°，结果如图 12.155 所示。

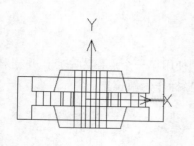

图 12.153　绘制直线

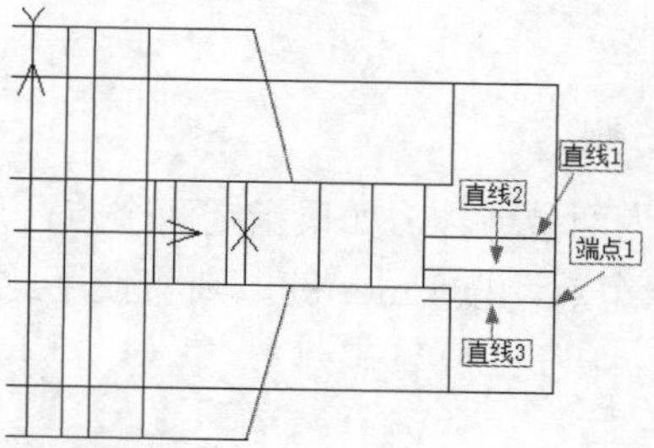

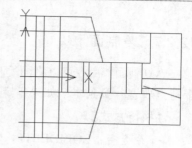

图 12.154　偏移直线

图 12.155　旋转直线

（19）单击"常用"选项卡"修改"面板中的"镜像"按钮◢，选择直线 2 和旋转后的直线 3，以直线 1 为镜像轴进行镜像，结果如图 12.156 所示。

（20）单击"常用"选项卡"绘图"面板中的"直线"按钮＼，绘制直线，连接图 12.156 所示的交点 1 和交点 2，再绘制两直线右端点的连线，结果如图 12.157 所示。

（21）单击"常用"选项卡"修改"面板中的"修剪"按钮✄，对图形进行修剪。

（22）单击"常用"选项卡"修改"面板中的"删除"按钮✎，结果如图 12.158 所示。

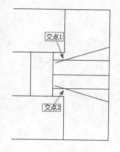

图 12.156　镜像结果 2

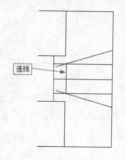

图 12.157　绘制连线

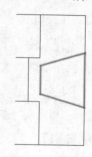

图 12.158　修剪和删除结果

（23）单击"常用"选项卡"绘图"面板中的"面域"按钮◎，将图 12.158 所示的图形创建成面域。

（24）单击"实体"选项卡"实体"面板中的"旋转"按钮☰，选择创建的面域，使其绕 Y 轴旋转 360°。

（25）单击"视图"选项卡"视图"面板中的"西南等轴测"按钮✦，将当前视图设为西南等轴测，消隐后的结果如图 12.159 所示。

（26）单击"实体"选项卡"布尔运算"面板中的"差集"按钮◫，从实体中减去旋转实体，结果如图 12.160 所示。

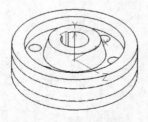

图 12.159　旋转实体

图 12.160　差集结果 2

12.2.7 复制面

"复制面"命令可以将面复制为面域或体。如果指定两个点，则使用第一个点作为基点，并相对于基点放置一个副本；如果指定一个点，按 Enter 键，则将使用此坐标作为新位置。

【执行方式】

➢ 命令行：SOLIDEDIT。

➢ 菜单栏："修改"→"实体编辑"→"复制面"。

➢ 工具栏："实体编辑"→"复制面" 📄。

➢ 功能区："实体"→"实体编辑"→"复制面" 📄。

【操作步骤】

```
命令: _solidedit
输入实体编辑选项 [面(F)/边(E)/体(B)/放弃(U)/退出(X)] <退出>: _face
输入面编辑选项
[拉伸(E)/移动(M)/旋转(R)/偏移(O)/倾斜(T)/删除(D)/复制(C)/颜色(L)/放弃(U)/退出(X)] <退出>: _copy
选择面或 [放弃(U)/删除(R)]: （选择要复制的面）
选择面或 [放弃(U)/删除(R)/全部(ALL)]: ✓
指定方向的起点: （选择起点）
指定方向的端点: （选择终点）
输入面编辑选项
[拉伸(E)/移动(M)/旋转(R)/偏移(O)/倾斜(T)/删除(D)/复制(C)/颜色(L)/放弃(U)/退出(X)] <退出>: ✓
输入实体编辑选项 [面(F)/边(E)/体(B)/放弃(U)/退出(X)] <退出>: ✓
```

【选项说明】

（1）选择面：选择要复制的面。

（2）指定方向的起点：指定复制的面的起点位置。

（3）指定方向的端点：指定复制的面的终点位置。

动手学——绘制轴套

本例绘制图 12.161 所示的轴套。

【操作步骤】

（1）单击"视图"选项卡"视图"面板中的"西南等轴测"按钮 ⊕，将当前视图设为西南等轴测。

（2）单击"实体"选项卡"图元"面板中的"圆柱体"按钮 🗊，以(0,0,0)为底面中心点，绘制半径为 10，高度为 11 的圆柱体 1，如图 12.162 所示。

（3）重复"圆柱体"命令，以(0,0,1)为底面中心点，绘制半径为 6，高度为 9 的圆柱体 2，如图 12.163 所示。

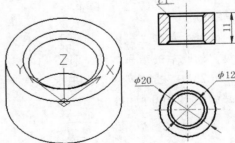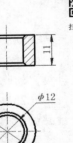

图 12.161 轴套

（4）单击"实体"选项卡"实体编辑"面板中的"复制面"按钮 📄，命令行提示和操作如下：

```
命令: _solidedit
输入实体编辑选项 [面(F)/边(E)/体(B)/放弃(U)/退出(X)] <退出>: _face
输入面编辑选项
```

[拉伸(E)/移动(M)/旋转(R)/偏移(O)/倾斜(T)/删除(D)/复制(C)/颜色(L)/放弃(U)/退出(X)] <退出>: _copy

选择面或 [放弃(U)/删除(R)]: （选择图 12.164 所示的面①）

选择面或 [放弃(U)/删除(R)/全部(ALL)]: ↙

指定方向的起点: （选择图 12.164 所示的圆心②）

指定方向的端点: （选择图 12.164 所示的圆心③）

输入面编辑选项

[拉伸(E)/移动(M)/旋转(R)/偏移(O)/倾斜(T)/删除(D)/复制(C)/颜色(L)/放弃(U)/退出(X)] <退出>: ↙

输入实体编辑选项 [面(F)/边(E)/体(B)/放弃(U)/退出(X)] <退出>: ↙

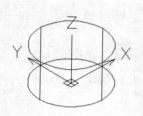

图 12.162　绘制圆柱体 1

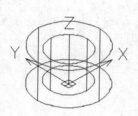

图 12.163　绘制圆柱体 2

图 12.164　选择要复制的面

（5）单击"实体"选项卡"实体"面板中的"拉伸"按钮，选择复制的面，设置倾斜角度为-45°，拉伸高度为 1，结果如图 12.165 所示。

（6）单击"实体"选项卡"三维操作"面板中的"三维镜像"按钮，选择刚刚创建的拉伸实体作为镜像对象，以(0,0,5.5)(6,0,5.5)(0,6,5.5)为镜像面上三点，镜像结果如图 12.166 所示。

（7）单击"实体"选项卡"布尔运算"面板中的"差集"按钮，将圆柱体 1 与圆柱体 2 和两个拉伸实体进行差集运算，消隐后的结果如图 12.167 所示。

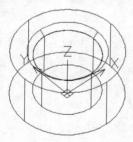

图 12.165　拉伸结果

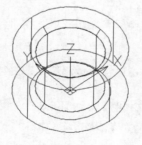

图 12.166　镜像结果

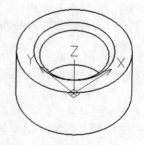

图 12.167　差集结果

12.2.8　着色面

"着色面"命令用于修改面的颜色，还可用于亮显复杂三维实体模型的内部细节。

【执行方式】

➢ 命令行：SOLIDEDIT。

➢ 菜单栏："修改"→"实体编辑"→"着色面"。

> 工具栏："实体编辑"→"着色面"。
> 功能区："实体"→"实体编辑"→"着色面"。

【操作步骤】

```
命令：_solidedit
输入实体编辑选项 [面(F)/边(E)/体(B)/放弃(U)/退出(X)] <退出>：_face
输入面编辑选项
[拉伸(E)/移动(M)/旋转(R)/偏移(O)/倾斜(T)/删除(D)/复制(C)/颜色(L)/放弃(U)/退出(X)] <退
出>：_color
选择面或 [放弃(U)/删除(R)]：（选择要着色的面）
选择面或 [放弃(U)/删除(R)/全部(ALL)]：✓
```

此时，系统弹出"选择颜色"对话框，如图 12.168 所示。
选择需要的颜色，单击"确定"按钮，命令行提示和操作如下：

```
输入面编辑选项
[拉伸(E)/移动(M)/旋转(R)/偏移(O)/倾斜(T)/删除(D)/复制
(C)/颜色(L)/放弃(U)/退出(X)] <退出>：✓
输入实体编辑选项 [面(F)/边(E)/体(B)/放弃(U)/退出(X)] <
退出>：✓
```

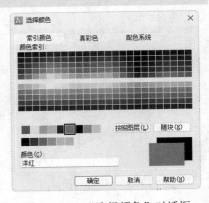

图 12.168　"选择颜色"对话框

动手学——轴套着色

本例对 12.2.7 小节绘制的轴套进行着色，如图 12.169 所示。

【操作步骤】

（1）打开源文件：源文件\原始文件\第 12 章\轴套，如
图 12.170 所示。

（2）选择菜单栏中的"文件"→"另存为"命令，弹出"图形另存为"
对话框，输入名称"轴套着色"，单击"保存"按钮。

（3）单击"实体"选项卡"实体编辑"面板中的"着色面"按钮，
命令行提示和操作如下：

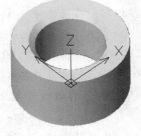

图 12.169　轴套着色

```
命令：_solidedit
输入实体编辑选项 [面(F)/边(E)/体(B)/放弃(U)/退出(X)] <退出>：
_face
输入面编辑选项
[拉伸(E)/移动(M)/旋转(R)/偏移(O)/倾斜(T)/删除(D)/复制(C)/颜色(L)/放弃(U)/退出(X)] <退
出>：_color
选择面或 [放弃(U)/删除(R)]：（选择图 12.171 所示的面①）
选择面或 [放弃(U)/删除(R)/全部(ALL)]：ALL✓（如图 12.172 所示的所有面②）
 找到 28 个面。
选择面或 [放弃(U)/删除(R)/全部(ALL)]：✓
```

此时，弹出"选择颜色"对话框，如图 12.173 所示，③选择黄色，④单击"确定"按钮，关闭
"选择颜色"对话框。其命令行提示和操作如下：

```
输入面编辑选项
[拉伸(E)/移动(M)/旋转(R)/偏移(O)/倾斜(T)/删除(D)/复制(C)/颜色(L)/放弃(U)/退出(X)] <退出>：✓
输入实体编辑选项 [面(F)/边(E)/体(B)/放弃(U)/退出(X)] <退出>：✓
```

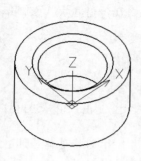

图 12.170 轴套源文件

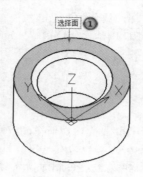

图 12.171 选择面

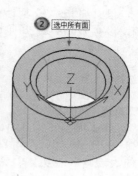

图 12.172 选择所有面

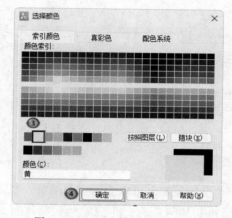

图 12.173 "选择颜色"对话框

（4）单击"视图"选项卡"视觉样式"面板中的"体着色"按钮 ，结果如图 12.169 所示。

12.3 实 体 编 辑

完成三维建模操作后，还需要对三维实体进行后续操作，如压印、抽壳、清除、分割等。

12.3.1 压印

"压印"命令用于在选择的对象上压印一个对象，被压印的对象必须与选择对象的一个或多个面相交。

【执行方式】

➤ 命令行：SOLIDEDIT。

➤ 菜单栏："修改"→"实体编辑"→"压印"。

➤ 工具栏："实体编辑"→"压印" 。

➤ 功能区："实体"→"实体编辑"→"压印" 。

【操作步骤】

```
命令：_solidedit
```

```
输入实体编辑选项 [面(F)/边(E)/体(B)/放弃(U)/退出(X)] <退出>: _body
输入实体编辑选项 [压印(I)/分割实体(P)/抽壳(S)/清除(L)/检查(C)/放弃(U)/退出(X)] <退出>:
_imprint
选择三维实体:
选择要压印的对象:
是否删除源对象 [是(Y)/否(N)] <否>:
选择要压印的对象: ✓
输入实体编辑选项 [压印(I)/分割实体(P)/抽壳(S)/清除(L)/检查(C)/放弃(U)/退出(X)] <退出>: ✓
输入实体编辑选项 [面(F)/边(E)/体(B)/放弃(U)/退出(X)] <退出>: ✓
```

依次选择三维实体、要压印的对象和设置是否删除源对象。图 12.174 所示为将球体压印在长方体上。

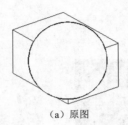
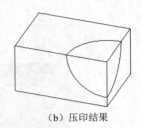

（a）原图 　　　　　　　　　　　　　（b）压印结果

图 12.174　将球体压印在长方体上

12.3.2　抽壳

抽壳是用指定的厚度创建一个空的薄层，可以为所有面指定一个固定的薄层厚度，通过选择面可以将这些面排除在壳外。一个三维实体只能有一个壳，通过将现有面偏移出其原位置创建新的面。

【执行方式】

➤ 命令行：SOLIDEDIT。

➤ 菜单栏："修改"→"实体编辑"→"抽壳"。

➤ 工具栏："实体编辑"→"抽壳"⬜。

➤ 功能区："实体"→"实体编辑"→"抽壳"⬜。

【操作步骤】

```
命令: _solidedit
输入实体编辑选项 [面(F)/边(E)/体(B)/放弃(U)/退出(X)] <退出>: _body
输入实体编辑选项 [压印(I)/分割实体(P)/抽壳(S)/清除(L)/检查(C)/放弃(U)/退出(X)] <退出>:
_shell
选择三维实体:
删除面或 [放弃(U)/添加(A)/全部(ALL)]:
删除面或 [放弃(U)/添加(A)/全部(ALL)]: ✓
输入外偏移距离:
输入实体编辑选项 [压印(I)/分割实体(P)/抽壳(S)/清除(L)/检查(C)/放弃(U)/退出(X)] <退出>: ✓
```

【选项说明】

（1）选择三维实体：选择要进行抽壳的实体。

（2）删除面：选择抽壳后要删除的面。若不需要删除，则直接按 Enter 键即可。

（3）输入外偏移距离：指定抽壳厚度。

动手学——绘制扭结盘

本例绘制图 12.175 所示的扭结盘。

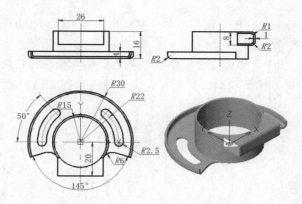

图 12.175 扭结盘

【操作步骤】

（1）单击"视图"选项卡"视图"面板中的"西南等轴测"按钮，将当前视图设为西南等轴测。

（2）单击"实体"选项卡"图元"面板中的"圆柱体"按钮，以(0,0,0)为底面中心点，绘制半径为 30，高度为 4 的圆柱体，如图 12.176 所示。

（3）单击"常用"选项卡"修改"面板中的"圆角"按钮，选择圆柱体的底边进行圆角，设置圆角半径为 2，结果如图 12.177 所示。

（4）单击"实体"选项卡"实体编辑"面板中的"抽壳"按钮，命令行提示和操作如下：

```
命令：_solidedit
输入实体编辑选项 [面(F)/边(E)/体(B)/放弃(U)/退出(X)] <退出>：_body
输入实体编辑选项 [压印(I)/分割实体(P)/抽壳(S)/清除(L)/检查(C)/放弃(U)/退出(X)] <退出>：
_shell
选择三维实体：（选择图 12.178 所示的圆柱体①）
删除面或 [放弃(U)/添加(A)/全部(ALL)]：（选择图 12.178 所示的上表面②）
删除面或 [放弃(U)/添加(A)/全部(ALL)]：✓
输入外偏移距离：1✓
输入实体编辑选项 [压印(I)/分割实体(P)/抽壳(S)/清除(L)/检查(C)/放弃(U)/退出(X)] <退出>：✓
```

（5）单击"实体"选项卡"实体编辑"面板中的"着色面"按钮，选择所有的面，将其颜色修改为 30 号。

（6）单击"视图"选项卡"视觉样式"面板中的"体着色"按钮，抽壳后的实体如图 12.179 所示。

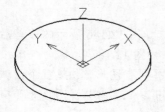

图 12.176 绘制圆柱体

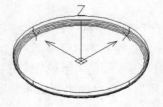

图 12.177 圆角结果

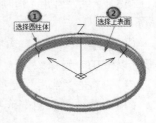

图 12.178 选择要删除的面

（7）单击"视图"选项卡"视图"面板中的"俯视"按钮，将当前视图设为俯视图。

（8）单击"视图"选项卡"视觉样式"面板中的"二维线框"按钮，将显示样式设置为二维线框。

（9）单击"常用"选项卡"绘图"面板中的"直线"按钮，以(0,0,0)为起点，(@40<197.5)为端点绘制直线，如图 12.180 所示。

（10）单击"常用"选项卡"修改"面板中的"镜像"按钮，选择第（9）步绘制的直线，以(0,0)为镜像线第一点，(0,10)为镜像线第二点进行镜像，结果如图 12.181 所示。

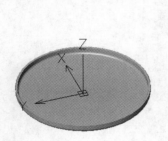

图 12.179　抽壳结果

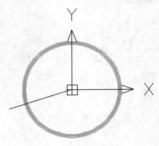

图 12.180　绘制直线

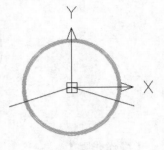

图 12.181　镜像直线

（11）单击"常用"选项卡"绘图"面板中的"圆心，半径"按钮，以(0,0)为圆心，绘制半径为 40 的圆，如图 12.182 所示。

（12）重复"圆心，半径"命令，以(22,0)为圆心，绘制半径为 2.5 的圆，如图 12.183 所示。

（13）单击"常用"选项卡"修改"面板中的"旋转"按钮，以原点为基点，对第（12）步绘制的圆进行旋转复制，旋转角度为 50°，结果如图 12.184 所示。

（14）单击"常用"选项卡"绘图"面板中的"圆心，半径"按钮，以(0,0)为圆心，绘制半径为 19.5 和 24.5 的圆，如图 12.185 所示。

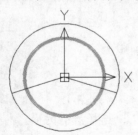

图 12.182　绘制半径为 40 的圆

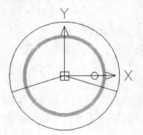

图 12.183　绘制半径为 2.5 的圆

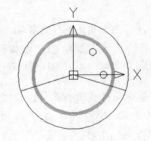

图 12.184　旋转复制圆

（15）单击"常用"选项卡"修改"面板中的"修剪"按钮，对图形进行修剪，结果如图 12.186 所示。

（16）单击"常用"选项卡"修改"面板中的"镜像"按钮，选择图 12.186 所示的修剪后的图形，以(0,0)为镜像线第一点，(0,10)为镜像线第二点进行镜像，结果如图 12.187 所示。

（17）单击"常用"选项卡"绘图"面板中的"面域"按钮，选择所有图形，创建三个面域。

（18）单击"视图"选项卡"视图"面板中的"西南等轴测"按钮，将当前视图设为西南等轴测。

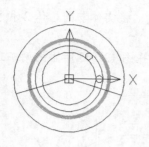

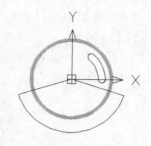

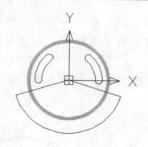

图 12.185　绘制两个圆　　　　图 12.186　修剪结果　　　　图 12.187　镜像结果

（19）单击"实体"选项卡"实体"面板中的"拉伸"按钮，选择三个面域进行拉伸，拉伸高度为 5，如图 12.188 所示。

（20）单击"实体"选项卡"布尔运算"面板中的"差集"按钮，将实体与三个拉伸实体进行差集运算，结果如图 12.189 所示。

（21）单击"实体"选项卡"图元"面板中的"圆柱体"按钮，以(0,0,0)为底面中心点，绘制半径为 16，高度为 16 的圆柱体 1。

（22）重复"圆柱体"命令，以(0,0,0)为底面中心点，绘制半径为 15，高度为 20 的圆柱体 2，如图 12.190 所示。

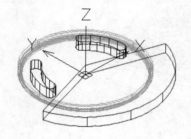

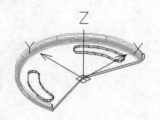

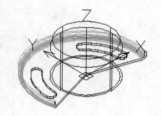

图 12.188　拉伸实体　　　　图 12.189　差集结果 1　　　　图 12.190　绘制圆柱体 1 和圆柱体 2

（23）单击"实体"选项卡"图元"面板中的"长方体"按钮，以(13,-6,16)为第一角点，(@-26,-14,-8)为第二角点，绘制长方体 1，如图 12.191 所示。

（24）重复"长方体"命令，以(13,-7,15)为第一角点，(@-26,-12,-6)为第二角点，绘制长方体 2，如图 12.192 所示。

（25）单击"实体"选项卡"布尔运算"面板中的"并集"按钮，将差集后的实体与圆柱体 1 和长方体 1 进行并集运算，使之成为一个三维实体，消隐后的结果如图 12.193 所示。

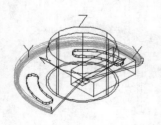

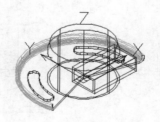

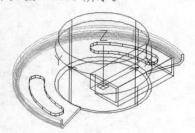

图 12.191　绘制长方体 1　　　　图 12.192　绘制长方体 2　　　　图 12.193　并集结果

（26）单击"实体"选项卡"布尔运算"面板中的"差集"按钮▢，将实体与圆柱体2和长方体2进行差集运算，消隐后的结果如图12.194所示。

（27）单击"常用"选项卡"修改"面板中的"圆角"按钮▱，选择图12.195所示的两条边进行圆角，设置圆角半径为6，结果如图12.196所示。

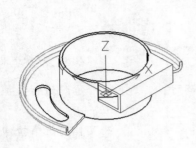

图12.194　差集结果2

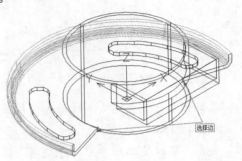

图12.195　选择圆角边

（28）重复"圆角"命令，选择图12.197所示的两条内边进行圆角，设置圆角半径为1，结果如图12.198所示。

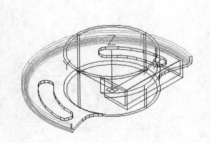

图12.196　圆角结果

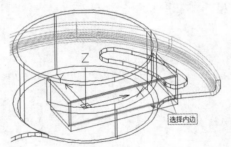

图12.197　选择内边

（29）重复"圆角"命令，选择图12.199所示的两条外边进行圆角，设置圆角半径为2，结果如图12.200所示。

（30）单击"实体"选项卡"实体编辑"面板中的"着色面"按钮▨，选择所有的面，将其颜色修改为30号。

（31）单击"视图"选项卡"视觉样式"面板中的"体着色"按钮△，结果如图12.201所示。

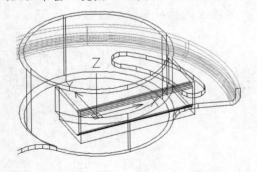

图12.198　半径为1的圆角

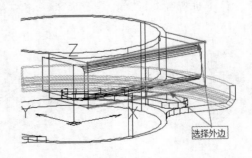

图12.199　选择外边

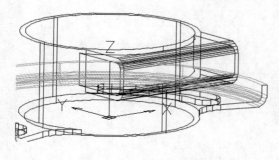

图 12.200 半径为 2 的圆角

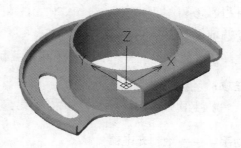

图 12.201 体着色结果

12.3.3 清除

"清除"命令用于删除共享边以及那些在边或顶点具有相同表面或曲线定义的顶点，删除所有多余的边、顶点以及不使用的几何图形，不删除压印的边。

【执行方式】

➢ 命令行：SOLIDEDIT。

➢ 菜单栏："修改"→"实体编辑"→"清除"。

➢ 工具栏："实体编辑"→"清除" 。

➢ 功能区："实体"→"实体编辑"→"清除" 。

【操作步骤】

```
命令：_solidedit
输入实体编辑选项 [面(F)/边(E)/体(B)/放弃(U)/退出(X)] <退出>：_body
输入实体编辑选项 [压印(I)/分割实体(P)/抽壳(S)/清除(L)/检查(C)/放弃(U)/退出(X)] <退出>：_clean
选择三维实体：（选择要进行清除的实体）
输入实体编辑选项 [压印(I)/分割实体(P)/抽壳(S)/清除(L)/检查(C)/放弃(U)/退出(X)] <退出>：✓
输入实体编辑选项 [面(F)/边(E)/体(B)/放弃(U)/退出(X)] <退出>：✓
```

12.3.4 分割

"分割"命令用于将一个由多个实体组合在一起，但彼此不相连的实体进行分离，使其分别成为独立的个体。

【执行方式】

➢ 命令行：SOLIDEDIT。

➢ 菜单栏："修改"→"实体编辑"→"分割"。

➢ 工具栏："实体编辑"→"分割" 。

➢ 功能区："实体"→"实体编辑"→"分割" 。

【操作步骤】

```
命令：_solidedit
输入实体编辑选项 [面(F)/边(E)/体(B)/放弃(U)/退出(X)] <退出>：_body
输入实体编辑选项 [压印(I)/分割实体(P)/抽壳(S)/清除(L)/检查(C)/放弃(U)/退出(X)] <退出>：
_separate
选择三维实体：
输入实体编辑选项 [压印(I)/分割实体(P)/抽壳(S)/清除(L)/检查(C)/放弃(U)/退出(X)] <退出>：
```

输入实体编辑选项 [面(F)/边(E)/体(B)/放弃(U)/退出(X)] <退出>:

【选项说明】

选择三维实体：选择一个由多个实体组合在一起，但彼此不相连的实体。

📢 **注意：**

选择的实体不能由一个实体构成，必须为两个及以上。

扫一扫，看视频

动手学——绘制充电器

本例绘制图 12.202 所示的充电器。

【操作步骤】

（1）单击"视图"选项卡"视图"面板中的"西南等轴测"按钮，将当前视图设为西南等轴测。

（2）单击"实体"选项卡"图元"面板中的"长方体"按钮，以(-2.5,-2.5,0)为第一角点，(@5,5,6.5)为另一个角点，绘制长方体 1，如图 12.203 所示。

（3）重复"长方体"命令，以(-3,-3,4)为第一角点，(@6,6,0.5)为另一个角点，绘制长方体 2，如图 12.204 所示。

（4）单击"实体"选项卡"布尔运算"面板中的"差集"按钮，将长方体 1 与长方体 2 进行差集运算，结果如图 12.205 所示。

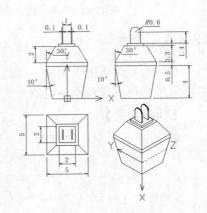

图 12.202 充电器

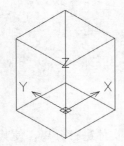 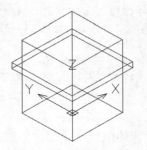 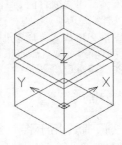

图 12.203 绘制长方体 1　　　图 12.204 绘制长方体 2　　　图 12.205 差集结果

（5）单击"实体"选项卡"实体编辑"面板中的"分割"按钮，命令行提示和操作如下，实体被分解为两个长方体，结果如图 12.206 所示。

```
命令：_solidedit
输入实体编辑选项 [面(F)/边(E)/体(B)/放弃(U)/退出(X)] <退出>：_body
输入实体编辑选项 [压印(I)/分割实体(P)/抽壳(S)/清除(L)/检查(C)/放弃(U)/退出(X)] <退出>：
_separate
选择三维实体：（选择差集后的实体）
输入实体编辑选项 [压印(I)/分割实体(P)/抽壳(S)/清除(L)/检查(C)/放弃(U)/退出(X)] <退出>：✓
输入实体编辑选项 [面(F)/边(E)/体(B)/放弃(U)/退出(X)] <退出>：✓
```

（6）单击"实体"选项卡"实体编辑"面板中的"倾斜面"按钮，选择下方长方体的 4 个侧面，以(0,0,4)为基点，(0,0,0)为倾斜轴上的另一个点，设置倾斜角度为 10°，结果如图 12.207 所示。

（7）重复"倾斜面"命令，选择上方长方体的 4 个侧面，以(0,0,4.5)为基点，(0,0,6)为倾斜轴上的另一个点，设置倾斜角度为 30，结果如图 12.208 所示。

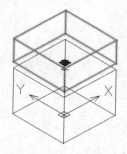
图 12.206 分割结果

图 12.207 下方长方体倾斜面

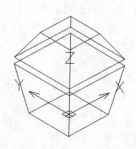
图 12.208 上方长方体倾斜面

（8）单击"实体"选项卡"图元"面板中的"长方体"按钮🔲，捕捉图 12.209 所示的第一角点，再捕捉图 12.210 所示的第二角点，绘制长方体 3，结果如图 12.211 所示。

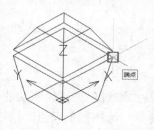
图 12.209 捕捉第一角点

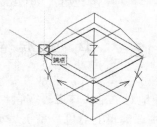
图 12.210 捕捉第二角点

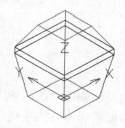
图 12.211 绘制长方体 3

（9）重复"长方体"命令，以(-1,-1,6.5)为第一角点，(@2,2,0.3)为第二角点，绘制长方体 4，如图 12.212 所示。

（10）单击"实体"选项卡"图元"面板中的"长方体"按钮🔲，以（-0.5,-0.6,6.8）为第一角点，(@-0.1,1.2,1.4)为第二角点，绘制长方体 5，消隐后的结果如图 12.213 所示。

（11）在命令行中输入 UCS 命令，将坐标系绕 Y 轴旋转 90°。

（12）单击"实体"选项卡"图元"面板中的"圆柱体"按钮🛢，选择图 12.214 所示的中点为圆柱体的底面中心点，设置半径为 0.6，捕捉图 12.215 所示的中点确定圆柱体的高度，绘制圆柱体，结果如图 12.216 所示。

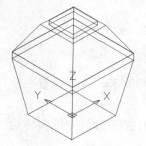
图 12.212 绘制长方体 4　　图 12.213 绘制长方体 5

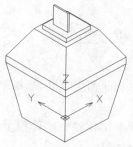
图 12.214 选择圆柱中心点　　图 12.215 确定圆柱体高度

（13）单击"实体"选项卡"三维操作"面板中的"三维镜像"按钮🔳，选择长方体和圆柱体作为镜像对象，选择 XY 平面作为镜像平面，镜像结果如图 12.217 所示。

（14）单击"实体"选项卡"布尔运算"面板中的"并集"按钮，将视图中所有实体进行并集运算，如图 12.218 所示。

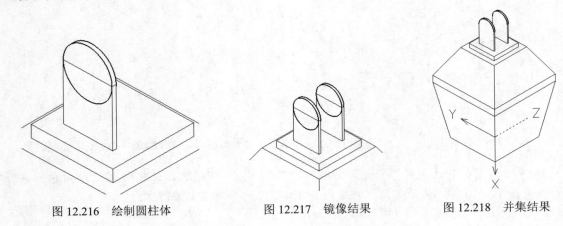

图 12.216　绘制圆柱体　　　　　图 12.217　镜像结果　　　　　图 12.218　并集结果

12.4　夹　点　编　辑

利用夹点编辑功能，可以很方便地对三维实体进行编辑。该功能与二维对象夹点编辑功能相似。

夹点编辑操作方法很简单，单击要编辑的对象，系统显示编辑夹点，选择某个夹点，按住鼠标拖动，则三维对象随之改变。选择不同的夹点，可以编辑对象的不同参数，红色夹点为当前编辑夹点，如图 12.219 所示。

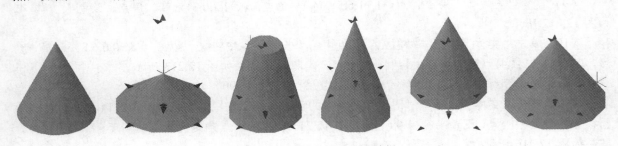

图 12.219　圆锥体及其夹点编辑

12.5　干　涉　检　查

干涉检查常用于检查装配体立体图是否相互干涉，从而初步判断设计是否正确。干涉检查在绘制三维实体装配图中有很大应用。

干涉检查主要通过对比两组对象或一对一地检查所有实体检查实体模型中的干涉（三维实体相交或重叠的区域）。系统将在实体相交处创建和亮显临时实体。

【执行方式】

➤ 命令行：INTERFERE（INF）。

➤ 菜单栏："绘图"→"实体"→"干涉"。

> 工具栏: "实体" → "干涉" 。

【操作步骤】

```
命令: _interfere
选择第一组对象: (选择第一组对象)
选择第一组对象: ✓
选择第二组对象: (选择第二组对象)
选择第二组对象: ✓
将 1 对象同 1 对象比较。
干涉对象对数目: 1✓
创建干涉对象吗? [是(Y)/否(N)] <否>: Y✓
高亮显示相互干涉的对象对吗? [是(Y)/否(N)] <否>: Y✓
输入选项 [下一对(N)/退出(X)] <退出>: ✓
```

因此,装配的两个零件有干涉。

【选项说明】

(1) 选择第一组对象: 选择第一组对象,选择对象可以是三维实体或曲面。

(2) 选择第二组对象: 选择第二组对象,选择对象可以是三维实体或曲面。

(3) 创建干涉对象吗?: 选择是否创建干涉对象。

1) 是(Y): 以两组选择集中对象的重叠区域创建干涉对象。若只选择了第一组对象,将对第一组选择集中的所有对象进行干涉检查;若选择了两组对象,将对比检查第一组选择集与第二组选择集中对象的干涉部分。若两个选择集中包含同一个对象,则将此对象视为第一个选择集中的对象,而在第二个选择集中忽略它。

2) 否(N): 不创建干涉对象。

(4) 高亮显示相互干涉的对象对吗?: 选择是否高亮显示一对相互干涉的对象。

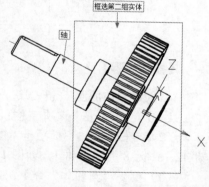

图 12.220 大齿轮装配图

动手学——大齿轮装配图干涉检查

本例对图 12.220 所示的大齿轮装配图进行干涉检查。

【操作步骤】

(1) 打开源文件: 源文件\原始文件\第 12 章\大齿轮装配图,如图 12.220 所示。

(2) 单击 "实体" 工具栏中的 "干涉" 按钮 ,命令行提示和操作如下:

```
命令: _interfere
选择第一组对象: (选择图 12.220 所示的轴)
找到 1 个
选择第一组对象: ✓
选择第二组对象: (选择除轴以外的所有实体)
指定对角点:
找到 5 个
选择第二组对象: ✓
将 1 对象同 5 对象比较。
干涉对象对数目: 0
```

因此,装配的两个零件没有干涉。

扫一扫，看视频

12.6　综合实例——绘制壳体立体图

本综合实例绘制图 12.221 所示的壳体立体图。

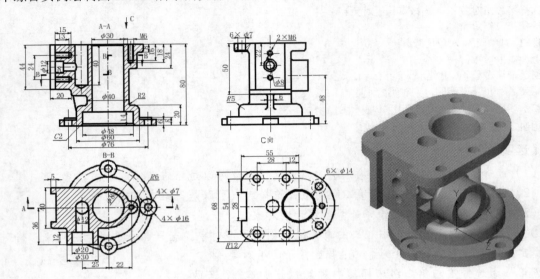

图 12.221　壳体立体图

【操作步骤】

1．创建壳体底座

（1）单击"视图"选项卡"视图"面板中的"西南等轴测"按钮，将当前视图设为西南等轴测。

（2）单击"实体"选项卡"图元"面板中的"圆柱体"按钮，以坐标原点为圆心，绘制半径为 42，高为 8 的圆柱体 1，如图 12.222 所示。

（3）重复"圆柱体"命令，以(38,0,0)为圆心，绘制半径为 8，高为 8 的圆柱体 2。

（4）重复"圆柱体"命令，以(38,0,0)为圆心，绘制半径为 3.5，高为 6 的圆柱体 3，结果如图 12.223 所示。

（5）单击"实体"选项卡"实体编辑"面板中的"复制面"按钮，选择圆柱体 2 的上表面，以圆心为基点，进行原位置复制。

（6）单击"实体"选项卡"实体"面板中的"拉伸"按钮，选中复制面进行拉伸，拉伸高度为-2，结果如图 12.224 所示。

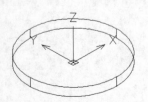

图 12.222　绘制圆柱体 1

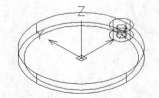

图 12.223　绘制圆柱体 2 和圆柱体 3

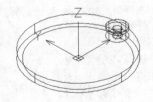

图 12.224　拉伸实体

（7）单击"实体"选项卡"三维操作"面板中的"三维阵列"按钮囧，选择圆柱体2、圆柱体3和拉伸实体进行环形阵列，阵列角度为360°，数目为4，阵列中心为坐标原点，旋转轴上第二点的坐标为(0,0,10)，结果如图12.225所示。

（8）单击"实体"选项卡"布尔运算"面板中的"并集"按钮，将圆柱体1与圆柱体2及其阵列后的对象进行并集运算。

（9）单击"实体"选项卡"布尔运算"面板中的"差集"按钮，从并集结果中减去圆柱体3及其阵列后的对象和拉伸实体及其阵列后的对象，消隐后的结果如图12.226所示。

（10）单击"实体"选项卡"图元"面板中的"圆柱体"按钮，以坐标原点为圆心，绘制半径为30，高为20的圆柱体4。

（11）重复"圆柱体"命令，以坐标原点为圆心，绘制半径为20，高为30的圆柱体5，如图12.227所示。

（12）单击"实体"选项卡"布尔运算"面板中的"并集"按钮，将所有实体进行并集运算。

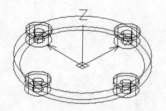
图 12.225　阵列结果

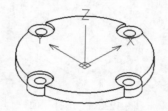
图 12.226　并集和差集结果

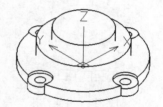
图 12.227　绘制圆柱体4和圆柱体5

2. 创建壳体中部结构

（1）单击"实体"选项卡"图元"面板中的"长方体"按钮，在实体旁边绘制长为35，宽为40，高为6的长方体，如图12.228所示。

（2）单击"实体"选项卡"图元"面板中的"圆柱体"按钮，捕捉图12.229所示的中点为圆心，绘制半径为20，高为6的圆柱体，如图12.230所示。

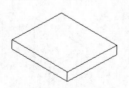
图 12.228　绘制长方体

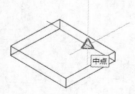
图 12.229　捕捉中点

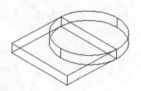
图 12.230　绘制圆柱体

（3）单击"实体"选项卡"布尔运算"面板中的"并集"按钮，将圆柱体与长方体进行并集运算，如图12.231所示。

（4）单击"常用"选项卡"修改"面板中的"复制"按钮，以图12.232所示的实体底面圆心为基点，将其复制到壳体底座顶面的圆心处，结果如图12.233所示。

（5）单击"实体"选项卡"布尔运算"面板中的"并集"按钮，将壳体底座与复制的壳体中部进行并集运算，结果如图12.234所示。

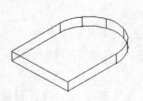

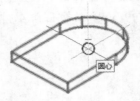

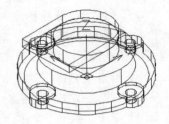

图 12.231　并集结果　　　　图 12.232　选择基点　　　　图 12.233　复制结果

3. 创建壳体上部结构

（1）单击"实体"选项卡"实体编辑"面板中的"拉伸面"按钮，选择图 12.235 所示的壳体中部顶面，设置拉伸高度为 30，倾斜角度为 0°，结果如图 12.236 所示。

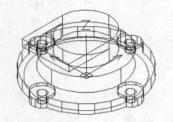

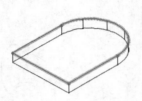

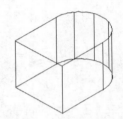

图 12.234　并集结果　　　　图 12.235　选择顶面　　　　图 12.236　顶面拉伸结果

（2）重复"拉伸面"命令，选择图 12.237 所示的壳体中部左侧面，设置拉伸高度为 20，倾斜角度为 0°，结果如图 12.238 所示。

（3）单击"实体"选项卡"图元"面板中的"长方体"按钮，绘制长为 5，宽为 28，高为 36 的长方体。

（4）单击"常用"选项卡"修改"面板中的"移动"按钮，选择第（3）步绘制的长方体，以图 12.239 所示的底边中点为基点，将其移动到图 12.240 所示的底边中点处，结果如图 12.241 所示。

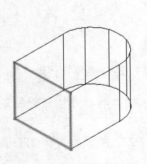

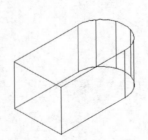

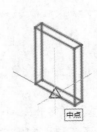

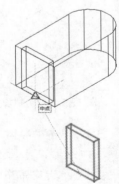

图 12.237　选择左侧面　　图 12.238　左侧面拉伸结果　　图 12.239　选择基点　　图 12.240　捕捉中点

（5）单击"实体"选项卡"布尔运算"面板中的"差集"按钮，将图 12.242 所示的两个实体进行差集运算。

（6）单击"实体"选项卡"图元"面板中的"圆柱体"按钮，按住 Shift 键，右击，在弹出的快捷菜单中选择"自"命令，选择上表面圆心作为基点，输入偏移距离(@22,0)。以该点为圆心，绘制半径为 6，高为-16 的圆柱体，结果如图 12.243 所示。

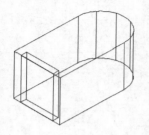

图 12.241　移动结果 1

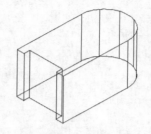
图 12.242　差集结果

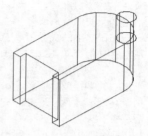
图 12.243　绘制圆柱体

（7）单击"实体"选项卡"布尔运算"面板中的"并集"按钮，将两个实体进行并集运算，结果如图 12.244 所示。

（8）单击"常用"选项卡"修改"面板中的"移动"按钮，以图 12.244 所示的实体底面圆心为基点，将其移动到壳体中部顶面圆心处，结果如图 12.245 所示。

（9）单击"实体"选项卡"布尔运算"面板中的"并集"按钮，将所有实体进行并集运算，消隐后的结果如图 12.246 所示。

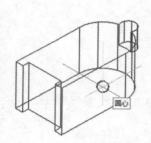
图 12.244　并集结果 1

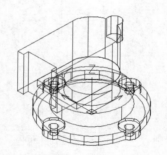
图 12.245　移动结果 2

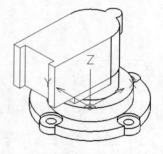
图 12.246　并集结果 2

4. 创建壳体顶板

（1）单击"实体"选项卡"图元"面板中的"长方体"按钮，在实体旁边绘制长为 55，宽为 68，高为 8 的长方体，如图 12.247 所示。

（2）单击"实体"选项卡"图元"面板中的"圆柱体"按钮，捕捉图 12.248 所示的长方体底面右边中点为圆心，绘制半径为 34，高为 8 的圆柱体，如图 12.249 所示。

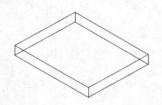
图 12.247　绘制长方体

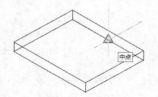
图 12.248　捕捉中点

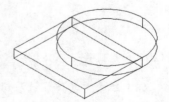
图 12.249　绘制圆柱体

（3）单击"实体"选项卡"布尔运算"面板中的"并集"按钮，将两个实体进行并集运算。

（4）在命令行中输入 UCS 命令，将坐标系移动到图 12.250 所示的顶板底面圆心点的位置，结果如图 12.251 所示。

（5）单击"实体"选项卡"图元"面板中的"圆柱体"按钮，命令行提示和操作如下：

```
命令：_cylinder
指定底面的中心点或 [三点(3P)/两点(2P)/切点、切点、半径(T)/椭圆(E)]：_from（按住 Shift 键，
右击，在弹出的快捷菜单中选择"自"命令）
基点：（捕捉图 12.252 所示的底面圆心作为基点）
<偏移>：@27<45↙
指定圆的半径或 [直径(D)] <3.5000>：3.5↙
指定高度或 [两点(2P)/中心轴(A)] <8.0000>：8↙
命令：_cylinder
指定底面的中心点或 [三点(3P)/两点(2P)/切点、切点、半径(T)/椭圆(E)]：-12,27↙
指定圆的半径或 [直径(D)] <3.5000>：↙
指定高度或 [两点(2P)/中心轴(A)] <8.0000>：↙
命令：_ cylinder
指定底面的中心点或 [三点(3P)/两点(2P)/切点、切点、半径(T)/椭圆(E)]：-40,27↙
指定圆的半径或 [直径(D)] <3.5000>：↙
指定高度或 [两点(2P)/中心轴(A)] <8.0000>：↙
```

结果如图 12.253 所示。

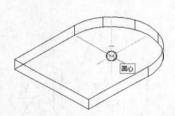 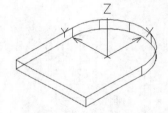 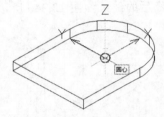

图 12.250　捕捉底面圆心点 1　　　图 12.251　移动坐标系　　　图 12.252　捕捉底面圆心点 2

（6）重复"圆柱体"命令，分别以三个圆柱体的底面圆心为中心点，绘制半径为 7，高度为 2 的圆柱体，结果如图 12.254 所示。

（7）单击"实体"选项卡"三维操作"面板中的"三维镜像"按钮，选择 6 个圆柱体，以 ZX 平面为镜像平面进行镜像，结果如图 12.255 所示。

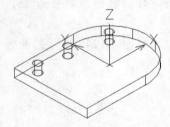 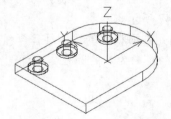 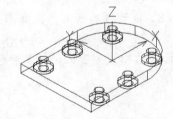

图 12.253　绘制半径为 3.5 的圆柱体　　图 12.254　绘制半径为 7 的圆柱体　　图 12.255　镜像圆柱体

（8）单击"实体"选项卡"布尔运算"面板中的"差集"按钮，将顶板与所有圆柱体进行差集运算。

（9）单击"常用"选项卡"修改"面板中的"移动"按钮，以壳体顶板底面圆心为基点，将其移动到壳体上部结构顶面圆心处，如图 12.256 所示。

（10）单击"实体"选项卡"布尔运算"面板中的"并集"按钮，将所有实体进行并集运算。

（11）在命令行中输入 UCS 命令，将坐标系恢复为世界坐标系。

（12）单击"实体"选项卡"实体编辑"面板中的"拉伸面"按钮，选择图 12.257 所示的表面，设置拉伸距离为-8，倾斜角度为 0°，结果如图 12.258 所示。

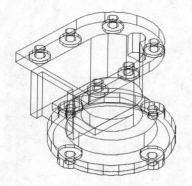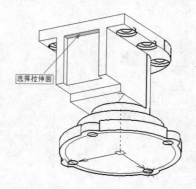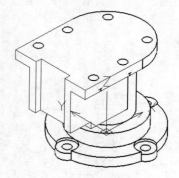

图 12.256　移动结果　　　　图 12.257　选择拉伸面　　　　图 12.258　拉伸面结果

5. 创建内孔

（1）单击"实体"选项卡"图元"面板中的"圆柱体"按钮，以坐标原点为圆心，绘制半径为 24，高为 14 的圆柱体 1。

（2）重复"圆柱体"命令，以坐标原点为圆心，绘制半径为 15，高为 80 的圆柱体 2。

（3）重复"圆柱体"命令，以(-25,0,80)为圆心，绘制半径为 6，高为-40 的圆柱体 3。

（4）重复"圆柱体"命令，以(22,0,80)为圆心，绘制半径为 2.57，高为-18 的圆柱体 4。

（5）单击"实体"选项卡"图元"面板中的"圆锥体"按钮，以半径为 2.57 的圆柱体 4 的底面中心点为中心，绘制底面半径为 2.57，顶面半径为 0，高度为-1.48 的圆锥体，结果如图 12.259 所示。

（6）单击"实体"选项卡"图元"面板中的"螺旋"按钮，以(22,0,80.8)为中心，绘制底面半径和顶面半径均为 2.39，圈高为 0.8，高度为-16.8 的螺旋线，如图 12.260 所示。

（7）单击"视图"选项卡"视图"面板中的"前视"按钮，将当前视图切换为前视图。

（8）单击"常用"选项卡"绘图"面板中的"直线"按钮，捕捉图 12.261 所示的端点，绘制边长为 0.8 的等边三角形，并过三角形的顶点绘制一条水平辅助线，如图 12.262 所示。

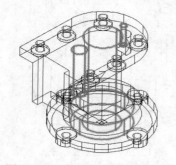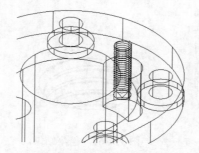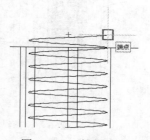

图 12.259　绘制圆柱体和圆锥体　　　图 12.260　绘制螺旋线　　　图 12.261　捕捉端点

（9）选择菜单栏中的"格式"→"点样式"命令，弹出"点样式"对话框，选择图 12.263 所示的点样式，单击"确定"按钮，关闭"点样式"对话框。

（10）单击"常用"选项卡"绘图"面板中的"定数等分"按钮，选中绘制的辅助线，将其等分为 8 份，如图 12.264 所示。

（11）单击"常用"选项卡"绘图"面板中的"直线"按钮，过右端第一个等分点绘制竖直直线，修剪、删除后结果如图 12.265 所示。

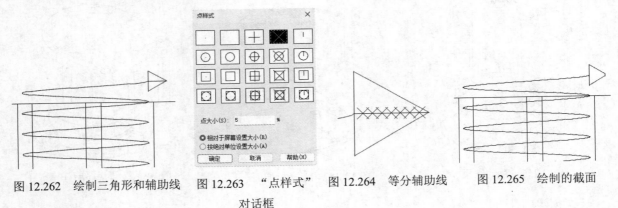

图 12.262　绘制三角形和辅助线　　图 12.263　"点样式"　　图 12.264　等分辅助线　　图 12.265　绘制的截面
　　　　　　　　　　　　　　　　　　　　对话框

（12）单击"常用"选项卡"绘图"面板中的"面域"按钮，将绘制的三角形创建成面域。

（13）单击"实体"选项卡"实体"面板中的"扫掠"按钮，选择三角形作为扫掠对象，螺旋线为扫掠路径，将当前视图设为西南等轴测，扫掠结果如图 12.266 所示。

（14）单击"实体"选项卡"布尔运算"面板中的"差集"按钮，将壳体与所有圆柱体、圆锥体和扫掠实体进行差集运算，消隐后的结果如图 12.267 所示。

6. 创建壳体前部凸台和孔

（1）在命令行中输入 UCS 命令，将坐标系恢复到世界坐标系。重复 UCS 命令，将坐标原点移动到点(-25,-36,48)处。

（2）重复 UCS 命令，将坐标系绕 X 轴旋转 90°，结果如图 12.268 所示。

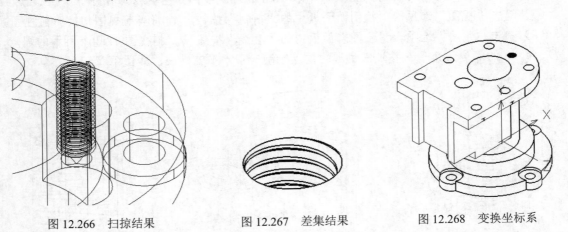

图 12.266　扫掠结果　　　　　图 12.267　差集结果　　　　　图 12.268　变换坐标系

（3）单击"实体"选项卡"图元"面板中的"圆柱体"按钮，以坐标原点为圆心，绘制半径为 15，高为-16 的圆柱体 1。

（4）重复"圆柱体"命令，以坐标原点为圆心，绘制半径为 10，高为-12 的圆柱体 2 及半径为

6，高为-36的圆柱体3，如图12.269所示。

（5）单击"实体"选项卡"布尔运算"面板中的"并集"按钮🖼，将壳体与半径15的圆柱体1进行并集运算。

（6）单击"实体"选项卡"布尔运算"面板中的"差集"按钮🗋，将壳体与其余圆柱体进行差集运算，结果如图12.270所示。

7. 创建壳体水平内孔

（1）在命令行中输入UCS命令，将坐标原点移动到点(-25,10,-36)处。

（2）重复UCS命令，将坐标系绕Y轴旋转90°，如图12.271所示。

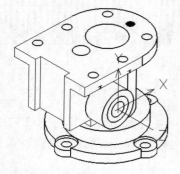
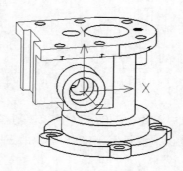
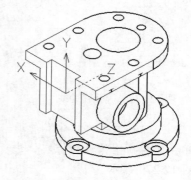

图12.269　绘制圆柱体1、2、3　　　图12.270　差集结果1　　　图12.271　旋转坐标系

（3）单击"实体"选项卡"图元"面板中的"圆柱体"按钮🛢，以坐标原点为圆心，分别绘制半径为6，高为8及半径为4，高为25的圆柱体。

（4）重复"圆柱体"命令，以(0,10,0)为圆心，绘制半径为2.57，高为15的圆柱体。

（5）单击"实体"选项卡"图元"面板中的"圆锥体"按钮△，以半径2.57的圆柱体的底面圆心为中心点，绘制底面半径为2.57，顶面半径为0，高度为1.48的圆锥体，如图12.272所示。

（6）单击"实体"选项卡"图元"面板中的"螺旋"按钮📚，以(0,10,-0.8)为底面圆心，绘制底面半径和顶面半径均为2.39，圈高为0.8，高度为13的螺旋线，如图12.273所示。

（7）单击"视图"选项卡"视图"面板中的"俯视"按钮🗔，将当前视图设为俯视图。

（8）单击"常用"选项卡"绘图"面板中的"直线"按钮＼，绘制边长为0.8的等边三角形，并过三角形的顶点绘制一条竖直辅助线，结果如图12.274所示。

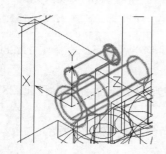
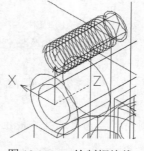
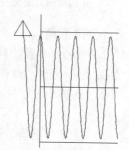

图12.272　绘制圆柱体和圆锥体　　　图12.273　绘制螺旋线　　　图12.274　绘制三角形和辅助线

（9）单击"常用"选项卡"绘图"面板中的"定数等分"按钮✗，选中绘制的辅助线，将其等分为8份，如图12.275所示。

（10）单击"常用"选项卡"绘图"面板中的"直线"按钮╲，过上端第一个等分点绘制水平直线，修剪、删除后结果如图 12.276 所示。

（11）单击"常用"选项卡"绘图"面板中的"面域"按钮◙，将绘制的三角形创建成面域。

（12）单击"实体"选项卡"实体"面板中的"扫掠"按钮✍，选择三角形作为扫掠对象，螺旋线为扫掠路径，将当前视图设为西南等轴测，扫掠结果如图 12.277 所示。

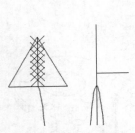

图 12.275　等分辅助线

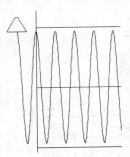

图 12.276　绘制的截面

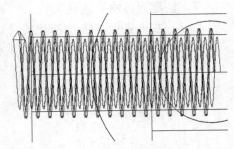

图 12.277　扫掠结果

（13）单击"实体"选项卡"三维操作"面板中的"三维镜像"按钮▥，选中半径为 2.57 的圆柱体、圆锥体和扫掠实体进行镜像，捕捉图 12.278 所示的三点为镜像平面上的三个点，结果如图 12.279 所示。

（14）单击"实体"选项卡"布尔运算"面板中的"差集"按钮▢，将壳体与所有圆柱体、圆锥体和扫掠实体进行差集运算，结果如图 12.280 所示。

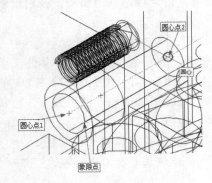

图 12.278　捕捉三个点

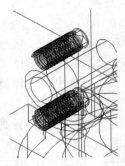

图 12.279　镜像结果

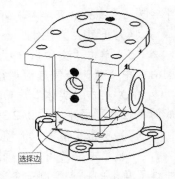

图 12.280　差集结果 2

8．创建圆角

（1）单击"常用"选项卡"修改"面板中的"圆角"按钮▱，设置圆角半径为 5，选择图 12.280 所示的边进行圆角，结果如图 12.281 所示。

（2）重复"圆角"命令，设置圆角半径为 12，选择图 12.282 所示的边进行圆角，结果如图 12.283 所示。

（3）重复"圆角"命令，设置圆角半径为 2，对其他位置进行圆角，如图 12.284 所示。

9．创建壳体肋板

（1）单击"视图"选项卡"视图"面板中的"前视"按钮▤，将当前视图设为前视图。

（2）单击"常用"选项卡"绘图"面板中的"多段线"按钮⌐，命令行提示和操作如下：

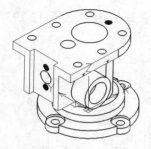
图 12.281 半径为 5 的圆角

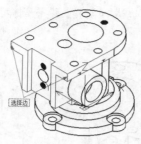
图 12.282 选择圆角边

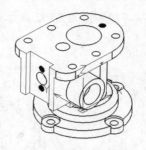
图 12.283 半径为 12 的圆角

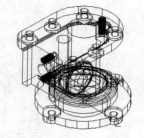
图 12.284 半径为 2 的圆角

```
命令：_pline
指定多段线的起点或 <最后点>：（捕捉图 12.285 所示的中点）
当前线宽是 0.0000
指定下一点或 [圆弧(A)/半宽(H)/长度(L)/撤销(U)/宽度(W)]：@17<0
指定下一点或 [圆弧(A)/闭合(C)/半宽(H)/长度(L)/撤销(U)/宽度(W)]：@15<270
指定下一点或 [圆弧(A)/闭合(C)/半宽(H)/长度(L)/撤销(U)/宽度(W)]：@14<180
指定下一点或 [圆弧(A)/闭合(C)/半宽(H)/长度(L)/撤销(U)/宽度(W)]：C
```

结果如图 12.286 所示。

（3）单击"实体"选项卡"实体"面板中的"拉伸"按钮，对第（2）步绘制的多段线进行拉伸，设置拉伸高度为 3，结果如图 12.287 所示。

（4）单击"实体"选项卡"三维操作"面板中的"三维镜像"按钮，将图 12.287 所示的拉伸实体以 **XY** 平面为镜像平面，进行镜像操作，结果如图 12.288 所示。

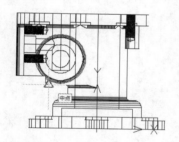
图 12.285 捕捉中点

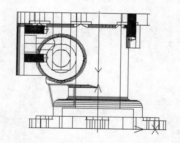
图 12.286 绘制多段线

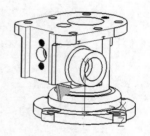
图 12.287 拉伸实体

（5）单击"实体"选项卡"布尔运算"面板中的"并集"按钮，将壳体与肋板进行并集运算，消隐后的结果如图 12.289 所示。

（6）单击"常用"选项卡"修改"面板中的"倒角"按钮，设置倒角距离为 2，选择图 12.290 所示的边，结果如图 12.291 所示。

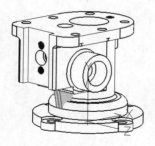
图 12.288 镜像结果

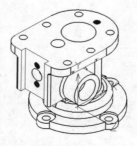
图 12.289 并集结果

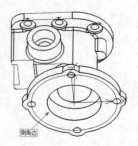
图 12.290 选择倒角边

（7）重复"倒角"命令，选择图 12.292 所示的边进行倒角，设置倒角距离为 2，结果如图 12.293 所示。

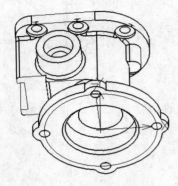

图 12.291　倒角结果 1

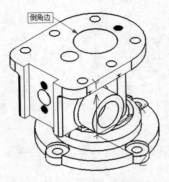

图 12.292　选择倒角边

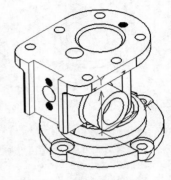

图 12.293　倒角结果 2

第 13 章　球阀三维设计

内容简介

　　球阀是工程中经常用到的机械装置，其由双头螺柱、螺母、密封圈、扳手、阀杆、阀芯、压紧套、阀体和阀盖等组成。本章主要介绍球阀装配立体图中各个零件的绘制以及装配图的设计和剖切。

内容要点

➤ 零件设计
➤ 球阀装配体设计
➤ 球阀装配立体图的剖切

案例效果

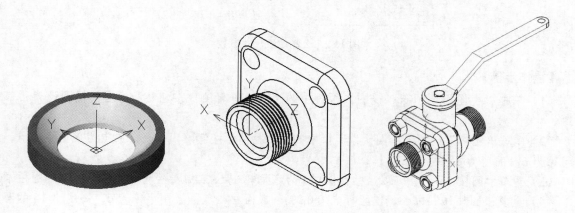

13.1　零件设计

　　本节介绍球阀的各零件立体图的绘制方法。

13.1.1　绘制双头螺柱

　　本小节绘制图 13.1 所示的双头螺柱。外螺纹的绘制思路如下：首先，绘制直径为 12 的圆柱体；其次，绘制螺旋线和牙型截面并创建扫掠实体；最后，将圆柱体与扫掠实体进行差集运算。根据图 13.2 所示的公式计算可得，三角形牙型最大直径尺寸为 12.34，即螺旋线的直径尺寸为 12.34，具体操作步骤如下。

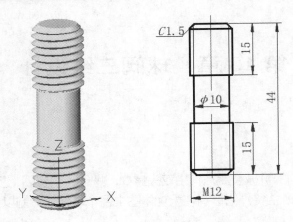

图 13.1　双头螺柱

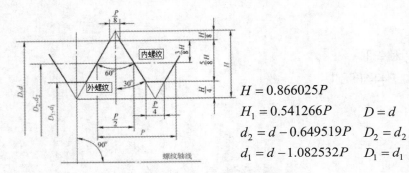

$$H = 0.866025P$$
$$H_1 = 0.541266P \qquad D = d$$
$$d_2 = d - 0.649519P \quad D_2 = d_2$$
$$d_1 = d - 1.082532P \quad D_1 = d_1$$

图 13.2　公制螺纹尺寸参数

【操作步骤】

（1）单击"视图"选项卡"视图"面板中的"西南等轴测"按钮，将当前视图设为西南等轴测。

（2）单击"实体"选项卡"图元"面板中的"圆柱体"按钮，以坐标原点为底面中心点，绘制半径为6，高度为15的圆柱体1。

（3）重复"圆柱体"命令，以坐标点(0,0,15)为底面中心点，绘制半径为5，高度为14的圆柱体2。

（4）重复"圆柱体"命令，以坐标点(0,0,29)为底面中心点，绘制半径为6，高度为15的圆柱体3，如图13.3所示。

（5）单击"实体"选项卡"布尔运算"面板中的"并集"按钮，将图中所有的实体进行并集运算。

（6）单击"常用"选项卡"修改"面板中的"倒角"按钮，设置倒角距离为1.5，对两端圆柱体进行倒角，结果如图13.4所示。

（7）单击"实体"选项卡"图元"面板中的"螺旋"按钮，命令行提示和操作如下，结果如图13.5所示。

```
命令：_helix
圈数 = 3.0000      扭曲=逆时针
指定底面的圆心：0,0,-1.75↙
指定底面半径或 [直径(D)] <1.000>:6.17↙
指定顶面半径或 [直径(D)] <6.17>:↙
```

指定螺旋高度或 [轴端点(A)/圈数(T)/圈高(H)/扭曲(W)] <13.0000>:H✓
指定圈间距 <0.8000>:1.75✓
指定螺旋高度或 [轴端点(A)/圈数(T)/圈高(H)/扭曲(W)] <13.0000>:17.5✓

（8）单击"视图"选项卡"视图"面板中的"前视"按钮🔲，将当前视图设为前视图。

（9）单击"常用"选项卡"绘图"面板中的"直线"按钮╲，捕捉螺旋线的端点，绘制边长为1.75 的等边三角形，并由三角形的顶点绘制一条水平辅助线，如图 13.6 所示。

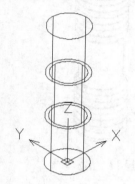 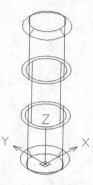 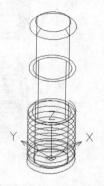 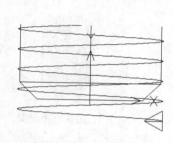

图 13.3　绘制圆柱体 1、2、3　　图 13.4　倒角结果　　　图 13.5　绘制螺旋线　　　图 13.6　绘制截面三角形

（10）选择菜单栏中的"格式"→"点样式"命令，弹出"点样式"对话框，选择图 13.7 所示的点样式。单击"确定"按钮，关闭"点样式"对话框。

（11）单击"常用"选项卡"绘图"面板中的"定数等分"按钮，选中绘制的辅助线，将其等分为 4 份，如图 13.8 所示。

（12）单击"常用"选项卡"绘图"面板中的"直线"按钮╲，过左端第一个等分点绘制竖直线，修剪图形并删除辅助线和点后，结果如图 13.9 所示。

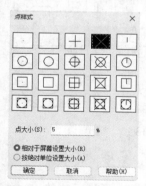

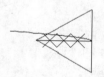
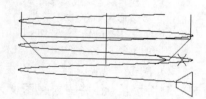

图 13.7　"点样式"对话框　　　　图 13.8　等分辅助线　　　　图 13.9　绘制截面

（13）单击"常用"选项卡"绘图"面板中的"面域"按钮◎，将绘制的三角形创建成面域。

（14）单击"视图"选项卡"视图"面板中的"西南等轴测"按钮，将当前视图设为西南等轴测。

（15）在命令行中输入 UCS 命令，将坐标系恢复为世界坐标系。

（16）单击"实体"选项卡"实体"面板中的"扫掠"按钮，选择三角形作为扫掠对象，螺旋线为扫掠路径，结果如图 13.10 所示。

（17）单击"常用"选项卡"修改"面板中的"复制"按钮，选择扫掠实体，以(0,0,0)为基点，将其复制到(0,0,29)处，结果如图 13.11 所示。

（18）单击"实体"选项卡"布尔运算"面板中的"差集"按钮，将圆柱体与两个扫掠实体进行差集运算，消隐后的结果如图 13.12 所示。

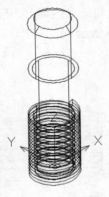

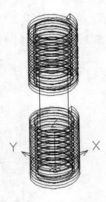

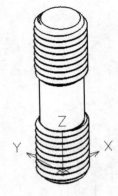

图 13.10　扫掠结果　　　　　　图 13.11　复制结果　　　　　图 13.12　差集结果

（19）单击"实体"选项卡"实体编辑"面板中的"着色面"按钮，选中所有面进行着色，颜色选择黄色。

（20）单击"视图"选项卡"视觉样式"面板中的"体着色"按钮，结果如图 13.1 所示。

扫一扫，看视频

13.1.2　绘制螺母

本小节绘制图 13.13 所示的螺母。

【操作步骤】

（1）单击"常用"选项卡"绘图"面板中的"正多边形"按钮，命令行提示和操作如下，结果如图 13.14 所示。

```
命令: _polygon
输入边的数目 <4> 或 [多个(M)/线宽(W)]: 6↙
指定正多边形的中心点或 [边(E)]: 0,0,0↙
输入选项 [内接于圆(I)/外切于圆(C)] <外切于圆>: ↙
指定圆的半径: 9↙
```

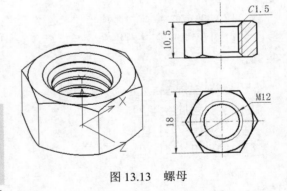

图 13.13　螺母

（2）单击"视图"选项卡"视图"面板中的"西南等轴测"按钮，将当前视图设为西南等轴测。

（3）单击"实体"选项卡"实体"面板中的"拉伸"按钮，选择正六边形进行拉伸，拉伸高度为 10.5，如图 13.15 所示。

（4）单击"视图"选项卡"视图"面板中的"前视"按钮，将当前视图设为前视图。

（5）单击"常用"选项卡"绘图"面板中的"直线"按钮，绘制旋转截面，命令行提示和操作如下，结果如图 13.16 所示。

```
命令: _line
指定第一个点: 9,0↙
指定下一点或 [角度(A)/长度(L)/放弃(U)]: @3<30↙
指定下一点或 [角度(A)/长度(L)/放弃(U)]: @1.5<270↙
指定下一点或 [角度(A)/长度(L)/闭合(C)/放弃(U)]: C↙
```

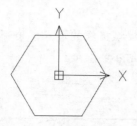

图 13.14　绘制正六边形

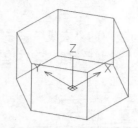

图 13.15　拉伸实体

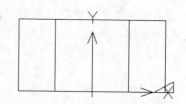

图 13.16　绘制旋转截面

（6）单击"常用"选项卡"绘图"面板中的"面域"按钮▣，将绘制的三角形创建成面域。

（7）单击"视图"选项卡"视图"面板中的"西南等轴测"按钮◈，将当前视图设为西南等轴测。

（8）在命令行中输入 UCS 命令，将坐标系恢复为世界坐标系。

（9）单击"实体"选项卡"实体"面板中的"旋转"按钮▤，选择创建的面域进行旋转，选择 Z 轴为旋转轴，设置旋转角度为 360°，结果如图 13.17 所示。

（10）单击"实体"选项卡"三维操作"面板中的"三维镜像"按钮▥，将旋转实体进行镜像，镜像平面为 XY 平面，XY 平面上的点坐标为(0,0,5.25)，结果如图 13.18 所示。

（11）单击"实体"选项卡"布尔运算"面板中的"差集"按钮▱，从拉伸实体中减去两个旋转实体，消隐后的结果如图 13.19 所示。

（12）单击"实体"选项卡"图元"面板中的"圆柱体"按钮▮，以坐标原点为圆心，绘制半径为 5.05，高为 10.5 的圆柱体。

（13）单击"实体"选项卡"布尔运算"面板中的"差集"按钮▱，将拉伸实体与圆柱体进行差集运算，消隐后的结果如图 13.20 所示。

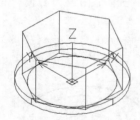

图 13.17　旋转实体

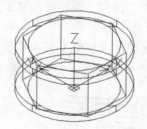

图 13.18　镜像结果

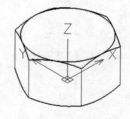

图 13.19　差集结果 1

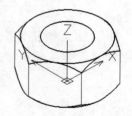

图 13.20　差集结果 2

（14）单击"常用"选项卡"修改"面板中的"倒角"按钮◿，设置倒角距离为 1.5，对两端孔口进行倒角，结果如图 13.21 所示。

（15）单击"实体"选项卡"图元"面板中的"螺旋"按钮▤，命令行提示和操作如下：

```
命令: _helix
圈数 = 3.0000      扭曲=逆时针
指定底面的圆心: 0,0,-1.75✓
指定底面半径或 [直径(D)] <1.0000>:4.67✓
指定顶面半径或 [直径(D)] <4.6700>:✓
指定螺旋高度或 [轴端点(A)/圈数(T)/圈高(H)/扭曲(W)] <1.0000>:H✓
指定圈间距 <0.2500>:1.75✓
指定螺旋高度或 [轴端点(A)/圈数(T)/圈高(H)/扭曲(W)] <1.0000>:17.5✓
```

（16）单击"视图"选项卡"视图"面板中的"前视"按钮▤，将当前视图设为前视图，结果如图 13.22 所示。

（17）单击"常用"选项卡"绘图"面板中的"直线"按钮╲，捕捉螺旋线的端点，绘制边长为 1.75 的等边三角形，过三角形顶点绘制一条水平辅助线，如图 13.23 所示。

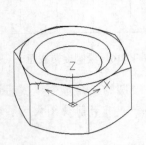

图 13.21　倒角结果

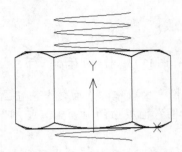

图 13.22　绘制螺旋线

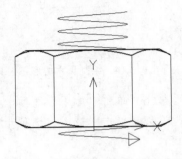

图 13.23　绘制截面三角形

（18）选择菜单栏中的"格式"→"点样式"命令，弹出"点样式"对话框，选择图 13.7 所示的点样式。单击"确定"按钮，关闭"点样式"对话框。

（19）单击"常用"选项卡"绘图"面板中的"定数等分"按钮╱，选中绘制的辅助线，将其等分为 8 份，如图 13.24 所示。

（20）单击"常用"选项卡"绘图"面板中的"直线"按钮╲，过右端第一个等分点绘制竖直线，修剪、删除后，结果如图 13.25 所示。

（21）单击"常用"选项卡"绘图"面板中的"面域"按钮◎，将绘制的三角形创建成面域。

（22）单击"实体"选项卡"实体"面板中的"扫掠"按钮，选择三角形作为扫掠对象，螺旋线为扫掠路径，结果如图 13.26 所示。

（23）单击"视图"选项卡"视图"面板中的"西南等轴测"按钮，将当前视图设为西南等轴测。

（24）单击"实体"选项卡"布尔运算"面板中的"差集"按钮，将拉伸实体与扫掠实体进行差集运算，消隐后的结果如图 13.27 所示。

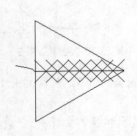

图 13.24　等分辅助线

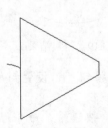

图 13.25　绘制截面

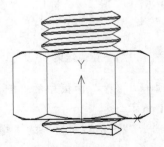

图 13.26　扫掠结果

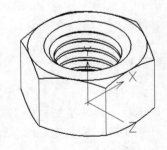

图 13.27　差集结果 3

扫一扫，看视频

13.1.3　绘制密封圈

本小节绘制图 13.28 所示的密封圈。

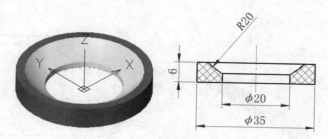

图 13.28　密封圈

【操作步骤】

（1）单击"视图"选项卡"视图"面板中的"西南等轴测"按钮⊕，将当前视图设为西南等轴测。

（2）单击"实体"选项卡"图元"面板中的"圆柱体"按钮▮，以坐标原点为底面中心点，绘制半径为 17.5，高度为 6 的圆柱体 1，如图 13.29 所示。

（3）重复"圆柱体"命令，以坐标原点为底面中心点，绘制半径为 10，高度为 3 的圆柱体 2，如图 13.30 所示。

（4）单击"实体"选项卡"图元"面板中的"球体"按钮◯，以球心为(0,0,20)，半径为 20，绘制球体，如图 13.31 所示。

（5）单击"实体"选项卡"布尔运算"面板中的"差集"按钮▯，从圆柱体 1 中减去圆柱体 2 和球体，消隐后的结果如图 13.32 所示。

（6）单击"实体"选项卡"实体编辑"面板中的"着色面"按钮▯，选择底面、外圆柱面和顶面，将其颜色设置为红色。

（7）重复"着色面"命令，选择剩余的表面，将其颜色设置为黄色。

（8）单击"视图"选项卡"视觉样式"面板中的"体着色"按钮◣，结果如图 13.28 所示。

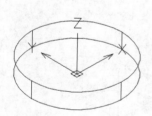　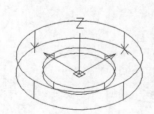　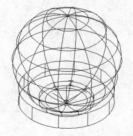　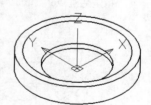

图 13.29　绘制圆柱体 1　　　图 13.30　绘制圆柱体 2　　　图 13.31　绘制球体　　　图 13.32　差集结果

13.1.4　绘制扳手

本小节绘制图 13.33 所示的扳手。

扫一扫，看视频

【操作步骤】

（1）单击"视图"选项卡"视图"面板中的"西南等轴测"按钮⊕，将当前视图设为西南等轴测。

（2）单击"实体"选项卡"图元"面板中的"圆柱体"按钮▮，以坐标原点为底面中心点，绘制半径为 19，高度为 10 的圆柱体，如图 13.34 所示。

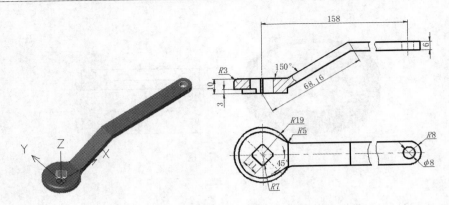

图 13.33　扳手

（3）单击"实体"选项卡"实体编辑"面板中的"复制边"按钮，命令行提示和操作如下：

```
命令：_solidedit
输入实体编辑选项 [面(F)/边(E)/体(B)/放弃(U)/退出(X)] <退出>：_edge
输入边编辑选项[复制(C)/着色(L)/放弃(U)/退出(X)] <退出>：_copy
选择边或 [放弃(U)/删除(R)]：　（选择图13.35所示的圆柱底面边线）
找到 1 条边。
选择边或 [放弃(U)/删除(R)/全部(ALL)]：↙
指定方向的起点：0,0,0↙
指定方向的端点：0,0,0↙
输入边编辑选项[复制(C)/着色(L)/放弃(U)/退出(X)] <退出>：↙
输入实体编辑选项 [面(F)/边(E)/体(B)/放弃(U)/退出(X)] <退出>：↙
```

（4）单击"常用"选项卡"绘图"面板中的"构造线"按钮，命令行提示和操作如下，结果如图 13.36 所示。

```
命令：_xline
指定构造线位置或 [等分(B)/水平(H)/竖直(V)/角度(A)/偏移(O)]：0,0↙
指定通过点：40<315↙
指定通过点：*取消*
```

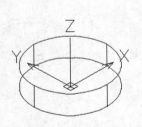

图 13.34　绘制圆柱体 1

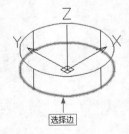

图 13.35　选择边

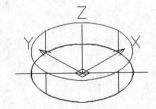

图 13.36　绘制构造线

（5）单击"常用"选项卡"修改"面板中的"修剪"按钮，对图形中相应的部分进行修剪，结果如图 13.37 所示。

（6）单击"常用"选项卡"绘图"面板中的"面域"按钮，将修剪后的图形创建成面域。

（7）单击"实体"选项卡"实体"面板中的"拉伸"按钮，选择第（6）步创建的面域，设置拉伸高度为 3，结果如图 13.38 所示。

（8）单击"实体"选项卡"布尔运算"面板中的"差集"按钮，对拉伸实体与圆柱体进行差集运算，结果如图 13.39 所示。

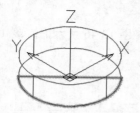

图 13.37 修剪图形

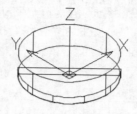

图 13.38 拉伸实体 1

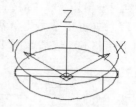

图 13.39 差集结果 1

（9）单击"实体"选项卡"图元"面板中的"圆柱体"按钮，以坐标原点为底面中心点，绘制半径为 7，高度为 10 的圆柱体，如图 13.40 所示。

（10）单击"实体"选项卡"图元"面板中的"长方体"按钮，以点(0,0,5)为中心点，绘制长度为 11，宽度为 11，高度为 10 的长方体，结果如图 13.41 所示。

（11）单击"常用"选项卡"修改"面板中的"旋转"按钮，选中长方体，以(0,0,0)为基点旋转 45°，结果如图 13.42 所示。

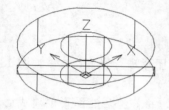

图 13.40 绘制圆柱体 2

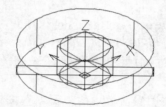

图 13.41 绘制长方体

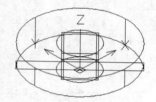

图 13.42 旋转长方体

（12）单击"实体"选项卡"布尔运算"面板中的"交集"按钮，将第（10）和（11）步绘制的圆柱体和长方体进行交集运算，结果如图 13.43 所示。

（13）单击"实体"选项卡"布尔运算"面板中的"差集"按钮，将绘制的圆柱体与交集结果进行差集运算，如图 13.44 所示。

（14）单击"视图"选项卡"视图"面板中的"前视"按钮，将当前视图设为前视图。

（15）单击"常用"选项卡"绘图"面板中的"直线"按钮，以(158,0)为起点，绘制一条长度为 40 的竖直线，如图 13.45 所示。

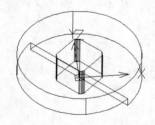

图 13.43 交集结果

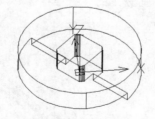

图 13.44 差集结果 2

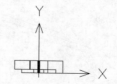

图 13.45 绘制竖直线

（16）重复"直线"命令，命令行提示和操作如下，结果如图 13.46 所示。

```
命令: _line
指定第一个点: 0,0↙
```

指定下一点或 [角度(A)/长度(L)/放弃(U)]：@68.16<30↙
指定下一点或 [角度(A)/长度(L)/放弃(U)]：@103<0↙
指定下一点或 [角度(A)/长度(L)/闭合(C)/放弃(U)]：*取消*

（17）单击"常用"选项卡"修改"面板中的"偏移"按钮▣，将图 13.46 所示的直线 1 和直线 2 向下偏移 6，结果如图 13.47 所示。

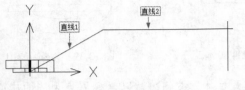

图 13.46　绘制直线

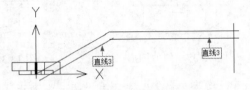

图 13.47　偏移直线

（18）单击"常用"选项卡"绘图"面板中的"直线"按钮╲，命令行提示和操作如下，结果如图 13.48 所示。

命令：_line
指定第一个点：_from（按住 Shift 键，右击，在弹出的快捷菜单中选择"自"命令）
基点：0,0↙
<偏移>：@15<30↙
指定下一点或 [角度(A)/长度(L)/放弃(U)]：@6<300↙
指定下一点或 [角度(A)/长度(L)/放弃(U)]：↙

（19）单击"常用"选项卡"修改"面板中的"修剪"按钮┼，对图形进行修剪，结果如图 13.49 所示。

（20）单击"常用"选项卡"绘图"面板中的"面域"按钮▣，将修剪后的图形创建成面域。

（21）单击"实体"选项卡"实体"面板中的"拉伸"按钮▣，将创建的面域进行拉伸，设置拉伸高度为 8，结果如图 13.50 所示。

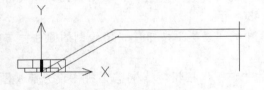

图 13.48　绘制连接线

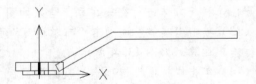

图 13.49　修剪图形

（22）单击"实体"选项卡"三维操作"面板中的"三维镜像"按钮▣，选中拉伸实体进行镜像，镜像平面为 XY 面，结果如图 13.51 所示。

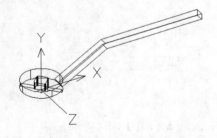

图 13.50　拉伸实体 2

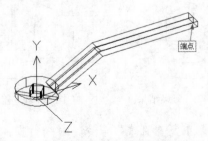

图 13.51　三维镜像结果

（23）在命令行中输入 UCS 命令，将坐标系恢复为世界坐标系。

（24）单击"实体"选项卡"图元"面板中的"圆柱体"按钮 ⬛，捕捉图 13.51 所示的端点为圆柱体的底面中心点，绘制半径为 8，高度为 6 的圆柱体，如图 13.52 所示。

（25）单击"实体"选项卡"布尔运算"面板中的"并集"按钮 ⬛，将所有实体进行并集运算，结果如图 13.53 所示。

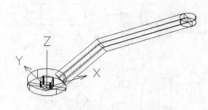
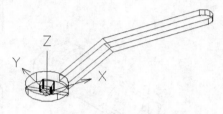

图 13.52　绘制圆柱体 3　　　　　　　　　　　图 13.53　并集结果

（26）单击"实体"选项卡"图元"面板中的"圆柱体"按钮 ⬛，捕捉图 13.54 所示的下端面圆心点为圆柱体的底面中心点，绘制半径为 4，高度为 6 的圆柱体，如图 13.55 所示。

（27）单击"实体"选项卡"布尔运算"面板中的"差集"按钮 ⬛，将实体与圆柱体进行差集运算，消隐后的结果如图 13.56 所示。

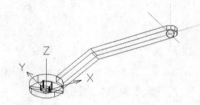
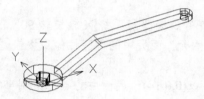
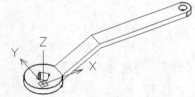

图 13.54　捕捉圆心点　　　　　图 13.55　绘制圆柱体 4　　　　　图 13.56　差集结果

（28）单击"常用"选项卡"修改"面板中的"圆角"按钮 ⬛，设置圆角半径为 3，选择图 13.57 所示的边进行圆角，结果如图 13.58 所示。

（29）重复"圆角"命令，设置圆角半径为 5，选择图 13.59 所示的边进行圆角，结果如图 13.60 所示。

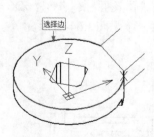
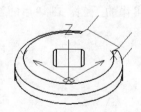
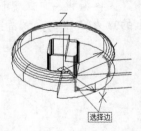
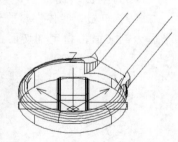

图 13.57　选择圆角边 1　　图 13.58　圆角结果 1　　图 13.59　选择圆角边 2　　图 13.60　圆角结果 2

（30）单击"实体"选项卡"实体编辑"面板中的"着色面"按钮 ⬛，选择所有表面，将其颜色设置为红色。

（31）重复"着色面"命令，选择内表面，将其颜色设置为绿色。

（32）单击"视图"选项卡"视觉样式"面板中的"体着色"按钮 ⬛，结果如图 13.33 所示。

13.1.5　绘制阀杆

本小节绘制图 13.61 所示的阀杆。

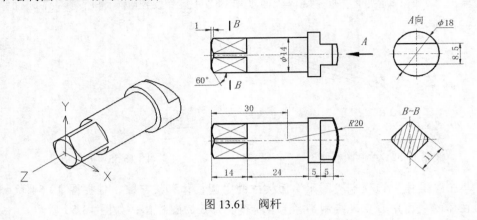

图 13.61　阀杆

【操作步骤】

（1）单击"视图"选项卡"视图"面板中的"西南等轴测"按钮，将当前视图设为西南等轴测。

（2）在命令行中输入 UCS 命令，将坐标系绕 X 轴旋转 90°。

（3）单击"实体"选项卡"图元"面板中的"圆柱体"按钮，以原点为底面中心点，绘制半径为 7，高度为 14 的圆柱体 1。

（4）重复"圆柱体"命令，以(0,0,14)为底面中心点，绘制半径为 7，高度为 24 的圆柱体 2。

（5）重复"圆柱体"命令，以(0,0,38)为底面中心点，绘制半径为 9，高度为 5 的圆柱体 3。

（6）重复"圆柱体"命令，以(0,0,43)为底面中心点，绘制半径为 9，高度为 5 的圆柱体 4，如图 13.62 所示。

（7）单击"实体"选项卡"图元"面板中的"球体"按钮，在点(0,0,30)处绘制半径为 20 的球体，消隐后的结果如图 13.63 所示。

（8）单击"视图"选项卡"视图"面板中的"左视"按钮，将当前视图设为左视图。

（9）单击"实体"选项卡"实体编辑"面板中的"剖切"按钮，选择球体及圆柱体 4，以 ZX 平面为剖切面，指定剖切面上的点为(0,4.25)，保留实体的下侧，剖切后的图形如图 13.64 所示。

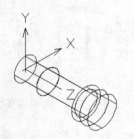

图 13.62　绘制圆柱体 1、2、3、4

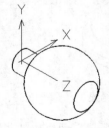

图 13.63　绘制球体

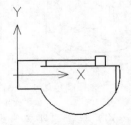

图 13.64　第一次剖切结果

（10）重复"剖切"命令，选择球体及圆柱体 4，以 ZX 平面为剖切面，指定剖切面上的点为

(0,-4.25)，对实体进行对称剖切，保留实体的上侧，如图 13.65 所示。

　　（11）重复"剖切"命令，选择球体，以 YZ 平面为剖切面，指定剖切面上的点为(48,0)，对球体进行剖切，保留球体的右侧，如图 13.66 所示。

　　（12）单击"视图"选项卡"视图"面板中的"东北等轴测"按钮🧭，将当前视图设为东北等轴测。

　　（13）单击"实体"选项卡"实体编辑"面板中的"拉伸面"按钮🗔，选择图 13.67 所示的圆柱体 1 的端面，设置拉伸高度为-1。

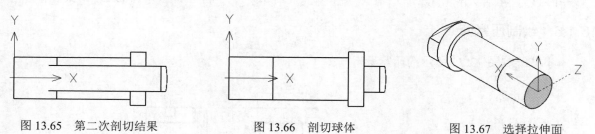

图 13.65　第二次剖切结果　　　　图 13.66　剖切球体　　　　图 13.67　选择拉伸面

　　（14）重复"拉伸面"命令，选择圆柱体 1 的端面，设置拉伸高度为 1，倾斜角度为 60°，结果如图 13.68 所示。

　　（15）单击"视图"选项卡"视图"面板中的"后视"按钮🗔，将当前视图设为后视图。

　　（16）单击"常用"选项卡"绘图"面板中的"矩形"按钮▢，以(-5.5,-5.5)为第一角点，(5.5,5.5)为第二角点，绘制矩形，如图 13.69 所示。

　　（17）单击"常用"选项卡"修改"面板中的"旋转"按钮↻，以原点为基点，将矩形旋转 45°，结果如图 13.70 所示。

　　（18）单击"视图"选项卡"视图"面板中的"东北等轴测"按钮🧭，将当前视图设为东北等轴测。

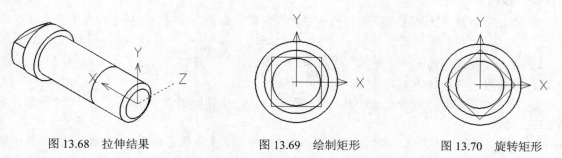

图 13.68　拉伸结果　　　　图 13.69　绘制矩形　　　　图 13.70　旋转矩形

　　（19）单击"实体"选项卡"实体"面板中的"拉伸"按钮🗔，将旋转后的矩形进行拉伸，拉伸距离为-14，结果如图 13.71 所示。

　　（20）单击"实体"选项卡"布尔运算"面板中的"交集"按钮▣，将圆柱体 1 与拉伸实体进行交集运算，结果如图 13.72 所示。

　　（21）单击"实体"选项卡"布尔运算"面板中的"并集"按钮🗇，将视图中的所有实体进行并集运算，结果如图 13.73 所示。

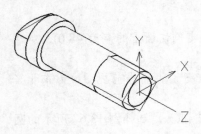

图 13.71　拉伸实体

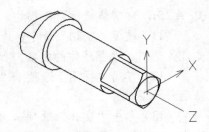

图 13.72　交集结果

图 13.73　并集结果

扫一扫，看视频

13.1.6　绘制压紧套

本小节绘制图 13.74 所示的压紧套。

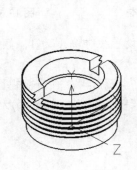

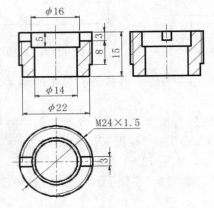

图 13.74　压紧套

【操作步骤】

（1）单击"视图"选项卡"视图"面板中的"西南等轴测"按钮，将当前视图设为西南等轴测。

（2）单击"实体"选项卡"图元"面板中的"圆柱体"按钮，以原点为底面中心点，绘制半径为 11，高度为 4 的圆柱体 1。

（3）重复"圆柱体"命令，以(0,0,4)为底面中心点，绘制半径为 12，高度为 11 的圆柱体 2，如图 13.75 所示。

（4）单击"实体"选项卡"布尔运算"面板中的"并集"按钮，将两个圆柱体进行并集运算。

（5）单击"实体"选项卡"图元"面板中的"圆柱体"按钮，以(0,0,0)为底面中心点，绘制半径为 7，高度为 10 的圆柱体 3。

（6）重复"圆柱体"命令，以(0,0,10)为底面中心点，绘制半径为 8，高度为 5 的圆柱体 4，如图 13.76 所示。

（7）单击"实体"选项卡"布尔运算"面板中的"差集"按钮，将并集后的实体与圆柱体 3 和圆柱体 4 进行差集运算，结果如图 13.77 所示。

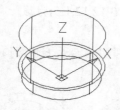

图 13.75 绘制圆柱体 1 和圆柱体 2

图 13.76 绘制圆柱体 3 和圆柱体 4

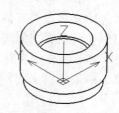

图 13.77 差集结果 1

（8）单击"实体"选项卡"图元"面板中的"螺旋"按钮 ，命令行提示和操作如下，结果如图 13.78 所示。

```
命令：_helix
圈数 = 3.0000    扭曲=逆时针
指定底面的圆心：0,0,-1.75↙
指定底面半径或 [直径(D)] <1.000>:12.16↙
指定顶面半径或 [直径(D)] <12.160>:↙
指定螺旋高度或 [轴端点(A)/圈数(T)/圈高(H)/扭曲(W)] <13.0000>:H↙
指定圈间距 <0.8000>:1.5↙
指定螺旋高度或 [轴端点(A)/圈数(T)/圈高(H)/扭曲(W)] <13.0000>:18↙
```

（9）单击"视图"选项卡"视图"面板中的"前视"按钮 ，将当前视图设为前视图。

（10）单击"常用"选项卡"绘图"面板中的"直线"按钮 ，捕捉螺旋线的端点，绘制边长为 1.5 的等边三角形，并由三角形的顶点绘制一条水平辅助线，如图 13.79 所示。

（11）选择菜单栏中的"格式"→"点样式"命令，弹出"点样式"对话框，选择图 13.7 所示的点样式。单击"确定"按钮，关闭"点样式"对话框。

（12）单击"常用"选项卡"绘图"面板中的"定数等分"按钮 ，选中绘制的辅助线，将其等分为 4 份，如图 13.80 所示。

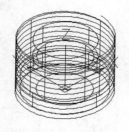

图 13.78 绘制螺旋线

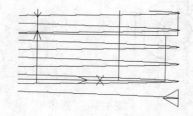

图 13.79 绘制截面三角形

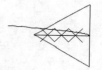

图 13.80 等分辅助线

（13）单击"常用"选项卡"绘图"面板中的"直线"按钮 ，过左端第一个等分点绘制竖直线，修剪图形并删除辅助线和点后，结果如图 13.81 所示。

（14）单击"常用"选项卡"绘图"面板中的"面域"按钮 ，将绘制的三角形创建成面域。

（15）单击"视图"选项卡"视图"面板中的"西南等轴测"按钮 ，将当前视图设为西南等轴测。

（16）单击"实体"选项卡"实体"面板中的"扫掠"按钮 ，选择三角形作为扫掠对象，螺旋线为扫掠路径，结果如图 13.82 所示。

（17）单击"实体"选项卡"布尔运算"面板中的"差集"按钮 ，将实体与扫掠实体进行差集运算，消隐后的结果如图 13.83 所示。

（18）单击"实体"选项卡"图元"面板中的"长方体"按钮，以(-12,12,1.5)为第一角点，(12,15,-1.5)为第二角点，绘制长方体，如图 13.84 所示。

（19）单击"实体"选项卡"布尔运算"面板中的"差集"按钮，将实体与长方体进行差集运算，结果如图 13.85 所示。

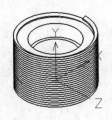 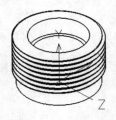 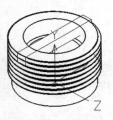 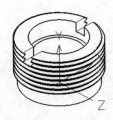

图 13.81　绘制的截面　　　图 13.82　扫掠结果　　　图 13.83　差集结果 2　　　图 13.84　绘制长方体　　　图 13.85　差集结果 3

13.1.7　绘制阀体

本小节绘制图 13.86 所示的阀体。

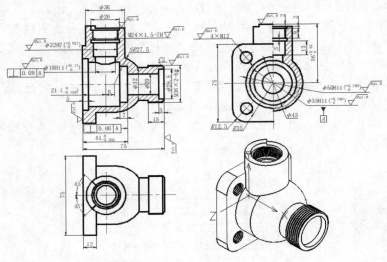

图 13.86　阀体

【操作步骤】

1．绘制主体

（1）单击"视图"选项卡"视图"面板中的"西南等轴测"按钮，将当前视图设为西南等轴测。

（2）在命令行中输入 UCS 命令，将坐标系绕 X 轴旋转 90°。

（3）单击"实体"选项卡"图元"面板中的"长方体"按钮，以(-37.5,37.5,0)为第一角点，(37.5,-37.5,12)为第二角点，绘制长度为 75，宽度为 75，高度为 12 的长方体，如图 13.87 所示。

（4）单击"常用"选项卡"修改"面板中的"圆角"按钮，对第（3）步绘制的长方体的 4 条边进行圆角操作，圆角半径为 12.5，如图 13.88 所示。

（5）单击"实体"选项卡"图元"面板中的"圆柱体"按钮，绘制以点(0,0,12)为底面中心点，直径为 55, 高度为 17 的圆柱体 1, 如图 13.89 所示。

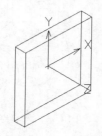

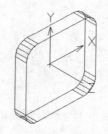

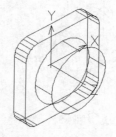

图 13.87　绘制长方体　　　　图 13.88　圆角操作　　　　图 13.89　绘制圆柱体 1

（6）单击"实体"选项卡"图元"面板中的"球体"按钮 ⊜, 绘制以点(0,0,29)为球心, 直径为 55 的球体, 如图 13.90 所示。

（7）单击"实体"选项卡"图元"面板中的"圆柱体"按钮 ⬚, 以点(0,0,60)为底面中心点, 绘制半径为 18, 高度为 15 的圆柱体 2。

（8）重复"圆柱体"命令, 以点(0,0,60)为底面中心点, 绘制半径为 16, 高度为-20 的圆柱体 3, 如图 13.91 所示。

（9）单击"实体"选项卡"布尔运算"面板中的"并集"按钮 ⬚, 将所有实体进行合并, 消隐后的结果如图 13.92 所示。

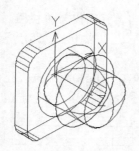

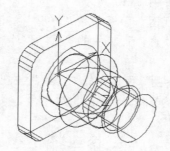

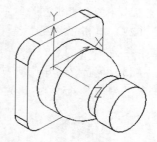

图 13.90　绘制球体　　　　图 13.91　绘制圆柱体 2 和圆柱体 3　　　　图 13.92　并集结果

（10）单击"实体"选项卡"图元"面板中的"圆柱体"按钮 ⬚, 从左到右绘制 5 个内部圆柱体: 底面中心点为(0,0,0), 直径为 50, 高度为 5; 底面中心点为(0,0,5), 直径为 43, 高度为 29; 底面中心点为(0,0,34), 直径为 35, 高度为 7; 底面中心点为(0,0,41), 直径为 20, 高度为 19; 底面中心点为(0,0,70), 直径为 28.5, 高度为 5, 结果如图 13.93 所示。

（11）在命令行中输入 UCS 命令, 将坐标系绕 X 轴旋转-90°。

（12）单击"实体"选项卡"图元"面板中的"圆柱体"按钮 ⬚, 以(0,-21,0)为底面中心点, 绘制半径为 18, 高度为 56 的圆柱体 4, 如图 13.94 所示。

（13）单击"实体"选项卡"布尔运算"面板中的"并集"按钮 ⬚, 将实体与第（12）步绘制的圆柱体 4 进行并集。

（14）单击"实体"选项卡"布尔运算"面板中的"差集"按钮 ⬚, 从并集结果中减去第（10）步绘制的 5 个圆柱体, 结果如图 13.95 所示。

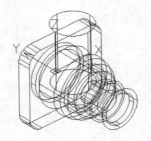
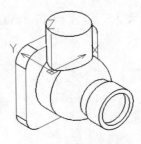

图 13.93　绘制 5 个圆柱体　　　　图 13.94　绘制圆柱体 4　　　　图 13.95　差集结果 1

（15）单击"实体"选项卡"图元"面板中的"圆柱体"按钮█，以点(0,-21,56)为底面中心点，绘制直径为 26，高度为-4 的圆柱体 5。

（16）重复"圆柱体"命令，以点(0,-21,52)为底面中心点，绘制直径为 22.376，高度为-9 的圆柱体 6。

（17）重复"圆柱体"命令，以点(0,-21,43)为底面中心点，绘制直径为 26，高度为-3 的圆柱体 7。

（18）重复"圆柱体"命令，以点(0,-21,40)为底面中心点，绘制直径为 22，高度为-13 的圆柱体 8。

（19）重复"圆柱体"命令，以点(0,-21,27)为底面中心点，绘制直径为 18，高度为-29 的圆柱体 9，如图 13.96 所示。

（20）单击"实体"选项卡"布尔运算"面板中的"差集"按钮█，从实体中减去第（15）～（19）步绘制的 5 个圆柱体，结果如图 13.97 所示。

（21）单击"视图"选项卡"视图"面板中的"俯视"按钮█，将当前视图设为俯视图。

（22）单击"常用"选项卡"绘图"面板中的"圆心，半径"按钮█，以点(0,-21,56)为圆心，绘制半径为 18 和 13 的圆。

（23）单击"常用"选项卡"绘图"面板中的"直线"按钮█，以点(0,-21,56)为起点，分别绘制与水平方向呈 45° 和 135° 夹角的直线，如图 13.98 所示。

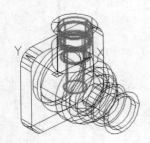
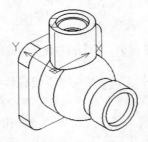
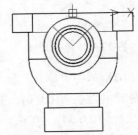

图 13.96　绘制圆柱体 5、6、7、8、9　　　图 13.97　差集结果 2　　　图 13.98　绘制圆和直线

（24）单击"常用"选项卡"修改"面板中的"修剪"按钮█，对直线和圆弧进行修剪，结果如图 13.99 所示。

（25）单击"常用"选项卡"绘图"面板中的"面域"按钮█，将第（22）～（24）步绘制的图形创建成三个面域。

（26）单击"实体"选项卡"实体"面板中的"拉伸"按钮█，选择第（25）步创建的面域，拉伸高度为-2，消隐后的结果如图 13.100 所示。

（27）单击"实体"选项卡"布尔运算"面板中的"差集"按钮█，从实体中减去第（26）步创建的拉伸实体，结果如图 13.101 所示。

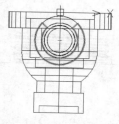

图 13.99 修剪图形

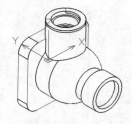

图 13.100 拉伸实体

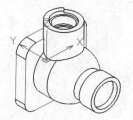

图 13.101 差集结果 3

2. 绘制上端和右端螺纹

（1）单击"实体"选项卡"图元"面板中的"螺旋"按钮，命令行提示和操作如下，结果如图 13.102 所示。

```
命令: _helix
圈数 = 3.0000     扭曲=逆时针
指定底面的圆心: 0,-21,61↙
指定底面半径或 [直径(D)] <1.0000>:10.86↙
指定顶面半径或 [直径(D)] 10.8600>:↙
指定螺旋高度或 [轴端点(A)/圈数(T)/圈高(H)/扭曲(W)] <1.0000>:H↙
指定圈间距 <0.2500>:1.5↙
指定螺旋高度或 [轴端点(A)/圈数(T)/圈高(H)/扭曲(W)] <1.0000>:-19.5↙
```

（2）单击"视图"选项卡"视图"面板中的"前视"按钮，将当前视图设为前视图。

（3）单击"常用"选项卡"绘图"面板中的"直线"按钮，捕捉螺旋线的端点，绘制边长为 1.5 的等边三角形，过三角形顶点绘制一条水平辅助线，如图 13.103 所示。

（4）选择菜单栏中的"格式"→"点样式"命令，弹出"点样式"对话框，选择图 13.104 所示的点样式。单击"确定"按钮，关闭"点样式"对话框。

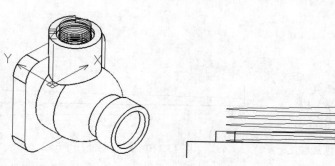

图 13.102 绘制螺旋线 1

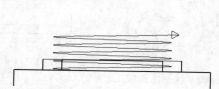

图 13.103 绘制截面三角形 1

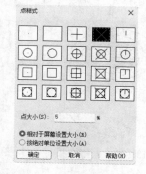

图 13.104 "点样式"对话框

（5）单击"常用"选项卡"绘图"面板中的"定数等分"按钮，选中绘制的辅助线，将其等分为 8 份，如图 13.105 所示。

（6）单击"常用"选项卡"绘图"面板中的"直线"按钮，过右端第一个等分点绘制竖直线，修剪、删除后，结果如图 13.106 所示。

（7）单击"常用"选项卡"绘图"面板中的"面域"按钮，将绘制的三角形创建成面域。

（8）单击"实体"选项卡"实体"面板中的"扫掠"按钮，选择三角形作为扫掠对象，螺旋线为扫掠路径，结果如图 13.107 所示。

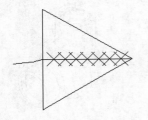

图 13.105　等分辅助线

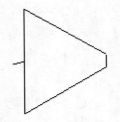

图 13.106　绘制的截面

图 13.107　扫掠实体

（9）单击"视图"选项卡"视图"面板中的"西南等轴测"按钮，将当前视图设为西南等轴测。

（10）单击"实体"选项卡"布尔运算"面板中的"差集"按钮，从实体中减去扫掠实体，结果如图 13.108 所示。

（11）单击"实体"选项卡"图元"面板中的"螺旋"按钮，命令行提示和操作如下，结果如图 13.109 所示。

```
命令：_helix
圈数 = 3.0000     扭曲=逆时针
指定底面的圆心：0,0,77✓
指定底面半径或 [直径(D)] <1.0000>:18.22✓
指定顶面半径或 [直径(D)] 18.2200>:✓
指定螺旋高度或 [轴端点(A)/圈数(T)/圈高(H)/扭曲(W)] <1.0000>:H✓
指定圈间距 <0.2500>:2✓
指定螺旋高度或 [轴端点(A)/圈数(T)/圈高(H)/扭曲(W)] <1.0000>:-19✓
```

（12）单击"视图"选项卡"视图"面板中的"俯视"按钮，将当前视图设为俯视图。

（13）单击"常用"选项卡"绘图"面板中的"直线"按钮，捕捉螺旋线的端点，绘制边长为 2 的等边三角形，过三角形顶点绘制一条水平辅助线，如图 13.110 所示。

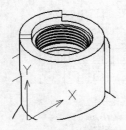

图 13.108　差集结果

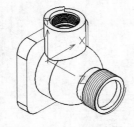

图 13.109　绘制螺旋线 2

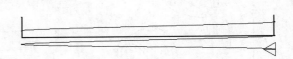

图 13.110　绘制截面三角形 2

（14）单击"常用"选项卡"绘图"面板中的"定数等分"按钮，选中绘制的辅助线，将其等分为 4 份，如图 13.111 所示。

（15）单击"常用"选项卡"绘图"面板中的"直线"按钮，过左端第一个等分点绘制竖直线，修剪、删除后，结果如图 13.112 所示。

（16）单击"常用"选项卡"绘图"面板中的"面域"按钮，将绘制的三角形创建成面域。

（17）单击"实体"选项卡"实体"面板中的"扫掠"按钮，选择三角形作为扫掠对象，螺旋线为扫掠路径，结果如图 13.113 所示。

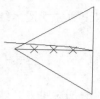

图 13.111　等分辅助线

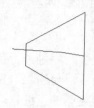
图 13.112　绘制的截面

图 13.113　扫掠实体

（18）单击"视图"选项卡"视图"面板中的"西南等轴测"按钮❖，将当前视图设为西南等轴测。

（19）单击"实体"选项卡"布尔运算"面板中的"差集"按钮◻，从实体中减去扫掠实体，结果如图 13.114 所示。

3. 绘制连接孔

（1）单击"视图"选项卡"视图"面板中的"后视"按钮▣，将当前视图设为后视图。

（2）单击"实体"选项卡"图元"面板中的"圆柱体"按钮◼，命令行提示和操作如下，结果如图 13.115 所示。

```
命令：_cylinder
指定底面的中心点或 [三点(3P)/两点(2P)/切点、切点、半径(T)/椭圆(E)]：_from（按住 Shift 键，右击，在弹出的快捷菜单中选择"自"命令）
基点：0,0✓
<偏移>：@35<45✓
指定圆的半径或 [直径(D)] <6.0000>:5.053✓
指定高度或 [两点(2P)/中心轴(A)] <-15.0000>:-15✓
```

（3）在命令行中输入 UCS 命令，将坐标系移动到第（2）步绘制的圆柱体右端面圆心位置，如图 13.116 所示。

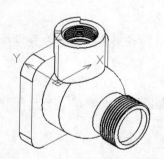
图 13.114　差集结果 1

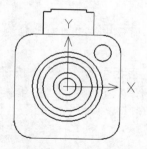
图 13.115　绘制圆柱体

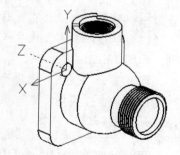
图 13.116　移动坐标系

（4）单击"实体"选项卡"图元"面板中的"螺旋"按钮▤，命令行提示和操作如下：

```
命令：_helix
圈数 = 3.0000        扭曲=逆时针
指定底面的圆心：0,0,0.5
指定底面半径或 [直径(D)] <1.0000>:4.67✓
指定顶面半径或 [直径(D)] 4.6700>:✓
指定螺旋高度或 [轴端点(A)/圈数(T)/圈高(H)/扭曲(W)] <1.0000>:H✓
指定圈间距 <0.2500>:1.75✓
```

指定螺旋高度或 [轴端点(A)/圈数(T)/圈高(H)/扭曲(W)] <1.0000>:19✓

（5）单击"视图"选项卡"视图"面板中的"俯视"按钮，将当前视图设为俯视图，结果如图 13.117 所示。

（6）单击"常用"选项卡"绘图"面板中的"直线"按钮，捕捉螺旋线的端点，绘制边长为 1.75 的等边三角形，过三角形顶点绘制一条水平辅助线，如图 13.118 所示。

（7）单击"常用"选项卡"绘图"面板中的"定数等分"按钮，选中绘制的辅助线，将其等分为 8 份，如图 13.119 所示。

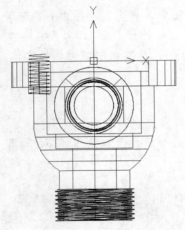

图 13.117　绘制螺旋线

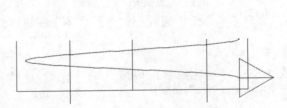

图 13.118　绘制截面三角形

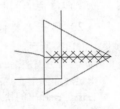

图 13.119　等分辅助线

（8）单击"常用"选项卡"绘图"面板中的"直线"按钮，过右端第一个等分点绘制直线，修剪、删除后，结果如图 13.120 所示。

（9）单击"常用"选项卡"绘图"面板中的"面域"按钮，将绘制的三角形创建成面域。

（10）单击"实体"选项卡"实体"面板中的"扫掠"按钮，选择三角形作为扫掠对象，螺旋线为扫掠路径，生成扫掠实体。

（11）单击"视图"选项卡"视图"面板中的"西南等轴测"按钮，将当前视图设为西南等轴测，如图 13.121 所示。

（12）单击"视图"选项卡"视图"面板中的"前视"按钮，将当前视图设为前视图。

（13）单击"实体"选项卡"三维操作"面板中的"三维阵列"按钮，命令行提示和操作如下，结果如图 13.122 所示。

```
命令：_3darray
选择对象：（选择圆柱体和扫掠实体）
找到 2 个
选择对象：
输入阵列类型 [矩形(R)/环形(P)] <矩形>：P✓
输入阵列中的项目数目：4✓
指定要填充的角度 (+=逆时针，-=顺时针) <360>：✓
是否旋转阵列中的对象？ [是(Y)/否(N)] <是>：✓
指定阵列的圆心：0,0,0✓
指定旋转轴上的第二点：0,0,10✓
```

（14）单击"实体"选项卡"布尔运算"面板中的"差集"按钮，从实体中减去 4 个圆柱体和 4 个扫掠实体，将当前视图设为西南等轴测，结果如图 13.123 所示。

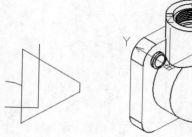

图 13.120　绘制的截面

图 13.121　扫掠实体

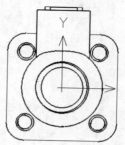

图 13.122　阵列结果

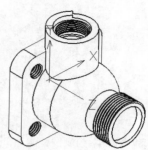

图 13.123　差集结果 2

13.1.8　绘制阀盖

本小节绘制的阀盖（图 13.124）主要起定位和密封作用。阀盖的绘制思路如下：首先，绘制阀盖左端的螺纹；其次，依次绘制其他外形轮廓和阀盖的内部轮廓，并进行差集运算；最后，绘制连接螺纹孔，即可完成阀盖的绘制。

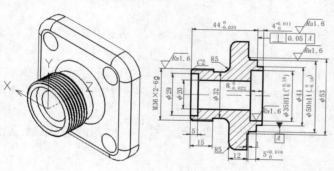

图 13.124　阀盖

【操作步骤】

（1）单击"视图"选项卡"视图"面板中的"西南等轴测"按钮，将当前视图设为西南等轴测。

（2）在命令行中输入 UCS 命令，将坐标系统 X 轴旋转 90°。

（3）单击"实体"选项卡"图元"面板中的"圆柱体"按钮，以点(0,0,0)为底面中心点，绘制半径为 18，高度为 15 的圆柱体 1。

（4）重复"圆柱体"命令，以点(0,0,15)为底面中心点，绘制半径为 16，高度为 11 的圆柱体 2，如图 13.125 所示。

（5）单击"实体"选项卡"图元"面板中的"长方体"按钮，以(37.5,37.5,26)为第一角点，(−37.5,−37.5,38)为第二角点，绘制长度和宽度均为 75，高度为 12 的长方体，如图 13.126 所示。

（6）单击"常用"选项卡"修改"面板中的"圆角"按钮，设置圆角半径为 12.5，对长方体的 4 条棱边进行圆角，如图 13.127 所示。

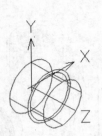

图 13.125　绘制圆柱体 1 和圆柱体 2

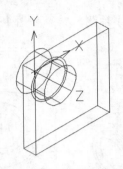

图 13.126　绘制长方体

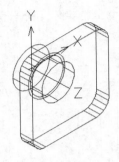

图 13.127　圆角处理

（7）单击"实体"选项卡"图元"面板中的"圆柱体"按钮，以点(0,0,38)为底面中心点，绘制半径为 26.5，高度为 1 的圆柱体 3。

（8）重复"圆柱体"命令，以点(0,0,39)为底面中心点，绘制半径为 25，高度为 5 的圆柱体 4。

（9）重复"圆柱体"命令，以点(0,0,44)为底面中心点，绘制半径为 20.5，高度为 4 的圆柱体 5，如图 13.128 所示。

（10）单击"实体"选项卡"布尔运算"面板中的"并集"按钮，将视图中的所有实体进行并集运算。

（11）单击"实体"选项卡"图元"面板中的"圆柱体"按钮，以点(0,0,0)为底面中心点，绘制半径为 14.5，高度为 5 的圆柱体 6。

（12）重复"圆柱体"命令，以点(0,0,5)为底面中心点，绘制半径为 10，高度为 35 的圆柱体 7。

（13）重复"圆柱体"命令，以点(0,0,40)为底面中心点，绘制半径为 17.5，高度为 8 的圆柱体 8，如图 13.129 所示。

（14）单击"实体"选项卡"布尔运算"面板中的"差集"按钮，从实体中减去三个圆柱体，消隐后的结果如图 13.130 所示。

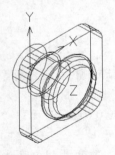

图 13.128　绘制圆柱体 3、4、5

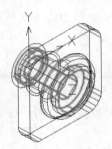

图 13.129　绘制圆柱体 6、7、8

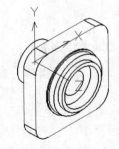

图 13.130　差集结果 1

（15）单击"视图"选项卡"视图"面板中的"东北等轴测"按钮，将当前视图设为东北等轴测。

（16）单击"实体"选项卡"图元"面板中的"螺旋"按钮，命令行提示和操作如下，结果如图 13.131 所示。

```
命令：_helix
圈数 = 3.0000      扭曲=逆时针
指定底面的圆心：0,0,-2↙
指定底面半径或 [直径(D)] <1.0000>:18.22↙
```

指定顶面半径或 ［直径(D)］18.2200>：↙
指定螺旋高度或 ［轴端点(A)/圈数(T)/圈高(H)/扭曲(W)］ <1.0000>：H↙
指定圈间距 <0.2500>：2↙
指定螺旋高度或 ［轴端点(A)/圈数(T)/圈高(H)/扭曲(W)］ <1.0000>：19↙

（17）单击"视图"选项卡"视图"面板中的"俯视"按钮▣，将当前视图设为俯视图。

（18）单击"常用"选项卡"绘图"面板中的"直线"按钮＼，捕捉螺旋线的端点，绘制边长为 2 的等边三角形，过三角形顶点绘制一条水平辅助线，如图 13.132 所示。

（19）选择菜单栏中的"格式"→"点样式"命令，弹出"点样式"对话框，选择图 13.133 所示的点样式。单击"确定"按钮，关闭"点样式"对话框。

（20）单击"常用"选项卡"绘图"面板中的"定数等分"按钮✗ₙ，选中绘制的辅助线，将其等分为 4 份，如图 13.134 所示。

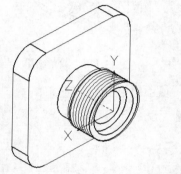

图 13.131　绘制螺旋线

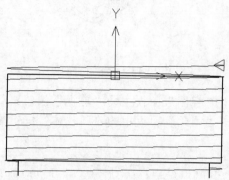

图 13.132　绘制截面三角形

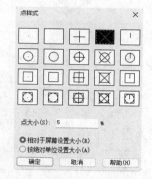

图 13.133　"点样式"对话框

（21）单击"常用"选项卡"绘图"面板中的"直线"按钮＼，过左端第一个等分点绘制竖直线，修剪、删除后，结果如图 13.135 所示。

（22）单击"常用"选项卡"绘图"面板中的"面域"按钮▣，将绘制的三角形创建成面域。

（23）单击"实体"选项卡"实体"面板中的"扫掠"按钮🖎，选择三角形作为扫掠对象，螺旋线为扫掠路径，结果如图 13.136 所示。

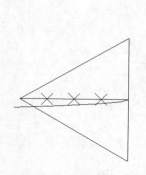

图 13.134　等分辅助线

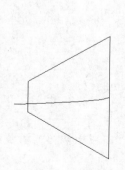

图 13.135　绘制的截面

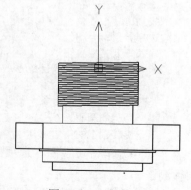

图 13.136　扫掠结果

（24）单击"视图"选项卡"视图"面板中的"东北等轴测"按钮🖎，将当前视图设为东北等轴测。

（25）单击"实体"选项卡"布尔运算"面板中的"差集"按钮▢，从实体中减去扫掠实体，结果如图 13.137 所示。

（26）单击"常用"选项卡"修改"面板中的"圆角"按钮▱，设置圆角半径为 5，选择图 13.138 所示的边进行圆角，结果如图 13.139 所示。

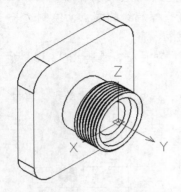
图 13.137 差集结果

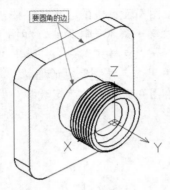
图 13.138 选择圆角边

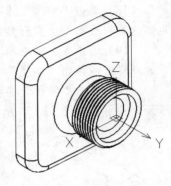
图 13.139 圆角结果

（27）单击"视图"选项卡"视图"面板中的"前视"按钮▤，将当前视图设为前视图。

（28）单击"实体"选项卡"图元"面板中的"圆柱体"按钮▮，命令行提示和操作如下，结果如图 13.140 所示。

```
命令：_cylinder
指定底面的中心点或 [三点(3P)/两点(2P)/切点、切点、半径(T)/椭圆(E)]：_from（按住 Shift 键，右击，在弹出的快捷菜单中选择"自"命令）
基点：0,0↙
<偏移>：@35<45↙
指定圆的半径或 [直径(D)] <6.0000>:6↙
指定高度或 [两点(2P)/中心轴(A)] <-15.0000>:50↙
```

（29）单击"实体"选项卡"三维操作"面板中的"三维阵列"按钮▦，命令行提示和操作如下，结果如图 13.141 所示。

```
命令：_3darray
选择对象：
找到 1 个
选择对象：
输入阵列类型 [矩形(R)/环形(P)] <矩形>：P
输入阵列中的项目数目：4
指定要填充的角度 (+=逆时针，-=顺时针) <360>：
是否旋转阵列中的对象？[是(Y)/否(N)] <是>：
指定阵列的圆心：0,0,0
指定旋转轴上的第二点：0,0,10
```

（30）单击"视图"选项卡"视图"面板中的"西南等轴测"按钮▨，将当前视图设为西南等轴测。

（31）单击"实体"选项卡"布尔运算"面板中的"差集"按钮▢，从实体中减去 4 个圆柱体，结果如图 13.142 所示。

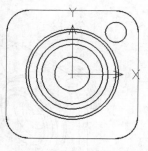

图 13.140　绘制圆柱体 9

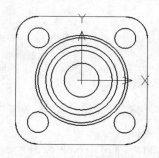

图 13.141　阵列圆柱体 9

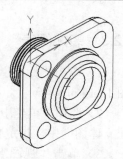

图 13.142　差集结果 2

13.2　球阀装配体设计

扫一扫，看视频

本节对球阀进行装配，如图 13.143 所示。

13.2.1　配置绘图环境

（1）单击"标准"工具栏中的"新建"按钮，弹出"选择样板文件"对话框，单击"打开"按钮右侧的下三角按钮，以"无样板打开--公制"方式建立新文件，将新文件命名为"球阀装配立体图.dwg"并保存。

（2）单击"视图"选项卡"视图"面板中的"左视"按钮，将当前视图设为左视图。

13.2.2　装配阀体

（1）单击"标准"工具栏中的"打开"按钮，打开"阀体.dwg"。

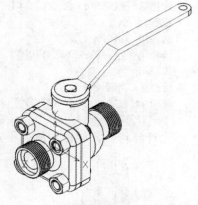

图 13.143　球阀装配立体图

（2）单击"视图"选项卡"视图"面板中的"左视"按钮，将当前视图设为左视图。

（3）选择菜单栏中的"编辑"→"带基点复制"命令，将阀体以(0,0,0)为基点复制到"球阀装配立体图"中；选择"编辑"→"粘贴"命令，指定插入点为(0,0,0)，如图 13.144 所示。

（4）单击"视图"选项卡"视图"面板中的"西北等轴测"按钮，将当前视图设为西北等轴测，如图 13.145 所示。

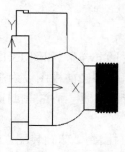

图 13.144　阀体.dwg

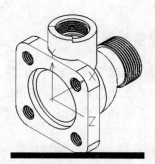

图 13.145　西北等轴测视图

13.2.3 装配阀盖

（1）单击"标准"工具栏中的"打开"按钮，打开"阀盖.dwg"，如图 13.146 所示。

（2）选择菜单栏中的"编辑"→"复制"命令，将阀盖复制到"球阀装配立体图"中，指定合适的位置作为插入点。

（3）单击"视图"选项卡"视图"面板中的"左视"按钮，将当前视图设为左视图，如图 13.147 所示。

（4）单击"常用"选项卡"修改"面板中的"移动"按钮，将阀盖以图 13.147 中的圆心为基点移动到点(0,0,0)处，如图 13.148 所示。

（5）单击"实体"工具栏中的"干涉"按钮，命令行提示和操作如下：

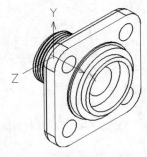

图 13.146 阀盖.dwg

```
命令： _interfere
选择第一组对象：（选择阀体）
找到 1 个
选择第一组对象： ✓
选择第二组对象：（选择阀盖）
找到 1 个
选择第二组对象： ✓
将 1 对象同 1 对象比较。
干涉对象对数目： 0
```

由计算可知，阀体与阀盖不发生干涉。图 13.149 所示为装配阀盖后的西北等轴测视图。

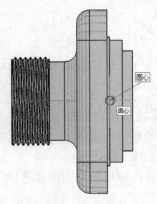

图 13.147 阀盖左视图

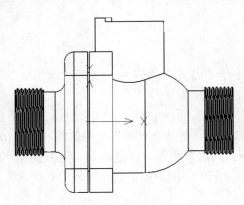

图 13.148 移动阀盖

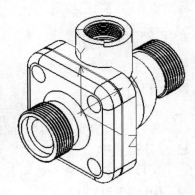

图 13.149 西北等轴测视图

13.2.4 装配密封圈

（1）单击"标准"工具栏中的"打开"按钮，打开"密封圈.dwg"，如图 13.150 所示。

（2）单击"视图"选项卡"视图"面板中的"左视"按钮，将当前视图设为左视图。

（3）单击"实体"选项卡"三维操作"面板中的"三维旋转"按钮，将密封圈沿 Z 轴旋转90°，如图 13.151 所示。

（4）选择菜单栏中的"编辑"→"复制"命令，复制两个密封圈到"球阀装配立体图"中，指定合适的位置作为插入点，如图 13.152 所示。

（5）单击"视图"选项卡"视图"面板中的"左视"按钮⬚，将当前视图设为左视图。

（6）单击"实体"选项卡"三维操作"面板中的"三维旋转"按钮⬚，将左边的密封圈沿 Z 轴旋转 180°，如图 13.153 所示。

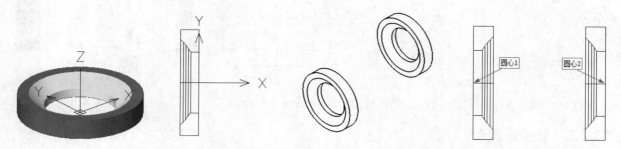

图 13.150　密封圈.dwg　图 13.151　旋转密封圈 1　图 13.152　复制两个密封圈　　图 13.153　旋转密封圈 2

（7）单击"常用"选项卡"修改"面板中的"移动"按钮✛，将图 13.153 中左侧的密封圈以圆心 1 为基点移动到图 13.154 所示的圆心 1 位置，将图 13.153 中右侧的密封圈以圆心 2 为基点移动到图 13.154 所示的圆心 2 位置，装配后如图 13.155 所示。

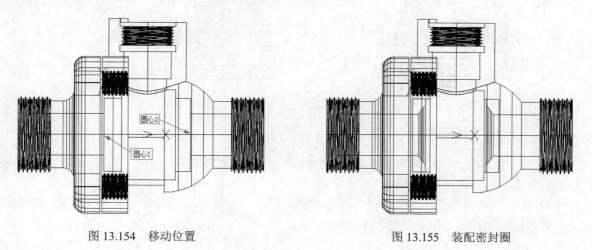

图 13.154　移动位置　　　　　　　　　　　　图 13.155　装配密封圈

📢 注意：

在移动时若捕捉不到圆心，可按 Shift 键，右击，在弹出的快捷菜单中选择"圆心"命令，即可捕捉到圆心。

13.2.5　装配阀芯

（1）单击"标准"工具栏中的"打开"按钮📂，打开"阀芯.dwg"，如图 13.156 所示。

（2）单击"视图"选项卡"视图"面板中的"前视"按钮⬚，将当前视图设为前视图，如图 13.157 所示。

（3）选择菜单栏中的"编辑"→"复制"命令，将阀芯复制到"球阀装配立体图"中，指定合适的位置作为插入点。

（4）单击"常用"选项卡"修改"面板中的"移动"按钮✛，将阀芯以图 13.158 所示的圆心为基点移动到密封圈的圆心位置，如图 13.159 所示。

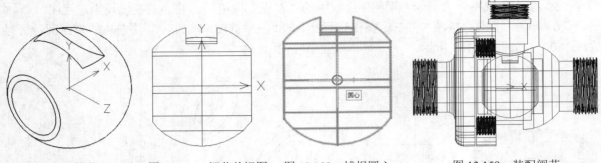

图 13.156　阀芯.dwg　　图 13.157　阀芯前视图　　图 13.158　捕捉圆心　　　图 13.159　装配阀芯

13.2.6　装配压紧套

（1）单击"标准"工具栏中的"打开"按钮 ，打开"压紧套.dwg"，如图 13.160 所示。

（2）单击"视图"选项卡"视图"面板中的"左视"按钮，将当前视图设为左视图，如图 13.161 所示。

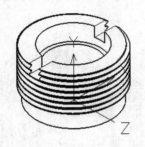

图 13.160　压紧套.dwg

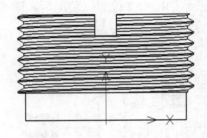

图 13.161　压紧套左视图

（3）选择菜单栏中的"编辑"→"复制"命令，将压紧套复制到"球阀装配立体图"中，指定合适的位置作为插入点，如图 13.162 所示。

（4）单击"常用"选项卡"修改"面板中的"移动"按钮，将压紧套以图 13.162 所示的圆心 1 为基点移动到圆心 2 位置，如图 13.163 所示。

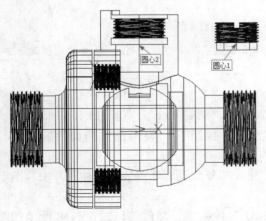

图 13.162　插入压紧套

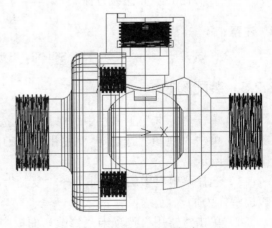

图 13.163　装配压紧套

13.2.7 装配阀杆

（1）单击"标准"工具栏中的"打开"按钮 📁，打开"阀杆.dwg"，如图 13.164 所示。

（2）单击"视图"选项卡"视图"面板中的"左视"按钮 ⬚，将当前视图设为左视图，如图 13.165 所示。

（3）单击"实体"选项卡"三维操作"面板中的"三维旋转"按钮 ⟳，将阀杆沿 Z 轴旋转 -90°，如图 13.166 所示。

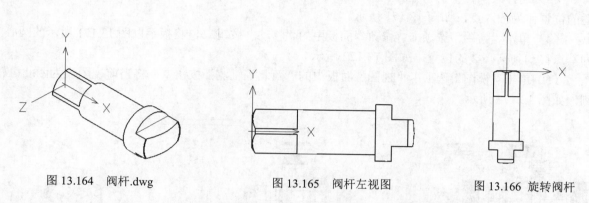

图 13.164　阀杆.dwg　　　　　图 13.165　阀杆左视图　　　　　图 13.166　旋转阀杆

（4）选择菜单栏中的"编辑"→"复制"命令，将阀杆复制到"球阀装配立体图"中，指定合适的位置作为插入点，如图 13.167 所示。

（5）单击"常用"选项卡"修改"面板中的"移动"按钮 ✥，将阀杆以图 13.167 所示的圆心 1 为基点移动到圆心 2 的位置，如图 13.168 所示。

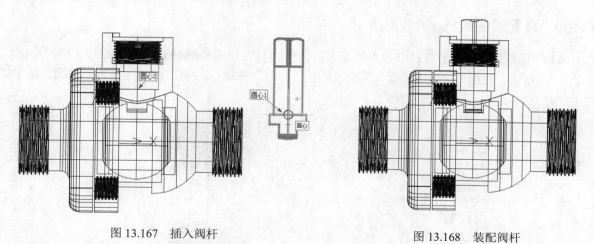

图 13.167　插入阀杆　　　　　　　　　图 13.168　装配阀杆

13.2.8 装配扳手

（1）单击"标准"工具栏中的"打开"按钮 📁，打开"扳手.dwg"，图 13.169 所示为扳手立体图。

（2）单击"视图"选项卡"视图"面板中的"前视"按钮 ⬚，将当前视图设为前视图，如图 13.170 所示。

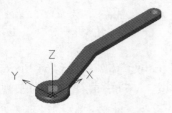
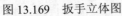

图 13.169　扳手立体图

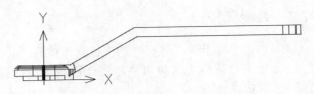

图 13.170　扳手前视图

（3）选择菜单栏中的"编辑"→"复制"命令，将扳手复制到"球阀装配立体图"中，指定合适的位置作为插入点，如图 13.171 所示。

（4）单击"常用"选项卡"修改"面板中的"移动"按钮✛，将扳手以图 13.171 所示的圆心 1 为基点移动到圆心 2 的位置，如图 13.172 所示。

（5）单击"视图"选项卡"视图"面板中的"西北等轴测"按钮◈，将当前视图设为西北等轴测，如图 13.173 所示。

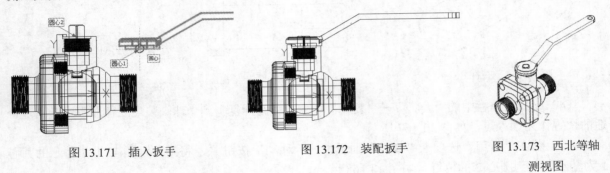

图 13.171　插入扳手　　　　　图 13.172　装配扳手　　　　　图 13.173　西北等轴
　　　　　　　　　　　　　　　　　　　　　　　　　　　　　　　　　　　　测视图

13.2.9　装配双头螺柱

（1）单击"标准"工具栏中的"打开"按钮📁，打开"双头螺柱.dwg"，如图 13.174 所示。

（2）单击"视图"选项卡"视图"面板中的"左视"按钮，将当前视图设为左视图，结果如图 13.175 所示。

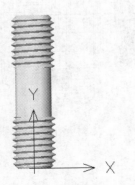

图 13.174　双头螺柱.dwg

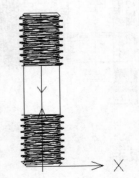

图 13.175　双头螺柱左视图

（3）单击"实体"选项卡"三维操作"面板中的"三维旋转"按钮，将双头螺柱沿 Z 轴旋转 90°，如图 13.176 所示。

（4）选择菜单栏中的"编辑"→"复制"命令，将双头螺柱复制到"球阀装配立体图"中，指定合适的位置作为插入点，如图 13.177 所示。

（5）单击"常用"选项卡"修改"面板中的"移动"按钮✛，命令行提示和操作如下，结果如图 13.178 所示。

```
命令：_move
选择对象：（选择双头螺柱）
找到 1 个
选择对象：↙
指定基点或 [位移(D)] <位移>：_cen（按住 Shift 键，右击，在弹出的快捷菜单中选择"圆心"命令）
圆心（捕捉图 13.177 所示的圆心 1）
指定第二点的位移或者 <使用第一点当作位移>：_from（按住 Shift 键，右击，在弹出的快捷菜单中选择"自"命令）
基点：（捕捉图 13.177 所示的圆心 2）
<偏移>：@10<180↙
```

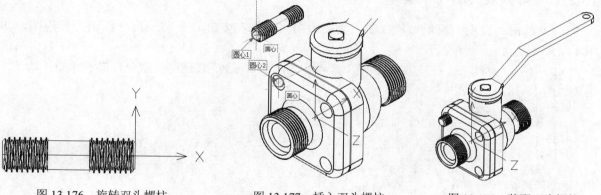

图 13.176 旋转双头螺柱　　　　图 13.177 插入双头螺柱　　　　图 13.178 装配双头螺柱

13.2.10 装配螺母

（1）单击"标准"工具栏中的"打开"按钮📂，打开"螺母.dwg"，如图 13.179 所示。

（2）单击"视图"选项卡"视图"面板中的"前视"按钮，将当前视图设为前视图，如图 13.180 所示。

（3）单击"实体"选项卡"三维操作"面板中的"三维旋转"按钮，将螺母沿 Z 轴旋转 90°，如图 13.181 所示。

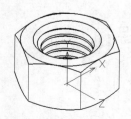

图 13.179 螺母.dwg

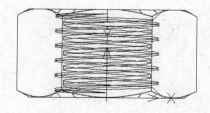

图 13.180 螺母前视图

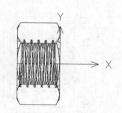

图 13.181 旋转螺母

（4）选择菜单栏中的"编辑"→"复制"命令，将螺母复制到"球阀装配立体图"中，指定合适的位置作为插入点，如图 13.182 所示。

（5）单击"常用"选项卡"修改"面板中的"移动"按钮✛，将螺母以图 13.183 所示的圆心 1 为基点移动到图 13.184 所示的圆心位置，结果如图 13.185 所示。

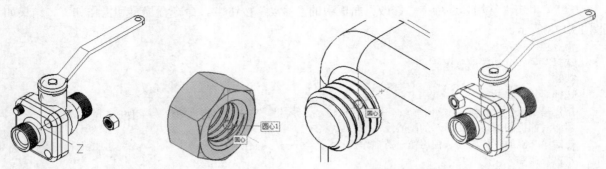

图 13.182　插入螺母　　　　图 13.183　选择圆心 1　　图 13.184　捕捉阀盖的圆心　　图 13.185　装配螺母

13.2.11　阵列双头螺柱和螺母

（1）单击"视图"选项卡"视图"面板中的"后视"按钮▥，将当前视图设为后视图，如图 13.186 所示。

（2）单击"实体"选项卡"三维操作"面板中的"三维阵列"按钮▦，命令行提示和操作如下，结果如图 13.187 所示。

```
命令：_3darray
选择对象：（选择双头螺柱和螺母）
找到 2 个
选择对象：↙
输入阵列类型 [矩形(R)/环形(P)] <矩形>：P↙
输入阵列中的项目数目：4↙
指定要填充的角度 (+=逆时针，-=顺时针) <360>：↙
是否旋转阵列中的对象？[是(Y)/否(N)] <是>：↙
指定阵列的圆心：0,0,0↙
指定旋转轴上的第二点：0,0,10↙
```

（3）单击"视图"选项卡"视图"面板中的"西北等轴测"按钮◈，将当前视图设为西北等轴测，如图 13.188 所示。

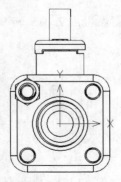
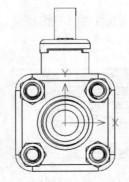
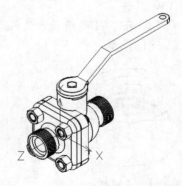

图 13.186　后视图方向图形　　　图 13.187　三维阵列后的图形　　　图 13.188　西北等轴测视图

13.3 球阀装配立体图的剖切

剖切视图是一种特殊视图，既可以表达外部形状，也可以表达内部结构。

13.3.1 绘制 1/2 剖切视图

（1）单击"标准"工具栏中的"打开"按钮📂，打开"球阀装配立体图.dwg"，如图 13.143 所示。

（2）单击"实体"选项卡"实体编辑"面板中的"剖切"按钮🥏，命令行提示和操作如下：

```
命令：_slice
选择要剖切的对象：（选择阀盖、阀体、密封圈和压紧套）
选择要剖切的对象：✓
指定切面的起点或 [平面对象(O)/曲面(S)/z 轴(Z)/视图
(V)/xy(XY)/yz(YZ)/zx(ZX)/三点(3)] <三点>：YZ✓
指定 YZ 平面上的点 <0,0,0>：✓
在所需的侧面上指定点或 [保留两个侧面(B)] <保留两个侧面>：-1,0,0✓
```

（3）单击"常用"选项卡"修改"面板中的"删除"按钮🩹，删除扳手、YZ 平面前面的两个双头螺柱和两个螺母，消隐后的结果如图 13.189 所示。

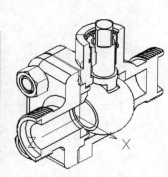

图 13.189 1/2 剖切视图

13.3.2 绘制 1/4 剖切视图

（1）单击"标准"工具栏中的"打开"按钮📂，打开"球阀装配立体图.dwg"，如图 13.143 所示。

（2）单击"实体"选项卡"实体编辑"面板中的"剖切"按钮🥏，命令行提示和操作如下：

```
命令：_slice
选择要剖切的对象：（选择阀盖、阀体、左侧密封圈和压紧套）
选择要剖切的对象：✓
指定剖切平面起点或 [平面对象(O)/曲面(S)/Z 轴(Z)/视图(V)/XY/YZ/ZX/三点(3)] <三点>：YZ✓
指定 YZ 平面上的点 <0,0,0>：✓
在需求平面的一侧拾取一点或 [保留两侧(B)] <两侧>：✓
命令：_slice
选择要剖切的对象：（选择剖切后前面的阀体和压紧套）
选择要剖切的对象：✓
指定剖切平面起点或 [平面对象(O)/曲面(S)/Z 轴(Z)/视图
(V)/XY/YZ/ZX/三点(3)] <三点>：XY✓
指定 XY 平面上的点 <0,0,0>：0,0,-21✓
在需求平面的一侧拾取一点或 [保留两侧(B)] <两侧>：✓
```

（3）单击"常用"选项卡"修改"面板中的"删除"按钮🩹，删除扳手、YZ 平面前面的两个双头螺柱和两个螺母，阀盖的前半部分、左侧密封圈的前半部分、阀体的左前部分和压紧套的左前部分，消隐后的结果如图 13.190 所示。

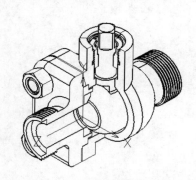

图 13.190 1/4 剖切视图